2.
CARACTÉRISATION EXPÉRIMENTALE DES MATÉRIAUX I

TRAITÉ DES MATÉRIAUX

Publié sous la direction de
Suzanne Degallaix et Bernhard Ilschner

avec les contributions de
Michel Boussuge, Jean-Marc Chaix
Nabib Cherradi, Gérard Degallaix
Marie-Sabine Gavois, Jöns Hilborn
Thomas Lüthi, Henri Paqueton
Jolanta Janczak-Rusch, Hans Ulrich Künzi
Bernard Marini, Cu-Hai Nguyen

2. CARACTÉRISATION EXPÉRIMENTALE DES MATÉRIAUX I

Propriétés physiques, thermiques et mécaniques

PRESSES POLYTECHNIQUES ET UNIVERSITAIRES ROMANDES

Les auteurs et l'éditeur remercient l'Ecole polytechnique fédérale de Lausanne pour le soutien apporté à la publication de cet ouvrage.

Les Presses polytechniques et universitaires romandes
sont une fondation scientifique dont le but est principalement
la diffusion des travaux de l'Ecole polytechnique fédérale de Lausanne
ainsi que d'autres universités et écoles d'ingénieurs francophones.
Le catalogue de leurs publications peut être obtenu par courrier aux
Presses polytechniques et universitaires romandes,
EPFL – Centre Midi, CH-1015 Lausanne, par E-Mail à ppur@epfl.ch,
par téléphone au (0)21 693 41 40, ou par fax au (0)21 693 40 27.

www.ppur.org

ISBN 978-2-88074-567-7

Imprimé en Italie

PRÉSENTATION DU TRAITÉ DES MATÉRIAUX

Les matériaux utilisés pour la fabrication artisanale ou industrielle d'objets, de produits et de systèmes ainsi que pour la réalisation de constructions et d'équipements ont de tout temps défini le niveau de notre civilisation technique. La réalisation des objectifs communs de notre monde en développement est en grande partie tributaire de la mise au point de matériaux et de procédés de transformation et d'assemblage nouveaux, présentant des performances inédites ou améliorées.

La réussite des efforts entrepris pour le développement de matériaux adaptés aux besoins de demain dépend d'une intégration de connaissances précises, de méthodes théoriques de modélisation et de prévision du comportement, ainsi que d'installations techniques sophistiquées. C'est ainsi que le domaine multidisciplinaire science et génie des matériaux est devenu un pilier indispensable du progrès de toute technologie dynamique.

Le *Traité des Matériaux* est une série coordonnée de 20 volumes dont l'objectif est tout d'abord pédagogique : il s'adresse prioritairement aux étudiants et aux enseignants des universités et des hautes écoles des différentes disciplines concernées. En outre, les auteurs et les éditeurs souhaitent répondre aux besoins des ingénieurs et des scientifiques qui veulent mettre à jour leurs connaissances et, d'une façon générale, à tous ceux qui ont envie de mieux comprendre les propriétés et le comportement des matériaux qui sont intimement liés à notre existence.

Dans cette optique, certains ouvrages de ce traité sont consacrés aux matériaux spécifiques, tandis que d'autres abordent les phénomènes et les techniques applicables à l'ensemble des familles de matériaux. De plus, la discussion des influences conjuguées des matériaux tels quels et des procédés de leur mise en œuvre et de leur assemblage est une ligne directrice de ce traité. Enfin, une attention particulière est accordée à l'avancement récent des matériaux «fonctionnels» par rapport aux matériaux «structuraux», sans pour autant nier la prédominance économique de ces derniers, notamment de ceux dits «à grande diffusion».

Le *Traité des Matériaux* rassemble des auteurs qui sont enseignants et chercheurs de différentes universités, hautes écoles et institutions de recherche, publiques et privées. La plupart d'entre eux sont d'origine francophone, mais la participation à cette entreprise d'experts anglo- et germanophones est considérée comme une contribution bienvenue dans le cadre de l'européanisation de l'enseignement en science et génie des matériaux.

Le Comité Scientifique responsable de cette collection est composé de :

Bernhard Ilschner, Lausanne (Président)
Christian Janot, Grenoble et Rome
Gérard Maeder, Paris
Alain Mocellin, Nancy
Robert Schirrer, Strasbourg

LE TRAITÉ DES MATÉRIAUX EN VINGT VOLUMES

1. INTRODUCTION
À LA SCIENCE DES MATÉRIAUX

2. CARACTÉRISATION EXPÉRIMENTALE DES MATÉRIAUX I:
PROPRIÉTÉS PHYSIQUES, THERMIQUES, MÉCANIQUES

3. CARACTÉRISATION EXPÉRIMENTALE DES MATÉRIAUX II:
ANALYSE PAR RAYONS X, ÉLECTRONS ET NEUTRONS

4. ANALYSE ET TECHNOLOGIE DES SURFACES:
COUCHES MINCES ET TRIBOLOGIE

5. THERMODYNAMIQUE ET ÉVOLUTION DES MATÉRIAUX

6. PHÉNOMÈNES DE TRANSPORT ASSOCIÉS
À L'ÉLABORATION ET AU TRAITEMENT DES MATÉRIAUX

7. COMPORTEMENT DES MATÉRIAUX
DANS LES MILIEUX BIOLOGIQUES:
APPLICATIONS EN MÉDECINE ET BIOTECHNOLOGIE

8. PHYSIQUE DES MATÉRIAUX

9. DÉFORMATION ET RÉSISTANCE DES MATÉRIAUX

10. MODÉLISATION NUMÉRIQUE
EN SCIENCE ET GÉNIE DES MATÉRIAUX

11. MÉTAUX ET ALLIAGES:
CONSTITUTION, TECHNOLOGIE ET APPLICATIONS

12. CORROSION ET CHIMIE DE SURFACES DES MÉTAUX

13. CHIMIE DES POLYMÈRES:
SYNTHÈSES, RÉACTIONS ET DÉGRADATIONS

14. MATÉRIAUX POLYMÈRES:
PROPRIÉTÉS MÉCANIQUES ET PHYSIQUES.
PRINCIPES DE MISE EN ŒUVRE

15. MATÉRIAUX COMPOSITES À MATRICE ORGANIQUE

16. CÉRAMIQUES ET VERRES:
PRINCIPES ET TECHNIQUES D'ÉLABORATION

17. MATÉRIAUX DE CONSTRUCTION

18. PHYSIQUE ET TECHNOLOGIE DES SEMICONDUCTEURS

19. MATÉRIAUX ÉMERGENTS

20. SÉLECTION DES MATÉRIAUX
ET DES PROCÉDÉS DE MISE EN ŒUVRE

AVANT-PROPOS

La plupart des 20 volumes du présent Traité des matériaux sont consacrés à la présentation et à l'explication de la nature physique et des propriétés des différents types de matériaux: métaux, céramiques et verres, matériaux polymères, mais également matériaux naturels comme les roches, les bois et leurs dérivés (papiers et textiles), et matériaux vivants comme les os, les tissus biologiques, etc.

Le plus grand nombre des matériaux utilisés comme matériaux techniques le sont à l'état solide. Leur domaine d'utilisation et leur importance économique dépendent de l'effort à investir pour leur élaboration et leur mise en forme, et des propriétés de comportement et de résistance qui en résultent. Il convient ainsi de porter une attention particulière à leur résistance aux sollicitations extérieures. Il en découle la notion de *durée de vie* des éléments de machines – moteurs, turbocompresseurs, véhicules, éoliennes, moyens de télécommunication, équipements électroménagers... – ou d'infrastructures – bâtiments, routes, ponts, barrages... La *durée de vie* est le temps durant lequel l'*intégrité structurale* sous sollicitation mécanique, thermique ou chimique est conservée. Autrement dit, au cours de sa durée de vie, la structure assure toute sa fonction, même si on observe une détérioration progressive de certaines caractéristiques des matériaux.

Tandis que le volume 1 du Traité des matériaux aborde de façon synthétique les caractéristiques et les propriétés des différents matériaux, les volumes 2 et 3 ont comme objectif la présentation des méthodes de détermination expérimentale précise, sans ambiguïté, rapide et reproductible, des propriétés d'usage des matériaux structuraux. Le volume 2 traite de la caractérisation physique, thermique et mécanique des matériaux, le volume 3 étant consacré aux méthodes de caractérisation basées sur la nature ondulatoire des radiations (lumière, rayons X, électrons, neutrons). La résistance des matériaux à la corrosion chimique fait, quant à elle, l'objet du volume 12. Les trois premiers volumes constituent le noyau de la partie «laboratoire» du Traité des matériaux, et présentent un ensemble de connaissances fondamentales à enseigner aux futurs ingénieurs et chercheurs pour les préparer à leur vie professionnelle.

Pour concevoir ou construire de nouveaux objets technologiques, tout ingénieur a besoin d'utiliser des matériaux. Et ce sont généralement les propriétés et les comportements de ces matériaux qui limitent les performances, voire les durées de vie des machines et des structures. L'utilisation intelligente, rationnelle et raisonnée d'un matériau par un ingénieur concepteur ou constructeur nécessite une bonne connaissance initiale des propriétés d'usage de ce matériau. Or les propriétés d'usage d'un matériau dépendent avant tout de sa microstructure, c'est-à-dire de sa composition et de son histoire, qui sont les paramètres essentiels gouvernant sa microstructure. Connaître un matériau, c'est donc en connaître la composition, l'histoire, la microstructure, puis bien sûr les propriétés d'usage. Les compositions sont mesurées par des techniques d'analyses plus ou moins complexes, qui doivent être choisies en fonction du matériau, de l'élément à doser et de la précision attendue. La microstructure est caractérisée par des observations à différentes échelles, par microscopie optique (échelle du mm au μm), voire par microscopie électronique (échelle de 100 μm au nm). Les propriétés d'usage (physiques, thermiques, mécaniques) quant à elles doivent être mesurées avec le plus grand soin, avec les méthodes d'essais appropriées, et avec les précisions nécessaires.

Ce volume 2 du Traité des matériaux traite plus spécifiquement des méthodes de caractérisation des principaux matériaux solides «structuraux» que sont les métaux et alliages métalliques, les polymères, et les céramiques. Bon nombre des méthodes de caractérisation présentées dans cet ouvrage sont également utilisées pour caractériser d'autres types de matériaux comme les matériaux dits «fonctionnels». Volontairement, cet ouvrage traite des analyses de la microstructure par microscopie optique. Les analyses par microscopie électronique et rayons X sont intégrées au volume 3 du Traité des matériaux.

Lorsque l'on parle de caractérisation des matériaux, il est nécessaire de replacer le besoin de caractérisation dans son contexte. Qui a besoin de cette caractérisation et pour quel usage? La problématique de l'élaborateur ne sera pas celle de l'utilisateur, ni celle de l'expert ou du chercheur en sciences des matériaux. Les différents chapitres de ce volume 2 se proposent de répondre à chacune de ces problématiques.

L'élaborateur doit:

- Garantir à son client une composition précise; le chapitre 1 présente les différentes techniques expérimentales d'analyse chimique utilisées tant dans l'industrie que dans les laboratoires de recherche.
- Maîtriser les procédés d'élaboration et de mise en forme, qui gouvernent à la fois la microstructure et les propriétés d'usage. La microscopie optique (chap. 2) et l'analyse d'images (chap. 3) permettent de contrôler cette microstructure. Les essais de dureté (chap. 7), les essais de traction monotone (chap. 6) et les essais de résilience (chap. 9 et 10) permettent de contrôler la qualité du produit fini d'un point de vue «caractéristiques mécaniques». Quant aux essais non destructifs (chap. 14), ils permettent de contrôler la qualité du produit en termes de présence ou non de défauts de fabrication tels que les défauts de coulée, de forgeage, de soudage...

L'utilisateur doit quant à lui tester les propriétés d'usage du matériau visé pour une utilisation donnée, dans des conditions de sollicitations aussi voisines que possible des conditions en service. Pour cela il peut lui être nécessaire de:

- connaître le comportement du matériau sous sollicitations thermiques, par mesure de sa conductibilité thermique (chap. 4) et de sa dilatabilité (chap. 5);
- connaître son comportement à différentes vitesses de déformation, des basses vitesses (chap. 6) aux moyennes voire hautes vitesses (chap. 10);
- connaître son comportement et sa résistance mécanique aux sollicitations monotones à basse (chap. 6) ou haute température (chap. 11), aux sollicitations cycliques à basse (chap. 6) ou haute température (chap. 11);
- connaître sa résistance à l'amorçage et à la propagation de fissures sous sollicitations monotones (chap. 9) ou cycliques (chap. 8 et 9).

Sans que ce soit à proprement parler l'objectif du présent volume, quelques éléments permettent, dans les différents chapitres, de faire le lien entre comportement mécanique et évolutions microstructurales.

Enfin, l'utilisateur doit contrôler, voire suivre l'état du matériau en service, de façon à assurer la bonne tenue de la structure et le bon fonctionnement du système, donc l'intégrité structurale. Les essais non destructifs (chap. 14) permettent de contrôler la géométrie et l'intégrité des pièces, et de détecter des défauts pouvant apparaître en cours d'utilisation (fissures, corrosion...).

Ce volume ne prétend pas traiter de manière exhaustive la caractérisation des matériaux structuraux spécifiques que sont les polymères (objets du volume 14) et les céramiques (objets du volume 16). Néanmoins il est logique de les y faire figurer.

Cet ouvrage a fait appel à d'éminents spécialistes des divers métiers pour la rédaction des différents chapitres, avec un constant souci pédagogique pour être compréhensible par des étudiants, ingénieurs et scientifiques non spécialistes a priori de tous les domaines traités. Les lecteurs initiés devraient également y trouver des compléments utiles de connaissances et d'informations.

***

Cet ouvrage paraît malheureusement après le décès de notre collègue Bernhard Ilschner, ancien Professeur à l'EPFL, Directeur du Haut Comité Scientifique responsable de la publication des 20 volumes du Traité des matériaux. Je souhaite vivement dédier ce livre à ce grand scientifique et très regretté collègue, en reconnaissance pour son rôle éminent dans notre communauté scientifique et pour sa participation à ce volume en particulier dont il fut l'initiateur. Sa disparition affecte tous ceux qui l'ont connu et apprécié pour l'excellence de ses travaux scientifiques, pour son rayonnement, son humanité et sa grande sympathie.

Suzanne Degallaix-Moreuil

TABLE DES MATIÈRES

CHAPITRE 1

ANALYSE CHIMIQUE DES MATÉRIAUX MÉTALLIQUES

1.1 OBJECTIFS

Ce chapitre a pour objectif de présenter l'analyse chimique des matériaux métalliques dans ses grandes lignes, telle qu'elle est mise en œuvre dans les laboratoires d'essais. Chaque technique d'analyse sera détaillée en précisant à chaque fois son principe de base, les appareillages utilisés et leur mise en œuvre. Puis quelques exemples d'application seront donnés.

Ce chapitre décrira dans l'ordre les différentes phases à mettre en œuvre pour l'analyse chimique d'un échantillon. L'introduction définira les principaux paramètres à prendre en compte pour choisir une technique d'analyse plutôt qu'une autre. Seront ensuite décrites les techniques de préparation des échantillons. Puis les techniques les plus communément utilisées dans les laboratoires seront présentées en détail. Ces techniques ont été classées de la manière suivante:

- les techniques d'analyse dites *absolues*,
- les techniques d'analyse dites *relatives*,
- enfin, quelques techniques spécifiques à certains éléments particuliers.

1.2 INTRODUCTION

1.2.1 Pourquoi analyser un matériau métallique?

La diversité et les très hautes complexité et technicité des alliages métalliques ont accru la nécessité de contrôler la composition chimique de ces matériaux aux différents stades de leur élaboration. Le laboratoire est devenu au fil du temps l'un des partenaires indispensables de la production. Les contraintes à la fois de précision et de rapidité d'analyse se sont également imposées aux laboratoires.

Des techniques rapides ont été développées à partir de l'échantillon brut, dans le domaine des eaux ou des sols par exemple, mais c'est encore plus vrai dans le domaine des matériaux métalliques. En effet, l'analyse doit pouvoir suivre au plus près la production. Et si certains paramètres peuvent être analysés a posteriori, d'autres doivent pouvoir être ajustés en cours d'élaboration (cas de la teneur en carbone et de celle en silicium dans une fonte par exemple). Dans un tel contexte, il est difficile pour la chimie «traditionnelle» de trouver sa place, et c'est ce qui explique le développement et la mise en œuvre de nouvelles technologies. Néanmoins, l'analyse chimique reste indispensable dans un contexte d'expertise, de contrôles très spécifiques ou de certification, et nous verrons plus loin l'importance fondamentale des matériaux de référence certifiés.

La recherche et la mise au point de matériaux métalliques de plus en plus performants et l'évolution rapide des techniques de mise en œuvre et de contrôle nécessitent la formation de spécialistes de haut niveau capables de connaître les matériaux métalliques et de maîtriser les techniques d'analyse les plus récentes.

1.2.2 Comment analyser un matériau métallique?

Globalement deux grandes voies d'analyse s'offrent aux chimistes: les méthodes de référence ou ***absolues*** et les méthodes indirectes ou ***relatives***.

Pour les premières, le résultat de la mesure permet d'accéder directement à la teneur recherchée, moyennant parfois un calcul simple. Les appareillages sont en général relativement simples à mettre en œuvre (balances, pH-mètres, potentiomètres, burette...).

Pour les secondes, il est indispensable d'avoir recours à un étalonnage. En effet, le signal détecté ne permet pas de remonter directement à la teneur en un élément, il faut donc corréler le signal à des concentrations connues en cet élément, afin de pouvoir tracer une courbe signal = *f*(concentration). La construction d'un étalonnage est de toute évidence le prérequis pour la mise en œuvre de ce type d'analyse. Pour les déterminations sur massif, il faut pouvoir disposer d'échantillons de référence pour établir les étalonnages, alors que pour les déterminations par voie humide, l'étalonnage se fait, selon les besoins spécifiques, à partir de produits primaires.

1.2.3 Comment choisir une technique d'analyse?

Pour le choix d'une technique d'analyse, la réflexion doit prendre en compte les paramètres suivants:

- nature de la matrice,
- forme de l'échantillon,
- teneur probable de l'élément à doser, étendue des concentrations possibles,
- sensibilité et seuil de détection de la méthode,
- mise en solution possible,
- précision,
- durée et coût de l'analyse,
- interférences,
- connaissances et savoir-faire requis,
- appareils disponibles (coût).

Il n'existe pas de techniques meilleures que d'autres, mais en fonction du besoin, l'une ou l'autre sera privilégiée. Bien sûr chaque laboratoire, selon ses spécificités et ses missions, sera amené à mettre en œuvre telle ou telle technique plutôt que telle autre. Aussi il apparaît difficile de classer les techniques par ordre d'importance. Néanmoins, les contraintes économiques qui touchent tous les laboratoires de façon différente (contraintes de délais, de savoir-faire ou de coûts notamment) incitent ces derniers à utiliser principalement les techniques dites relatives.

Parmi les éléments de la réflexion qui permettent d'orienter un échantillon vers telle ou telle technique, le premier est le plus souvent la forme de l'échantillon. Ainsi dans le cas de matériaux métalliques, il peut s'agir de résidus d'usinage ou d'un prélèvement sous forme de copeaux, de broyages, voire de poudre, d'un morceau de pièce, d'un barreau, d'une médaille ou d'un champignon directement destiné à l'analyse, ou encore d'une éprouvette destinée aux essais mécaniques. Nous classerons ces différents prélèvements possibles en deux catégories : les matériaux divisés et les matériaux massifs.

Face au vaste choix de techniques disponibles, l'analyste peut prétendre, dans des conditions tout à fait satisfaisantes, à l'analyse pour un échantillon métallique :

- de la matrice de base,
- des éléments d'alliages (quelques %),
- des traces, voire des ultratraces.

Cependant, en matière de caractérisation d'un alliage, selon la matrice de base, il existe des habitudes issues des normes des produits. Ainsi pour les alliages de cuivre, « tous » les éléments sont analysés : Cu, Sn, Pb, Zn, Fe, Ni, Al, Si, S, P et Sb. En revanche, dans le cas d'un alliage d'aluminium, seuls les éléments d'alliage et quelques traces sont pris en compte, la détermination de l'élément de base (aluminium) n'est jamais envisagée.

Enfin parmi les techniques décrites, nombreuses sont celles qui peuvent être appliquées à d'autres matériaux, en particulier les verres et les céramiques. On pourra se référer pour cela aux volumes 16 et 17 du Traité des matériaux spécifiques à ces matériaux.

1.3 PRÉPARATION DES ÉCHANTILLONS

La détermination de la composition chimique élémentaire d'un échantillon métallique comporte un prétraitement de l'échantillon en plusieurs étapes :

- échantillonnage analytique,
- découpage et usinage,
- prise d'essai,
- préparation de l'échantillon pour analyse.

Cette ultime étape diffère selon la forme de l'échantillon: elle consiste en une mise en solution pour les matériaux divisés et une refusion et/ou un surfaçage pour les échantillons massifs.

1.3.1 Matériaux divisés

Les matériaux divisés seront traités par «voie humide» et la solution pour analyse peut s'obtenir selon deux voies: par dissolution acide ou basique, ou par fusion.

Cette étape de mise en solution est essentielle, car elle permet d'obtenir un milieu homogène compatible avec les méthodes analytiques.

La diversité des matériaux est telle que cette étape reste complexe et peut générer des problèmes dus notamment à:

- des pertes partielles ou complètes d'éléments par volatilisation,
- des pertes partielles par précipitation de sels peu solubles,
- une perte partielle de l'élément par adsorption sur un filtre, une membrane ou les parois de la verrerie,
- une contamination de l'échantillon par les réactifs de mise en solution.

Mise en solution par dissolution

La mise en solution débute par l'attaque, qui consiste à détruire l'échantillon par un milieu généralement agressif, puis, s'il y a lieu, le «résidu» est repris par un réactif. Parfois, une fusion peut même être nécessaire pour la destruction de cette fraction insoluble.

Le choix des réactifs de mise en solution des alliages métalliques dépend de la matrice, de l'élément à doser et de son comportement en solution, ainsi que de la technique d'analyse retenue. Enfin, il doit permettre d'obtenir une solution stable, au moins pendant le temps de l'analyse.

Les conditions de mise en solution peuvent avoir une incidence importante sur le résultat de l'analyse. Il est en effet connu que, en Spectrométrie d'Absorption Atomique par exemple (SAA, § 1.6.3), le rendement d'atomisation et la réponse spectrale peuvent être fortement influencés par le milieu analytique. D'une façon générale, les mises en solution acide seront à privilégier par rapport aux mises en solution par addition de fondants, qui introduisent dans le milieu des quantités importantes de sels. Les ions sulfuriques et phosphoriques sont souvent peu recommandés, car fortement perturbateurs dans de nombreux cas. Les milieux les plus favorables sont en général les milieux nitriques et chlorhydriques. Les solvants peuvent accroître les sensibilités de dosage, mais également perturber le régime des flammes utilisées et provoquer des carbonisations au niveau du brûleur.

Action de l'acide nitrique sur les métaux

L'acide nitrique possède un pouvoir oxydant très fort par sa décomposition en $O_2 + N_2O_4$. La plupart des métaux courants sont attaqués par l'acide nitrique. La rapidité du phénomène et les produits de la réaction dépendent d'un grand nombre de facteurs: nature, pureté et structure du métal, concentration et température de l'acide (aluminium et étain, par exemple, ne s'attaquent pas). Il faut signaler que l'oxydation superficielle provoquée par un acide concentré donne parfois lieu à la formation d'une pellicule protectrice d'oxyde, fortement adhérente, qui empêche toute attaque ultérieure. Il s'agit du phénomène de passivation du métal (Traité des matériaux, vol. 12). La présence de certaines impuretés, à faible dose, peut modifier la structure du métal et changer notablement sa vitesse de la réaction.

Action de l'acide chlorhydrique sur les métaux

Les métaux sont pour la plupart transformés sous l'action du gaz chlorhydrique en chlorures, à température plus ou moins élevée, avec dégagement d'hydrogène. De nombreux métaux sont dissous avec dégagement d'hydrogène dès la température ambiante. Il faut élever la température pour le molybdène, le titane et le tungstène. Mais argent et platine ne se dissolvent pas. Le zinc rigoureusement pur n'est pas attaqué par l'acide chlorhydrique.

Action de l'acide bromhydrique sur les métaux

L'acide bromhydrique est plus efficace que l'acide chlorhydrique sur les métaux plus électronégatifs que l'hydrogène. L'attaque du zinc, plomb, cuivre et argent est beaucoup plus facile. Cependant, la réaction est lente au contact de l'air et de l'oxygène, et plus rapide si l'on ajoute un puissant acide oxydant (acide nitrique par exemple).

Action de l'acide perchlorique sur les métaux

La plupart des métaux réagissent avec l'acide perchlorique, avec formation de perchlorates et dégagement d'hydrogène.

Action de l'acide sulfurique sur les métaux

La tendance de l'acide sulfurique à fournir de l'oxygène dans sa décomposition à chaud en fait un oxydant, d'autant plus fort qu'il est concentré. La plupart des métaux sont attaqués par l'acide sulfurique à chaud. L'attaque conduit généralement à la formation de sulfates, sauf dans le cas du cuivre où il peut se former des sulfures. Le fer et le zinc sont facilement dissous par l'acide dilué, mais la réaction se ralentit lorsque la concentration en acide augmente.

Action de l'hydroxyde de sodium (soude) sur les métaux

Certains métaux se dissolvent à la température ordinaire dans les solutions d'hydroxyde de sodium, avec dégagement d'hydrogène: il s'agit des métaux donnant des hydroxydes à caractère amphotère. L'aluminium en est le meilleur exemple. Mais il faut également citer le zinc, l'étain et le plomb. Le fer résiste peu à l'action de la soude, surtout à chaud, alors que certains aciers spéciaux au nickel ne sont que difficilement attaqués. Enfin, le décapage de nombreux métaux et alliages par de la soude fondue et la purification du plomb, sont couramment utilisés dans l'industrie.

Mise en solution par fusion

Certaines matrices métalliques ne peuvent être suffisamment détruites par une attaque acide. C'est le cas notamment des ferroalliages à forte teneur en carbone. Il faut alors avoir recours à une fusion.

La fusion consiste à porter à haute température l'échantillon mélangé à un fondant. Le culot de fusion est ensuite repris par un réactif approprié, en général un acide dilué.

Les différents paramètres de la fusion sont:

- nature et masse du fondant,
- température et temps de fusion,
- nature du creuset utilisé,
- condition de reprise du culot de fusion (acidité et température du milieu).

La mise en solution par fusion nécessite l'utilisation d'un fondant spécifique qui détermine le type de réaction mis en jeu (acido-basique avec les carbonates, hydroxydes ou tétraborates, et redox avec les fondants alcalins). Le point de fusion du fondant est un paramètre important à prendre en considération dans le choix.

Citons quelques fondants utilisés: tétraborate de lithium, carbonate de sodium ou de potassium, peroxyde de sodium, hydrogénosulfate de sodium, etc.

Les creusets peuvent être en platine, nickel, carbone vitreux, fer, argent, zirconium ou graphite. Les creusets en carbone vitreux sont souvent utilisés en remplacement des creusets en platine car ils sont moins chers, mais ils présentent l'inconvénient de retenir parfois une partie du produit de fusion. De plus, le fondant étant susceptible de réagir également avec le matériau du creuset, il faut veiller à la pureté de celui-ci, afin de minimiser les risques de contamination.

Enfin le chauffage peut avoir lieu sur flamme (bec Mecker), par arc électrique, dans des fours à moufle, des fours à induction, ou plus récemment dans des fours à micro-ondes.

1.3.2 Préparation des échantillons massifs

Le surfaçage des échantillons métalliques massifs permet de mettre à niveau la surface de l'échantillon, d'enlever la couche d'oxydes superficiels ou éventuellement la couche de traitement de surface. Il peut se réaliser par simple abrasion sur bande ou rouleau, ou par usinage (fraisage). L'homogénéité du surfaçage est un facteur extrêmement important pour une bonne répétabilité des résultats.

Pour l'analyse d'éléments non volatils, lorsque la forme et/ou la structure d'un échantillon de fonte, d'acier, d'alliage d'aluminium ou de zinc n'est pas adaptée pour l'analyse sur massif, une refusion est alors nécessaire. Elle consiste à placer l'échantillon dans un four de refonte, afin d'obtenir une médaille ou pastille de dimension calibrée.

1.4 MATÉRIAUX DE RÉFÉRENCE (MR)

La norme NF A 05-201 donne la définition suivante des matériaux de référence : les ***matériaux de référence certifiés***, notés ***MRC***, sont des matériaux homogènes de composition bien connue et invariable dans le temps, destinés à établir la valeur d'une méthode ou à contrôler la qualité de l'exécution d'une analyse.

Dans les laboratoires, les MRC sont essentiellement utilisés pour :

- établir la valeur d'une méthode, en particulier sa justesse (étalonnage),
- vérifier l'application correcte de la méthode,
- contrôler le bon état de marche d'un appareillage complexe.

Il existe également des matériaux de référence (MR) dont l'homogénéité intrinsèque (composition et structure) est satisfaisante. Ils n'ont pas nécessairement fait l'objet d'études inter-laboratoires, et sont destinés aux contrôles en ligne et à l'ajustage des appareils.

1.5 MÉTHODES D'ANALYSE ABSOLUES

1.5.1 Gravimétrie

Principe général

La gravimétrie est une technique qui repose sur la pesée d'une espèce de composition définie obtenue après une ou plusieurs séparations. La séparation est obtenue soit par précipitation, soit par électrolyse.

Cette méthode a néanmoins aujourd'hui perdu de son importance, en raison du nombre d'opérations minutieuses de séparation qu'elle exige.

Séparation par précipitation

L'élément à déterminer est précipité sous forme de sel insoluble, et séparé de la solution de départ par filtration et/ou évaporation. Cette technique est communément appelée ***gravimétrie***.

L'appareil de mesure est une balance (ou micro-, voire ultramicrobalance), dont la précision est définie par l'erreur relative tolérée sur le résultat (une masse de 500 mg mesurée à 0,1 mg près est mesurée avec une précision de 0,02 %).

L'exemple ci-dessous décrit le principe de la détermination par gravimétrie du silicium dans les alliages ferreux.

Détermination du silicium dans les alliages ferreux

Les différentes étapes sont données ci-après :

- Mise en solution de l'échantillon par attaque acide à l'aide des acides nitrique, chlorhydrique et perchlorique.
- Insolubilisation du dioxyde de silicium en milieu perchlorique par chauffage et jusqu'à prise en masse des sels.

- Reprise des sels à l'eau, filtration de la silice.
- Calcination du filtre et pesée.
- Volatilisation du silicium par l'acide fluorhydrique en présence d'acide sulfurique, et pesée du creuset.
- Calcul, par différence, du dioxyde de silicium volatilisé.

Le domaine d'application s'étend de 0,10 à 10%, mais il peut être modifié en ajustant de façon raisonnable la prise d'essai de l'échantillon.

Séparation par électrolyse

L'électrolyse consiste en une réaction redox forcée. On provoque cette réaction, inverse de la réaction spontanée, en apportant de l'énergie électrique au système chimique, c'est-à-dire en inversant le sens de passage du courant.

Dans la pratique, deux électrodes inattaquables par la solution d'échantillon sont reliées à un générateur de courant électrique et plongées dans une solution. Des électrons partent de l'anode pendant qu'une même quantité arrive à la cathode.

Le passage du courant de l'électrode où les électrons sont libres, à la solution où les charges sont portées par des ions, se fait à la surface des électrodes par l'intermédiaire de réactions électrochimiques:

- à l'anode, les électrons proviennent de l'oxydation du réducteur 1:

$$\mathrm{Red1} \Leftrightarrow \mathrm{ne} + \mathrm{Ox1}$$

- à la cathode, ils sont consommés par la réduction de l'oxydant 2:

$$\mathrm{Ox2} + \mathrm{ne} \Leftrightarrow \mathrm{Red2}$$

Lors d'une électrolyse, des substances se forment, soit par dégagement gazeux, soit par passage en solution, soit par déposition. S'il s'agit de la déposition d'un métal, il vient en général recouvrir l'une des électrodes sous une forme oxydée ou sous forme élémentaire. Si cette électrode a été tarée au préalable, et si la prise d'essai est exactement connue, alors par simple pesée de l'électrode, la teneur du métal de l'échantillon peut être déterminée. La détermination du cuivre dans un alliage cuivreux en est un exemple.

Détermination du cuivre dans les alliages de cuivre

Quelle que soit la teneur en cuivre, les différentes étapes sont données ci-après:

- Mise en solution par un mélange sulfo-nitrique.
- Electrolyse en milieu nitrique fluoré dont l'acidité a été fixée. Le cuivre à l'état métallique se dépose sur la cathode de platine et le plomb, quasiment toujours présent dans un alliage de cuivre, se dépose sur l'anode sous forme de bioxyde impur.
- Dosage du résidu de cuivre dans l'électrolysat par une technique appropriée (SEP, § 1.6.2; SAA, § 1.6.3; SAAet § 1.6.4; ou SAM, § 1.6.5).

1.5.2 Volumétrie

Principe

La volumétrie est un procédé d'analyse quantitative qui consiste à verser un volume de réactif spécifique et de concentration connue dans un volume connu de solution à doser, et à mesurer le volume de la solution. La fin du dosage est déterminée à l'aide d'un indicateur physico-chimique (changement de couleur, précipitation...) ou par potentiométrie.

Potentiomètre

Les réactions d'oxydo-réduction sont la base de très nombreux dosages volumétriques.

La potentiométrie est une technique d'analyse volumétrique qui met en jeu le suivi des potentiels au cours de la réaction. Pour mesurer le potentiel, on utilise une électrode indicatrice plongée dans la solution à mesurer, et une électrode de référence. Entre ces deux électrodes se crée une force électromotrice mesurée par un voltmètre: c'est le ***potentiel Redox***, régi par la loi de Nernst (pour la réaction aOx $\Leftrightarrow$ bRed + ne):

$$E = E_0 + \frac{RT}{nF} \cdot \ln \frac{\text{Oxa}}{\text{Redb}} \tag{1.1}$$

avec E, le potentiel de la réaction, E_0, le potentiel standard du couple redox, R, la constante des gaz parfaits, T, la température absolue (K), n, le nombre d'électrons mis en jeu, F, le nombre d'Avogadro.

Un potentiomètre fonctionne avec une électrode de mesure et une électrode de référence. L'électrode de mesure, par le potentiel qu'elle prend, donne des indications sur la concentration des espèces susceptibles d'échanger des électrons. Inattaquable par la solution, elle ne participe pas à la réaction. Le plus souvent, cette électrode est en platine. L'électrode de référence la plus courante est une électrode au calomel, saturée en chlorure de potassium. Celle-ci est constituée d'une gaine de verre remplie d'un mélange intime mercure métallique Hg et dichlorure de dimercure (II), anciennement appelé chlorure mercureux, de formule Hg_2Cl_2. C'est ce «chlorure mercureux» qui est appelé ***calomel***. Le tout est en contact avec une solution saturée de chlorure de potassium. Un fil de platine parcourt l'électrode. C'est lui qui permettra la jonction au millivoltmètre qui fournira le «pH» de la solution aqueuse étudiée. Cette électrode conservera un potentiel constant lors des mesures.

Autres méthodes

Il existe d'autres méthodes d'analyse de type volumétrique: la complexométrie et l'acidimétrie.

La ***complexométrie*** est une méthode dont la fin de la réaction est marquée par la formation d'un complexe, détecté en général par un indicateur coloré spécifique.

Pour l'***acidimétrie***, l'étape de détection n'est autre qu'un titrage acido-basique suivi, par exemple, à l'aide d'un indicateur coloré.

Applications

Détermination du chrome dans les alliages ferreux

Les différentes étapes sont données ci-après:

- Mise en solution acide.
- Oxydation du chrome en chrome VI par le peroxydisulfate d'ammonium en milieu acide et en présence de sulfate d'argent.
- Réduction du manganèse VII par l'acide chlorhydrique.
- Réduction du chrome VI à l'aide d'une solution étalon de sulfate de fer II et d'ammonium.
- Dosage de l'excès de sulfate de fer II et d'ammonium par une solution de permanganate de potassium se comportant également comme indicateur.

Le domaine d'application de la méthode s'étend de 0,25 à 35 % de chrome.

Détermination du manganèse dans les alliages ferreux

Les différentes étapes sont données ci-après:

- Mise en solution par les acides chlorhydrique et nitrique.
- Neutralisation partielle par ajout d'hydrogénocarbonate de sodium et précipitation par l'oxyde de zinc des cations susceptibles de perturber le titrage.
- Titrage de Mn II par une solution de permanganate de potassium en présence d'ions pyrophosphoriques, à un pH de 6,5.
- La réaction d'oxydation de Mn II en Mn IV est ensuite suivie par potentiométrie.

Cette méthode est applicable pour des teneurs en manganèse supérieures à 4 %.

Détermination de l'aluminium dans les alliages cuivreux par complexométrie

Les différentes étapes sont données ci-après:

- Mise en solution de l'échantillon par les acides chlorhydrique et nitrique.
- Précipitation de l'aluminium sous forme de benzoate, en milieu tamponné réducteur. Redissolution de ce précipité par de l'acide sulfurique dilué.
- Formation du complexe «aluminium-EDTA» (EDTA pour acide éthylène-diamine-tétracétique) en présence d'une quantité définie de cuivre et d'EDTA en excès.
- Complexation de l'excès d'EDTA par une solution étalon de zinc, en présence d'un indicateur approprié.

- Décomposition du complexe «aluminium-EDTA» par addition de fluorure de sodium. L'EDTA libéré est ensuite titré par une solution étalon de zinc en présence de PAN (PAN pour (pyridyl-2-azo)-1-naphtol-2).

Cette méthode est applicable pour des teneurs en aluminium de 2 à 15%.

1.6 MÉTHODES D'ANALYSE RELATIVES

1.6.1 Généralités

Rappels sur la structure électronique de l'atome

De façon générale, un atome peut être schématisé de la manière suivante:

- L'ensemble protons + neutrons, chargé positivement, constitue le noyau. Le nombre de protons détermine la nature de l'élément. Exemples: hydrogène 1, carbone 6, silicium 14.
- Les électrons, chargés négativement, assurent la neutralité électrique du noyau. Ils gravitent autour du noyau en formant des couches de niveau d'énergie défini, notées du centre du noyau vers l'extérieur: K, L, M... Ces couches ne peuvent contenir qu'un nombre fixe et défini d'électrons. Le nombre d'électrons par couche et les transitions de ceux-ci entre les différentes couches sont régis par les lois de la mécanique quantique.

Lorsque tous les électrons sont sur leur couche d'appartenance, l'énergie de l'atome est la plus basse (énergie négative), l'atome se situe dans son état fondamental et il est parfaitement stable.

Un électron peut être arraché de sa couche électronique: l'énergie de l'atome va alors augmenter et l'atome va se trouver dans un état hautement instable, qualifié d'«excité». Un électron de la couche extérieure suivante va rapidement combler l'espace laissé vacant par l'électron arraché: il y alors émission d'un photon d'énergie hγ ou hc/λ où h est la constante de Planck, c la vitesse de la lumière et λ la longueur d'onde du photon émis. Cette énergie correspond exactement à la différence d'énergie entre les deux couches électroniques impliquées dans la transition. Cette énergie est caractéristique de l'atome et de la transition.

La détermination de l'énergie du photon est le principe de base de nombreuses techniques d'analyses: SEP (§ 1.6.2), SEO (§ 1.6.2). Une des différences entre ces techniques réside dans le mode d'excitation de l'atome.

Généralités sur les spectres

Le nombre d'électrons de l'atome est différent pour chaque élément. Les diagrammes des niveaux d'énergie autorisés sont donc différents pour chaque élément. De ce fait, le spectre de chaque élément présente des raies à des longueurs d'ondes correspondant aux transitions énergétiques qui lui sont propres. Ce spectre étant spécifique d'un élément, il peut servir à le caractériser.

A une température donnée, les diverses transitions du diagramme d'énergie ne présentent pas la même probabilité. Cette probabilité exprime la fraction de la population des atomes qui utilise cette transition lors du processus de désexcitation. Plus la transition est probable, plus l'intensité relative de la raie est élevée.

A une température donnée, le spectre d'un élément est donc défini qualitativement par les longueurs d'ondes et les intensités relatives des raies qui le composent.

A côté de l'aspect qualitatif du spectre, existe un aspect quantitatif. C'est lui qui justifie l'utilisation de la spectrométrie en tant que méthode d'analyse élémentaire et qui permet, par exemple, de mesurer la composition élémentaire d'un alliage.

Considérons un ensemble d'atomes isolés dont nous élevons la température. La probabilité des collisions entre eux augmente. Ces collisions vont faire passer une certaine fraction des atomes à l'état excité. La température détermine donc la population d'atomes qui passent à l'état excité, mais, si on fixe la température, l'intensité de chaque raie du spectre ne dépendra, pour un élément donné, que de sa concentration.

En mesurant l'intensité de l'émission de divers échantillons d'un alliage contenant des teneurs variables de l'élément à analyser, il est possible de tracer une courbe d'étalonnage intensité $= f(\text{concentration})$ et d'en déduire ainsi, par référence à cette courbe, la teneur de l'élément dans un échantillon inconnu de l'alliage considéré.

Les propriétés des spectres sont la base de diverses techniques d'analyse. En effet, on distingue les techniques basées sur l'absorption comme la spectrométrie d'absorption atomique, celles basées sur l'émission, comme les spectrométries d'émission de flamme, d'arc, de plasma, de décharge luminescente ou d'étincelle, et enfin celles basées sur la fluorescence, comme la fluorescence atomique ou la fluorescence de rayons X.

1.6.2 Spectrométrie d'Emission Optique (SEO)

Les différentes techniques d'émission optique diffèrent principalement par la source utilisée et par la forme sous laquelle l'échantillon est introduit. En émission de flamme et en émission à plasma, l'échantillon, presque toujours en solution, est nébulisé dans la source: ce sont des techniques par voie humide. En spectrométrie d'arc, d'étincelle ou de décharge luminescente, l'échantillon solide est soumis à l'analyse sans mise en solution préalable.

1.6.2.1 Déterminations sur massif

Généralités et étalonnage

La spectrométrie d'émission optique est une méthode rapide et fiable d'analyse élémentaire des solides conducteurs, dont la découverte remonte au siècle dernier. De la préparation de l'échantillon à l'édition du résultat, il ne s'écoule guère plus de dix minutes.

Il s'agit d'une méthode comparative et multi-élémentaire, basée sur l'étude de l'émission optique d'un spectre issu de l'excitation des atomes d'un échantillon. De nos jours, cette technique est utilisée de façon systématique en sidérurgie, en métallurgie et en fonderie, pour la mise au point, la production et le contrôle de qualité des métaux et des alliages.

Les principales caractéristiques physico-chimiques des échantillons métalliques auront une influence plus ou moins importante sur le signal détecté. Il apparaît donc comme indispensable de disposer, pour l'étalonnage du spectromètre, d'une gamme d'échantillons connus, de nature, de composition chimique et de structure les plus proches possibles de l'échantillon à analyser. Quelle que soit leur origine (MRC, MR, voir sect. 1.4), ces échantillons connus sont le plus souvent appelés ***étalons***.

A chaque type de matrice métallique, et à un élément donné, correspond une courbe d'étalonnage, établie grâce aux étalons dont dispose le laboratoire. Une fois établies, ces courbes sont mémorisées par le système informatique de l'appareil.

Avant chaque série d'analyse, il convient de vérifier la réponse d'échantillons connus par rapport à l'étalonnage, afin de repositionner ce dernier si besoin. Ces échantillons connus, souvent appelés ***pions de calibrage***, sont des échantillons dont la réponse est la plus constante possible. Ils peuvent être des MRC, MR mais pas nécessairement, car leur principale caractéristique réside dans leur homogénéité intrinsèque.

Enfin, au cours de chaque série, l'analyse de témoins permettra de surveiller la dérive éventuelle du spectromètre et d'envisager, le cas échéant, un ajustage appelé ***recalibration***.

Appareillage

Un spectromètre d'émission (fig. 1.1) sur massif se compose de trois parties principales : une source d'excitation, un système optique et un dispositif de détection. Des moyens informatiques de traitement, de stockage et de transmission des données lui sont associés.

Fig. 1.1 Spectromètre à émission optique (SEO-ARL, avec l'aimable autorisation de Thermo Electron).

Source d'excitation

Il existe deux types de sources utilisées pour l'analyse des matériaux métalliques, qui ont donné leur nom à deux techniques dont les applications sont sensiblement différentes:

- la spectrométrie d'émission à étincelle,
- la spectrométrie d'émission à décharge luminescente.

Système optique

Le système optique d'un spectromètre est constitué d'un polychromateur qui disperse le spectre et isole les raies analytiques des éléments à doser. Le polychromateur se compose d'une fente d'entrée, d'un réseau concave et de fentes de sortie. Les fentes, le centre et le sommet du réseau sont situés sur un cercle, appelé ***cercle de Rowland***.

Système de détection

Classiquement, le dispositif de détection d'un spectromètre comprend un certain nombre de «canaux d'analyse» à raison d'un canal par raie analytique sélectionnée. Chaque ligne est équipée d'un détecteur, placé immédiatement derrière la fente de sortie, et possède son propre système d'amplification.

Les amplificateurs sont placés à proximité immédiate des détecteurs. Les détecteurs utilisés sont des photomultiplicateurs de type photoélectrique. Dans le photomultiplicateur, les photons issus de la fente de sortie sont convertis en électrons par la photocathode puis le flux électronique est amplifié. Le courant anodique final est proportionnel au flux de photons incident reçu par la photocathode. Enfin, la tension du signal de sortie des amplificateurs est transformée en fréquence, et les signaux convertis sont dirigés vers l'ordinateur à travers une interface.

Excitation par étincelle

En spectrométrie d'étincelle, la source d'émission se compose d'un statif d'étincelage et d'un générateur approprié.

L'échantillon à analyser est fixé sur un socle. L'échantillon ferme la chambre d'étincelage dans laquelle une électrode fait face à l'échantillon. L'étincelle monodirectionnelle se forme entre cette électrode qui sert de cathode et l'échantillon qui sert d'anode. Un courant de gaz neutre (argon par exemple) chasse hors de la chambre l'aérosol de particules métalliques créé par la décharge.

L'étincelle se déroule en deux phases. Une première décharge de faible énergie (supérieure à 10 kV pendant quelques µs) permet d'ioniser le gaz plasmogène (argon) pour créer un plasma conducteur. Sitôt ce plasma formé, le circuit principal du générateur se décharge avec une forte énergie (100 à 400 W) sous une tension modérée (300 à 500 V), entraînant la fusion et l'évaporation de l'échantillon au point d'impact de l'étincelle. Les éléments présents dans le plasma sont excités et émettent leur spectre caractéristique. La durée totale des deux phases est de quelques millisecondes. Pour effectuer une analyse, on utilisera un grand nombre d'étincelles qui attaquent une zone de l'échantillon d'environ 1 cm^2.

Les paramètres de l'étincelle, tension de charge, valeur des composants du circuit principal, fréquence de répétition et durée totale de l'analyse, forment un ensemble de conditions qui sont prédéfinies en fonction des applications analytiques.

Dès lors qu'un nombre suffisant de matériaux de référence sont disponibles pour établir une courbe d'étalonnage, la plupart des matrices sont analysables par cette technique, avec plus ou moins de fiabilité. A titre d'exemple, citons:

- L'*analyse spectrométrique des alliages de zinc.*
  Il est possible de déterminer par spectrométrie d'émission à étincelle, dans un alliage de zinc de type ZA4 (Zn allié à 4% Al) ou de type ZA4U (Zn allié à 4% Al et au Cu), les éléments suivants Al, Cu, Mg, Fe, Pb, Cd, Sn, Ni et Si.
- L'*analyse spectrométrique des alliages d'aluminium.*
  Il est possible de déterminer par spectrométrie d'émission à étincelle, dans un alliage d'aluminium de type AlSi9Cu3 (alliage d'Al à 9% Si, 3% Cu), les éléments Si, Fe, Cu, Mn, Mg, Ni, Zn, Pb, Sn, Ti, Sb et Cr.

Excitation par décharge luminescente

La spectrométrie d'émission optique à décharge luminescente (SDL) est aussi communément appelée *GDOS* (*Glow Discharge Optical Spectroscopy*).

A la place des sources à étincelle ou à arc électrique, cette technique utilise la lampe à décharge luminescente. Cette lampe fonctionne sur le principe d'un tube cathodique, il n'y a donc pas de volatilisation de l'échantillon. L'énergie mise en jeu pour l'excitation des atomes est l'énergie cinétique des particules chargées.

Lorsque l'on impose un courant entre deux électrodes de surface plane d'un tube cylindrique renfermant du gaz, la tension va évoluer selon différents régimes en fonction de l'intensité qui augmente. Ce courant va provoquer l'ionisation du gaz qui, en créant des collisions entre les espèces, va induire l'excitation des atomes. Il y aura alors émission lumineuse. Puis, il arrive une intensité pour laquelle l'intégralité de la surface de la cathode (c'est-à-dire en fait l'échantillon à analyser) participe à la décharge et qui entraîne une augmentation de la tension. Il s'agit du régime de décharge luminescente anormale, choisi comme mode de fonctionnement de la GDOS pour les raisons suivantes:

- l'émission lumineuse est importante,
- l'intégralité de la surface de l'échantillon participe à la décharge,
- les caractéristiques électriques sont facilement contrôlables et stabilisables.

Seul le système d'excitation des atomes et d'émission de la lumière diffère de la spectrométrie d'étincelle. Les systèmes optiques et d'acquisition restent identiques à ceux de la spectrométrie d'étincelle.

Une lampe à décharge est constituée de blocs «anodique» et «cathodique», et est reliée à un générateur de courant continu (500 W). L'échantillon est plaqué sur la cathode par un joint torique. Le diamètre de l'impact, qui correspond à la zone analysée de l'échantillon, est classiquement de 8 mm. Comme en étincelle, la lumière émise est ensuite envoyée dans le spectromètre optique.

Par rapport à l'étincelle, la «décharge luminescente» présente l'avantage de fournir des réponses dont la loi mathématique est très souvent du premier ordre. Ceci permet donc d'étendre les applications à des matrices alliées. A l'aide de cette technique, il est par exemple facile de déterminer la composition d'un acier «inox», avec de 0,10 à 35% de nickel et de 0,10 à 25% de chrome. Cette source d'excitation permet de pratiquer l'analyse directe de certains éléments dans les fontes grises, comme le magnésium ou le cérium, démarche souvent impossible en étincelle.

La décharge luminescente permet également l'analyse de couche surfacique.

1.6.2.2 Spectrométrie d'émission à plasma (SEP)

Principe

En spectrométrie d'émission à plasma, la démarche consiste également à mesurer l'émission atomique d'un échantillon par une technique de spectroscopie optique. Les échantillons, après mise en solution, sont nébulisés, et l'aérosol ainsi produit est transporté vers une torche à plasma où se déroule l'excitation.

Les spectres d'émission atomique caractéristiques des éléments sont dispersés par un spectromètre à réseau, et l'intensité des raies est évaluée par des tubes photomultiplicateurs (SEP simultanée) ou un photomultiplicateur (SEP séquentielle). Il s'agit, dans le cas de la SEP simultanée, d'une technique particulièrement performante puisque multi-élémentaire.

L'étalonnage étant constitué de solutions préparées à l'aide de produits primaires, la gamme des possibilités est «infinie».

Le plasma est un gaz partiellement ionisé, électriquement neutre à l'échelle macroscopique. Les propriétés mécaniques des plasmas sont identiques à celles des gaz neutres. Au contraire, leurs propriétés électromagnétiques sont différentes du fait de la présence d'électrons en mouvement. Leurs températures sont beaucoup plus élevées que celles des flammes utilisées en SAA (4000 K à 15 000 K), et ils peuvent ainsi non seulement dissocier des molécules, mais également porter les espèces ainsi formées (atomes ou ions) à un niveau d'énergie supérieur.

Une fois à l'état d'atome libre ou ionisé, l'élément va subir l'action du plasma sous forme de rayonnement et de collisions avec les différentes espèces du plasma. L'argon étant le gaz plasmogène le plus couramment utilisé, les espèces suivantes sont présentes dans le plasma: électrons, ions Ar^+, atomes d'Ar à l'état fondamental, atomes d'Ar à l'état excité, molécules d'Ar. Dans le plasma, il existe des interactions entre les particules d'argon et celles de l'échantillon. Ces interactions favorisent l'excitation des espèces en présence. Le retour à l'état fondamental s'accompagne d'émission d'énergie lumineuse envoyée sur un spectromètre puis transformée en énergie électrique. L'étalonnage intensité = f(concentration) permet ainsi de remonter aux teneurs recherchées de l'échantillon.

En résumé, la chaîne d'analyse peut se découper selon les étapes suivantes:

- nébulisation de la solution échantillon,
- transport de l'aérosol,
- désolvatation de l'aérosol,
- atomisation et éventuellement ionisation des constituants atomiques de l'échantillon,
- excitation,
- émission du spectre et mesure de l'intensité émise aux longueurs d'onde des éléments recherchés.

Appareillage

Une installation d'analyse par spectroscopie à plasma (fig. 1.2) comprend les éléments suivants:

- le compartiment de torche à plasma + système d'alimentation en gaz pour le fonctionnement du plasma,
- le générateur haute fréquence, qui va apporter l'énergie externe au plasma,
- le système d'introduction de l'échantillon devant assurer une bonne pénétration de l'aérosol dans le plasma et un temps de séjour élevé,
- le système optique permettant d'analyser le spectre émis par le plasma,
- le système de traitement du signal.

La plupart des plasmas utilisés comme sources d'excitation en spectrométrie d'émission sont produits à la pression atmosphérique (facilité et rapidité d'introduction de l'échantillon). Les plus couramment utilisés sont les plasmas inductifs en haute fréquence. Le couplage s'effectue à l'aide d'un inducteur entourant une

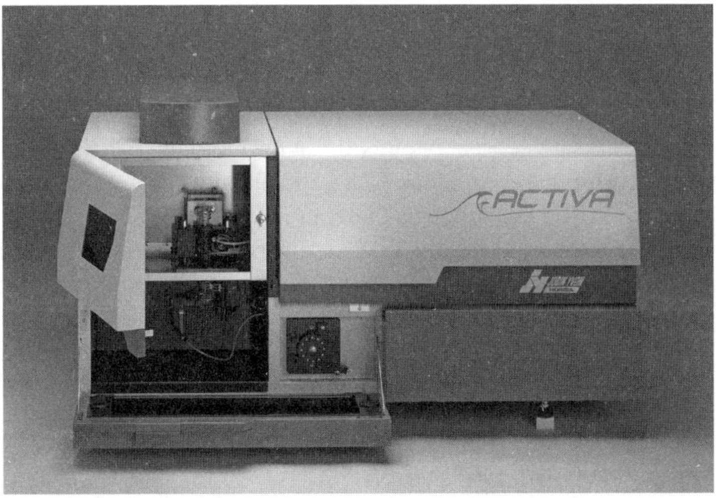

Fig. 1.2 Spectromètre d'émission à plasma (SEP, avec l'aimable autorisation de Horiba/ Jobin-Yvon).

torche par laquelle arrive le gaz plasmogène. D'où la désignation la plus courante de la technique: *ICP* (*Inductively Coupled Plasma*).

La durée d'analyse d'un échantillon est de l'ordre de quelques minutes, qui s'ajoutent à la durée de la préparation de la solution d'échantillon et de l'étalonnage.

Applications

Dosage de Al, Mg, Ti, V dans les fontes alliées au nickel (fonte Ni-Résist)

Il est possible de déterminer par SEP les éléments Al (0,003-0,1 %), Mg (0,001-0,1 %), Ti (0,001-0,1 %) et V (0,001-0,1 %) dans les fontes au Nickel, à partir d'une même mise en solution. Les déterminations de Al et Mg sont réalisées à l'aide d'un spectromètre séquentiel alors que celles de Ti et V sont réalisées sur un spectromètre simultané.

La méthode comporte les étapes suivantes:

- mise en solution par les acides chlorhydrique et nitrique,
- séparation du résidu insoluble par filtration; élimination sulfo-fluorhydrique du silicium, et calcination,
- fusion du résidu par un mélange fondant de carbonate de potassium et d'acide borique, puis reprise du culot,
- mesures spectrométriques.

Détermination de la composition chimique des laitons par SEP (sauf le cuivre et le silicium)

La méthode permet le dosage des éléments Sn, Pb, Zn, Fe, Ni, Mn, Al, P et As dans les laitons par SEP. Tous ces éléments sont déterminés sur un spectromètre simultané sauf le P et l'As, néanmoins introduits dans l'étalonnage global, et mesurés à l'aide d'un spectromètre séquentiel de meilleure résolution optique.

1.6.3 Spectrométrie d'Absorption Atomique dans la flamme (SAA)

Très répandue dans les laboratoires il y a encore une vingtaine d'années, la Spectrométrie d'Absorption Atomique (SAA) est aujourd'hui très largement devancée par la Spectrométrie d'Emission à Plasma (SEP).

En effet, la SAA est une technique d'analyse mono-élémentaire, ce qui la rend beaucoup plus lente que la SEP pour l'analyse d'un alliage. Et même si les constructeurs tendent à faire évoluer les appareillages pour les rendre multi-élémentaires, il n'est pas certain que les possibilités atteignent celles des appareils de SEP.

Principe

L'énergie d'excitation d'un électron peut être d'origine thermique, cinétique ou lumineuse.

Dans le cas de la SAA, cette énergie est lumineuse. En effet, les photons pourront être absorbés par les atomes du niveau fondamental et se trouveront ainsi «projetés» sur un niveau d'énergie supérieur. Puis, rapidement, l'électron reviendra dans sa position la plus stable: c'est le retour à l'état fondamental en émettant un photon de même énergie que celle du photon qui avait été absorbé lors de l'excitation.

Dans la pratique, à partir d'une solution d'échantillon, une population d'atomes est générée dans l'atomiseur. Cette population est ensuite irradiée par un faisceau lumineux d'intensité I_0 et de longueur d'onde λ_0. Une partie du faisceau va être absorbée pour exciter la population d'atomes, et le faisceau transmis aura pour intensité I, inférieure à I_0; sa longueur d'onde sera inchangée.

Le logarithme du rapport I_0/I désigne l'absorbance et suit la loi de Beer-Lambert:

$$A = \log \frac{I_0}{I} = \varepsilon \cdot \ell \cdot N \tag{1.2}$$

où A est l'absorbance, N le nombre d'atomes à l'état fondamental dans le volume de l'atomiseur, ε un coefficient spécifique et ℓ la longueur du milieu absorbant. Ainsi, l'absorbance est directement proportionnelle à la concentration de l'espèce absorbante dans la solution, et elle est indépendante de l'intensité incidente.

Les propriétés chimiques et physiques des éléments à analyser ont une influence directe sur le choix des différents paramètres de dosage. Le potentiel d'ionisation, la valence et l'oxydabilité auront des incidences sur la sensibilité de la méthode et sur les interactions, et par conséquent sur le choix de la nature de la flamme, sa composition, et sur l'emploi éventuel des correcteurs d'interactions. Le tableau 1.1 présente une classification des éléments selon leurs propriétés en SAA.

Tableau 1.1 Répartition des éléments selon leurs propriétés en SAA.

Eléments sensibles présentant peu d'interactions	Eléments oxydables relativement réfractaires	Eléments réfractaires et carburigènes	Eléments volatils et moyennement volatils
Cu Mn Co Ni	Al Ca Mg Ti Zr Ba	W V Mo Nb Ta	Pb Bi Sn Sb Ga Zn

Lorsque, par exemple, une matrice métallique contient des éléments réfractaires en forte proportion, ces derniers peuvent, si les solutions ne sont pas assez acides, se déposer à l'intérieur du brûleur et conduire à des effets mémoire et d'encrassement.

Afin de supprimer ou de minimiser les interférences, il est souvent nécessaire d'avoir recours à des correcteurs ou modificateurs: sels de Na, K (à faible potentiel d'ionisation), sels de La, sels d'Al (caractère réfractaire).

Appareillage

Tout instrument d'absorption atomique (fig. 1.3) contient les éléments de base ci-dessous:

- source de lumière primaire (lampe à cathode creuse le plus souvent), dont le spectre de longueurs d'onde correspond à celui d'un unique élément,
- système pour moduler le rayonnement de la source,
- atomiseur: son rôle est de produire une population d'atomes à l'état fondamental. Il existe pour cela deux types d'atomiseur: la flamme et le four en graphite.

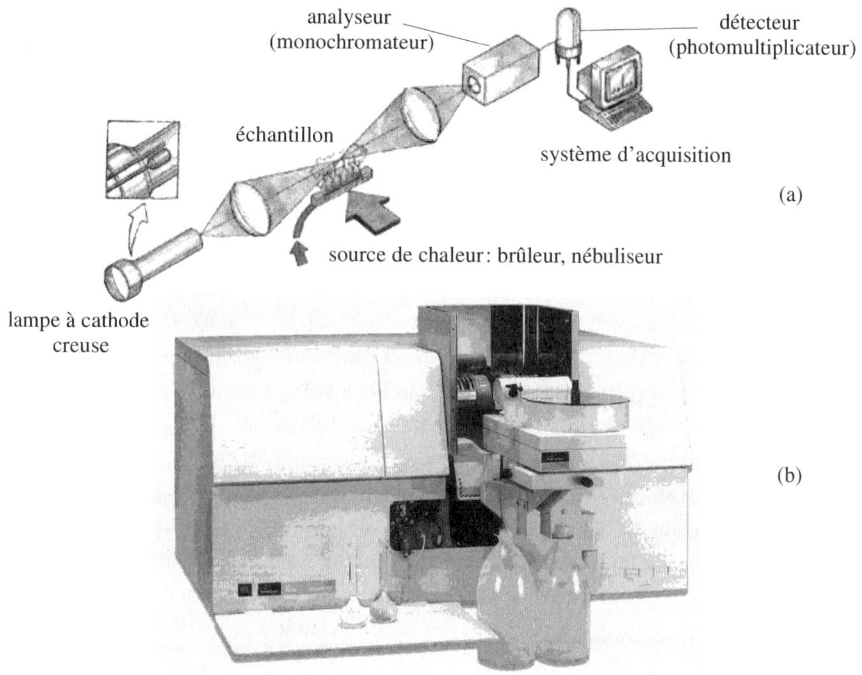

Fig. 1.3 Schéma de principe d'un spectromètre d'absorption atomique: (a) schéma de principe, (b) photo d'un spectromètre d'absorption atomique (SAA, avec l'aimable autorisation de PERKIN ELMER).

L'atomiseur de la SAA flamme est lui-même composé des éléments suivants:

- capillaire d'introduction de la solution,
- nébuliseur, dont le but est de produire un aérosol solution/comburant dans lequel les gouttes sont les plus petites possibles,
- chambre de prémélange des gaz,
- brûleur: c'est dans la flamme que les molécules de l'aérosol vont, sous l'influence de la température, se dissocier en atomes, pour ensuite pouvoir passer à l'état excité;
- monochromateur, qui permet de sélectionner la longueur d'onde caractéristique de l'élément à déterminer;
- détecteur et système d'enregistrement et de traitement du signal.

La durée de l'analyse d'un échantillon est de quelques secondes. A cela, il faut ajouter les temps de mesure de l'étalonnage et de préparation des solutions.

Applications

Cuivre dans les alliages d'aluminium

Les différentes étapes sont données ci-après :

- Mise en solution par l'acide chlorhydrique et le peroxyde d'hydrogène.
- Pour les alliages contenant du silicium, élimination du silicium sous forme d'acide fluosilicique.
- Nébulisation de la solution dans une flamme air-acétylène en présence de chlorure de lanthane.
- Mesure spectrométrique de l'absorption atomique à la longueur d'onde de 324,8 nm de la raie spectrale émise par une lampe à cathode creuse de cuivre.

La méthode est applicable pour des teneurs en cuivre allant de 0,005 à 6 %.

Chrome dans les alliages de nickel

- Mise en solution par les acides chlorhydrique et nitrique, suivie d'une évaporation des acides en excès et d'une remise en solution des sels, avec addition de chlorure de strontium.
- Nébulisation de la solution dans une flamme protoxyde d'azote-acétylène.
- Mesure spectrométrique de l'absorption atomique à la longueur d'onde de 359,3 nm de la raie spectrale émise par une lampe à cathode creuse de chrome.

La méthode est applicable pour des teneurs en chrome allant de 0,01 à 4,00 %.

1.6.4 Spectrométrie d'Absorption Atomique électrothermique (SAAet)

Principe

La Spectrométrie d'Absorption Atomique électrothermique (SAAet) a permis, dès les années 1970, d'améliorer considérablement les limites de détection de la SAA flamme. Néanmoins, cette technique engendre de très nombreuses interférences de diverses natures, et les développements actuels sont essentiellement dirigés vers la réduction de ces interférences.

Le principe général de cette technique est bien sûr identique à celui de la SAA flamme, et globalement, seul diffère l'atomiseur.

Les étapes d'obtention de la population d'atomes sont les suivantes :

- dépose de l'échantillon sur la plate forme du tube (four graphite),
- séchage de l'échantillon,
- décomposition, minéralisation ou pyrolyse, qui permet de simplifier la matrice, d'éliminer les fumées et les vapeurs moléculaires,
- atomisation proprement dite qui assure la dissociation la plus sélective possible des atomes à doser.

L'efficacité de ces étapes dépend du programme de températures. En effet, il convient d'établir, en fonction du type d'appareil, de l'élément à doser, de la matrice dans lequel il se trouve et de sa teneur prévue, un programme de températures/temps spécifique.

Appareillage

On retrouve dans un spectromètre de SAAet les mêmes éléments que pour la SAA flamme, avec comme principales différences le système d'introduction de l'échantillon et l'atomiseur:

- Système d'introduction de l'échantillon: il s'agit d'une micropipette automatique qui permet l'injection d'un volume d'échantillon de 5 à 50 µl dans de bonnes conditions de reproductibilité,
- Atomiseur: le four en graphite remplace le brûleur utilisé en mode flamme. Celui-ci est constitué d'un tube en graphite en contact électrique avec deux électrodes également en graphite: le tube va alors être chauffé par effet Joule à des températures très élevées, de 2000 à 3000°C. Ses dimensions sont de 3 cm de long et de 0,5 cm de diamètre. Il est ouvert aux deux extrémités pour permettre la circulation de gaz, ainsi qu'en son centre pour l'introduction de l'échantillon.

Les constructeurs fournissent des appareils d'absorption atomique équipés des deux types de brûleur, flamme et électrothermie, facilement interchangeables. De plus, ces appareils sont en général complètement automatisés, et grâce à un passeur d'échantillons, ils permettent d'en analyser un grand nombre successivement. Enfin, l'analyse d'un échantillon par SAAet dure quelques minutes, auxquelles il faut ajouter le temps d'analyse de l'étalonnage.

Applications

Cette technique est par exemple parfaitement adaptée à la détermination d'éléments à l'état de traces dans les fontes et les aciers: Sn, Pb, Sb, As, Sb, Te et Bi.

Etain dans les fontes et les aciers faiblement alliés

Les différentes étapes sont données ci-après:

- Mise en solution par les acides chlorhydrique et nitrique.
  Atomisation après dilution convenable en milieu nitrique à 2% en présence de di-ammonium hydrogéno-citrate comme modificateur, dans un tube de graphite pyrolytique muni d'une plate-forme. Les mesures doivent être pratiquées immédiatement après dilution, car l'étain risque de s'hydrolyser en milieu nitrique.
- Mesure spectrométrique de l'absorption atomique à la longueur d'onde de 235,5 nm de la raie spectrale émise par une lampe à cathode creuse d'étain.

La méthode est applicable pour des teneurs en étain allant de 0,0005 à 0,0400%.

1.6.5 Spectrométrie d'Absorption Moléculaire (SAM) dans les domaines du proche UV et du visible

Principe

La spectrophotométrie d'absorption moléculaire (SAM) est basée sur le principe suivant: un faisceau de lumière de longueur d'onde donnée, dans le proche UV ou le visible, traverse la solution à analyser, transparente mais colorée. La détermination de la fraction de lumière absorbée permet de déduire la concentration en substance absorbante de la solution. Il s'agit d'une application de la loi de Beer-Lambert (voir équation (1.2)):

$$\log \frac{I_0}{I} = \varepsilon \cdot \ell \cdot c \tag{1.3}$$

avec ε, le coefficient d'extinction spécifique, ℓ, la longueur du trajet optique, et c, la concentration de l'espèce absorbante.

Néanmoins, cette loi n'est valable que si la lumière incidente est monochromatique, la solution à étudier parfaitement transparente, et l'effet de la dilution négligeable.

Le préambule à l'analyse est la mise en solution de l'échantillon et la séparation de l'élément à analyser. Le milieu de préparation peut être aqueux ou organique. Pour éliminer les ions gênants, tous les outils de la chimie analytique sont utilisables: choix des réactifs, oxydoréductions, valeur du pH, formation de complexes, recours aux extractions par des solvants organiques.

Il faut également noter que pour de nombreux composés colorés, la densité optique évolue en fonction du temps. Souvent, la coloration se développe lentement à partir de l'instant où tous les réactifs sont en présence, pour se stabiliser au bout d'un temps allant de quelques minutes à une heure. Au-delà, la coloration peut se trouver dégradée, et la mesure optique n'est plus réalisable avec la fiabilité requise.

Appareillage

En pratique, on détermine l'absorption relative de la lumière par la solution à analyser par rapport à celle d'une solution de référence, en général le solvant du milieu.

La figure 1.4(a) donne le schéma de principe d'un spectrophotomètre à double faisceau et la figure 1.4(b) montre la photo d'un spectromètre UV-visible.

Un spectrophotomètre se compose de quatre parties essentielles:

- *Source lumineuse:*
  - lampe au deutérium, utilisée dans le domaine de 190 à 400 nm;
  - lampe à filament de tungstène, utilisée dans le domaine de 350 à 800 nm.
- *Monochromateur:* composé principalement d'un système dispersif, d'une fente d'entrée et d'une fente de sortie, il a pour objet de sélectionner la longueur d'onde de travail.

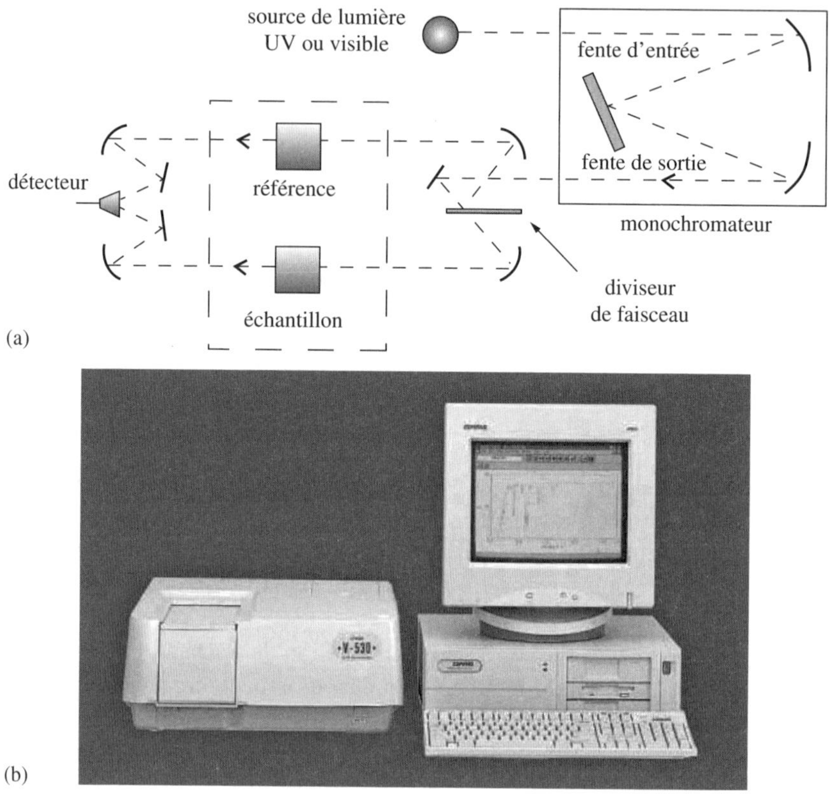

Fig. 1.4 Spectrophotomètre à double faisceau : (a) schéma de principe, (b) photo d'un spectromètre UV-visible (avec l'aimable autorisation de JASCO France SARL).

- *Cuves:* contiennent la solution de référence et la solution à analyser. Ces cuves doivent être parallélépipédiques et parfaitement transparentes aux radiations. Pour travailler dans l'UV et le visible, les cuves sont en quartz. Leur épaisseur caractérise la longueur du trajet optique (ℓ).
- *Détecteur:* se compose de deux éléments : les photodiodes (semiconducteurs) et le photomultiplicateur qui amplifie l'intensité du faisceau émergent.

Le temps de lecture de l'absorbance d'un échantillon est immédiat, dès lors que celui-ci est prêt. La mise en solution et la mise en œuvre des réactions permettant le développement de la coloration peuvent en revanche être relativement longues, jusqu'à plusieurs heures.

Applications

Silicium dans les alliages cuivreux

L'analyse consiste en une mise en solution de l'échantillon par les acides nitrique et fluorhydrique, puis en la formation d'un complexe silicomolybdique par addition de molybdate d'ammonium. La longueur d'onde de mesure de la densité optique est de 400 nm. La matrice métallique pouvant présenter une absorbance non spécifique aux alentours de 400 nm, une teinte de fond est nécessaire (solution comportant les mêmes réactifs et l'échantillon, mais dans lequel le développement coloré a été «bloqué»).

La méthode peut être applicable pour des teneurs en silicium allant de 0,025 % à 0,800 %.

Molybdène dans les aciers et fontes

L'analyse se déroule de la façon suivante:

- Mise en solution de l'échantillon par un mélange acide (acides nitrique + chlorhydrique puis traitement par un mélange d'acides orthophosphorique + perchlorique) et décomposition des carbures par oxydation à l'acide nitrique.
- Formation quantitative d'un complexe coloré du molybdène en présence de thiocyanate et d'ions fer II et/ou cuivre II.
- Extraction de ce complexe par l'acétate de n-butyle, et réduction par addition de chlorure stanneux.
- Mesure spectro-photométrique à la longueur d'onde de 470 nm.

La méthode est applicable pour des teneurs en molybdène allant de 0,003 % à 10 %.

1.6.6 Fluorescence X

Principe

L'absorption de l'énergie d'un photon X entraîne l'expulsion d'un électron de la couche K interne de l'atome. La vacance électronique de la couche K est alors comblée par un électron de la couche L, avec émission d'un photon X de fluorescence. Cet effet est à la base de la technique d'analyse par fluorescence X. Parfois, le photon X de fluorescence permet l'extraction d'un deuxième électron de la couche L, c'est l'***effet Auger***, qui peut être à l'origine d'extractions électroniques en cascade dans l'atome. L'effet Auger, pour les éléments légers principalement, est en concurrence notable avec le phénomène de fluorescence.

Appareillage

Il existe deux types de spectromètres: à dispersion d'énergie et à dispersion de longueur d'onde. Les premiers, de faible capacité résolutive par rapport aux seconds, sont utilisés comme «appareils de terrain». En métallurgie, les seconds sont majoritairement utilisés. C'est ce second type d'appareillage que nous détaillerons ici.

Les rayons X émis par un tube irradient l'échantillon. Les rayons de fluorescence ré-émis perpendiculairement au faisceau primaire sont collimatés pour donner un faisceau parallèle qui sera diffracté par un cristal analyseur selon la loi de Bragg:

$$n \cdot \lambda = 2d \cdot \sin\theta \quad (1.4)$$

avec n, l'ordre de diffraction, λ, la longueur d'onde du rayonnement de fluorescence, d, la distance interréticulaire des plans cristallins assurant la diffraction, θ, l'angle de diffraction.

Habituellement, ce sont les raies issues du premier ordre qui sont utilisées ($n = 1$), car plus intenses. Le mouvement des compteurs est couplé avec celui du cristal analyseur de telle sorte que la rotation d'un angle θ du cristal entraîne un déplacement de 2θ des compteurs, permettant ainsi la mesure en un point quelconque du spectre (voir Traité des matériaux, vol. 3).

Comme le montre la figure 1.5 représentant le schéma de principe d'un spectromètre de fluorescence X, celui-ci est constitué des éléments suivants:

- Source de rayons X: tube à rayons X de grande puissance (4 kW), refroidi sous courant d'eau.

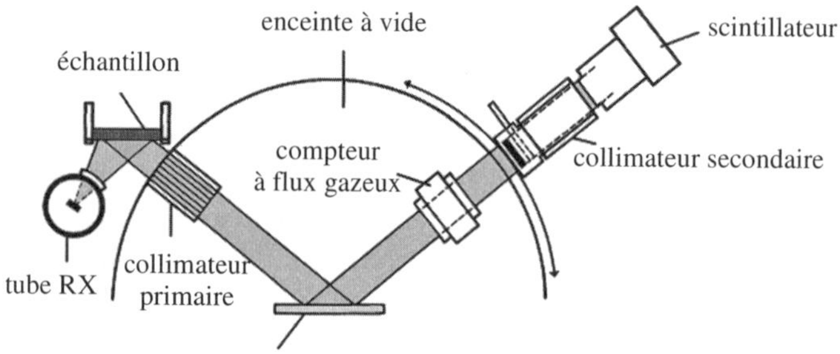

(a)

(b)

Fig. 1.5 (a) Schéma de principe d'un spectromètre de fluorescence X; (b) appareil de fluorescence X par Dispersion de longueurs d'ondes RIGAKU modèle ZSX Primus I (avec l'aimable autorisation d'Elexience, représentant exclusif de Rigaku en France).

- Porte-échantillon: automatisé ou non, il offre une surface utile allant de quelques millimètres carrés à quelques centimètres carrés.
- Système dispersif à cristal: il est en général plan, voire légèrement courbe. Sa nature peut être ajustée en fonction du type de matrice à analyser. Un des plus couramment utilisés est le fluorure de lithium.
- Détecteur: le détecteur est, selon l'énergie du rayonnement, un compteur proportionnel ou un scintillateur, permettant de traduire l'intensité de la raie en nombre de coups par seconde.

Lors du traitement des données, il faut tenir compte des effets de matrice (l'effet de chaque élément j sur un élément i), des effets d'absorption du rayonnement de fluorescence par l'échantillon, et des effets de fluorescence secondaire. Pour cela, des «coefficients d'influence» sont indispensables. Ils sont déterminés à partir de résultats obtenus sur des étalons et calculés par itérations.

Applications

La connaissance des lois fondamentales qui régissent cette technique et le développement actuel des programmes de calculs et d'exploitation des résultats permettent d'utiliser les appareils de fluorescence X selon deux modes: avec ou sans étalonnage préalable.

Dans le premier cas, les applications pour l'analyse des matériaux métalliques sont similaires à celles de la spectrométrie d'émission optique, avec toutefois un avantage certain: après corrections, les réponses du spectromètre de fluorescence X sont linéaires, et présentent de très bonnes reproductibilité et stabilité. Cette dernière technique est à privilégier pour l'analyse des éléments majeurs.

Dans le second cas, il s'agit d'analyse semi-quantitative. Ce type d'analyse est tout à fait performant dans un contexte de recherche rapide et globale de matrice, pour l'analyse d'un échantillon pour lequel il n'existe pas d'étalons disponibles, ou tout simplement pour des questions de rapidité d'analyse.

1.7 DÉTERMINATION D'ÉLÉMENTS PARTICULIERS

1.7.1 Carbone/Soufre

Le carbone et le soufre dans les fontes et les aciers sont parmi les principales données de composition chimique. L'analyse par absorption dans l'infrarouge après combustion permet en quelques minutes d'accéder à ces teneurs. En effet, la plupart des appareils actuels sont des analyseurs simultanés de carbone et de soufre. De plus, très simples d'utilisation, ils intègrent toute la chaîne de mesure, de la pesée de la prise d'essai à l'édition du résultat.

L'échantillon (copeaux, petits morceaux métalliques ou éventuellement broyages) est placé avec un accélérateur de fusion, par exemple du tungstène, dans un creuset en céramique. Ce creuset est ensuite introduit dans un four à induction

(1200-1400°C), où le métal est soumis à une combustion sous courant d'oxygène. Les gaz de combustion sont collectés, filtrés, puis analysés dans deux cellules à infrarouge disposées en série, sensibles l'une à CO_2 et l'autre à SO_2.

Grâce à l'étalonnage, soit par gaz primaire, soit par des MRC, l'appareil peut déduire de la quantité de gaz détecté les teneurs en carbone et en soufre de l'échantillon.

Il existe toutefois d'autres méthodes de dosage du carbone et du soufre, de mise en œuvre nettement moins rapide; elles sont de moins en moins retenues. A titre d'exemple, citons les méthodes suivantes:

- *Carbone:*
  - titrage acidimétrique après absorption en milieu organique,
  - manométrie après condensation de CO_2,
  - conductimétrie.
- *Soufre:*
  - SAM à la pararosaniline,
  - titrage oxydoréducteur de SO_2,
  - titrage coulométrique.

1.7.2 Gaz

Oxygène

La détermination de l'oxygène (de 0,0001 à 0,2%) dans les matériaux métalliques consiste à décomposer thermiquement les composés oxygénés présents dans l'alliage par fusion carburante, parfois en présence d'un fondant (nickel ou platine) et sous courant de gaz porteur (hélium, argon, éventuellement azote si la détermination de ce gaz ne s'effectue pas simultanément).

Ainsi, l'échantillon usiné sous forme de cylindre de 4 mm de diamètre et de 8 mm de hauteur est introduit dans un creuset en graphite et porté à une température de 1400°C par effet Joule. L'oxygène est extrait sous forme de monoxyde de carbone, puis mesuré sous cette forme ou après transformation en dioxyde de carbone.

La détection peut être effectuée par:

- conductibilité thermique après séparation chromatographique,
- absorption infrarouge (cas le plus fréquent des appareillages).

La détermination de l'oxygène est particulièrement intéressante dans le cas des aciers, des alliages de nickel, de certains alliages cuivreux (cupro-aluminium notamment) et des alliages de titane.

Azote

La plupart des analyseurs de gaz dans les matériaux métalliques prévoient la détection simultanée de l'azote et de l'oxygène. En plus de la détection par conductibilité thermique, il existe des déterminations de l'azote par voie humide: SAM et titrimétrie.

La détermination de l'azote (de 0,0001 à 0,5%) concerne principalement les aciers, les fontes et les alliages de nickel.

Méthode par SAM

La détermination de l'azote par SAM est décrite dans la norme NF A 06-323 de septembre 1987. Le domaine d'application s'étend de 0,002% à 0,05%.

Dosage titrimétrique de l'azote

Le dosage tritrimétrique est décrit dans la norme NF ISO 10702 de juin 1996. Après transformation de l'azote en sel d'ammonium, puis entraînement à la vapeur de l'ammoniaque dans une solution d'acide chlorhydrique, l'excès d'acide chlorhydrique est déterminé par titrage. Le domaine d'application s'étend de 0,01 à 0,2%.

Hydrogène

La présence d'hydrogène dans les aciers peut influer défavorablement sur leurs caractéristiques, notamment par une fragilisation due à sa mobilité. L'hydrogène sera principalement dosé dans les aciers à structure ferritique et à structure austénitique. L'étendue des teneurs va en général de 0,2 à 10 µg/g.

L'échantillon est chauffé au-delà du point de fusion vers 1800°C en milieu réducteur (creuset en graphite), de façon à décomposer thermiquement les composés hydrogénés présents dans l'acier et à faire dégazer l'hydrogène élémentaire ainsi formé. Celui-ci transite par un circuit comprenant des pièges de purification (séparation des gaz dégagés). Puis il est envoyé sur un système de détection (catharomètre) dont le signal, proportionnel à la quantité d'hydrogène, permet, après étalonnage, une évaluation quantitative du gaz, notamment dans le cas des aciers ferritiques.

Le plus délicat n'est sans doute pas l'analyse elle-même, mais le prélèvement de l'échantillon, sa conservation et sa préparation pour analyse. Lorsque le prélèvement est réalisé dans un bain d'acier liquide, la vitesse de refroidissement est le facteur déterminant pour la représentativité de l'échantillon. Une fois refroidi, l'échantillon est conservé dans un liquide réfrigérant (azote liquide à 77 K). Entre la prise du métal et son immersion dans le réfrigérant, il ne doit pas s'écouler plus de 30 secondes. Ensuite, l'échantillon est usiné en le maintenant à très basse température, afin d'éviter tout échauffement du métal pour l'analyse qui doit suivre immédiatement. Si un temps d'attente intervient, l'échantillon pour analyse doit être conservé dans un liquide cryogénique.

1.8 TECHNIQUES DE MICROANALYSE PAR FAISCEAUX D'ÉLECTRONS

Il est parfois nécessaire d'analyser des zones très petites, telles que des inclusions, des précipités, des couches minces, des ségrégations aux joints de grains... Pour analyser des éléments présents à l'échelle micrométrique, on utilise des techniques de microanalyse par spectrométrie par faisceaux d'électrons, qui exploitent certains aspects de l'interaction électrons/matière. La microanalyse peut être qualitative, elle permet alors de définir la nature des éléments présents, ou quantitative, elle permet alors de déterminer les concentrations massiques de ces éléments. La microanalyse est pratiquée soit sur échantillon massif soit sur lame mince. Les techniques de microanalyse peuvent être classées en deux grandes catégories :

- la microanalyse par spectrométrie de rayons X secondaires, pratiquée sur échantillon massif ou sur lame mince,
- la microanalyse par spectrométrie de perte d'énergie des électrons transmis, pratiquée sur lame mince (analyse *EELS* pour *Electron Energy Loss Spectroscopy*) dans un microscope électronique en transmission ou en transmission et balayage.

Nous parlerons ci-dessous essentiellement du premier type d'analyses.

La microanalyse par spectrométrie de RX utilise les photons X émis suite aux interactions des électrons primaires incidents fortement énergétiques (issus d'un canon à électrons) avec la matière-cible. Les longueurs d'onde et les énergies des photons X émis sont caractéristiques des éléments présents. Si le faisceau d'électrons primaires est concentré en un point, l'analyse des RX émis permet l'analyse en ce point. La microanalyse par spectrométrie de RX utilise soit une microsonde, qui donne également une image optique de la surface à analyser, soit un microscope électronique à balayage (sur échantillon massif), soit un microscope électronique à transmission ou à transmission et balayage (sur lame mince), qui donnent également une image électronique de la surface à analyser. L'utilisation d'une lame mince plutôt que d'un échantillon massif est justifiée par la profondeur des volumes d'émission des RX (plusieurs, voire plusieurs dizaines de μm), d'autant plus importante que l'énergie des électrons incidents est élevée. Sur un échantillon massif, il y a le risque de mesurer une « composition moyenne » entre le microcomposant analysé (une inclusion par exemple) et la matrice.

Pour réaliser une microanalyse X, on peut exploiter le spectre des longueurs d'onde des RX émis (spectrométrie à dispersion de longueur d'onde ou *WDS* pour *Wavelength Dispersion Spectrometry*), ou le spectre des énergies (spectrométrie à dispersion d'énergie ou *EDS* pour *Energy Dispersive Spectrometry*). Ces deux types de spectrométries utilisent pour les mesures des détecteurs de nature très différente. La technique WDS utilise un compteur proportionnel, la technique EDS utilise un détecteur solide Si-Li.

Nous n'entrerons pas ici dans les détails ni des techniques ni des appareils utilisés, on les trouve dans le chapitre 10 (Microanalyse par faisceaux d'électrons) du volume 3 du présent Traité des matériaux. Nous nous limiterons à donner quelques éléments de comparaison permettant le choix de la technique la plus adaptée au problème posé, entre les analyses WDS et EDS :

- la spectrométrie WDS utilise un courant électronique incident beaucoup plus élevé que la spectrométrie EDS (facteur 10^2-10^3),
- l'angle de captage des photons X est beaucoup plus petit en WDS qu'en EDS,

- la zone analysable est plus petite en WDS ($10^{-2} \rightarrow 1$ mm^2) qu'en EDS (1 mm^2),
- le temps d'acquisition d'un spectre WDS est beaucoup plus long (plusieurs minutes) que celui d'un spectre EDS ($\approx$ 100 s),
- le rapport signal/bruit est bien meilleur en WDS qu'en EDS,
- la résolution en WDS est meilleure qu'en EDS, en raison du plus grand rapport signal/bruit,
- le système WDS est le seul susceptible de quantifier les éléments légers à partir du béryllium ($Z = 4$),
- le système WDS est beaucoup plus coûteux et beaucoup moins aisé d'utilisation que le système EDS,
- la résolution spatiale de la microsonde est bien moins bonne que celle des systèmes EDS et WDS sur microscope à balayage.

Signalons seulement que le système EELS, qui se pratique sur lame mince, a une résolution spatiale bien meilleure que l'analyse X, et de plus permet l'analyse de tous les éléments légers (hélium, hydrogène, lithium...).

Nous n'avons pas parlé ici d'analyse d'extrême surface (épaisseur de l'ordre du nm). Ce type d'analyse est particulièrement utile dans l'étude du comportement des surfaces. On trouvera une description de ces méthodes dans le volume 12 du présent Traité des matériaux (chap. 3, sect. 3.3, Caractérisation chimique des surfaces).

1.9 RÉSUMÉ

Ce chapitre se propose de présenter les différentes techniques d'analyses chimiques de matériaux métalliques, classées en techniques relatives et techniques absolues. Les principales techniques utilisées sont décrites ainsi que leur domaine d'utilisation, leurs potentialités et leurs limitations. Il faut retenir en particulier que le choix de la technique doit se faire compte tenu de la nature et de la forme de l'échantillon à analyser, de la teneur probable de l'élément à doser et de la précision de mesure nécessaire attendue. Ce choix devra bien sûr se faire compte tenu de l'objectif de la mesure (analyse de production, moyens d'analyse disponibles, durée et coût acceptable pour cette mesure).

1.10 BIBLIOGRAPHIE

1.10.1 Normes

NF T 01-041 – octobre 1975 – *Absorption atomique.*

NF A 05-201 – octobre 1975 – *Matériaux de référence.*

NF A 06-323 – septembre 1987 – *La détermination de l'azote par SAM.*

NF ISO 10714 – juin 1992 – *Dosage titrimétrique de l'azote.*

1.10.2 Ouvrages de référence

[1.1] J.-C. CHARBONNIER, H. HOCQUAUX et D. LOISON, «Spectroscopie à décharge luminescente», *Techniques de l'ingénieur, traité Analyse chimique. Caractérisation*, p. 2715, avril 1993.

[1.2] G. CHARLOT, *Les méthodes de la chimie analytique, Analyse quantitative minérale*, 4e édition, Ed. Masson, 1961.

[1.3] J. DESPUJOLS, «Spectrométrie d'émission des rayons X/Fluorescence X», *Techniques de l'ingénieur, traité Analyse chimique. Caractérisation*, p. 2695, oct. 1992.

[1.4] A. FEILLOLAY, J.-M. PUJADE-RENAUD et S. RYSER, «Les échantillons pour étalonnage et contrôle. Une proposition de synthèse terminologique», *Analysis*, 6, pp. 317-328, 1988.

[1.5] D. LANDOLT, *Corrosion et chimie des surfaces des métaux,* vol. 12, Traité des matériaux, Presses polytechniques et universitaires romandes, 1997.

[1.6] V. LECOURBE et J.-P. LENER, «AA, ICP-OES, ICP-MS, quelle(s) technique(s) choisir?», *Spectra Analyses*, 205, pp. 26-30, déc. 1998.

[1.7] J.-L. MARTIN, A. GEORGE, *«Caractérisation expérimentale des matériaux II: Analyse par rayons X, électrons et neutrons»*, vol. 3, Traité des matériaux, Presses polytechniques et universitaires romandes, 1998.

[1.8] M. PINTA, *Spectrométrie d'Absorption Atomique, applications à l'analyse chimique* – Tome 2, Ed. Masson, 1980.

[1.9] C. TRASSY et J.-M. MERMET, *Les applications analytiques des plasmas HF*, Technique et documentation Lavoisier, 1984.

[1.10] J. VANDEGANS, A.-M. de KERSABIEC, M. HOENIG, «Spectrométrie d'absorption atomique», *Techniques de l'ingénieur, traité Analyse chimique. Caractérisation*, p. 2825, mars 1997.

CHAPITRE 2

CARACTÉRISATION DES STRUCTURES DES MATÉRIAUX PAR MICROSCOPIE OPTIQUE

2.1 OBJECTIFS

Ce chapitre examine comment révéler, observer et interpréter la *macro-* et surtout la *microstructure* d'un matériau grâce au microscope optique en précisant:

- l'origine physique des contrastes visibles par l'œil humain et significatifs de la constitution structurale du matériau; on utilise soit en *épiscopie* la réflexion de la lumière sur les surfaces brutes, les cassures et surtout les sections planes polies, attaquées ou non, d'échantillons massifs des matériaux opaques et réflecteurs, soit en *diascopie* sa transmission à travers des sections de matériaux transparents ou des lames de matériaux opaques et peu réflecteurs rendues suffisamment minces;
- les instruments de microscopie optique employés;
- la préparation des échantillons, surtout pour la microscopie optique;
- l'observation et l'interprétation des images en terme de structure.

2.2 QUELQUES BASES SCIENTIFIQUES

2.2.1 Objectifs des observations

Introduction

Les relations entre les propriétés d'emploi et les structures, point capital de la science et du génie des matériaux, rendent essentiel d'observer celles-ci aux échelles appropriées. L'*observation* au *microscope optique* est un échelon indispensable de cette caractérisation. Si de plus fines méthodes, en particulier la microscopie électronique, présentées dans le volume 3 du Traité des matériaux, complètent l'observation des microstructures, la microscopie optique reste une méthode de caractérisation et de contrôle de qualité des matériaux aussi courante qu'essentielle.

Développée historiquement grâce aux progrès de l'instrumentation optique et de la science des matériaux, elle est devenue, dès les travaux de F. Osmond, H.C. Sorby et A. Martens, le fondement de l'observation microstructurale des matériaux métalliques et minéraux, puis un élément important de celle des polymères, composites et semiconducteurs. Les progrès constants de l'instrumentation optique et de la science des matériaux et ceux plus récents de l'automatisme et de l'imagerie numérique permettent de l'utiliser de façon plus efficace et plus quantitative.

Ce chapitre ne décrit pas la part importante de l'observation microscopique qui concerne la caractérisation géométrique des microcomposants, en particulier électroniques (vol. 18 du TM), il est uniquement consacré à l'observation utile à la caractérisation des constituants structuraux et/ou parfois des éléments significatifs du comportement sur une image optique agrandie. Si celle-ci est parfois possible sur une surface brute ou une cassure, il est le plus souvent nécessaire de préparer un échantillon pour la rendre réalisable et significative.

Observation de la surface brute

Son examen optique ne caractérise souvent que la microgéométrie créée par l'usinage ou le traitement de surface, mais parfois il révèle aussi la microstructure superficielle: texture du dépôt de matériaux revêtus, architecture de constituants (fibres tissées de composites...). Sur une pièce usagée, il caractérise souvent le processus d'endommagement (usure érosive ou abrasive, fatigue thermique, corrosion localisée, fissuration...).

Observation de la cassure: fractoscopie et fractographie

La ***fractoscopie*** caractérise l'aspect visuel des cassures dont une part résulte du mécanisme de rupture. Limitée aux faibles grandissements, la ***macrofractoscopie optique*** consiste à observer le relief de la cassure et les variations significatives de propriétés optiques. Elle met en évidence la localisation de la cassure, sa forme et sa rugosité, parfois le chemin de la rupture et le type de mécanisme associé à la brillance du faciès: ductile, fragile ou progressif (fatigue, fluage...). L'observation conjointe de la cassure et de la microstructure adjacente permet souvent de mieux comprendre cheminement et mécanisme de la rupture. La ***fractographie*** reproduit les images observées.

La surface d'une cassure est souvent très accidentée, «tridimensionnelle» et son observation optique reste limitée aux très faibles grossissements (souvent 10 à 50) par la profondeur de champ. Elle est complétée par la microfractoscopie au microscope électronique à balayage (cf. vol. 3 du TM), essentielle pour l'expertise scientifique ou judiciaire de rupture.

Le mécanisme de rupture met souvent en jeu des constituants structuraux que la cassure révèle à l'observateur (phases dures et fragiles dans une matrice ductile; ruptures intergranulaires; renforts d'un composite...). L'observation de la cassure devient indirectement celle de la microstructure et quelquefois, on provoque une cassure fragile pour la révéler (cryofractographie des matériaux polymères...).

Observation de la macrostructure: macroscopie

Observer la *macrostructure*, c'est caractériser, souvent après une préparation appropriée par polissage et attaque, les éléments structuraux visibles par l'œil ou à faible grandissement (1 à 50 environ):

- défauts de continuité (grosses porosités, fissures...),
- hétérogénéités chimiques (ségrégations) ou structurales (grosses inclusions),
- structure granulaire (matériaux cristallins) et/ou architecture des constituants (composites, assemblages),
- fibrage, trace des chemins de déformation des fibres du matériau, souvent révélée par des hétérogénéités physiques, chimiques ou structurales orientées issues de son histoire thermomécanique.

Observation de la microstructure

Observer la microstructure, c'est analyser sur une image vue au grossissement de 20 à 1500 les phases présentes, en précisant au mieux leurs nature, forme, dimension, proportion et imbrication mutuelles et parfois degré de perfection cristalline.

La microstructure est constituée de phases volumiques, mais ordinairement on ne réalise en optique que des images planes projetées. A cause de la faible profondeur de champ des instruments optiques, on n'observe ordinairement par *réflexion* que la surface d'une coupe plane des matériaux opaques fortement réflecteurs et par *transmission*, une image projetée de la surface ou d'un volume traversé de faible épaisseur. Les micrographies sont les images réelles agrandies formées.

2.2.2 Propriétés optiques des matériaux

La *lumière visible* est considérée en physique sous le double aspect d'un flux de photons d'énergie $h\nu$ et de la propagation d'ondes électromagnétiques de longueur d'onde λ à la vitesse c dans le vide (célérité de la lumière dans le vide). Ces ondes associent un champ électrique E et un champ magnétique B perpendiculaires, qui vibrent dans le plan perpendiculaire à leur direction de propagation. Les sources lumineuses naturelles émettent des trains d'ondes incohérents, non polarisés et souvent polychromatiques.

L'*œil humain* ne perçoit que la part du rayonnement photonique dont la longueur d'onde est comprise entre 400 nm (violet) et 750 nm (rouge sombre) environ. Au jour, sa sensibilité est maximale pour le jaune-vert (560 nm). Il distingue environ 16 niveaux d'intensité dans une même nuance. Il n'est pas sensible aux différences de phase et de polarisation de la lumière, mais des dispositifs appropriés lui permettent parfois de les visualiser indirectement.

Les *matériaux solides* présentent des propriétés optiques très diverses. Ils réfléchissent, transmettent et absorbent plus ou moins le flux lumineux incident Φ_0; ils réfractent la lumière transmise et quelques-uns sont fluorescents (fig. 2.1).

Chaque matériau se caractérise par diverses grandeurs physiques dues à sa réaction à la lumière; elles sont intrinsèques et fonction de la constitution structurale et/ou modulées par l'état de surface. Chaque propriété optique de chaque phase constitutive varie suivant la couleur, c'est-à-dire la longueur d'onde λ, la polarisation et l'incidence i du faisceau, et dans les milieux anisotropes, elle varie aussi

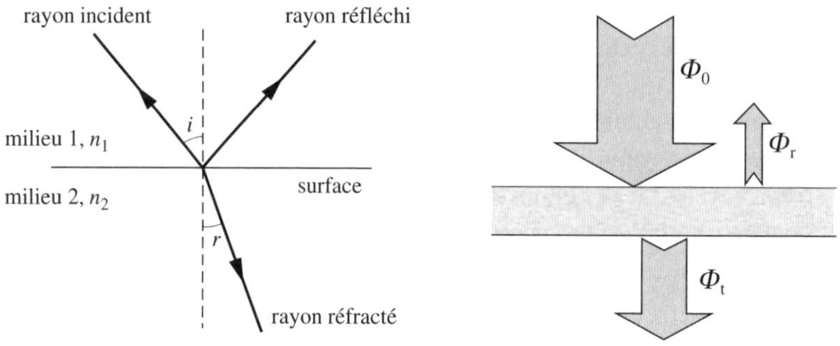

Fig. 2.1 Effet de la lumière dans un matériau : réflexion, réfraction, absorption.

suivant la direction de diffusion θ (cf. sect. 14.5, vol. 1 et sect. 5.4, vol. 6 du TM). Elle s'exprime donc par une valeur vectorielle, fonction de i, λ et θ, qui ne devient scalaire que pour les milieux optiquement isotropes. Par exemple (tab. 2.1) :

- le ***pouvoir réflecteur*** R (i, λ) mesure la proportion de flux lumineux réfléchi ;
- l'***indice de réfraction*** n (i, λ) exprime la réduction de la vitesse de la lumière dans le milieu par rapport au vide, cause de la réfraction ; à l'interface entre deux phases d'indices respectifs n_1 et n_2, la lumière incidente sous l'angle i se réfracte sous l'angle r suivant la loi $n_1 \sin i = n_2 \sin r$;
- le ***facteur de transmission*** τ $(\tau = \Phi_t/\Phi_0)$ mesure la transparence, le coefficient d'absorption a et le facteur d'absorption pur α (i, λ) l'absorption : pour une épaisseur e, $\Phi_t = \Phi_0 \exp(-a \cdot e)$, $\alpha = 1 - (\Phi_r + \Phi_t)/\Phi_0$ et $1/\alpha$ caractérise l'épaisseur d'extinction.

Tableau 2.1 Quelques valeurs typiques de caractéristiques optiques.

Matériaux	pouvoir réflecteur R	indice de réfraction n
Métaux	0,5 à 0,95	1,5 à 2,5
Céramiques	0,001 à 0,6	1,2 à 2,7
• opaques (carbures...)	0,005 à 0,5	
• transparentes (verres...)	0,01	1,5 à 1,7
Polymères	0,01 à 0,5	1,3 à 1,6

Un matériau ***opaque*** réfléchit une part de la lumière reçue et absorbe l'autre sur une épaisseur très faible (inférieure à quelques dixièmes de mm). De nombreux matériaux sont opaques. Les plus réflecteurs, en particulier les métalliques, ne sont observés que par réflexion. Divers céramiques et polymères peu réflecteurs et moins absorbants deviennent observables par transmission en lame suffisamment *mince* (ex. 5 à 30 µm d'épaisseur).

Un matériau ***transparent*** transmet presque toute la lumière incidente (R et α sont très faibles) et la réfracte à chaque interface. Il est observé par transmission. De nombreux matériaux amorphes sont transparents. Si la lumière incidente subit de nombreuses réfractions ou réflexions totales à l'intérieur du matériau, les formes ne sont plus visibles par transparence, il devient ***translucide***. Certains matériaux sont transparents ou translucides suivant leur microstructure (silice, polymères semi-cristallins...).

Eclairés en lumière blanche, certains matériaux sont ***colorés***, car ils absorbent le spectre complémentaire de leur couleur apparente. Une phase opaque ne réfléchit que le spectre propre à sa couleur; une phase transparente ne laisse émerger que le spectre de sa couleur et change parfois de couleur en fonction de l'épaisseur traversée.

Les phases solides intrinsèquement isotropes sont optiquement *isotropes*. Les phases cristallisées de réseau cubique, intrinsèquement anisotropes, se comportent néanmoins comme des milieux isotropes par rapport au rayonnement visible. Mais les phases cristallines de plus basse symétrie et les phases amorphes soumises à un champ de contrainte anisotrope sont *anisotropes* optiquement; en particulier pour une couleur donnée l'indice de réfraction varie en fonction de la direction:

$$n\lambda = f(i, \theta)$$

Une phase anisotrope éclairée en lumière blanche réfléchit et absorbe différemment suivant la longueur d'onde et l'incidence de la lumière: la lumière transmise est colorée suivant non seulement l'épaisseur traversée mais aussi l'orientation du milieu par rapport à la lumière incidente: c'est le phénomène de ***pléichroïsme***.

De nombreux matériaux solides agissent sur la *polarisation* de la lumière: une lumière polarisée se caractérise par un plan particulier de vibration (fig. 2.2).

En réflexion ou en transmission, une phase solide optiquement anisotrope polarise la lumière non polarisée. En particulier, une phase dite ***biréfringente*** réfracte la lumière en donnant naissance à deux rayons réfractés polarisés linéairement dans deux directions orthogonales: le rayon ordinaire associé à l'indice n_0 et le rayon extraordinaire associé à l'indice n_e. En réflexion ou en transmission, une phase optiquement anisotrope modifie la lumière déjà polarisée en modulant son intensité et surtout en provoquant une *rotation du plan de polarisation* caractéristique de sa nature et variable suivant la direction et la longueur d'onde.

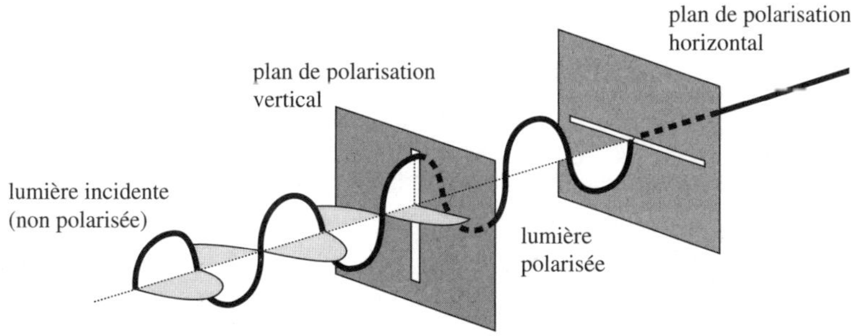

Fig. 2.2 Schéma d'une onde lumineuse polarisée.

D'autres propriétés optiques sont utilisées à d'autres fins que l'imagerie et apportent des renseignements analytiques, par exemple les méthodes d'ellipsométrie et de spectrométrie optique (vol. 8 du TM).

2.2.3 Origine et signification des contrastes

En microscopie optique, l'œil observe des contrastes d'intensité lumineuse et/ou de couleur sur une image agrandie généralement plane, virtuelle ou réelle et réputée fidèle. Ils sont significatifs de la microstructure si leur origine est liée aux propriétés intrinsèques des éléments structuraux de manière directe (sans attaque) ou indirecte (après une attaque sélective appropriée ou un dépôt sélectif approprié).

Observation par réflexion

Surface plane sans attaque

Sur une surface représentative de la microstructure, le contraste provient des différences de pouvoir réflecteur entre phases, parfois des différences de couleur intrinsèque entre phases, quelquefois de celles d'incidence dues à un polissage différentiel qui laisse les particules les plus dures en léger relief.

Surface plane polie attaquée par un réactif sélectif

L'attaque crée un *microrelief* de quelques dixièmes de microns significatif des phases constitutives et/ou de leurs interfaces, schématisé figure 2.3. Il en résulte surtout par réflexion sous incidence normale un contraste d'ombrage et surtout d'inclinaison.

Surface plane polie recouverte (par attaque) d'un film mince approprié

Parfois, l'oxydation ou la corrosion ménagée forme sur la surface de certaines phases un *fin dépôt* intrinsèquement coloré, source de contraste de couleur en relation avec la phase recouverte. Souvent, on forme sur la surface polie un film très mince par réaction thermique, chimique ou électrochimique ou par pulvérisation ou vaporisation appropriées. Suivant le cas, il est amorphe ou cristallin, son épaisseur e est constante ou au contraire, surtout si le film est cristallin et croît en épitaxie, variable suivant la nature et l'orientation cristalline de la phase sous-jacente.

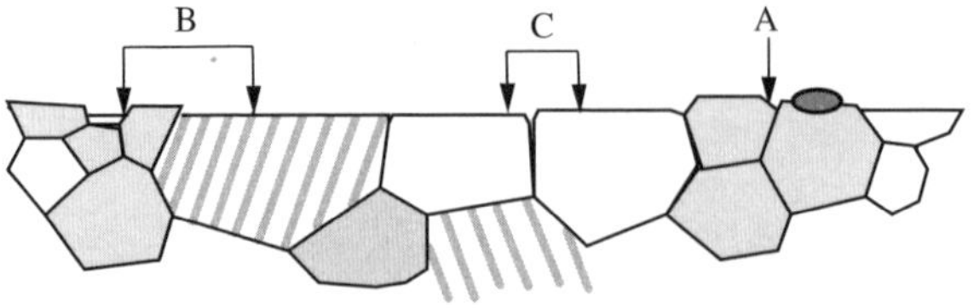

A : dissolution des joints de grains d'une même phase

B : dissolution de joint interphase

C : dissolution des surfaces de grains en fonction de l'orientation cristallographique

Fig. 2.3 Création d'un microrelief par effet d'attaque.

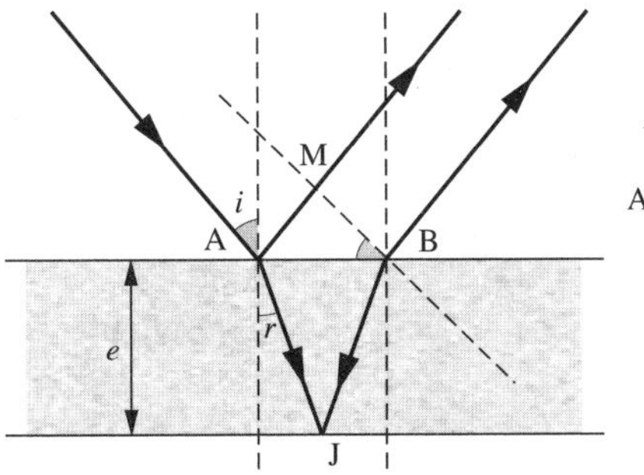

$$\delta = (AJ + JB)n - AM = 2nAJ - AM$$

$$AJ = e/\cos r$$

$$AM = AB \times \sin i = 2e \times (\text{tg}\, r) \times \sin i = 2e \times (\text{tg}\, r) \times n \sin r = 2e \times n \sin^2 r / \cos r$$

$$\delta = (2ne/\cos r)(1 - \sin^2 r)$$

$$\boldsymbol{\delta = 2ne \cos r}$$

Fig. 2.4 Effet en réflexion d'un film mince formé par l'attaque.

Comme le schématise la figure 2.4, une part du flux lumineux incident se réfléchit sur la surface du film, mais une autre le traverse et se réfléchit sur la surface du matériau étudié. Les deux faisceaux émergents deviennent séparés par une différence de marche $\delta = 2\, n(i, \lambda) \cdot e \cdot (\cos r)$. Si l'épaisseur du film est proche des longueurs d'onde de la lumière incidente, il en résulte un ***contraste interférentiel*** d'amplitude et de couleur, fonction :

- pour un film amorphe, des *variations locales d'épaisseur*, résultant de celles de la vitesse de croissance du film suivant la nature des phases sous-jacentes,
- pour un film cristallin épitaxique, des *variations d'épaisseur et d'orientation cristalline locale*, résultant de celles de la vitesse de croissance du film suivant la nature des phases sous-jacentes dans les parties polyphasées, et suivant l'orientation cristalline locale dans les parties monophasées.

Observation par transmission

En lumière blanche incohérente non polarisée, le contraste provient des différences de pouvoir de réflexion, d'absorption et de diffusion des diverses phases ou des variations d'épaisseur traversée ou encore de l'effet indirect du microrelief de surface sur le trajet de la lumière incidente. Parfois, il provient des différences d'indice de réfraction moyen propre à chaque phase traversée ou propre à chaque direction (biréfringence).

Observation en lumière polarisée

L'observation des milieux anisotropes en lumière polarisée est toujours significative. La micrographie en couleur lui est particulièrement adaptée.

Par réflexion

Le contraste d'une surface polie non attaquée, variable suivant la longueur d'onde, provient des différences de rotation de l'angle de polarisation suivant la nature et l'orientation cristalline des phases réfléchissantes. Il en résulte des contrastes d'amplitude et de couleur entre phases optiquement anisotropes et entre plages d'une même phase d'orientations cristallines différentes.

Lorsque la surface d'un échantillon réflecteur est recouverte d'un film cristallin en épitaxie, la modification spectrale et les nuances de couleur et d'intensité proviennent de la superposition interférentielle des phénomènes de transmission dans le film et de réflexion aux interfaces (fig. 2.4), sources de rotation de l'angle de polarisation. Leur interprétation détaillée devient parfois très complexe.

Par transmission

Observée en lumière blanche, une lame à faces parallèles présente des plages colorées suivant les «teintes de Newton» qui résultent d'interférences variables suivant la longueur d'onde entre les faisceaux polarisés engendrés par toute phase biréfringente. S'il existe des différences de réfringence entre phases et des différences d'épaisseur traversée phase par phase, il apparaît un contraste de couleur et d'intensité significatif de chaque phase et de son orientation cristalline locale. Avec des lames d'épaisseur constante, la mesure des angles d'extinction par rotation de l'échantillon ou de l'analyseur permet de différencier et d'identifier chaque phase.

2.3 MICROSCOPES OPTIQUES

2.3.1 Macroscope

L'œil apprécie de grandes variations d'amplitude et de nombreuses nuances de couleur; son pouvoir séparateur est d'environ 0,1 à 0,2 mm et sa profondeur de champ de quelques centimètres à l'infini. Nos deux yeux, qui observent le même objet sous deux angles d'axes séparés d'environ 6 degrés, nous permettent d'apprécier le relief dans ses trois dimensions.

Le ***stéréomicroscope***, loupe stéréoscopique (appelée à tort loupe «binoculaire»), est un microscope droit de faible puissance qui comporte deux optiques objectif-oculaire indépendantes (fig. 2.5). Il permet d'observer la surface de l'objet sous deux

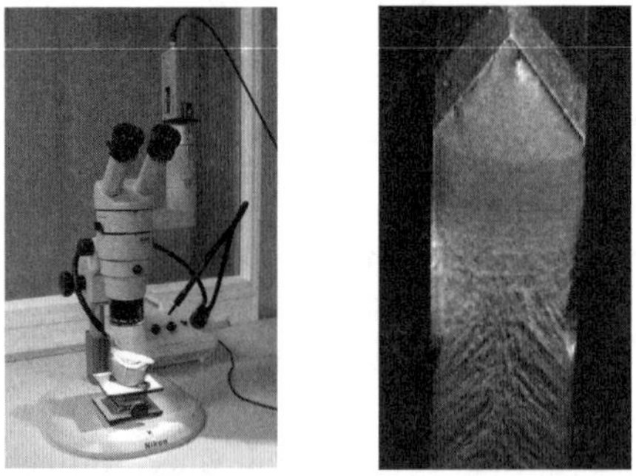

(a) (b)

Fig. 2.5 Stéréomicroscope (cliché Nikon) (a) et vue ($G = 2$) des diverses zones de la cassure d'une éprouvette de mesure du facteur critique d'intensité de contrainte K_{Ic} (b).

angles différents jusqu'à un grossissement d'environ 50. Tant que la profondeur de champ le permet, l'image virtuelle offre à l'observateur la vision du relief en trois dimensions. Le stéréomicroscope est ainsi très utile pour l'observation des cassures. Le contraste est alors très sensible à la qualité et à l'incidence de l'éclairage.

2.3.2 Microscope optique

Description

Les figures 2.6 et 2.7 représentent deux types de microscope optique pour l'observation des matériaux : un *épimicroscope* (de type inversé, le plus courant pour le métallographe) pour l'observation par réflexion et un *microscope droit universel* pour l'observation par transmission ou par réflexion.

Fondamentalement, un microscope optique comprend un *statif* rigide sur lequel sont fixés les autres éléments, un ou deux *illuminateurs*, une batterie d'*objectifs*, une d'*oculaires*, une de *projectifs*, une *platine porte-objet* et des dispositifs de prise de

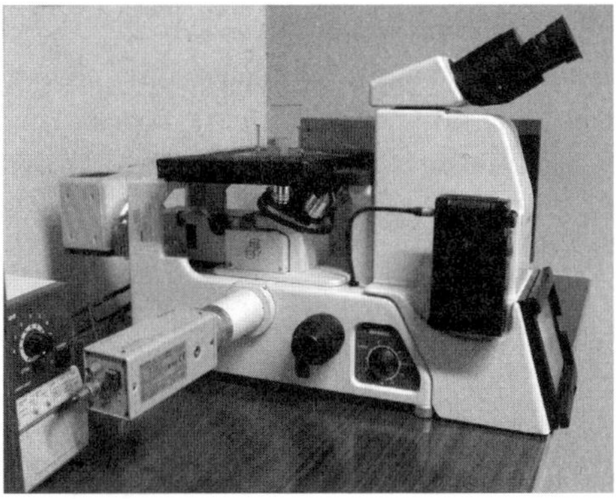

Fig. 2.6 Un épimicroscope optique inversé (cliché Nikon).

(a) 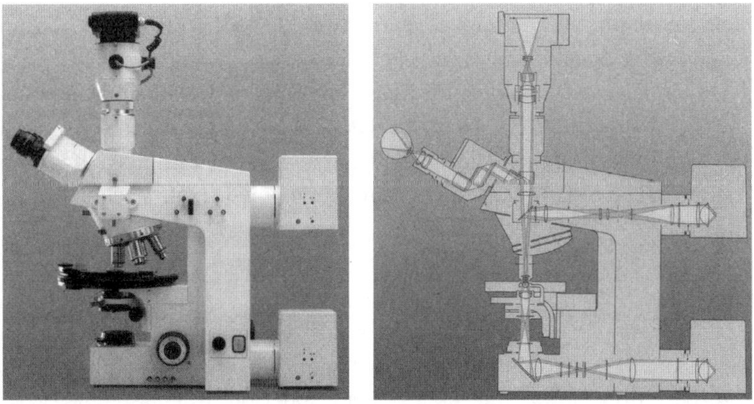 (b)

Fig. 2.7 Vues d'un microscope universel (a) et du trajet optique (b) (cliché Zeiss).

vues et de projection. On y adjoint souvent des systèmes spécifiques pour observer en lumière polarisée, en contraste de phase et en contraste interférentiel différentiel. L'ensemble est disposé par exemple suivant le schéma figure 2.7.

Le statif très rigide supporte l'illuminateur, le porte-objet et l'ensemble objectif-oculaire ou *tube optique*. La platine porte-objet permet de placer la surface observable dans un plan perpendiculaire au faisceau lumineux. Elle comporte un système de translateurs horizontaux et souvent de rotation (en particulier pour l'observation en lumière polarisée). Un système de déplacement parallèle à l'axe optique, l'un grossier et l'autre micrométrique, soit du tube optique (microscope droit), soit de la platine porte-objet (microscope inversé) permet la mise au point. Dans le microscope droit, la platine supporte l'échantillon qui est placé sous le tube optique (fig. 2.7). Dans l'épimicroscope inversé, la surface observée est plaquée sur la platine porte-objet et se trouve automatiquement perpendiculaire à l'axe optique.

Illuminateur

On utilise comme *source lumineuse* divers types de lampes différant par leur brillance, leur spectre d'émission (continu ou discontinu), leur longévité et leur prix. Les plus courantes sont les lampes halogènes à filament de tungstène pour leur grande brillance et leur faible prix. Suivant le cas, on place divers *filtres*:

- filtres *neutres* qui réduisent uniformément le flux lumineux visible, mais protègent l'œil en absorbant les ultraviolets et l'optique en absorbant des infrarouges;
- filtres *sélectifs colorés* qui absorbent une part du spectre visible et améliorent le contraste et le pouvoir séparateur de certaines images;
- filtres *polariseurs*, formés d'une fine lame dichroïque à l'aspect sombre, qui ne laissent passer que les rayons polarisés linéairement suivant une direction privilégiée.

Géométriquement, suivant le principe de l'éclairage de Köhler, la source se trouve sur l'axe optique à la distance appropriée pour former à travers les lentilles du condenseur un pinceau homogène quasi parallèle à l'axe optique. L'illuminateur comprend en outre deux diaphragmes réglables:

- un *diaphragme de champ* à iris, que l'on ferme suivant le grandissement pour ne conserver que les rayons proches de l'axe optique utiles au champ observé,
- un *diaphragme d'ouverture*, que l'on règle pour optimiser le compromis entre brillance et contraste (le réduire augmente le contraste mais diminue la brillance).

Trajet lumineux: objectifs, oculaires, projectifs

Le *trajet lumineux* est schématisé figure 2.7. Les lentilles sont améliorées pour permettre la meilleure résolution possible sur un large champ plan et réduire au minimum aberration chromatique et aberration sphérique dont la figure 2.8 rappelle schématiquement les effets.

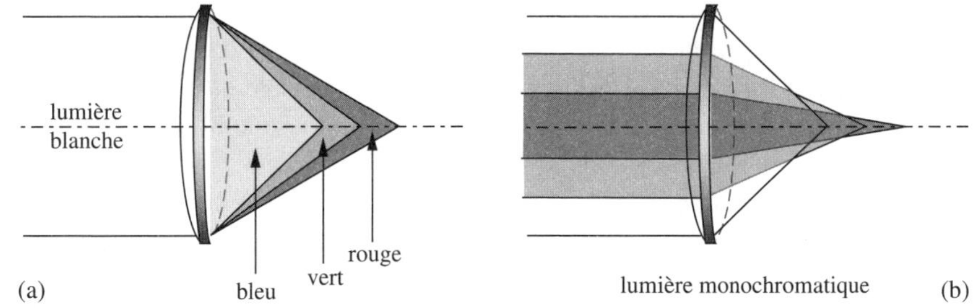

Fig. 2.8 Effet d'une lentille et des aberrations : (a) chromatique ; (b) sphérique.

L'***objectif*** est un ensemble de lentilles accolées (parfois de 18 à 20) qui forme une image virtuelle de l'objet agrandie de 4 à 100 fois suivant sa puissance, inversement proportionnelle à sa distance focale. Si n désigne l'indice de réfraction du milieu traversé lors de l'incidence de la lumière sur l'objet et u le demi-angle d'entrée du faisceau utile dans l'objectif (ou angle maximal des rayons par rapport à l'axe optique), il est caractérisé par son ouverture numérique $ON = n \sin u$. Les objectifs sont interchangeables et souvent montés en barillet par puissance croissante. On emploie diverses familles d'objectifs de qualité et de coût croissants ; en particulier, on distingue par degré croissant de réduction des aberrations les objectifs :

- *achromatiques* adaptés aux faibles et moyens grandissements,
- *apochromatiques* mieux adaptés aux forts grandissements,
- *plan-apochromatiques* adaptés aux larges champs à fort grandissement,
- *spécifiques* : les uns adaptés à la lumière polarisée et d'autres optimisés pour le contraste de phase et parfois le contraste différentiel.

Le tableau 2.2 indique quelques valeurs typiques, mais il existe de nombreuses variantes.

Tableau 2.2 Exemple de caractéristiques d'objectifs et schéma de l'ouverture numérique et de la distance de travail (distance de l'objet à l'objectif en mm).

Grossis- -sement	*ON*		Dist. de travail	
	Achr.	Pl-apo.	Achr.	Pl-apo
× 4	**0,10**	**0,20**	**30**	**16**
× 10	0,25	0,45	6	4
× 20	**0,40**	**0,75**	**2**	**1**
× 40	0,65	0,95	0,3	0,15
× 100 *	**1,25**	**1,40**	**0,20**	**0,13**

* huile
Achr. : objectif achromatique
Pl-Apo : objectif plan-apochromatique

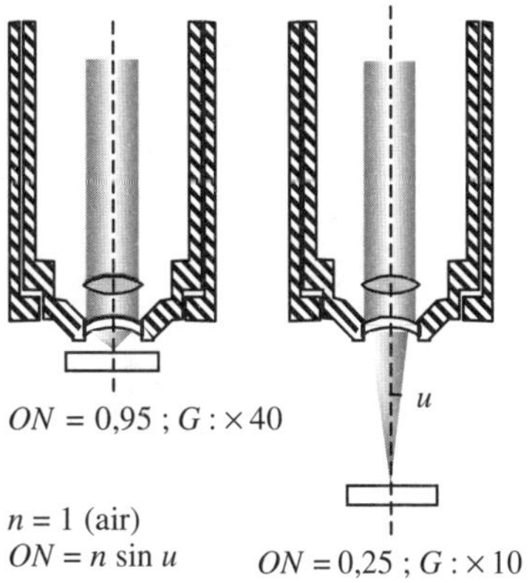

L'***oculaire*** est constitué de lentilles transformant l'image fournie par l'objectif en image virtuelle agrandie de 1 à 30 fois visible à l'infini par l'œil de l'observateur. Un ensemble binoculaire rend l'observation plus confortable et permet d'adapter chaque oculaire à chaque œil. Le ***projectif*** est constitué de lentilles transformant l'image virtuelle fournie par l'objectif en image réelle agrandie sur un verre dépoli ou un film photographique.

Modes de fonctionnement

Procédure d'utilisation

L'observateur dispose l'échantillon perpendiculairement à l'axe optique et observe la plage étudiée à des grossissements croissants. Pour optimiser l'image, il parfait le réglage de l'illuminateur et des diaphragmes pour le grossissement approprié, il règle les oculaires à sa vue et effectue la meilleure mise au point possible, après avoir apparié objectifs et oculaires appropriés. Il complète l'observation courante en fond clair par celles en fond noir et/ou en lumière polarisée.

Modes d'observation

Il existe les deux modes suivants:

- *Observation en champ clair:* on utilise le faisceau incident dont l'axe optique est perpendiculaire à la surface de l'échantillon et ne forme l'image qu'avec le faisceau réfléchi ou transmis très proche de l'axe optique (fig. 2.9).
- *Observation en éclairage oblique et en fond noir:* en inclinant le faisceau incident ou en décentrant le diaphragme de champ, on ne recueille que les faisceaux réfléchis les plus éloignés de l'axe optique et l'on renforce le

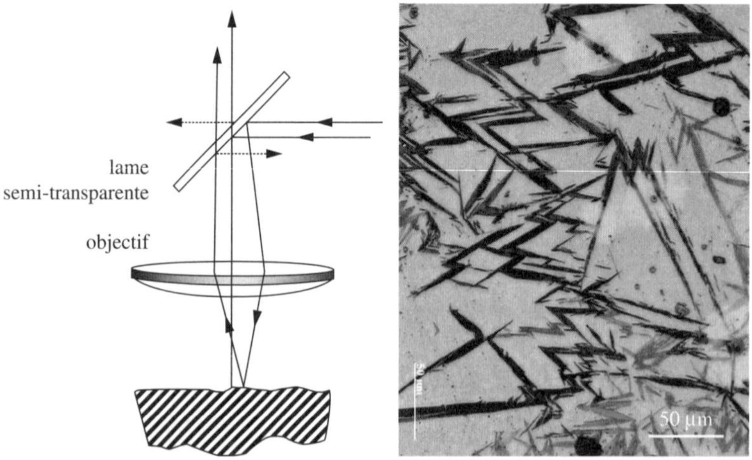

Fig. 2.9 Schéma du champ clair et exemple: aiguilles de martensite dans la matrice austénitique d'un acier à forte teneur en carbone.

contraste d'ombrage dû aux faibles microreliefs. L'observation *en fond noir*, obtenue en plaçant un cache qui arrête la partie centrale du faisceau, crée une illumination oblique omni-directionnelle et ne recueille que la lumière diffusée par les petites aspérités (fig. 2.10).

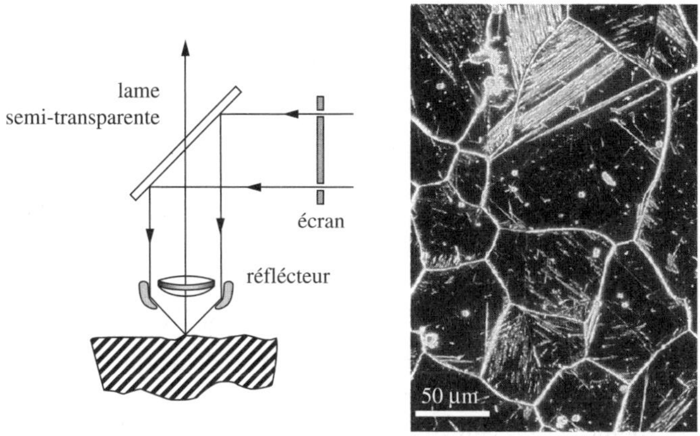

Fig. 2.10 Eclairage en fond noir: schéma optique et exemple: les fines aiguilles de martensite en relief et les joints creusés apparaissent éclairés sur le fond noir de la matrice austénitique d'un acier.

Microscopie en lumière polarisée

On adjoint un cristal *polariseur* (prisme de Nicols appelé souvent «Nicols» ou mieux filtre dichroïque appelé parfois «Polaroïd»), qui intercepte le faisceau incident et ne transmet que les rayons polarisés parallèlement à une direction, et un cristal *analyseur*, qui intercepte le faisceau réfléchi ou transmis et dont l'angle de polarisation est orthogonal ou réglable par rapport à celui du polariseur grâce à un dispositif goniométrique (fig. 2.11).

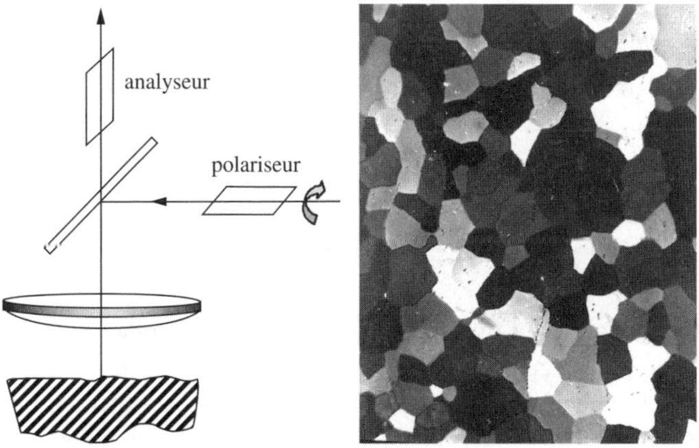

Fig. 2.11 Lumière polarisée-schéma optique et exemple: structure granulaire de zirconium recuit (après oxydation anodique); micrographie originale en couleur.

Limite de résolution spatiale et profondeur de champ

Comme tout instrument d'imagerie optique, le microscope optique se caractérise par sa limite de résolution ou pouvoir séparateur, inverse du pouvoir de résolution, et par sa profondeur de champ.

La ***limite de résolution*** (*LR*) est la plus courte distance *perpendiculaire à l'axe optique* qui sépare deux points de l'objet dont les conjugués visibles sur l'image restent distincts. L'analyse théorique d'E. Abbe montre qu'elle est proportionnelle au rapport de la longueur d'onde λ du rayonnement incident utilisé à l'*ouverture numérique* ($ON = n \sin u$) du pinceau incident, suivant la relation :

$$LR = \frac{0{,}61\lambda}{n \sin u} \qquad (2.1)$$

Les longueurs d'onde les plus utilisées sont à dominante jaune (540 nm) ou bleue (450 nm). Avec un indice de réfraction de 1 pour l'air ambiant, l'ouverture numérique est limitée couramment à 0,95. La limite de résolution est alors d'environ 0,3 µm. Avec un objectif à immersion, on atteint 0,2 µm. Si le contraste est suffisant, une particule de dimension inférieure est parfois visible, mais son image n'est plus nette.

Le ***grossissement*** est le rapport de l'angle sous lequel l'opérateur voit l'image virtuelle à travers l'oculaire à l'angle sous lequel il voit à l'œil la même zone de l'objet. Le ***grandissement*** linéaire (perpendiculairement à l'axe optique) est le rapport de la distance entre deux points observés sur une image réelle à celle de ces deux points sur l'objet. Pour l'observateur, le grossissement est approximativement égal au produit de la puissance du système objectif par celle de l'oculaire. Pour toute image réelle, le grandissement est égal au produit de la puissance du système objectif, de celle du projectif et de celle du tirage de la chambre photographique ou du système de caméra et d'écran employé. La gamme courante de grandissement ou de grossissement est d'environ 25 à 1000 avec les objectifs courants et atteint 1500 avec un objectif à immersion.

La ***profondeur de champ** P* est la plus grande distance, *parallèlement à l'axe optique*, qui sépare deux points de l'objet dont les points images conjugués sont nets simultanément. Elle varie comme :

$$P = \frac{\lambda\sqrt{n^2 - (n \sin u)^2}}{(n \sin u)^2} \qquad (2.2)$$

Comme l'exprime la figure 2.12, la profondeur de champ dépasse 40 µm au grossissement de 12, mais diminue fortement lorsque l'ouverture numérique et donc le grossissement augmentent et elle ne dépasse pas 0,1µm au grandissement maximal. Cette limite est déterminante, elle ne permet d'observer les cassures à surface très gauche qu'à faible grossissement (< 10 à 50) et au grossissement maximal que des surfaces planes de rugosité résiduelle inférieure au dixième de micron.

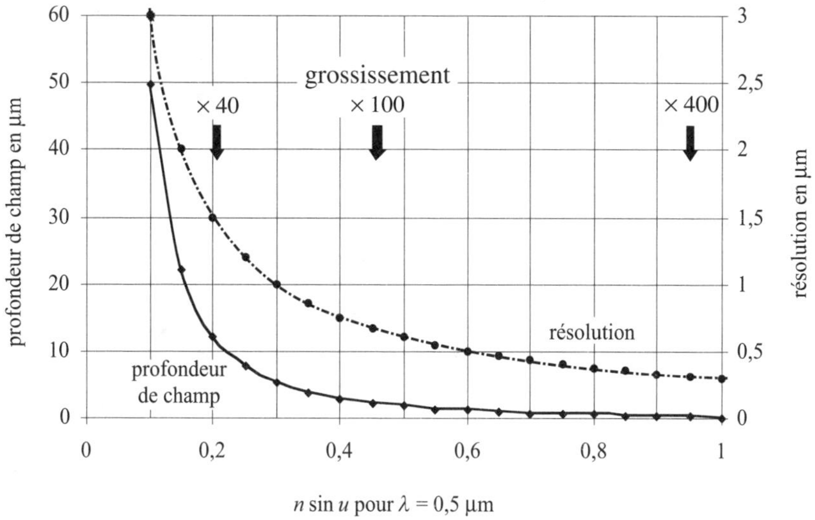

Fig. 2.12 Limite de résolution et profondeur de champ en lumière verte en fonction de l'ouverture numérique *ON* et du grossissement *G*.

Amélioration du pouvoir de résolution et amélioration du contraste

Amélioration du pouvoir de résolution

Lorsque l'objet est bien contrasté mais la limite de résolution insuffisante, on utilise un ***objectif à immersion*** avec un liquide très réfringent (d'indice n proche de 1,65) soigneusement placé entre l'objectif et l'objet. La limite de résolution atteint 0,2 µm et le grossissement utile environ 1500.

Amélioration du contraste

Lorsque le contraste de l'objet est trop faible pour l'observation normale, il est possible de le renforcer en utilisant le contraste de phase ou le contraste interférentiel différentiel:

- Le ***contraste de phase***, développé par Zernicke, convertit la différence de phase créée par les faibles variations de relief de l'objet, mais invisible à l'œil, en contraste d'amplitude. On interpose dans le faisceau incident un écran à diaphragme annulaire et dans le plan focal de l'objectif un anneau déphasant (en $\lambda/4$ le plus souvent) qui absorbe partiellement le faisceau direct (fig. 2.13). On l'utilise surtout par transmission pour les objets fortement transparents et peu contrastés (polymères, verres...).
- Le ***contraste interférentiel différentiel*** de Nomarsky consiste à scinder le faisceau incident polarisé en deux faisceaux polarisés à angle droit que l'on fait interférer (fig. 2.14). On obtient un contraste amplifié des faibles reliefs. La nature interférentielle du contraste permet parfois d'effectuer des mesures de profondeur.

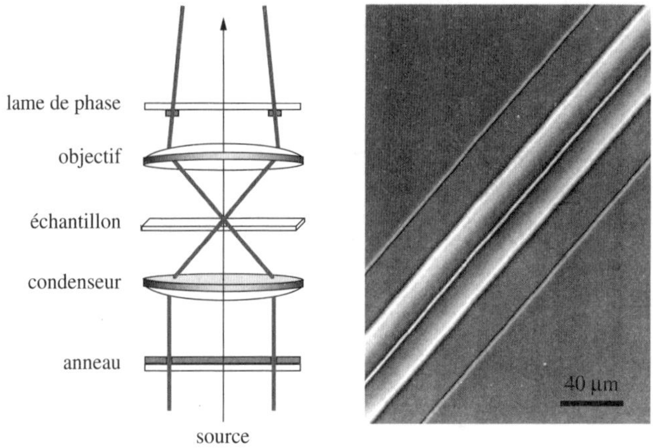

Fig. 2.13 Contraste de phase : schéma et exemple de coupe de fibre optique (cliché Zeiss).

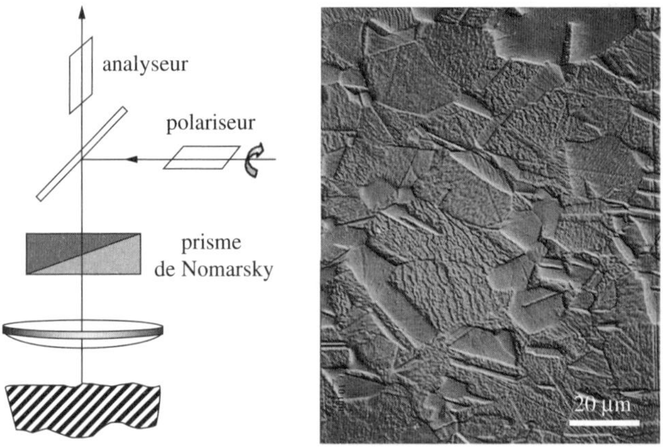

Fig. 2.14 Contraste interférentiel de Nomarsky, schéma et exemple : structure granulaire d'un laiton monophasé attaqué au perchlorure de fer (F. Bernard, Renault).

Visualisation et prise de vue

Visualisation

A la plaque dépolie traditionnelle, sur laquelle un projectif permet de former une image réelle, et parfois un système optique supplémentaire de projection, on adjoint désormais une caméra et un moniteur permettant de former l'image sur un écran vidéo (fig. 2.15). Pour ne pas dégrader le pouvoir de résolution et rendre fidèlement couleurs et contrastes de l'image formée, il importe d'accorder les qualités optiques en résolution spatiale et en sensibilité spectrale de la caméra et du moniteur employés à celle du microscope.

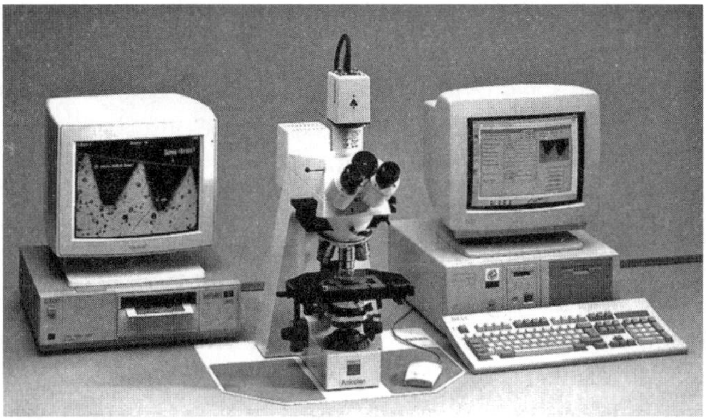

Fig. 2.15 Microscope optique équipé de caméra, moniteur et dispositif d'enregistrement numérique d'image (cliché Zeiss).

Prise de vue et micrographie

- *Dispositifs photographiques*: aux traditionnelles plaques photographiques négatives se sont adjoints des dispositifs de plans-films, de chambres photographiques 24 × 36 et/ou de développement instantané placés en parallèle à la prise de vue manuelle ou automatique. Pour conserver la qualité de l'image formée en résolution et en contraste, il importe d'accorder source lumineuse, qualité optique des lentilles et spécificité spectrale des émulsions photographiques utilisées.
- *Dispositifs de reproduction d'écran*: il est désormais courant de réaliser une reproduction de l'image, analogique ou numérique, formée à partir d'une caméra et observée sur un écran. Suivant le degré de qualité et de coût, l'image est imprimée sur papier par impression thermique, laser ou jet d'encre.
- *Numérisation des images et stockage informatisé*: il devient fréquent de relier le microscope à un système de numérisation et de stockage d'images. Le plus souvent, on emploie pour la prise de vue une caméra constituée d'un grand nombre de microcellules photoélectriques (caméra à «transfert de charge» désignée par l'acronyme anglais *CCD*: *Charged Coupled Device*). Chaque cellule correspond à un *pixel* codé numériquement en position, en luminance (niveau d'intensité de la lumière) et en chrominance (nature de la couleur codifiée généralement à partir des trois couleurs fondamentales). Pour obtenir une image suffisamment fidèle au grandissement visé, il importe d'employer un nombre suffisant de pixels, de niveaux de gris ou de couleurs. L'image matricielle, parfois vectorielle, numérisée devient stockable par les dispositifs informatisés sous sa forme initiale ou sous une forme compressée aussi peu dégradée que possible, par exemple en format *TIFF* (*Tagged Image Filed Format*) ou *GIF* (*Graphics Interchange Format*). Elle devient réutilisable sous de nombreuses formes et se prête au traitement pour des analyses quantitatives judicieuses décrites au chapitre suivant.

Autres accessoires

Pour procéder tout en observant à d'autres mesures ou sollicitations, on adjoint au microscope divers dispositifs: microduromètre pour les mesures de dureté phase par phase ou des filiations à petite échelle, chambre d'observation en température (platine chauffante), cellules d'études in situ.

Autres microscopes photoniques

Microscope optique à balayage confocal

Un faisceau monochromatique *laser* balaye l'échantillon suivant une translation automatisée. La détection par photodiode mesure la lumière réfléchie et l'envoie moduler la brillance d'un oscilloscope de visualisation synchrone. On construit point par point une image de synthèse. Suivant le principe confocal, une image donnée est le plan conjugué du plan de focalisation du pinceau incident réglé pour une très faible profondeur de champ. En réflexion, le contraste observé est dû essentiellement au microrelief. L'acquisition d'une succession d'images planes finement espacées (de 0,35 μm par exemple) permet une vision par tranches planes ou la reconstruction d'une image en trois dimensions sur 20 à 50 μm. Il permet en particulier l'observation fine des échantillons non conducteurs comme certains matériaux minéraux ou circuits intégrés (voir [2.1]).

Microscope à éclairage photonique proche du visible

Pour quelques applications spécifiques, on utilise d'autres photons proches du visible.

- Le *microscope à* ***ultraviolet***, réalisé avec une source riche en UV et des lentilles en quartz, permet d'observer des échantillons à phases fluorescentes.
- Le *microscope à* ***infrarouge*** permet, pour l'observation de semi-conducteurs (Si...) et de quelques céramiques et polymères, de former une image significative avec un rayonnement infrarouge, que l'on transpose dans le visible pour l'opérateur.

Microscope optique à balayage à champ proche

Il est possible d'éviter la limitation de résolution due aux conditions d'Abbe pour caractériser plus finement la microgéométrie de surface. Grâce à une fibre optique, on éclaire la surface par un très fin pinceau en incidence évanescente et l'on recueille la lumière diffractée; en balayant la surface on construit ainsi une image point par point (voir [2.1]).

Microspectroscopie

On associe à l'observation microscopique une analyse spectrale de réémission ou d'absorption, à des fins de mesures de propriétés optiques ou d'identification indirecte des phases (diverses phases minérales, polymères ou semi-conducteurs) (voir [2.1]).

2.4 PRÉPARATION DES ÉCHANTILLONS

Pour l'observation courante en réflexion, il faut préparer des sections planes significatives polies et souvent attaquées, pour celle en transmission, des films transparents bruts, des matériaux transparents ou des lames suffisamment minces des matériaux opaques peu réflecteurs, polies et quelquefois attaquées.

Tableau 2.3 Principales méthodes de préparation (d'après [2.14] et [2.9]); le signe *R* indique les plus courantes en réflexion, *T* en transmission.

		Métallique	Céram.	Polymère	Compos.
découpage	• mécanique:	*R*			
ou	– meules «douces»	*R*			
tronçonnage	– meules «dures»		*R*/*T*		
	– meules diamantées		*R*		*R*
	– fils diamantés			*R*	
	– ultrasons			*R*	
	– cisaillage			*R*	
	– jet d'eau	*R*			
	• électroérosion	*R*			
	• électrochimique (acide)				
montage	• mécanique		*R*		
ou	• résines:	*R*			
enrobage	– à chaud	*R*			
	– à froid				
	• divers: verre, sulfure, alliage		*R*		
	fusible, ciment...	*R*	*R*		
	• avec imprégnation				
dressage	• mécanique	*R*			
et	• papier abrasif (SiC)	*R*			
prépolissage	– diamant (125 à 15 μm)	*R*	*R*	*R*/*T*	
	• microtome		*R*		
	• électroérosion		*R*		
	• électrolytique				
polissage	• mécanique sur feutre	*R*			
	(alumine, magnésie,	*R*	*R*		
	pâte diamantée)	*R*			
	• électrolytique	*R*			
	• chimique				
nettoyage	• jet d'eau ou d'alcool	*R*	*R*	*R*	
	• ultrasons	*R*	*R*		
séchage	• électrolytique				
	• jet d'air sec et chaud				
	• vide	*R*	*R*		
attaque	• chimique	*R*		*R*/*T*	
	• électrolytique	*R*			
	• thermique		*R*	*R*/*T*	
	• ionique		*R*/*T*		

Le tableau 2.3 rappelle les étapes successives: découpe, enrobage ou bridage, dressage et prépolissage, polissage de finition et souvent attaque appropriée, et il énumère les principaux procédés. Les procédures, issues de principes scientifiques et d'une longue expérience accumulée, doivent être adaptées et soigneusement appliquées à chaque matériau. Divers ouvrages spécialisés, ainsi que diverses normes en précisent de nombreuses (cf. bibliographie en fin de chapitre).

2.4.1 Echantillonnage et découpe

On choisit judicieusement la localisation de l'échantillon à observer car à l'échelle considérée, la microstructure varie parfois fortement de manière maîtrisée ou non d'un endroit à l'autre. Il importe de choisir et repérer judicieusement le *sens de la découpe*, car la microstructure présente souvent une texture morphologique préférentielle. On effectue parfois trois coupes suivant trois plans perpendiculaires et pour les dépôts fins une coupe biaise dans un plan incliné d'un angle α par rapport à la surface pour accroître la largeur examinée. La découpe doit être effectuée sans altérer la microstructure proche. On choisit la méthode appropriée suivant la localisation de l'échantillon, la dureté, la fragilité et les conductibilités électrique et thermique du matériau: découpe mécanique, au chalumeau ou au jet d'eau (expertise de grandes pièces rompues...), électroérosive ou électrolytique.

2.4.2 Enrobage

Lorsque l'échantillon est facile à tenir et les bords sans intérêt spécifique, on le fixe dans un support mécanique pour le polir. Sinon, on l'enrobe dans une résine polymérisable. Idéalement, le matériau d'enrobage présente une dureté proche de celle du matériau et un faible retrait; il existe une large gamme de produits d'enrobage commerciaux adaptés. Lorsqu'il est essentiel d'observer les bords le mieux possible, on choisit la résine au plus faible retrait et il est parfois utile de faire un dépôt (par exemple 10 μm de nickel) avant de procéder à l'enrobage.

L'enrobage *à chaud* est effectué avec des résines thermodurcissables phénoliques (bakélite), allytiques (grande dureté), époxydes ou parfois acryliques. Le durcissement est obtenu sous pression vers 180°C avec une presse spécifique. Il est commode, peu coûteux et bien adapté aux petites séries d'échantillons diversifiés. On rend parfois la résine plus dure ou conductrice avec des charges.

L'enrobage *à froid* est effectué dans des moules appropriés avec une résine époxyde, parfois polyester ou acrylique, durcissante à l'ambiante. Il convient aux grandes séries et/ou aux échantillons altérables par la pratique à chaud. Ces résines sont souvent moins dures et le durcissement maximal plus long à obtenir. L'enrobage par *imprégnation* sous vide est nécessaire pour préparer les produits poreux (matériaux frittés...).

Quant aux lames fines pour la microscopie optique par transmission, on les fixe souvent avec un adhésif double face sur une lame de verre support de manipulation.

2.4.3 Polissage

L'objectif est d'obtenir non seulement une surface plane de rugosité inférieure à 0,1 μm, mais aussi une surface significative de la structure, c'est-à-dire la moins possible altérée par la préparation (écrouissage induit, dépôt de pollution...). Il comprend le plus souvent deux étapes: un polissage grossier et un polissage fin.

Polissage mécanique

La figure 2.16 schématise la profondeur perturbée sur de nombreux matériaux en fonction des abrasifs utilisés. L'écrouissage résiduel final des métalliques doit être limité à une profondeur inférieure au micromètre, disparaître lors du polissage électrochimique ou chimique ou lors de l'attaque sélective et ne doit pas modifier la vision de la structure. On utilise des particules abrasives liées (papiers abrasifs) ou libres (dispersées sur un feutre approprié). Le support est dur et rigide et l'abrasif de dureté largement supérieure à celle du matériau à polir (par dureté croissante: magnésie, corindon, alumine, carbure de silicium et diamant).

Le polissage *mécanique grossier*, appelé parfois prépolissage, dresse la surface et rend la rugosité inférieure à 10 μm. On opère souvent sous eau avec des tourets à plateau très dur sur lesquels on place des papiers abrasifs (souvent au SiC) de granulométrie décroissante (260 à 5 μm suivant le papier) souvent normalisée. L'eau ou un liquide spécifique agit comme lubrifiant, fluide de refroidissement et fluide porteur pour évacuer les particules arrachées. L'opérateur choisit une vitesse de rotation appropriée et maintient une pression appropriée à la dureté du matériau. Il procède entre chaque étape à un lavage de la surface et un nettoyage aux ultrasons pour enlever les grains d'abrasifs. A chaque étape, il croise de préférence les raies de polissage. Les progrès techniques permettent souvent d'automatiser cette étape pour les séries.

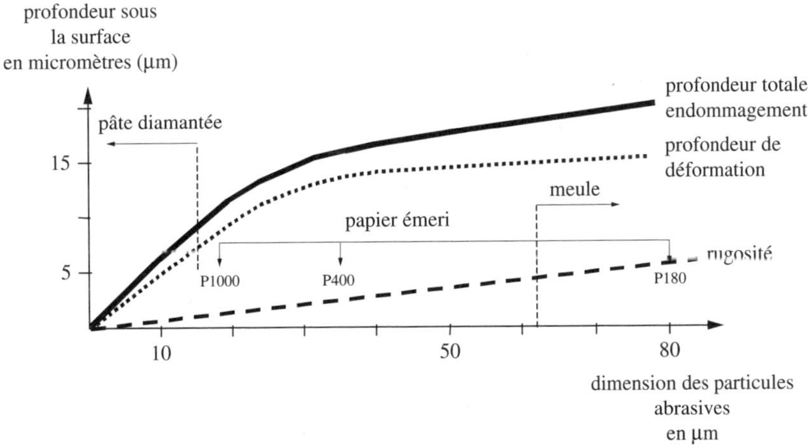

Fig. 2.16 Exemple de rugosité et de profondeur perturbée dans un matériau métallique après polissage (d'après Petzow [2.14] et Exner [2.9]).

Polissage de finition

Le polissage de *finition* est effectué par voie mécanique, chimique ou électro-chimique. On doit obtenir un poli spéculaire (rugosité inférieure à 0,1 μm) sur lequel on ne distingue au microscope optique aucune rayure et réduire la zone perturbée à une épaisseur suffisamment faible.

• Par *voie mécanique*, on utilise par étapes des particules d'abrasifs libres de plus en plus fines déposées sur un drap de feutre fin et doux fixé sur un disque très dur: suspension aqueuse d'alumine, mélanges commerciaux d'oxydes ou pâte diamantée (10, 6, 3, 1 à 0,2 μm) plus coûteuse. On recommande le polissage à l'alumine pour les structures à microdureté homogène et le polissage au diamant pour les structures hétérogènes et les matériaux très durs.

Il existe une grande diversité d'équipements, et pour la qualité de la préparation le savoir-faire présente une importance certaine. Il résulte de l'adaptation optimale de tous les facteurs à la microstructure examinée pour éviter les divers défauts qui pourraient apparaître: écrouissage ou réchauffement de la structure au tronçonnage, dressage incorrect, incrustations de particules d'abrasifs ou d'autres matériaux, arrachements, «tartinage» des phases molles, déchaussement des particules dures, fissuration des matériaux très fragiles... (voir [2.2], [2.14]). Normes et notices détaillées des fabricants de matériel précisent les conditions recommandées en fonction de la nature, la dureté et la ductilité du matériau, et les possibilités d'automatisation.

• Par *voie électrolytique* (matériaux conducteurs métalliques). Elle consiste à pratiquer une *dissolution anodique* en appliquant tension et densité de courant appropriées pour que les aspérités disparaissent plus vite que les surfaces en creux et qu'ainsi la surface devienne de plus en plus plane. Elle achève le polissage sans écrouir. Les appareils récents permettent de réguler finement le polissage par la mesure effective de la tension au voisinage de la surface (fig. 2.17). Mais les conditions pratiques sont spécifiques de chaque matériau: électrolyte, tension, densité de courant, température, débit d'électrolyte au voisinage de la surface.

Le lecteur trouvera des tableaux détaillés dans les ouvrages spécialisés (voir [2.2], [2.14]) et les normes précisent les électrolytes employés, le plus souvent à base d'un acide puissant. La sécurité d'emploi de ces produits corrosifs et parfois explosifs (acide perchlorique en particulier) exige une grande rigueur. Il existe souvent des variantes commerciales partiellement stabilisées.

L'appareil spécifique fait circuler l'électrolyte au contact de la surface plane pré-polie «diaphragmée». La durée est la plus courte possible, souvent quelques secondes ou dizaines de seconde. On pratique quelquefois une dissolution plus locale par la ***méthode au tampon***, en particulier pour la préparation locale sur de grandes pièces non planes.

• Par *voie chimique*. La dissolution différentielle se produit sous l'action chimique. Les bains employés et les conditions sont spécifiques et dérivent de ceux employés pour le brillantage ou le décapage. Cette méthode permet un polissage sur des surfaces de forme et de dimensions variées.

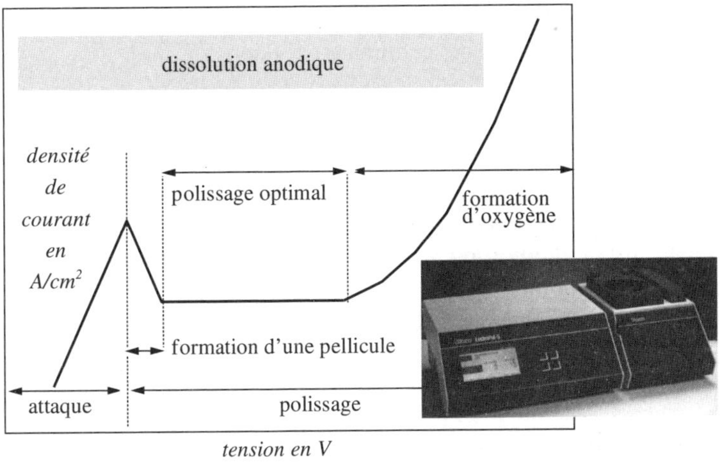

Fig. 2.17 Polissage électrolytique: schéma de la courbe densité de courant-tension et exemple d'appareil commercial (cliché Struers).

• Par *voie ionique*. Cette méthode aplanit lentement la surface par abrasion en la bombardant sous incidence presque rasante d'ions d'argon produits par une décharge d'environ 6 kV entre une anode et une cathode percée, sous un vide d'environ 10^{-2} Pa (vol. 14 du TM). Le polissage exige souvent plusieurs heures. Cette méthode est particulièrement adaptée aux matériaux isolants céramiques et aux échantillons très hétérogènes (jonction métal-céramique; composites...).

• *Coupes nickelées des cassures*. Pour observer la microstructure le long du chemin de cassure du plan de coupe choisi, il faut la polir le long de la cassure sans l'altérer. Pour éviter que le polissage n'arrondisse le bord, on recourt sur certains matériaux à un artifice: après une coupe minutieuse dans un plan perpendiculaire à la cassure, on effectue un dépôt métallique d'environ une dizaine de micromètres, puis on enrobe l'échantillon avant de le polir suivant les méthodes habituelles.

2.4.4 Préparation des lames minces optiques

Avec les *matériaux très transparents* (verres, divers polymères), les objets peuvent être observés bruts ou simplement découpés au microtome. La surface des verres est parfois lissée par un chauffage très rapide.

Avec les *céramiques peu transparentes*, on réalise souvent une lame à faces parallèles transparente, couramment de 10 μm d'épaisseur. On procède d'abord à un découpage au microtome à la scie diamantée puis on réalise un fin polissage des faces au diamant. L'opération réalisée usuellement par une personne expérimentée demande souvent de nombreuses heures.

Avec les *matériaux polymères*, on réalise couramment au microtome, beaucoup plus facilement et rapidement, une lame de 7 à 15 micromètres d'épaisseur.

On la dispose sur une lame de verre et on la recouvre d'une lamelle en assurant avec de l'huile de cèdre une excellente continuité optique.

Répliques

On prépare parfois une *réplique* de surface extractive ou non (cassure, surface brute ou surface polie et attaquée) lorsqu'il est exclu de découper l'échantillon ou que l'on souhaite périodiquement suivre une évolution en service. Pour cela on dépose un film de collodion ou de butadiène que l'on arrache très délicatement après durcissement. Pour la rendre la plus fidèle possible, on épouse finement la surface avec le produit en évitant toute occlusion étrangère (bulles, poussières...) et de déformer ou de rompre la réplique lors de l'arrachement.

2.4.5 Attaque micrographique

L'attaque *chimique* ou *électrochimique* différencie les constituants micrographiques et/ou fait apparaître les interfaces: joints de grains et interfaces entre phases. Le plus souvent, elle crée un microrelief significatif par *dissolution différentielle* suivant la nature de la phase et l'orientation cristalline (fig. 2.3). En général, le réactif dissout rapidement les interfaces entre phases différentes, dissout plus lentement les joints de grains d'une même phase, à une vitesse qui dépend de l'orientation cristalline mutuelle, et dissout chaque grain d'une phase avec une vitesse variable en fonction de l'orientation cristalline de la surface au contact.

En outre, des dissolutions préférentielles peuvent se produire au voisinage d'imperfections cristallines (piqûres ou figures de corrosion spécifiques). Certaines ségrégations ou la présence de précipités sub-microscopiques aux joints des grains modulent parfois les vitesses de dissolution et font apparaître une cartographie significative.

Quelquefois, l'attaque choisie crée au contraire un très fin dépôt de nature et/ou d'épaisseur significative (oxydation ménagée, anodisation spécifique). Il en résulte une coloration préférentielle révélatrice des phases sous-jacentes liée à sa nature et/ou son épaisseur, source de contraste interférentiel.

Les conditions optimales d'attaques doivent être étudiées expérimentalement. Pour les matériaux courants, une longue expérience accumulée est également rapportée dans les ouvrages de métallographie ([2.2], [2.3], [2.7], [2.9], [2.13], [2.14]) ou de «matériallographie» et les recommandations normalisées.

On distingue quatre sortes d'attaques:

- Attaque *chimique:* la procédure doit être précise et très soignée. Les effets d'attaque sont souvent progressivement cumulables.
- Attaque *électrochimique:* elle procède par une dissolution anodique qui privilégie, au contraire du polissage, une très faible vitesse et favorise ainsi une dissolution très différentielle aux interfaces et entre phases différentes. On utilise souvent les mêmes bains que pour le polissage mais sous une tension beaucoup plus faible. Parfois l'électrolyse est utilisée non pour dissoudre

mais pour développer par oxydation anodique un très fin film d'oxyde en épitaxie.

- Attaque *thermique:* en particulier pour les phases très stables des céramiques, on pratique parfois une attaque en chauffant l'échantillon à haute température pendant une durée suffisante: les joints de grains se creusent légèrement par diffusion préférentielle et/ou par évaporation. Avec certaines céramiques, un choc thermique provoque des microfissures significatives aux interfaces. On peut ainsi indirectement révéler les joints de grains. On réalise parfois aussi une oxydation ménagée.
- Attaque par *bombardement ionique:* suivant un procédé analogue au polissage ionique, on procède à une attaque en modifiant les conditions de bombardement et en recherchant par une vitesse d'abrasion très lente une abrasion différentielle suivant les phases. Cette méthode s'impose pour certains échantillons céramiques et composites ou pour des jonctions très hétérogènes.

2.5 MICROSTRUCTURE OBSERVÉE

2.5.1 Objectif de la caractérisation micrographique

L'observation permet de caractériser la microstructure, c'est-à-dire d'analyser sur une image grossie de 20 à 1500 fois les phases présentes en précisant leurs nature, forme et dimension, proportion et imbrication mutuelles ainsi que le degré de perfection des phases cristallisées. En réalité, on ne met en évidence que les parties qui paraissent homogènes à l'échelle de la microscopie optique: les *constituants micrographiques.*

Le microscope optique ne permet de voir que des formes, des dimensions et une répartition spatiale quasi planes. Néanmoins le microscopiste expérimenté et compétent en matériaux suggère souvent une identification des diverses phases, fondée sur un faisceau de présomptions concordantes issu de la connaissance:

- de la *physico-chimie du matériau* qui l'incite à limiter la nature des phases possibles à un nombre assez réduit de quelques familles,
- des *propriétés optiques spécifiques* de ces phases (pouvoir réflecteur, couleur, propriétés en lumière polarisée) qui permettent d'en distinguer certaines,
- de *l'effet de l'attaque* sur les phases présumées, qui permet de les distinguer.

Une observation en lumière polarisée, en particulier des céramiques et polymères, une attaque sélective plus spécifique et une microdureté locale complètent les présomptions. Ces connaissances fondées sur les études accumulées pour les matériaux usuels, restent parfois à compléter pour des matériaux nouveaux et l'identification complète passe par de nombreuses méthodes décrites dans le volume 3 du Traité des matériaux.

2.5.2 Constitution structurale et constituants micrographiques

Si les matériaux métalliques sont en général totalement cristallins, les céramiques sont cristallines, amorphes ou mixtes, et les polymères totalement amorphes ou semicristallins. La lumière polarisée permet souvent de distinguer phases *cristallines* et phases *amorphes*. Il existe une infinité de microstructures très diverses.

Un ***constituant micrographique*** est une partie monophasée ou un agrégat de phases qui paraît homogène sur une partie ou sur toute l'échelle de la micrographie optique. Par exemple, les *agrégats eutectiques* et *eutectoïdes*, issus de l'imbrication fine de plusieurs phases formées par croissance coopérative, apparaissent à une certaine échelle comme un seul constituant micrographique. Un grandissement plus élevé, parfois accessible en microscopie optique, mais souvent uniquement en microscopie électronique, permet d'en distinguer les phases imbriquées. La figure 2.18 montre en exemple la perlite des aciers, agrégat eutectoïde de lamelles alternées de ferrite et de cémentite. Certaines microstructures ne sont constituées que d'un seul constituant micrographique monophasé ou polyphasé, d'autres de plusieurs.

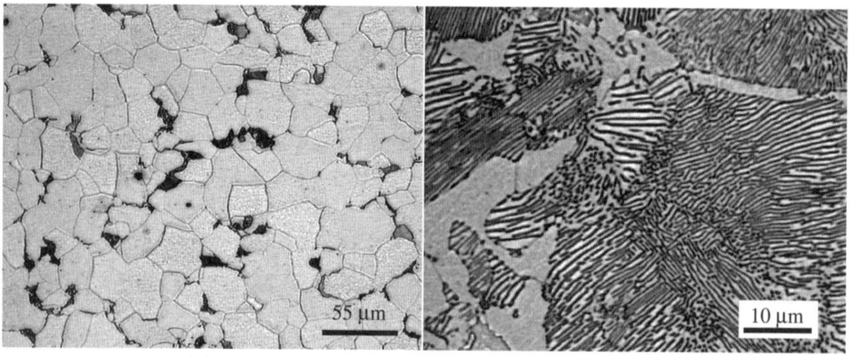

(a) (b)

Fig. 2.18 Structure ferrito-perlitique à perlite non résolue (a) et résolue (b).

(a) (b)

Fig. 2.19 (a) Structure dendritique d'un cuivre désoxydé (cliché Renault) ; (b) matrice équiaxe et précipités d'un duralumin (cliché CNAM).

De nombreuses microstructures polyphasées sont constituées d'une phase appelée ***matrice*** (souvent majoritaire en volume) qui assure la continuité du matériau, et d'autres phases ou constituants (inclusions, précipités, renforts...) qui ne se distinguent que si le contraste optique créé (couleur propre et/ou souvent effet de l'attaque pratiquée) est suffisant et que si leur dimension dépasse la limite de résolution. La figure 2.19(b) en donne un exemple (précipités dans une matrice d'aluminium). Dans certaines microstructures, phases ou constituants sont imbriqués en *mosaïque* de morphologie variée, sans que l'on puisse distinguer une matrice.

Les phases cristallisées des matériaux céramiques, souvent fortement anisotropes et biréfringentes, peuvent être souvent distinguées en lumière polarisée sur des lames minces optiques. Il est courant de les identifier en transmission sur des lames calibrées de 10 µm d'épaisseur à partir de leur couleur et de leur angle d'extinction en lumière polarisée, alors que les phases amorphes restent toujours noires.

Les phases amorphes ou semicristallines des matériaux polymères se distinguent aussi souvent par observation par transmission en lumière polarisée entre polariseur et analyseur croisés, les phases amorphes paraissent noires et les phases semi-cristallines colorées avec des contrastes d'intensité reliés à l'orientation locale.

Par exemple, on distingue clairement sur la figure 2.20 les sphérulites et leurs interfaces, donc leur forme, leur dimension et leur texture locale; la croix noire observée sur un sphérulite résulte d'une extinction optique sans signification pour la microstructure.

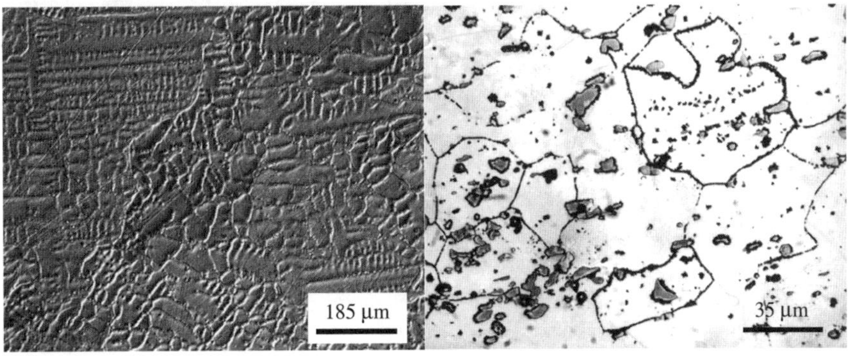

Fig. 2.20 Polypropylène semicristallin, observé en lumière polarisée – deux exemples de microstructure (C. Duval, CNAM).

2.5.3 Structure granulaire des matériaux cristallins

L'observation courante révèle la structure granulaire, c'est-à-dire les monocristaux séparés par des joints de grains (en sombre sur l'image en champ clair) et met ainsi en évidence forme et dimensions des grains. La figure 2.19 montre un exemple de dendrites arborescentes et un autre de grains polyédriques, polygonaux en coupe plane.

La dimension linéaire des grains est souvent d'environ 5 à 200 µm, gamme typique de l'observation en microscopie optique. On l'utilise donc pour mesurer la dimension des grains, parfois suivant des méthodes normalisées (NF A 04-102...). Les méthodes de comptage manuelles à l'appréciation de l'opérateur sont désormais rendues automatiques par traitement et analyse d'image (chap. 3).

2.5.4 Population inclusionnaire

Dans certains matériaux, il existe diverses phases très minoritaires exogènes ou endogènes, formées dès la solidification en fines particules disséminées: les ***inclusions***. Il importe souvent d'en déterminer et préciser la population en nature, dimension, répartition et proportion; on procède généralement suivant des méthodes conventionnelles ou normalisées (ex. NF A04-105...).

2.5.5 Degré de perfection des grains

L'attaque métallographique ou certaines propriétés optiques révèlent qualitativement le degré de perfection cristalline. Les micrographies d'un alliage de zirconium observé en lumière polarisée par réflexion en donnent un exemple figure 2.21.

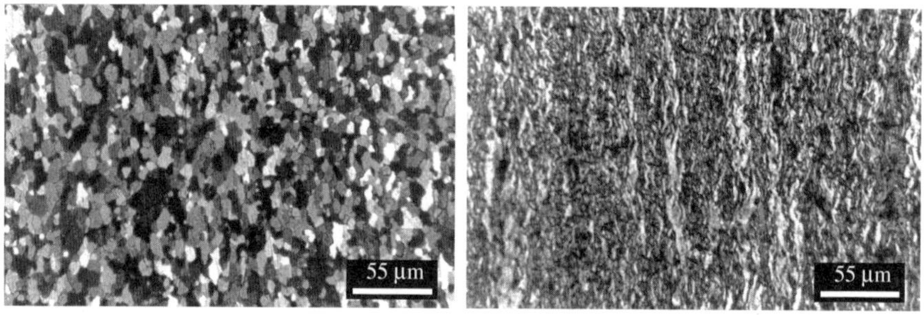

(a) (b)

Fig. 2.21 Zircaloy 4 observé en lumière polarisée après oxydation anodique: recuit (a), écroui par laminage à froid (b) – micrographies originales en couleur (CNAM).

Dans la microstructure recuite, la densité d'imperfections cristallines est faible, les joints de grains de faible courbure, et en coupe, ils paraissent réguliers et quasi rectilignes. Les grains écrouis sont très chargés en imperfections cristallines à l'intérieur des grains et au voisinage des joints. Les grains sont très allongés et les joints paraissent «sinueux», l'attaque métallographique révèle à l'intérieur des grains un contraste plus confus, dû à l'attaque différentielle du réactif suivant le degré local d'écrouissage (fig. 2.21). Des attaques spécifiques permettent même de localiser les émergences de dislocations.

2.5.6 Orientation cristalline

Par réflexion: dépôt en épitaxie et observation en lumière polarisée

En réfléchissant la lumière polarisée, les cristaux font subir au faisceau incident une rotation qui dépend de la nature du réseau cristallin et de l'orientation de la facette réfléchissante. Observés à travers l'analyseur, des contrastes apparaissent.

Avec les cristaux de réseau cubique, la rotation est insensible à l'orientation locale, tous les grains deviennent donc noirs pour le même angle de rotation de l'analyseur. Néanmoins, certains réactifs spécifiques permettent de former en épitaxie une couche cristalline très fine non cubique. Il en résulte un contraste coloré suivant l'orientation locale de chaque grain sous-jacent.

Avec les cristaux métalliques non cubiques, l'observation directe d'une surface fraîchement polie, attaquée ou non, est possible, mais une oxydation sélective en couche très fine permet souvent un contraste plus saisissant (ex. zirconium). Le contraste entre grains voisins, représentatif de leur différence d'orientation cristalline, permet parfois d'apprécier qualitativement la texture cristalline locale (fig. 2.21).

Par transmission

Si l'on éclaire en lumière blanche polarisée une lame à faces parallèles de 10 μm d'épaisseur en céramique, il apparaît sur l'image par transmission un contraste d'intensité et de couleur entre les grains d'une même phase et entre les diverses phases. En faisant tourner l'angle du cristal analyseur, il est possible de rendre lumineuse ou au contraire «éteinte» la surface du cristal (non cubique) observé. La mesure des *angles d'extinction* en lumière polarisée des diverses phases cristallines d'une lame mince normalisée permet d'identifier la famille de ces phases minérales.

2.5.7 Complémentarité avec la microscopie électronique à balayage

La microscopie optique est une méthode simple et puissante pour observer les microstructures, mais reste limitée par son pouvoir séparateur et sa faible profondeur de champ. Son grandissement utile ne dépasse guère 1500. Dans de nombreux cas, elle est désormais prolongée par la microscopie électronique à balayage qui permet d'observer le microrelief d'un échantillon à un grandissement variable de 20 à 40 000, avec un pouvoir de résolution latéral inférieur à 10 nm et une profondeur de champ d'environ 1 mm au grandissement de 20 et 1 μm au grandissement de 20 000. Le microscope électronique à balayage (MEB) permet ainsi d'observer plus finement états de surface (dépôts, surfaces corrodées...), sections polies et cassures sur les échantillons conducteurs ou rendus conducteurs par une fine couche de métallisation et même, avec les microscopes électroniques les plus récents, les échantillons isolants et organiques. L'observation au MEB permet de compléter utilement l'imagerie de la microstructure de certains échantillons par celle d'autres sources de contraste significatif (contraste chimique, contraste cristallin, microanalyse élémentaire) – (chap. 4 du vol. 3 du Traité des matériaux).

2.6 DEUX ÉTUDES DE CAS

2.6.1 Microstructure d'un alliage de titane observé par réflexion

L'observation par réflexion en champ clair illustre la modification structurale par traitement thermique ou thermomécanique d'un alliage de titane à haute résistance du type alpha-béta, l'alliage β-CEZ (Ti-5Al-2Sn-4Zr-4Mo-1Fe). Ductilité et ténacité de cet alliage sont particulièrement sensibles à la forme et la répartition des phases.

Préparation

La préparation est la suivante: découpe à la meule sous eau – polissage grossier au papier abrasif SiC de granulométrie décroissante jusqu'à P1200 – polissage mécanique de finition à la suspension d'alumine, puis au mélange d'oxydes («OPS» de Struers) – attaque avec une solution aqueuse d'acide lactique à 70% en volume, enrichie de 0,1% d'acide fluorhydrique.

Observation

Les micrographies de la figure 2.22 montrent clairement deux types de microstructure relativement complexes. La figure 2.22(a) présente une structure dite *équiaxe* issue d'un corroyage important dans le domaine alpha-béta. On y distingue par attaque différentielle entre les phases alpha et béta: les nodules de phase alpha primaire sensiblement équiaxes (gris foncé), le reliquat de phase béta granulaire, matrice en grains d'un gris plus clair et des zones très foncées non résolues (il s'agit en fait de zones de très fines aiguilles alpha séparées par de fins liserés de béta non discernables au microscope optique).

La figure 2.22(b) présente une structure dite parfois *en vannerie*, issue d'un refroidissement sans corroyage depuis le domaine monophasé β. Elle comprend, outre un liseré de fins grains de phase alpha formé le long des ex-joints de la phase

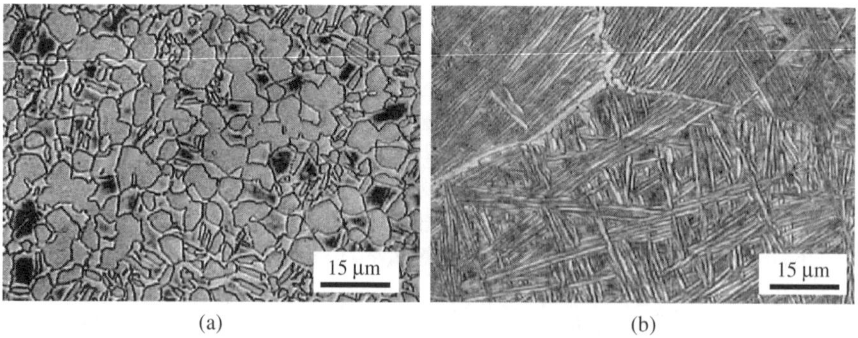

Fig. 2.22 Alliage de titane β-CEZ: microstructure alpha-béta équiaxe (a) et en «vannerie» (b) (J. Béchet, CNAM).

béta, un ensemble de plaquettes et/ou d'aiguilles longues et fines de phase alpha disposées en paquets parallèles orientés, de dimension de plus en plus fine et séparées par un reliquat de phase béta indiscernable à cette échelle.

2.6.2 Verre partiellement dévitrifié observé par transmission en lumière polarisée

Un verre courant silico-sodo-calcique (SiO_2, 20% Na_2O, 20% K_2O) totalement amorphe et fortement transparent se transforme progressivement par maintien à haute température en phases cristallines, dans ce cas 2 h à 925°C. L'observation d'un échantillon par *transmission en lumière polarisée* met clairement en évidence les nouvelles phases cristallisées (vol. 16 du Traité des matériaux).

Préparation

La préparation est la suivante: découpe au diamant d'une lame de verre plane d'environ 5 mm d'épaisseur – polissage après collage sur un support plat – attaque: sans.

Observation

La figure 2.23 reproduit en noir et blanc deux micrographies en couleur très contrastées et met en évidence dans la matrice transparente et amorphe plusieurs minéraux cristallins qui, par leur pouvoir rotatoire sur la lumière polarisée, se distinguent de la matrice par des teintes différentes fonctions de leur nature, de leur orientation cristalline et de l'épaisseur traversée:

- la dévitrite (1), phase cristalline ternaire, qui a crû en étoile à partir de petits germes; la figure 2.23 montre la germination et la croissance d'un faisceau de filaments;
- la wollansonnite (2), dont une grande plaquette est colorée en turquoise,
- la cristobalite (3), en petits cristaux, à la jonction de la plaquette de wollansonite et d'un faisceau de dévitrite.

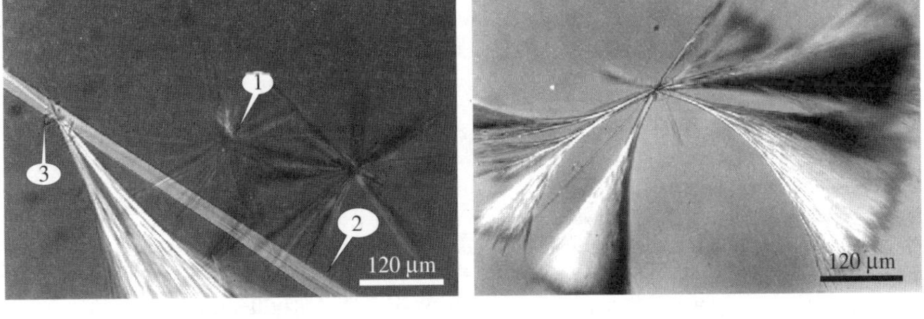

Fig. 2.23 Verre partiellement dévitrifié (R. Caplain, CNAM).

2.7 RÉSUMÉ

Le microscope optique permet de former par réflexion ou par transmission des images en champ clair et de les compléter en éclairage oblique, en champ noir, en contraste de phase et en lumière polarisée. Son pouvoir séparateur atteint 0,2 μm et son grossissement pratique 1000 à 1500. Sa profondeur de champ, d'environ 0,5 mm au grandissement 10, devient inférieure au micromètre au grossissement maximal et ne permet d'observer à fort grossissement que des surfaces planes.

On observe les matériaux métalliques par réflexion, les matériaux transparents par transmission et les matériaux opaques et peu réflecteurs par réflexion ou par transmission en lames minces de quelques micromètres.

La préparation d'une section plane significative est une technique courante qui demande une pratique méthodique et soignée adaptée à chaque matériau.

Par réflexion sur une coupe polie non attaquée, le contraste est dû aux différences de pouvoir réflecteur et/ou de couleur des diverses phases. Sur une coupe polie et attaquée, il est dû le plus souvent au microrelief créé par le réactif spécifique ou parfois au très fin dépôt créé, source de contraste interférentiel en lumière polarisée.

L'observation par transmission en éclairage normal révèle défauts de continuité et constituants structuraux; elle est souvent complétée par celle en contraste de phase qui renforce le contraste et pour les matériaux partiellement cristallins par celle en lumière polarisée.

L'observation en lumière polarisée par réflexion ou par transmission fait apparaître un contraste significatif entre phases d'anisotropie optique différente et entre parties d'une même phase cristalline d'orientation cristalline différente.

La microscopie optique permet ainsi d'observer dans la gamme 0,2 à 1000 μm les éléments significatifs de la microstructure des matériaux: nature, dimensions, formes, proportions et imbrications mutuelles des diverses phases ou plutôt des constituants micrographiques, et parfois degré qualitatif de perfection cristalline et orientation cristalline locale. L'observation des cassures, limitée au faible grandissement par la profondeur de champ, révèle certains aspects du mécanisme de rupture et/ou de la microstructure intrinsèque.

2.8 BIBLIOGRAPHIE

2.8.1 Normes

- **françaises** (NF A, cf. site AFNOR): *Macrographie*: NF A 05-151; A 05-152; A 05-153, A 05-156; A 04-112, A 04-113, A 04-114 – *Micrographie*: NF A 05-150: Techniques d'examen microgra-phique; NF A 05-154: Techniques de réplique métallographique (examen optique); NF A 95-342 Matériaux métalliques frittés, technique d'examen micrographique. *Détermination de la dimension des grains:* A 04-102; A 04-503; A 04-505 *Population d'inclusions:* A 04-105, A 04-106, A 04-107, A 05-108 – *Méthodes diverses et particulières* A 04-110; A 04-111; A 04-115, A 04-201, A 04-202, A 04-203, A 04-204, A 04-302, A 05-165; FD CR 12361 (soudures sur matériaux métalliques);

- **européennes** (NF EN ISO): NF EN ISO 2624; NF EN ISO 196; NF EN ISO 2626;
- **américaines** (ASTM): – E3-95: Preparation of Metallographic Specimens – E112-96: Estimating the Average Grain Size of Metals – E340-95 Macroetching Metals and Alloys – E407-93: Microetching Metals and Alloys – E562-95: Determining Volume Fraction by Systematic Point Count – E883-94: Reflected Light Photomicrography – E1382-91: Determine Average Grain Size Using Semiautomatic and Automatic Image Analysis.

2.8.2 Ouvrages de référence

[2.1] M. ARNOLD, «Microscopie optique», *Techniques de l'ingénieur*, Physique P 860, pp. 1-20, 1993.

[2.2] F. BERNARD et M. JOUAN, «La micrographie: préparation et observation», P. CAZENAVE: «Notions de structure»; B. LAGET, «La macrographie»; chapitres consacrées à la microscopie optique dans A. GUIMIER *et al.*: *Métallographie et techniques d'analyse*, Pyc Editions, 1998.

[2.3] J. et A. POKORNY, «Métallographie», *Techniques de l'ingénieur*, Métallurgie, M 90, pp. 1-40 et M 92, pp. 1 et 2, 1994.

[2.4] J. POKORNY, *Album de métallographie*, Berger Levraud, 1971.

[2.5] CETIF (col.), *Atlas métallographique des fontes et alliages de fonderie (8 fascicules)*, 1967/1994.

[2.6] G. WASTIAUX, *La microscopie optique moderne*, Tec-doc, 1994.

[2.7] G. VANDER VOORT, *Metallography, Principle and Practice*, Mac Graw Hill, 1984.

[2.8] S. AMELINCKS, D. VAN DYCK, J. VAN LANDUYT et G. VAN TENDELOO, *Handbook of microscopy: applications in Materials Science, Solid-state and Chemistry*, 3 vol., VCH, 1997.

[2.9] H. E. EXNER, «*Metallography*», in R. W. CAHN et HAASEN, *Physical Metallurgy*, 1996.

[2.10] D.A. HEMSLEY *et al.*, *Applied Polymer light microscopy*, Elsevier, 1989.

[2.11] M. PLUTAM, *Advanced light microscopy*: 2 vol., 1989.

[2.12] R.E. CHINN, *Ceramography*, ASM, 1995.

[2.13] METALS HANDBOOK, *Metallography and microstructures*, 11e édition, vol. 9, ASM, 2004.

[2.14] G. PETZOW, *Metallographisches, Keramographisches, Plastographisches Ätzen, Gebrüder Borntraeger*, 1994.

[2.15] DE FERRI METALLOGRAPHIA, t. 1: *Bases de la métallographie*, Pres. Acad. Eur., 1966; t. 2: *Structures des aciers*, Ver. Stahl., 1966; t. 3: *Solidification et déformation des aciers*, Berger-Levraud, 1967; t. 4: *Méthodes récentes d'examen en métallographie et métallographie des soudures*, Ver. Stahl., 1980; t. 5: *Fractographie et microfractographie,* Ver. Stahl., 1979.

Constructeurs pour la micrographie

Microscope optique: Léo (Leica, Leitz et Reichert), Carl Zeiss, Nikon, Olympus, Nachet, S.C.O.P., – matériel de polissage et accessoires: Struers, Presi; Buehler; Brot G.; O.M.S.; Lamplan, Bal-Tech Balzers; Ion-Tech Teddigton....

Quelques sites internet utiles

metallography.com – micro.magnet.edu/primer/index html – ASM Micrograph Center Online.

CHAPITRE 3

L'ANALYSE D'IMAGES APPLIQUÉE À LA CARACTÉRISATION DES MATÉRIAUX

3.1 OBJECTIFS

L'ingénieur ou le chercheur qui étudie les matériaux dispose aujourd'hui d'un grand nombre de techniques lui permettant d'obtenir des «images» de la microstructure à différentes échelles. Ces images, qui peuvent être 2D comme en microscopie classique peuvent aussi être «3D», comme celles fournies par les techniques de tomographie de rayons X ou de microscopie confocale. Elles se présentent de plus en plus sous forme numérique, et les moyens sont nombreux d'en extraire des données quantitatives, nombres et courbes pour les exploiter. C'est l'objet de l'***analyse d'images***. De nombreux logiciels sont disponibles, dont beaucoup sont directement livrés avec les équipements conçus pour obtenir les images. L'analyse d'images est donc aujourd'hui un outil à la portée de tous, facile à mettre en œuvre et à utiliser, valorisant car à la fois «visuel» et quantitatif. Encore faut-il que ces mesures soient pertinentes et fiables...

Ce chapitre vise à donner des bases pour l'exploitation quantitative des images dans le cadre d'une *culture matériaux* pour savoir choisir des mesures, les réaliser dans des cas simples, être capable d'utiliser à bon escient un logiciel dédié au traitement/analyse d'images pour réaliser ces mesures. L'objectif est avant tout de donner au lecteur les moyens pour développer un sens critique sur les mesures, que ce soit pour une utilisation personnelle ou pour le dialogue avec les spécialistes d'imagerie, de métallographie, d'analyse quantitative des images.

Les premières questions à poser sont ainsi: *quelles mesures pour quoi faire?* et *comment obtenir des résultats pertinents?* La mise en pratique vient en second, avec l'extraction d'une image pertinente utilisable pour les mesures avec des outils de *traitement d'images*, puis le choix final et la réalisation des mesures, ainsi que leur exploitation. Un souci doit rester permanent: *quelle est la valeur du résultat trouvé?* Ce sont ces points qui seront traités ici, de préférence à un ensemble de recettes de mesure. Le lecteur trouvera donc un certain nombre de bases et d'informations destinées à attirer son attention critique pour l'amener à faire de bons choix face à chaque problème particulier.

Nous nous limiterons ici au domaine d'application qui vise à étudier la microstructure d'un matériau, c'est-à-dire sa constitution (fig. 3.1) par des phases, grains et objets, en cherchant à caractériser leurs quantités, tailles, formes et arrangements

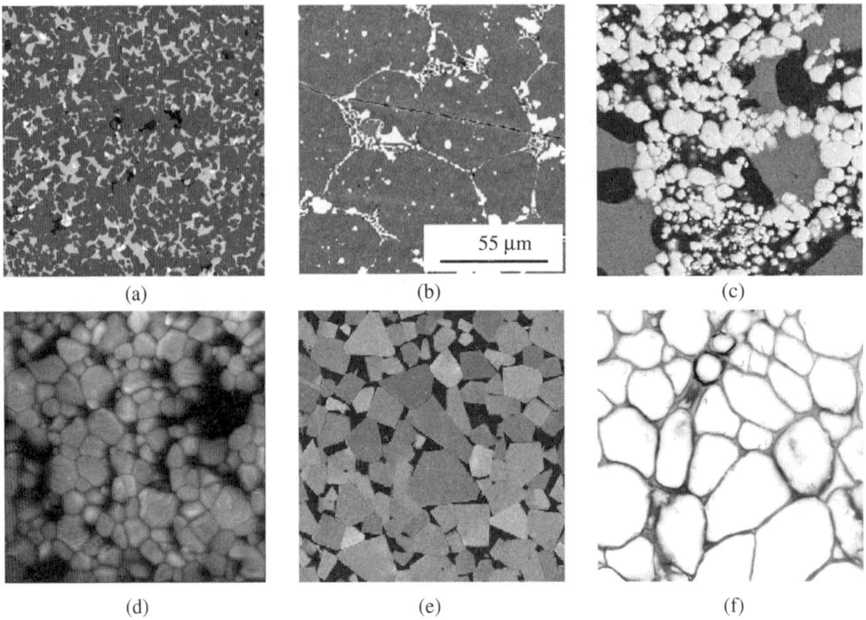

Fig. 3.1 Quelques «microstructures» de matériaux étudiés par métallographie: fritté TiB2-Fe (poreux) (a), acier rapide (b), W-Cu poreux (fritté en phase solide) (c), alumine frittée (d), cermet WC-Co à gros grains (e), mousse d'aluminium (f).

mutuels. Les images concernées relèvent de ce que nous appellerons dans un sens élargi la ***métallographie****:* ce sont des images classiques de microscopie (optique, électronique à balayage, champ proche...) allant jusqu'aux images 3D obtenues par exemple par tomographie. Le lecteur pourra extrapoler ce qui est utilisable dans le vaste champ d'application que constituent les images de matériaux, de lui-même ou en approfondissant par la lecture d'ouvrages d'introduction ou de référence [3.1] à [3.9].

3.2 MESURES SUR DES IMAGES 2D DE MATÉRIAUX

3.2.1 Situation du problème

Dans la plupart des cas, les microstructures sont connues à partir d'images classiques en 2 dimensions (fig. 3.2), alors que la microstructure et les caractéristiques qui nous intéressent sont par nature 3D. *Quelles sont les informations 3D accessibles par des mesures 2D ? Comment peut-on les atteindre ?* On voit très bien sur la figure 3.2 qu'un certain nombre de caractéristiques sont conservées, qui concernent la quantité apparente, la forme ou la symétrie(sphère-cercle), la répartition (répartition inhomogène et échelles correspondantes), mais il est nécessaire de savoir quelles mesures en 2D sur des sections sont fiables et représentatives.

Fig. 3.2 Microstructure 3D de composites constitués d'une matrice d'Al renforcée de billes de ZrO_2 réparties de façon homogène (a) ou hétérogène (b), et sections 2D correspondantes ((c) et (d)).

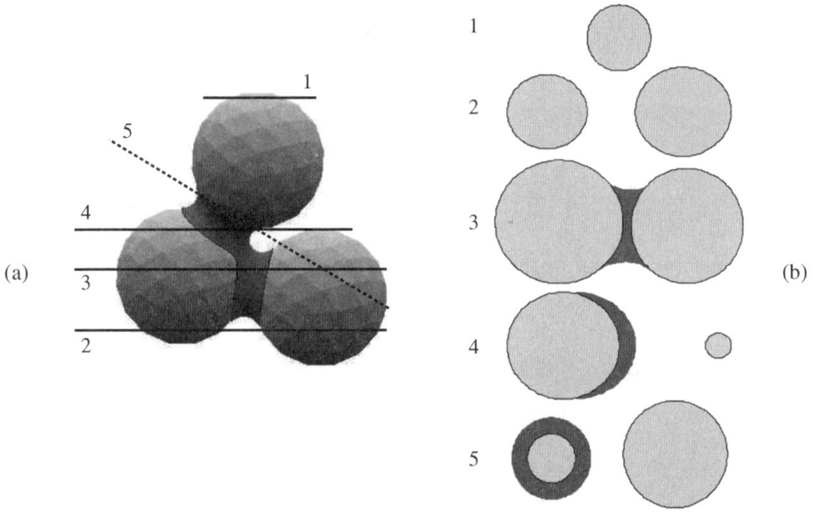

Fig. 3.3 Objet 3D constitué de 3 sphères identiques reliées par un pont d'une seconde phase (a) et quelques images 2D obtenues par section de l'objet par des plans perpendiculaires au plan des sphères (b).

Avant de revenir en détail sur ce point, observons sur un exemple très simple combien l'image en 2D obtenue sur une coupe peut être non seulement différente de l'objet 3D, mais aussi très variable d'une section à l'autre (fig. 3.3). Les 5 sections montrées de cette figure sont différentes : pour les sphères, on obtient selon les cas un ou deux cercles (on pourrait aussi n'en avoir aucune); pour le pont, on peut avoir des objets de formes très diverses, et même un objet avec un trou, alors que le pont en 3D n'en a pas; si on considère l'ensemble des deux phases, on obtient selon les cas un ou deux objets et des formes très différentes les unes des autres. Ceci illustre simplement le fait que la section en 2D a perdu une information à laquelle on n'a plus directement accès sur les images. Une partie de cette perte peut être compensée en multipliant les sections (aspect statistique, probabilité de couper et d'obtenir 0, 1, 2 objets par exemple). Une autre partie de l'information 3D peut être reconstruite en faisant des hypothèses: par exemple, en observant des cercles, que les objets 3D correspondants sont des sphères.

Des résultats pertinents seront donc de façon générale le résultat:

- de *mesures* sur les images (2D),
- d'un certain nombre d'*hypothèses* sur la structure,
- de *calculs* utilisant éventuellement des modèles qui traduisent ces hypothèses. On remarquera que cette démarche n'est pas liée à l'utilisation de l'informatique comme outil de traitement des images. On ne saurait trop mettre en garde le lecteur contre la tendance à penser que l'obtention de résultats numériques quantitatifs est liée à l'existence des ordinateurs. Ces derniers permettent surtout de multiplier les mesures en les réalisant automatiquement et en exécutant les calculs; nous préciserons les points spécifiquement liés à l'utilisation des outils numériques le cas échéant.

3.2.2 Analyse individuelle

Deux grandes classes de situations peuvent se présenter, selon que ce que l'on souhaite mesurer se présente sous la forme d'objets individuels discernables et sur les images ou non. Dans le premier cas, on parlera d'*analyse individuelle*, et la démarche commencera par mesurer les caractéristiques de chaque objet de l'image. On prendra un nombre suffisant d'objets pour réaliser une étude statistique. Si c'est nécessaire pour l'objectif recherché, on transformera ces données en informations «3D» à partir de modèles et de calculs.

De nombreux paramètres

De nombreux paramètres peuvent être imaginés et mesurés pour caractériser des objets sur une image. Prenons le cas simple d'une population de particules: les quelques paramètres qui suivent ne représentent qu'une partie des grandeurs qui peuvent être mesurées sur chacune d'elles (fig. 3.4):

- surface S (on dira aussi l'aire A),
- périmètre P,
- longueurs de projection sur X et Y (diamètres de Féret): $X_{\text{Féret}}$, $Y_{\text{Féret}}$,
- longueur L: plus grande projection selon diverses orientations,
- largeur ℓ: plus petite projection selon diverses orientations (n'est pas nécessairement dans la direction perpendiculaire à celle de L),

- orientation α : direction de la longueur (angle/axe X),
- diamètre équivalent (du cercle de même aire) : $D = \sqrt{4a/\pi}$,
- cordes et corde moyenne.

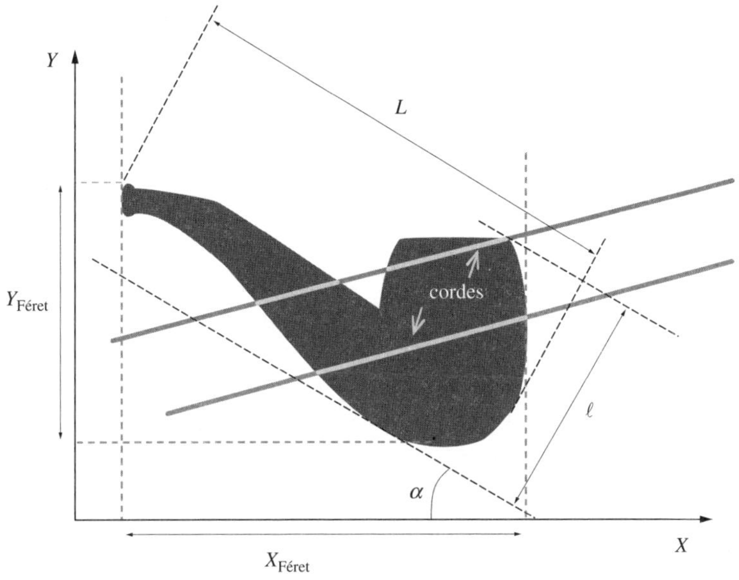

Fig. 3.4 Quelques paramètres mesurables sur un objet individualisé sur une image.

On choisira ces paramètres en fonction de leur qualité et de leur pertinence par rapport à l'objectif des mesures métallographiques, c'est-à-dire de l'utilisation que l'on veut faire des données.

Sur le plan de la qualité, la mesure d'aire est la mesure la plus *robuste*, c'est-à-dire la moins sensible à de petits défauts sur la définition des objets. Le périmètre, par exemple, pourra au contraire être très dépendant des détails de définition du contour de l'objet : que l'on se rappelle la célèbre mesure de la longueur des côtes de la Bretagne en fonction de l'échelle de la carte utilisée, qui illustre la question à l'origine des objets « fractals » [3.10]... On notera que le paramètre D qui traduit l'aire A occupée en un paramètre de taille indépendant de la forme est un bon moyen de disposer d'une taille robuste et indépendante de la forme des objets, tout en étant pour notre cerveau plus facile à utiliser qu'une aire : nous pouvons facilement dessiner ou nous représenter un objet 2,5 fois plus gros en diamètre, ce qui n'est pas le cas en aire.

Une seconde mesure robuste et importante est la mesure de cordes, dites aussi longueurs interceptées (fig. 3.4), obtenues comme la longueur de segments coupés dans l'objet. Ces mesures dépendent de la direction et de la position considérées ; on les utilise sous forme de valeurs moyennes : longueur moyenne de corde dans une direction donnée (qui pourra servir à évaluer des anisotropies et des orientations par exemple), ou valeur moyennée dans toutes les directions. On remarquera qu'une même droite de coupe peut donner plusieurs cordes sur un objet non convexe : on mesure alors chaque corde et non la somme de leurs longueurs.

Mais l'utilisation que l'on souhaite faire des données sera déterminante. Prenons ainsi l'exemple d'une mesure de taille. La question *quelle est la meilleure mesure de la taille des objets ?* n'a pas une réponse unique et définitive. Une façon de s'en convaincre est d'essayer de rechercher la meilleure mesure de taille permettant de déterminer quantitativement quelle est la plus fine des deux poudres de la figure 3.5. Il n'y a évidemment pas de solution, ou plus exactement la solution dépend de l'utilisation que l'on souhaite faire. Si ces poudres étaient des catalyseurs, la poudre la plus « fine » serait celle qui offre la plus grande surface spécifique, et la mesure adaptée serait une mesures d'aire en 3D (en deux dimensions, une mesure de périmètre, comme nous le verrons plus loin) ; si ces particules sont destinées à être dispersées sans changer de forme dans une matrice dont elles constitueront des défauts, c'est vraisemblablement leur plus grande longueur (analogue 3D de L) qui sera pertinente ; si chacune de ces particules est destinée à changer de forme en restant isolée, c'est son volume (ou un diamètre équivalent dérivé) qui sera pertinent... On notera aussi au passage sur la poudre non sphérique de la figure 3.5 que la définition même des objets pertinents peut être source de difficulté.

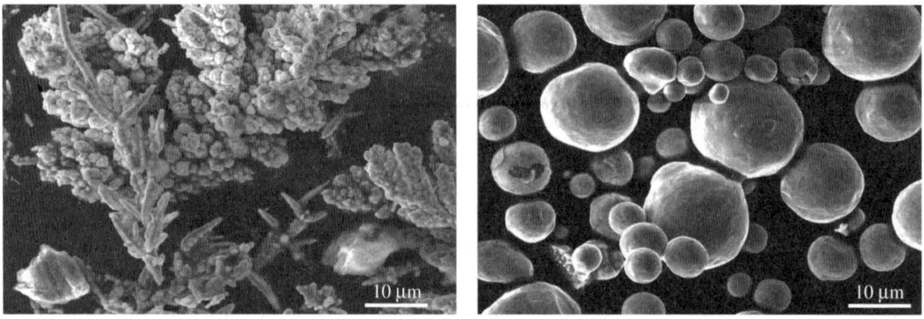

Fig. 3.5 Illustration de la difficulté de définir un paramètre pertinent : quel paramètre de « taille » pour caractériser et comparer les objets de ces deux poudres de cuivre ?

Exploitation statistique (exemple de la taille) : distributions et moyennes

Dans un matériau, ce n'est en général pas un objet individuel qui est intéressant, mais une population d'objets : grains d'un matériau polyphasé, particules dispersées dans une matrice... Ceci suppose une mesure sur un grand nombre d'objets et une utilisation statistique des données. Il est nécessaire d'avoir bien en mémoire quelques notions élémentaires mais fondamentales d'utilisation des données statistiques, car même lorsque de simples grandeurs moyennes sont utilisées, il faut savoir quelles sont celles qui peuvent être comparées entre elles. Nous prendrons ici l'exemple de base d'une mesure de taille.

Distribution (distribution de tailles)

Dans le cas d'une répartition de taille pour une population d'objets (fig. 3.6), on utilise la fonction de distribution (densité de distribution) $f(\ell)$:

$f(\ell)\mathrm{d}\ell$ = nombre de particules (total, par unité de volume, ou par unité de masse) de taille comprise entre ℓ et $\ell + \mathrm{d}\ell$ (3.1)

ou les distributions cumulées correspondantes:

$$F(\ell) = \int_0^{\ell} f(x)\,\mathrm{d}x \quad \text{(«plus petit que»)} \tag{3.2}$$

ou

$$F_{>}(\ell) = \int_{\ell}^{\infty} f(x)\,\mathrm{d}x \quad \text{(«plus grand que»)} \tag{3.3}$$

soit

$$f(\ell) = \frac{\mathrm{d}F}{\mathrm{d}\ell} \tag{3.4}$$

$$F(\infty) = F_{>}(0) = \text{nombre total de particules (par unité de...)} \tag{3.5}$$

On utilise aussi des fonctions normalisées, c'est-à-dire:

$f(\ell)\mathrm{d}\ell$ = fraction en nombre de particules de taille comprise entre ℓ et $\ell + \mathrm{d}\ell$ (3.6)

dans ce cas $F(\infty) = 1$ (100%).

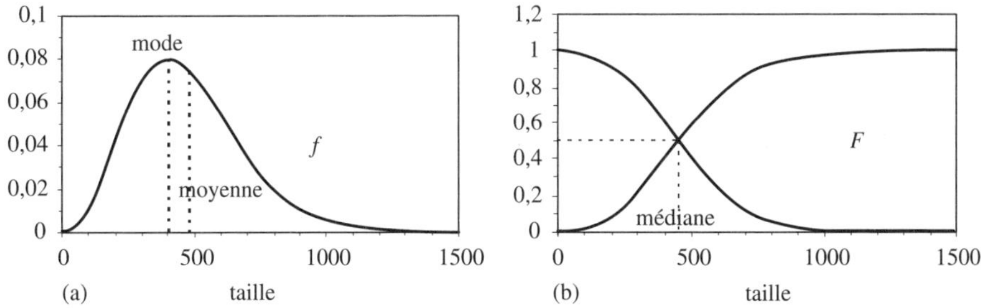

Fig. 3.6 Distribution granulométrique $f(\ell)$ (a) et distributions cumulées $F(\ell)$ (b) et les différentes «tailles moyennes»: moyenne (475), mode (400), médiane (450).

Histogrammes

En pratique, on ne mesure pas la fonction de distribution mais un histogramme expérimental, en groupant les mesures dans des classes:

$$f_{\mathrm{H}}(\ell_{\mathrm{i}}) = \int_{\ell_{\mathrm{i}}-\Delta\ell/2}^{\ell_{\mathrm{i}}+\Delta\ell/2} f(\ell)\,\mathrm{d}\ell \tag{3.7}$$

où ℓ_{i} est le centre de classe et $\Delta\ell$ la largeur de classe.

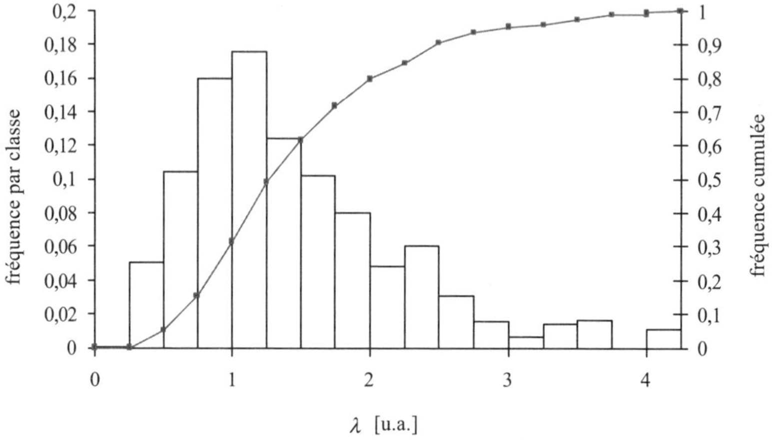

Fig. 3.7 Histogramme expérimental de répartition de diamètres équivalents dans un acier fritté. Représentation en histogramme et représentation en fréquence cumulée.

On peut aussi écrire:

$$f_{\mathrm{H}}(\ell_{\mathrm{i}}) = F\left(\ell_{\mathrm{i}} + \frac{\Delta\ell}{2}\right) - F\left(\ell_{\mathrm{i}} - \frac{\Delta\ell}{2}\right) \tag{3.8}$$

La largeur de classe n'est pas toujours aussi petite qu'on le souhaiterait, il est important de se rappeler ce détail. La meilleure façon de ne pas l'oublier est de représenter les histogrammes expérimentaux sous leur forme «réelle» (fig. 3.7), mais la forme simple (quoique fausse) de points reliés entre eux comme pour la courbe cumulée de la figure 3.7 est souvent bien utile pour permettre des comparaisons de distributions.

Distribution en nombre, en mesure

Dans la distribution $f(\ell)$ définie précédemment, dite «en nombre», toutes les particules ont le même poids (= 1: «un cheval = une alouette»). On peut définir des distributions en attribuant à chaque particule un poids $w(\ell)$ dépendant de sa taille:

$$g(\ell) = w(\ell) f(\ell) \tag{3.9}$$

$g(\ell)$ est une distribution pondérée, ou «en mesure» lorsque la fonction de poids correspond à la grandeur mesurée, par exemple:

Volume: $w(\ell) = \frac{4}{3}\pi\ell^3$, ℓ = rayon équivalent (3.10)

Masse: $w(\ell) = \frac{1}{6}\rho\pi\ell^3$, ℓ = diamètre équivalent, ρ = masse volumique (3.11)

Les particules ne sont plus considérées comme équivalentes. Les distributions en mesure font souvent mieux apparaître l'importance de gros objets peu nombreux mais représentant un volume important par exemple (fig. 3.8). Les distributions cumulées correspondantes G sont aussi utilisées.

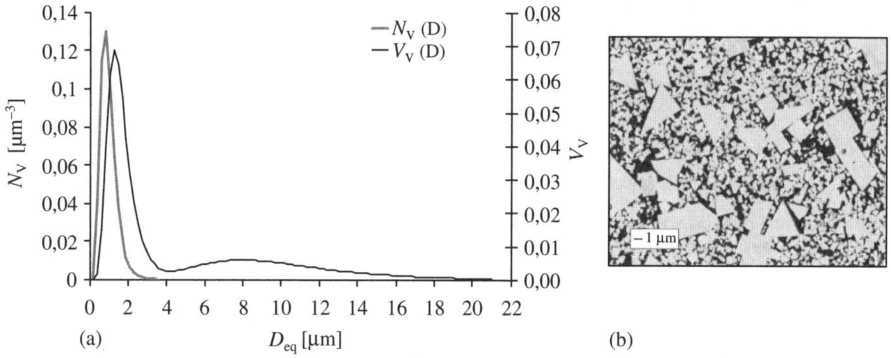

Fig. 3.8 Distribution en nombre (N_V) et distribution en mesure (volume V_V) de diamètres équivalents (a), et image typique dans un matériau WC-Co fritté en phase liquide présentant une distribution bimodale (b). Les grosses particules qui représentent presque la moitié du volume sont complètement invisibles dans une distribution en nombre.

Moyennes, médiane, mode(s)

Trois grandeurs sont souvent utilisées pour définir une taille caractéristique à partir d'une distribution de taille $f(\ell)$, qu'elle soit en nombre ou en mesure :

- La moyenne :

$$\bar{\ell} = \frac{\int_0^\infty \ell f(\ell)\,\mathrm{d}\ell}{\int_0^\infty f(\ell)\,\mathrm{d}\ell} \tag{3.12}$$

  Si $f(\ell)$ est une distribution en nombre, la moyenne correspond à la valeur usuelle de la moyenne arithmétique (somme des tailles/nombre d'objets).

- La médiane : ℓ_{50} = valeur qui vérifie $f(\ell)$ = 50 %, soit

$$\int_0^{\ell_{50}} f(\ell)\,\mathrm{d}\ell = \int_{\ell_{50}}^\infty f(\ell)\,\mathrm{d}\ell \tag{3.13}$$

- Le mode, c'est-à-dire la valeur correspondant au maximum de la distribution ; il peut y avoir plusieurs modes pour une distribution (distribution bimodale, trimodale...).

Ces trois grandeurs sont en général différentes (fig. 3.6). Moyenne et médiane ne sont égales que pour une distribution symétrique, et correspondent alors au mode si la distribution est monomodale.

Il y a par ailleurs, pour une même population d'objets, autant de valeurs moyennes (et de médianes) que de fonctions de distribution, c'est-à-dire de fonctions de poids $w(\ell)$. Ces valeurs moyennes peuvent être très différentes.

Dans le cas d'un histogramme (*N* classes), la moyenne est

$$\bar{\ell}_H = \frac{\sum_{i=1}^{N} \ell_i f_H(\ell_i)}{\sum_{i=1}^{N} f_H(\ell_i)} \tag{3.14}$$

La taille ℓ_i est attribuée à chaque classe et une perte de précision est attendue pour un nombre de classes faible.

Une limite liée au champ fini de l'image: le bord de champ, «masque de mesure»

Un problème important est lié à la connaissance de l'objet dans le «masque de mesure» défini par les limites de l'image (champ d'observation). Dans le cas d'une analyse individuelle de particules, certaines particules sont coupées par le bord du champ (fig. 3.9): leur mesure n'est donc pas possible. On peut ne pas les compter, comme sur la figure 3.9(a); mais comme les plus grosses particules ont plus de chances de couper le bord que les petites, on introduit alors un biais dans la mesure, qu'il faut corriger par un traitement *a posteriori* des résultats («correction de bord de masque») [3.1]. D'autres solutions sont possibles. Dans le cas de la figure 3.9(b), une région de référence est choisie. Pour éviter tout biais lors de la mesure, il suffit de ne prendre en compte que les particules dont le centre de gravité est à l'intérieur de cette région. Aucune correction n'est alors nécessaire, mais une partie de l'image est inutilisée.

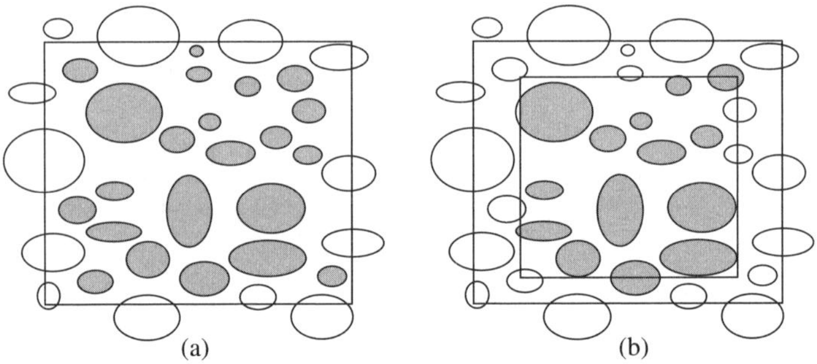

Fig. 3.9 Particules et bord de masque. Pour éviter le biais statistique que l'on aurait en ne comptant que les particules entièrement incluses dans le champ (a), on mesure dans une région de référence plus petite (b), en ne prenant que les particules dont le centre de gravité est dans l'aire de référence. La largeur de la zone autour de la région de référence doit être au moins le demi-diamètre du plus gros objet de la structure.

Analyse d'une mesure normalisée

Des mesures normalisées existent naturellement depuis longtemps. Nous n'en citerons qu'une ici, non pas pour la mettre en valeur plus qu'une autre, mais pour analyser la mesure correspondante de cette norme simple à la lumière des paragraphes précédents. La norme NFA04-102 permet de définir une taille de grains moyenne pour un matériau polycristallin dense par comptage à partir d'un champ circulaire ou carré (fig. 3.10). Le nombre de grains pris en compte est

$$n = n_1 + \tfrac{1}{2}\, n_2 \tag{3.15}$$

où n_1 est le nombre de grains contenus entièrement dans le champ, et n_2 le nombre de grains coupés par le bord du champ. Le facteur ½ est une façon de prendre en compte le problème de bord du champ[1].

Le nombre de grains par unité d'aire est

$$m = n / A \tag{3.16}$$

où A est l'aire du champ, et un «diamètre équivalent» moyen est défini par

$$d_\mathrm{m} = \frac{1}{\sqrt{m}} \tag{3.17}$$

c'est-à-dire le côté du *carré* dont l'aire est égale à l'aire moyenne $1/m$. On voit donc que la valeur, parfaitement correcte par ailleurs, ne sera pas égale au diamètre équivalent moyen par exemple, d'abord par la définition de la grandeur elle-même (facteur $\sqrt{\pi/4} = 0{,}89$ entre le côté du carré et le diamètre du cercle de même aire), ensuite par la façon de calculer la moyenne (ici proche d'une moyenne géométrique, différente des moyennes arithmétiques en nombre et en mesure).

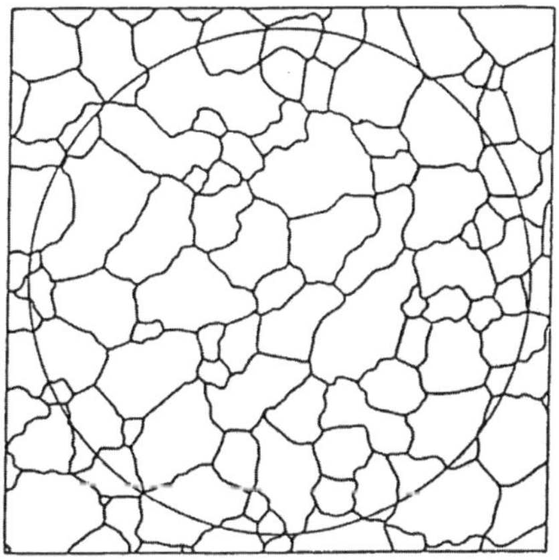

Fig. 3.10 Image-type de la norme NFA04-102, schématisant un alliage monophasé polycristallin pour lequel une taille moyenne de grains est recherchée.

1 De façon globalement satisfaisante, avec quelques limites cependant si des grains non convexes au contour «tortueux» coupent par exemple chacun plusieurs fois le bord...

La norme exige au moins une cinquantaine de grains pour la mesure. Elle fixe aussi des détails qui tiennent plus de la précision de procédure nécessaire à une norme que de la mesure elle-même, comme le diamètre du cercle pour avoir $A = 0{,}5\ \text{mm}^2$ au grandissement 100 (79,8 mm), et la formule de passage du grandissement 100 à un grandissement g pour un même cercle.

On notera qu'on pourrait étendre cette méthode pour obtenir une taille moyenne de particules d'une phase n'occupant pas tout le volume (objets dispersés dans une matrice par exemple), en prenant pour A l'aire effectivement occupée par les particules.

De 2 à 3D: moyennant quelques hypothèses ou connaissances supplémentaires...

On souhaite souvent obtenir des grandeurs dans l'espace 3D à partir des mesures en 2D réalisées. Lorsqu'on dispose d'autres informations sur les objets, connaissances ou hypothèses sur la forme des objets par exemple, des méthodes permettent d'estimer des grandeurs en 3 dimensions correspondant aux mesures.

Exemple des particules sphériques (méthodes de Saltykov)

C'est le cas par exemple des méthodes de Saltykov [3.9], [3.4], qui permettent pour des populations de sphères de trouver *une* répartition granulométrique en 3D à partir de mesures sur des images sections (fig. 3.11). La méthode de Schwartz-Saltykov part d'un histogramme mesuré en 2D de diamètres de disques dans des classes de largeur d_1 et de limites 0, d_1, $d_2 = 2d_1$, $d_3 = 3d_1$, etc. La méthode considère un ensemble de sphères dont les diamètres ont les valeurs discrètes suivantes: $D_1 = d_1$, $D_2 = 2D_1$, etc. L'intersection d'une sphère de diamètre D par un plan au hasard est un disque de diamètre d inférieur ou égal à D, et on peut calculer la probabilité d'obtenir une valeur d donnée. L'histogramme des diamètres mesurés sur l'image peut être «corrigé» en 3D comme suit [3.4], [3.9]:

- Les disques de la plus grande classe (d_5 sur la figure) sont des sections de sphères de diamètre D_5 par un plan diamétral. On connaît la probabilité de réaliser cela, et on peut donc estimer le nombre de sphères de diamètre D_5.
- Les disques de diamètre d_4 sont des sections de sphères de diamètre D_4 ou D_5. On peut estimer la part de l'origine D_5 (connue), la soustraire et estimer comme précédemment le nombre de sphères de diamètre D_4.
- On continue ainsi avec D_3, D_2, D_ℓ, en ôtant à chaque pas la part des classes supérieures.

En pratique, on applique à l'histogramme une matrice de coefficients, calculés une fois pour toutes [3.4]. On notera que la répartition 3D des diamètres de sphères est discrète, et n'est pas un histogramme, contrairement à la distribution 2D issue des mesures, et que ce n'est pas *la*, mais *une* distribution de sphères, qui a été ainsi calculée, correspondant à une hypothèse de répartition discrète qui n'a en général pas lieu d'être.

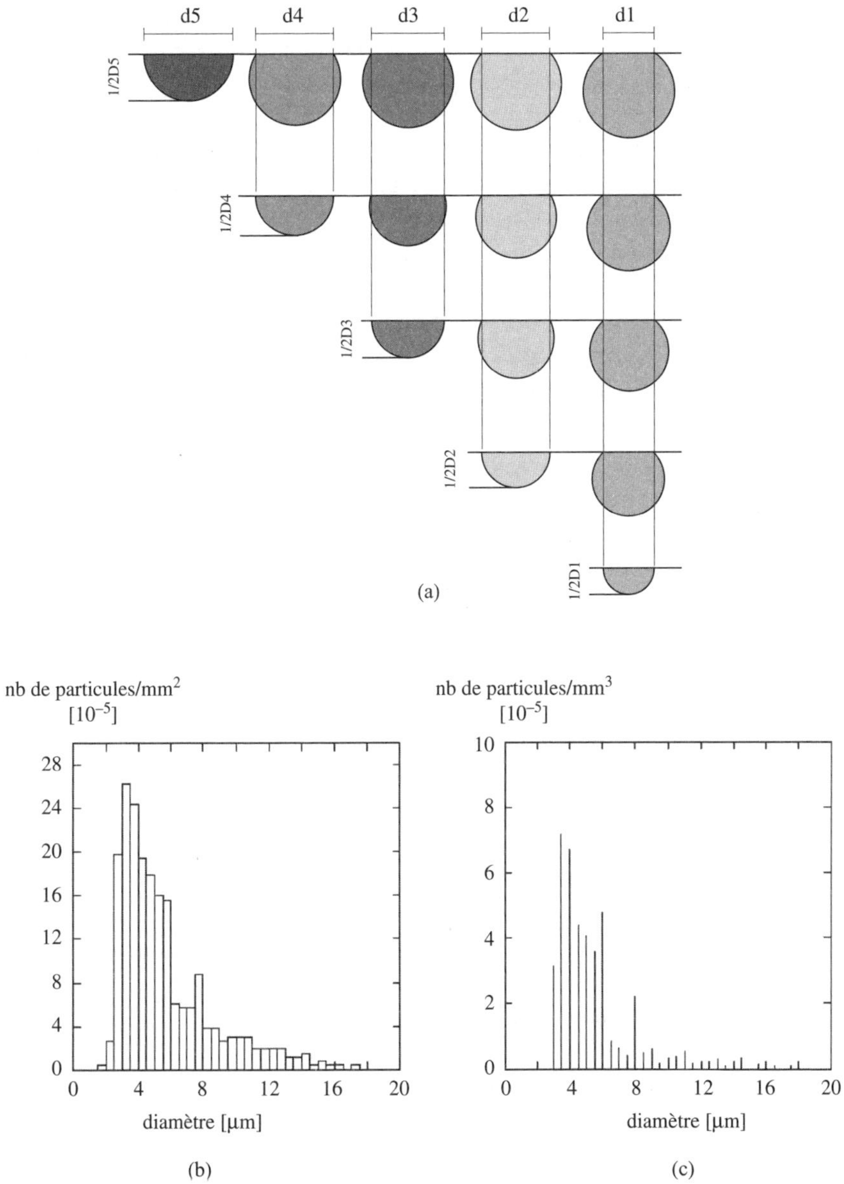

Fig. 3.11 Illustration de la méthode de Saltykov (a) pour calculer une distribution discrète (c) de sphères 3D conduisant par section à une distribution 2D mesurée (b) de disques.

Si le principe de cette méthode est expliqué ici, plutôt que de renvoyer directement aux matrices disponibles, ce n'est pas seulement pour que le lecteur puisse reproduire la démarche si nécessaire avec d'autres formes de particules par exemple : on se rappellera surtout que cette méthode déduit les valeurs dans chaque classe à partir des classes de taille supérieure, propageant et accumulant ainsi des plus grandes vers les plus petites toutes les erreurs de comptage. Il n'est ainsi pas rare que la méthode conduise à des nombres de particules négatifs dans certaines classes pour lesquelles un nombre un peu faible d'objets 2D avait été compté; dans de telles situations, il serait hasardeux de «tronquer» sans réfléchir ces valeurs négatives en les remplaçant par des valeurs nulles: on fausserait en effet les calculs de valeurs moyennes. Il est donc important d'avoir dans chaque classe un nombre de particules suffisant pour qu'un «bruit statistique» de comptage n'introduise pas des fluctuations sensibles. Pour une distribution granulométrique peu étalée (taille maximale de l'ordre de 2 à 3 fois la moyenne), on peut noter qu'avec un ensemble de 1000 particules comptées, prendre plus de 12 à 15 classes est un raffinement d'information complètement illusoire.

A partir d'une question simple entre 2D et 3D...

La question est la suivante: *la taille moyenne des objets mesurés en 3D est-elle plus petite ou plus grande que celle mesurée en 2D sur leurs sections ?* En d'autres termes, on peut assez facilement imaginer que les tailles moyennes mesurées en 2D et en 3D sont proportionnelles $\bar{D} = K\bar{d}$: donc a-t-on $K < 1$ ou $K > 1$?

La première question peut sembler avoir une réponse évidente ($K > 1$), chaque sphère ne pouvant donner par section que des disques de diamètre inférieur ou égal à celui de la sphère. Mais ce raisonnement ne vaut que si les sphères ont toutes le même diamètre (ou une distribution très étroite autour de ce diamètre). En fait, le diamètre moyen des disques peut être supérieur à celui des sphères dans certains cas: en effet, la probabilité de couper une petite sphère par un plan au hasard étant plus petite que pour une grosse sphère, les coupes observées montreront plus de sections de grosses sphères que de petites (phénomène analogue à celui qui conduisait à un biais de bord de masque précédemment); ce second effet pourra conduire dans certains cas à un diamètre moyen de cercles intersectés supérieur à celui des sphères 3D correspondantes ($K < 1$).

Ceci suggère que le coefficient de proportionalité K dépend de la distribution des tailles d'objets. Par ailleurs, la question initiale est mal posée puisqu'il n'existe pas de paramètre unique de mesure de taille, et comme tous les objets ne sont pas des sphères, loin s'en faut, d et D ne sont pas les seuls paramètres de taille. Les travaux relativement récents de J.H. Han & D.Y. Kim [3.11, 3.12] ont permis de montrer que la relation entre taille moyenne 2D et taille moyenne 3D (moyenne en nombre suivant les définitions vues plus haut) dépend du paramètre de taille choisi, de la forme des objets, et de la distribution 3D des tailles:

$$\bar{D} = K_{\text{Distri}} K_{\text{objet}} \bar{d} \tag{3.18}$$

où K_{objet} dépend de la forme des objets et du couple de paramètres (d, D), et $K_{\text{Distri}} = \overline{D^2}\bar{D}/\overline{D^3}$ ne dépend que de la distribution de tailles des objets 3D.

Forme : indices de forme

La forme des objets ne peut pas se réduire à un paramètre unique. Pour caractériser la forme des objets, on peut définir de nombreux indices de forme, nombres sans dimension formés à partir de différentes grandeurs mesurées sur les objets. Chacun de ces indices permet de caractériser un aspect particulier, et de classer des populations d'objets. Nous nous contenterons ici d'illustrer cette question à partir de deux indices de forme classiques en 2D :

- L'indice isopérimétrique

$$I_\mathrm{p} = \sqrt{4\pi A/P^2} \tag{3.19}$$

  Cet indice compris entre 0 et 1 est basé sur le rapport aire/périmètre et atteint la valeur unité pour un disque. On peut en trouver différentes variantes : $1-\sqrt{4\pi A/P^2}$ («écart à la circularité» : nul pour le cercle), $P^2/4\pi A$ (entre 1 et ∞)...
- Un indice d'allongement $I_A = \ell / L$.

On peut observer sur la série d'objets simples de la figure 3.12 que ces deux paramètres ne classent pas les objets de la même façon. L'indice isopérimétrique par exemple considérera comme proches entre eux et éloignés du cercle les objets 1, 2, 3, 4 et même 6 (objet grossièrement circulaire mais au contour allongé par une dentelure), alors que l'indice d'allongement rapprochera les objets 5 et 6 d'une part, les objets 2 et 3 d'autre part, en les différenciant fortement de 1 et 4.

On trouvera dans les ouvrages spécialisés (par exemple [3.1], [3.8]) des listes de paramètres, et on pourra créer à volonté ses propres paramètres en fonction des caractéristiques mesurées sur les objets. Ces paramètres seront, là encore, choisis pour faire un tri ou un classement pertinent pour l'usage recherché. Et on regardera toujours avec la plus grande méfiance l'outil informatique qui propose de mesurer *le facteur de forme*...

L'obtention sur des images 2D de paramètres pertinents pour caractériser la forme des objets 3D nécessitera toujours des hypothèses et simplifications. Un seul indice de forme 3D moyen peut être obtenu à partir de mesures 2D. Il s'agit du paramètre

$$I_\mathrm{S} = \frac{6\sqrt{\pi}V^{1/3}}{S^{1/2}} \tag{3.20}$$

où V et S sont respectivement le volume et la surface de chaque objet 3D. La moyenne de I_S (qu'on pourrait appeler *indice isosurfacique*) sur la population

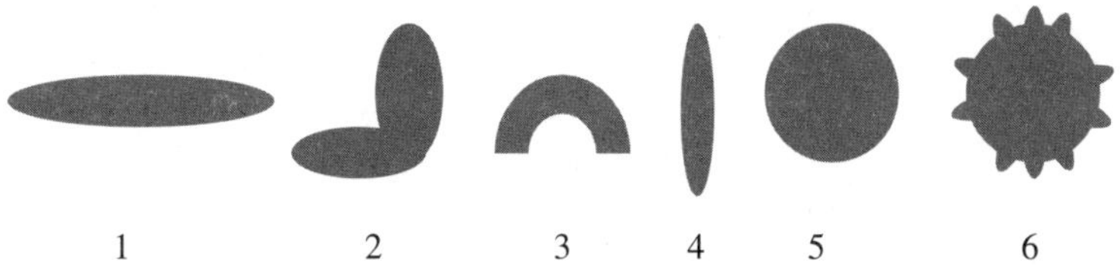

Fig. 3.12 Quelques objets 2D de formes simples.

d'objets 3D est en effet égale à la moyenne de I_P sur les coupes 2D d'objets. Mais cela n'est valable qu'en moyenne, et reste donc d'un usage très limité.

Comparer des mesures de différentes origines

Comparer des mesures de différentes origines dans un souci de vérification est *a priori* très intéressant. Dans le cas des mesures de tailles, on sera ainsi souvent tenté de «vérifier» par analyse d'images[2] des résultats de granulométrie de poudres obtenus par des techniques de diffusion laser (images de poudres dispersées sur un support ou dans une matrice), ou des tailles moyennes de cristallites évaluées par diffraction de rayons X (images de microscopie électronique en transmission). Ceci doit toujours être fait avec une grande circonspection. Nous avons en effet vu que, même si on se limite à la seule analyse d'images:

- des paramètres assez différents peuvent caractériser la taille;
- les distributions et les «moyennes» pour des mêmes mesures peuvent conduire à des courbes et valeurs très différentes;
- les grandeurs «2D» et «3D» ne sont pas identiques, et une évaluation 3D résulte d'hypothèses et de calculs.

Ceci s'applique aussi aux autres techniques de mesure. Les mesures de diffusion de lumière ne «verront» que certaines caractéristiques des objets (largeur par exemple), et seront issues d'un calcul pour évaluer la distribution (modèle physique); c'est par ailleurs souvent la médiane («d_{50}») d'une distribution en mesure (masse) qui est utilisée, et non une moyenne. Les mesures de cristallites par RX extraient également une valeur «moyenne» à partir d'hypothèses et d'un modèle physique pour une taille caractéristique dans la direction perpendiculaire aux plans atomiques diffractants.

Des valeurs mesurées par des techniques différentes pourront donc être à la fois justes et très différentes. Leur analyse devra donc toujours être faite de façon soignée, et avec une connaissance des grandeurs physiques mesurées et des hypothèses et modèles utilisés. Bien exploitées, ces mesures différentes apporteront des informations complémentaires. Dans le cas contraire, trouver le même résultat devrait parfois inquiéter...

3.2.3 Analyse texturale

On ne peut pas toujours identifier des objets individuels sur une image de matériaux; même quand des grains très bien identifiés existent, on ne veut également pas toujours se limiter aux objets individuels, c'est le cas par exemple pour la matrice dans les deux matériaux de la figure 3.2 qui est porteuse de l'information qui différencie ces matériaux. On parle alors parfois d'*analyse texturale*, car c'est la texture qui est ici analysée et non des éléments individuels.

---

[2] Ou bien sûr, à l'inverse, de vérifier les mesures d'analyse d'images par ces techniques...

Les grandeurs de base ne peuvent plus être des grandeurs absolues (aire d'un objet, son périmètre), puisque les objets ne sont plus identifiables (ou plus identifiés). Ce sont donc des grandeurs rapportées à l'unité de volume, d'aire, ou de longueur, selon la dimension de l'espace de mesure. On peut en effet étudier une structure 3D à partir de «sections» en 3, 2, 1 ou zéro dimensions (fig. 3.13).

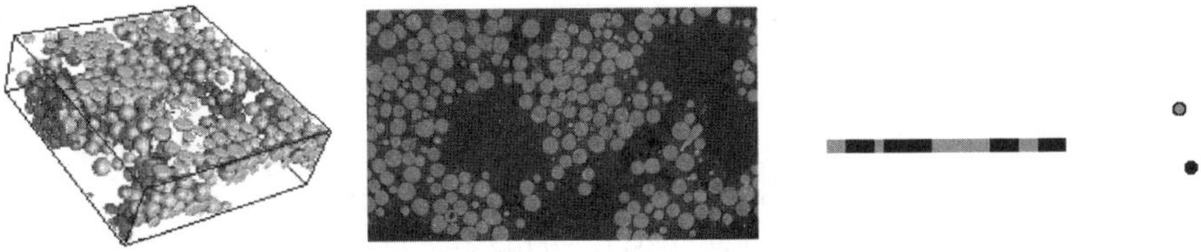

3 D 2 D 1 D 0 D

Fig. 3.13 Images en 3, 2, 1 et zéro dimensions d'une structure 3 D à deux phases: les volumes 3 D de la structure deviennent des éléments surfaciques sur une image «2 D» classique; une image «1 D» est constituée de segments alternés des deux phases; quant à l'image en zéro dimension, ce n'est qu'un point, correspondant à l'une ou l'autre phase.

Il faut également que les mesures réalisées aient un sens par rapport à la structure. La représentativité en 3 dimensions d'une mesure obtenue sur une section est loin d'être acquise *a priori*. Par exemple, le simple nombre d'objets observé en 2 D est en général faux, ou plus exactement dénué de signification en 3 D: la section d'un seul fil enroulé sur lui-même donne une image identique à celle d'un ensemble de cylindres alignés, et le nombre d'objets est loin d'être le même! L'estimation de valeurs correctes en 3 dimensions à partir de mesures en 2 dimensions (images), 1 dimension (lignes) ou même zéro dimension (points) est l'objet de la ***stéréologie*** [3.1]-[3.6].

Stéréologie – relations stéréométriques

Seulement un petit nombre de paramètres dits «stéréologiques» sont en pratique utilisables. Nous nous limiterons ici à l'hypothèse d'une structure isotrope pour leur présentation. Des définitions plus complètes peuvent être trouvées dans les ouvrages spécialisés [3.1]-[3.6]. Sur chaque phase d'un matériau polyphasé, on peut ainsi mesurer:

- en 3 dimensions:
  - V_V fraction volumique,
  - S_V surface spécifique,
  - M_V intégrale de courbure moyenne/unité de volume,
  - N_V nombre de connexité par unité de volume,

- en 2 dimensions:
  - A_A fraction surfacique,
  - L_A périmètre spécifique (par unité de surface),
  - N_A nombre de connexité par unité de surface,

- en 1 dimension:
  - L_L fraction linéique,
  - N_L nombre de connexité par unité de longueur: nombre de segments découpés par unité de longueur (= nombre d'intercepts, ou nombre de cordes si l'on reprend la notion définie précédemment avec les objets),
- en 0 dimension:
  - N_P fraction de points.

Ces paramètres sont reliés par les relations dites *stéréométriques* du tableau 3.1 dans le cas d'un milieu isotrope [3.1], [3.2]. Ces relations montrent quels paramètres peuvent être obtenus à partir d'une mesure en dimension inférieure.

Le tableau fait en particulier bien apparaître que le nombre de connexité en 3D, qui d'ailleurs n'est le nombre d'objets que pour une phase constituée d'objets convexes, ne peut pas être obtenu simplement par une mesure en 2D sur une image, ce que nous avions vu qualitativement sur un exemple. Il n'est cependant pas rare de trouver des logiciels calculant le nombre d'objets 3D à partir de mesures sur des sections: le résultat n'aura un sens que si les hypothèses faites dans le logiciel (et qu'il faudra rechercher) sont vérifiées par le matériau; il existe cependant peu de matériaux constitués d'une dispersion de sphères de même taille dans une matrice, ce qui est l'hypothèse la plus fréquemment utilisée...

Tableau 3.1 Relations stéréométriques pour une texture isotrope.

Dimension de l'espace	Paramètres			
3	$V_V = A_A$	$S_V = 4/\pi\, L_A = 4\, N_L$	$M_V = 2\,\pi\, N_A$	N_V
2	$A_A = L_L$	$L_A = \pi\, N_L$	N_A	
1	$L_L = N_P$	N_L		
0	N_P			

Deux paramètres dérivés: corde moyenne et contiguité

Corde moyenne, distribution de cordes

La taille moyenne la plus universelle est la traversée moyenne d'une phase, appelée aussi longueur moyenne interceptée (raccourcie parfois en «intercept moyen»), ou corde moyenne, qui est la longueur moyenne d'un segment coupé au hasard dans la phase. Cette taille qui ne nécessite pas de définir des grains individuels peut être mesurée sur toute phase. En pratique, elle peut être obtenue à partir de deux paramètres stéréologiques:

$$\lambda = \frac{V_V}{N_L} = \pi \frac{V_V}{L_A} = 4 \frac{V_V}{S_V} \tag{3.21}$$

Ce paramètre de taille très classique peut donc être évalué simplement à partir de deux comptages: fraction de points ($V_V = N_P$) et nombre d'intercepts N_L. C'est un paramètre très classique. On remarquera deux particularités sur la relation précédente:

- ce paramètre de taille est relié au périmètre L_A (2D) et à la surface spécifique S_V (3D) de la phase;
- les cordes moyennes dans deux phases complémentaires 1 et 2 sont liées par une relation simple puisque deux phases complémentaires ont le même nombre d'intercepts N_L:

$$\frac{\lambda_1}{\lambda_2} = \frac{V_{V1}}{V_{V2}} \tag{3.22}$$

Cette simplicité se paie par une nécessaire prudence dans l'interprétation des mesures. Ainsi, les deux images de la figure 3.2 correspondent à des matériaux élaborés avec les mêmes particules de zircone (le même lot de poudres) et la même proportion de ces particules. La dernière relation prévoit que la corde moyenne dans la matrice d'Al ne dépend pas de la répartition homogène ou non des sphères de zircone. Les cordes entre les deux images sont très différentes, mais leur moyenne (ici, en nombre) est identique dans les deux structures.

On remarquera par ailleurs que cette mesure est aussi directionnelle: on peut mesurer le nombre d'intercepts dans une série de directions, en extraire des cordes moyennes dans ces directions, pour chercher à caractériser l'isotropie d'une structure. On détectera ainsi facilement la déformation d'une structure de grains allongée par laminage par exemple [3.1], [3.4], [3.8] (avec la même limitation que précédemment: une matrice comportant des objets sphériques apparaîtra avec cette mesure toujours isotrope, puisque les cordes dans les sphères garderont la même moyenne quelle que soit la direction).

Pourquoi se limiter à une valeur moyenne? On peut aussi exploiter la répartition des cordes (dans une direction donnée ou comme moyenne de toutes les directions) en mesurant les différentes longueurs de cordes pour construire des distributions en nombre ($f(\ell)$, nombre de cordes de longueur comprise entre ℓ et $\ell + d\ell$) ou en mesure ($g(\ell) = k/\ell \cdot f(\ell)$, longueur totale des cordes...). La moyenne correspondant à $f(\ell)$ est la corde moyenne λ vue précédemment; celle qui correspont à $g(\ell)$ tient moins compte des petites cordes et peut être plus significative dans certains cas (notamment pour contourner la limitation signalée précédemment). Nous verrons plus loin comment des méthodes de morphologie mathématique permettent de réaliser aisément et de généraliser de telles mesures.

Contiguité

Nous avons vu (tab. 3.1) que les nombres 3D ne sont pas accessibles en 2D. C'est donc ausssi le cas des nombres de contacts («coordinence») pour des ensembles de grains en 3D, information souvent recherchée pour évaluer les contacts entre phases. En pratique, une information est accessible, et de fait plus pertinente, c'est l'aire de contact entre phases ou entre les grains d'une même phase : le paramètre S_V, mesurable en 2D (L_A) ou 1D (N_L). Gurland [3.12] a proposé pour des phases constituées de grains un paramètre dit de contiguité

$$C = \frac{2S_V^{GG}}{2S_V^{GG} + S_V^{GP}} \tag{3.23}$$

qui s'interprète comme la fraction de la surface des grains en contact avec un autre grain. Cette définition est illustrée sur la figure 3.14. On remarquera que C varie entre 0 pour des grains sans contact ou avec des contacts ponctuels (d'aire nulle), et 1 pour un matériau granulaire monophasé comme celui de la figure 3.10. La pertinence de ce facteur peut être illustrée par des travaux sur des matériaux frittés poreux [3.14] qui ont mis en évidence l'égalité stricte entre C et la conductivité électrique relative (conductivité du matériau poreux/conductivité du massif correspondant). Le facteur 2 dans la formule tient compte du fait que chaque surface de contact appartient à deux grains ($S_V^G = 2S_V^{GG}$) ; on peut aussi définir un coefficient sans ce facteur 2, mais qui aura une interprétation différente et ne sera vraisemblablement pas aussi directement lié à des propriétés.

Des indices de contiguité sans dimension peuvent de façon analogue être calculés à partir de surfaces spécifiques mesurées pour toute paire de phases dans une ensemble polyphasé :

$$C_{ij} = \frac{S_V^{ij}}{S_V^{i}} \tag{3.24}$$

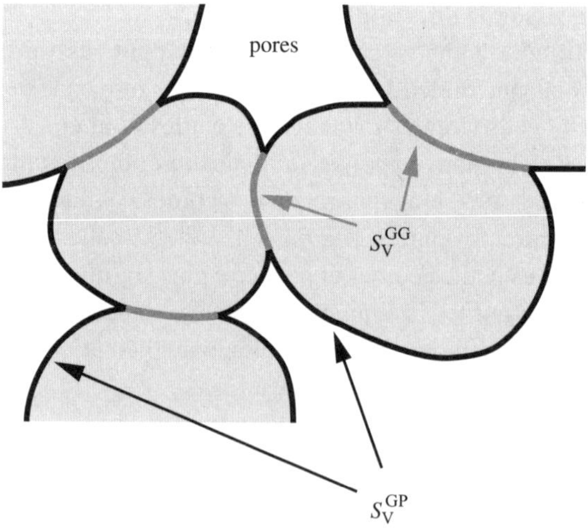

Fig. 3.14 Paramètre de contiguité de Gurland dans le cas d'une structure biphasée grains (G)-pores (P) : surfaces spécifiques grains-pores (S_V^{GP}) et grains-grains (S_V^{GG}).

Covariogramme

Une question importante dans un matériau est celle de la répartition des phases (ou des objets) les unes par rapport aux autres. Nous venons d'en voir un aspect avec la caractérisation des contacts entre phases par des indices de contiguité. D'autres questions se posent souvent, concernant notamment l'évaluation d'échelles caractéristiques et de mesures d'hétérogénéité ou d'anisotropie. Un outil très performant est ce que l'on appelle le ***covariogramme*** [3.1, 3.15]. Cette courbe $C(h)$ représente la probabilité pour qu'un point soit dans la phase et que le point situé à une distance h soit aussi dans cette phase:

$$C(h) = \Pr\{x \in X, x + h \in X\} \tag{3.25}$$

Sur l'image de la phase (fig. 3.15), les points qui vérifient cette condition sont les points communs entre l'image et l'image translatée d'une distance h. En pratique, la probabilité qu'un point soit dans une phase est mesurée par la fraction d'aire A_A; $C(h)$ est donc la fraction d'aire mesurée comme l'intersection des deux images. On parle aussi de ***fonction covariance***. Si l'on note u la fonction indicatrice de la phase ($u(x) = 1$ pour un point de la phase, 0 sinon), on peut aussi écrire[3]:

$$C(h) = \frac{\int_0^\infty u(x)\, u(x+h)\, \mathrm{d}x}{\int_0^\infty \mathrm{d}x} \tag{3.26}$$

On reconnaît ainsi une fonction d'*autocorrélation*, la covariance est aussi désignée dans certains ouvrages comme une *corrélation à deux points*.

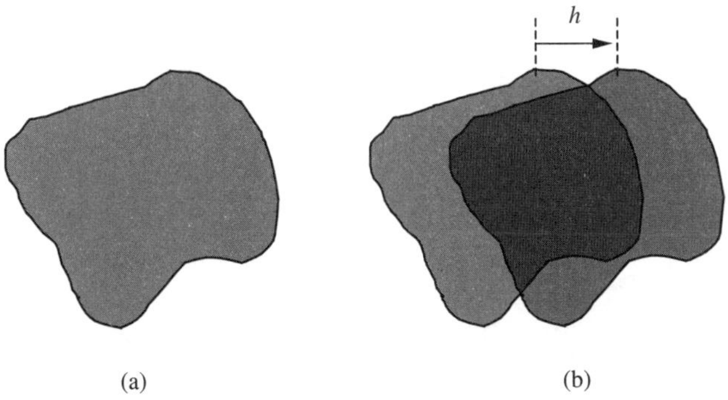

Fig. 3.15 Illustration du calcul d'un covariogramme: (a) image d'une phase; (b) intersection de l'image initiale et de l'image translatée d'une distance h.

3 Ecriture simplifiée peu rigoureuse puisque le dénominateur est infini: on devrait utiliser la limite de ce rapport lorsque la borne d'intégration tend vers l'infini.

La courbe $C(h)$ possède des propriétés remarquables (fig. 3.16):

- $C(0) = A_A$ (probabilité qu'un point soit dans la phase).
- La pente à l'origine est reliée au nombre d'intercepts et (donc) au périmètre spécifique:

$$C'(0) = -N_L = \frac{-L_A}{\pi} \tag{3.27}$$

  Cette propriété peut notamment être utilisée pour corriger l'effet d'un contour très tortueux, en calculant cette pente par une moyenne sur une distance finie [3.1], ce qui équivaut à lisser le contour de la phase sur l'image.
- La courbe $C(h)$ reproduit les périodicités de l'image si elles existent; plus généralement, elle permet donc de déceler, par ses oscillations, les corrélations éventuelles.
- Si l'image n'est pas périodique, les corrélations s'estompent à grande distance; pour h suffisamment grand, les points sont donc décorrélés et $C(h)$ tend vers une constante $C_\infty = A_A^2$ (probabilité que deux points indépendants soient dans la phase = produit des probabilités). Ceci se traduit par une courbe avec une asymptote pour cette valeur. La distance au-delà de laquelle l'asymptote est atteinte indique l'échelle des corrélations («portée» des corrélations).
- On peut définir des échelles caractéristiques de corrélation, notamment la *portée intégrale*:

$$a = \frac{2}{C(0) - C_\infty} \int_0^\infty \left(C(h) - C_\infty\right) \mathrm{d}h \tag{3.28}$$

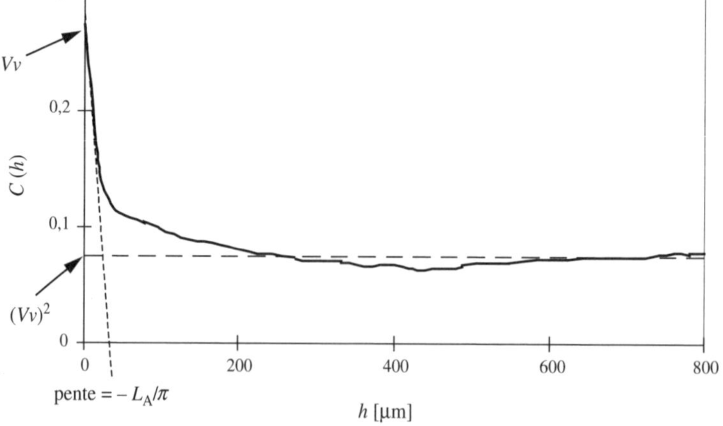

Fig. 3.16 Propriétés du covariogramme; ce covariogramme correspond au matériau I de la figure 3.17.

Le covariogramme peut être utilisé pour choisir un grandissement pertinent pour les images : si l'asymptote n'est pas atteinte sur une image, c'est que tous les points de l'image sont (partiellement) corrélés entre eux, et que l'échelle d'observation n'est pas suffisante. L'observation pourrait donc être bien différente en un autre point du matériau, et il faudra, suivant le cas et ce qu'on veut mesurer, augmenter le champ ou multiplier les observations (champs de mesure).

Homogénéité, isotropie, échelles caractéristiques

On ne cherchera pas ici à définir toutes les mesures possibles d'homogénéité et d'isotropie, mais à donner quelques notions élémentaires et pistes de réflexion, à partir d'un exemple utilisant qualitativement le covariogramme.

La figure 3.17 illustre l'exploitation de covariogrammes sur deux matériaux constitués d'une dispersion de zircone dans une matrice d'aluminium. Les deux

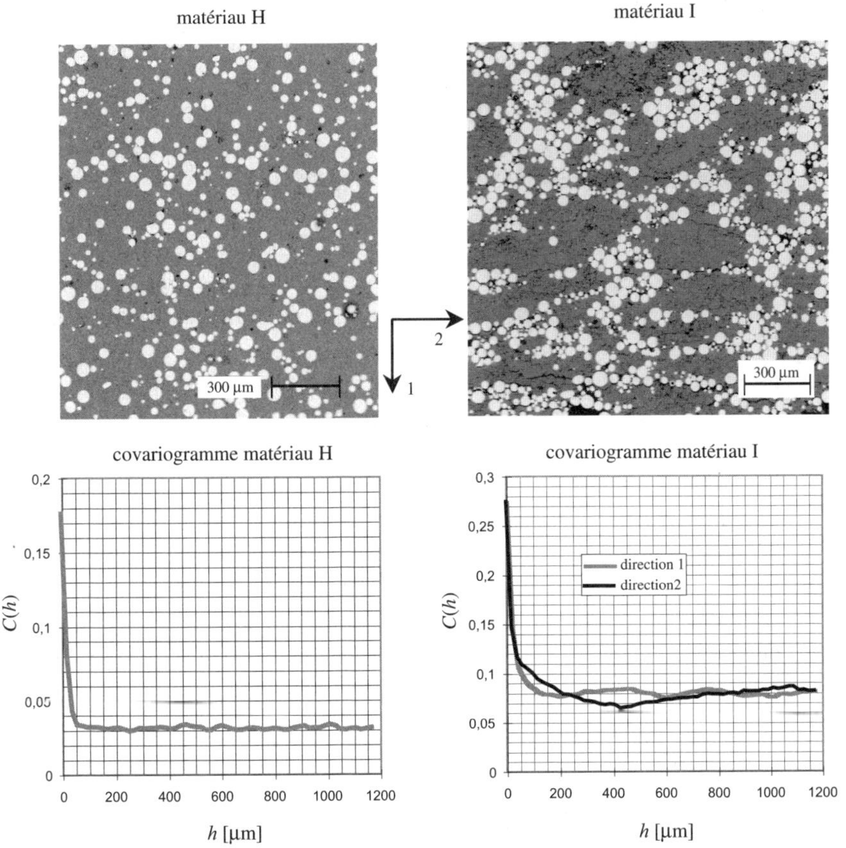

Fig. 3.17 Covariogramme : homogénéité et échelles caractéristiques, anisotropie. Les deux matériaux sont constitués des mêmes particules sphériques de ZrO_2 dispersées dans une matrice d'Al. Ils ne se distinguent que par la répartition des particules, homogène (H) ou inhomogène (I), et par la fraction volumique des particules.

matériaux ont une distance finie de corrélation entre les objets, qui se manifeste par l'asymptote observée sur les courbes. Cette asymptote est atteinte très rapidement pour le matériau homogène, pour une distance h de l'ordre de 50 μm. Cette valeur de l'ordre de grandeur de la taille moyenne des particules montre qu'en moyenne toute corrélation est perdue au-delà d'un diamètre de particule, c'est-à-dire que les billes sont dispersées de façon très aléatoire. Dans le cas du matériau inhomogène, ce sont des distances bien plus grandes qui apparaissent, de l'ordre de 300 ou 800 μm selon l'orientation de la mesure de covariance. La valeur est plus faible dans la direction 1, direction «verticale» qui correspond à la direction de compression lors de la fabrication du matériau par métallurgie des poudres. L'ordre de grandeur est celui des amas de particules et des zones d'Al sans particules, qui est l'échelle pertinente pour cette structure inhomogène. Le covariogramme a donc «vu» ces amas et ces zones. La différence entre les deux directions met en évidence l'anisotropie.

On peut bien entendu exploiter plus quantitativement (portée intégrale par exemple) ces informations. Il existe aussi d'autres méthodes permettant d'aborder les questions d'homogénéité et d'anisotropie. Ce simple exemple nous permet cependant de mettre l'accent sur deux points sur lesquels l'attention du lecteur doit être attirée.

- Homogénéité et échelles caractéristiques: toute microstructure de matériau apparaît comme homogène si on la regarde d'assez loin: des prélèvements de taille assez grande donneront la même mesure (de quantité des phases ou de taille moyenne par exemple). Toute microstructure apparaîtra comme inhomogène à suffisamment petite échelle («ségrégation totale» pour des images plus petites que les objets élémentaires). On ne peut donc pas dissocier la notion d'homogénéité des échelles caractéristiques correspondantes. Et en pratique, ce seront les échelles qui auront une influence sur les propriétés, différentes pour chaque application, qui guideront l'analyse d'images.
- L'anisotropie d'une structure se manifeste par des mesures différentes si on les réalise dans différentes directions. Ces différences peuvent venir de l'anisotropie des objets eux-mêmes (cas de fibres dispersées) et de leur orientation. L'anisotropie des objets constitutifs ne garantit pas l'anisotopie de la structure: une structure isotrope d'objets anisotropes est possible. L'anisotropie peut aussi provenir de la répartition d'objets ou phases, même isotropes. L'exemple de la figure 3.17 doit interpeller le lecteur. Les objets de base étant des sphères, l'anisotropie n'existe que parce que des amas anisotropes sont présents dans la structure: l'anisotropie est dans cet exemple intrinsèquement liée à l'inhomogénéité...

3.3 MESURES SUR DES IMAGES NUMÉRIQUES

3.3.1 Mesures en espace discret

Les mesures automatisées utilisent des images numériques, et sont donc réalisées en pratique sur un espace qui n'est pas continu mais discret. Ceci n'est pas sans

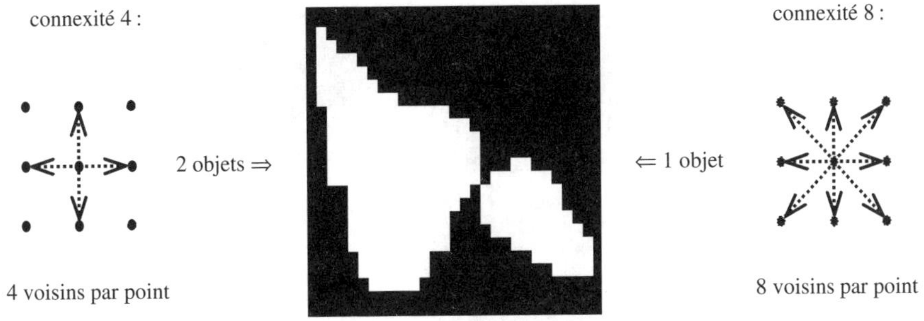

Fig. 3.18 Image discrète utilisant une trame carrée. Chaque point a 4 ou 8 voisins, et ceci correspond à un choix arbitraire de connexité, qui correspond à des mesures différentes dans l'identification des objets et donc dans les mesures.

conséquences. Ainsi, la plupart des équipements utilisent actuellement une trame carrée: les points-images («pixels») forment un réseau carré de points (fig. 3.18). Pour définir des objets ou plus généralement tout ce qui concerne les connexions, il faut définir quels points «se touchent» ou non. La figure 3.18 montre sur une situation très simple que l'on doit choisir localement si un point donné possède 4 voisins (situés à la distance 1 sur la trame) ou 8 voisins (distance $\sqrt{2}$). Ce choix est fait par les concepteurs du logiciel utilisé, qui ne l'explicitent pas toujours. Or ce choix a des conséquences: sur la figure 3.8, on peut ainsi selon le choix fait avoir 1 ou 2 objets blancs. Il est aussi totalement arbitraire: sur la figure, s'il y a continuité des objets blancs, il y a discontinuité des parties noires près de ce contact, et réciproquement, ce qui signifie des règles de connexité différentes pour le blanc et pour le noir... Les mesures et les traitements automatiques d'images qui ont été utilisés pour traiter éventuellement l'image (par exemple une séparation automatique des objets) devront être compatibles.

La réalisation des mesures elles-mêmes pose quelques questions. Si la mesure d'aire est sans ambiguité (comptage de pixels, correspondant d'ailleurs aux relations stéréométriques vues précédemment), que dire du périmètre? Pour le mesurer à partir d'un comptage de pixels, il faut définir (fig. 3.19) le contour à mesurer, intérieur (pixels blancs), ou extérieur (pixels noirs) et la règle de connexité utilisée pour le définir; des valeurs assez différentes du périmètre peuvent ainsi être obtenues. Pour éviter ce type de considération, on peut recommander la formule de Crofton:

$$L_A = \frac{\pi}{n} \sum_{i=1}^{n} N_L(\alpha_i) \tag{3.29}$$

à partir de la mesure des nombres d'intercepts $N_L(\alpha_i)$ dans n directions, qui est une forme généralisée de la relation stéréométrique $L_A = \pi N_L$ dans le cas isotrope du tableau 3.1.

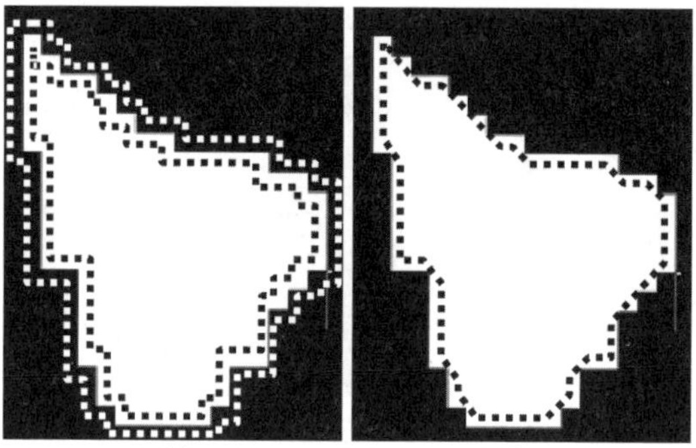

(a) (b)

Fig. 3.19 Mesurer un périmètre à partir de pixels: (a) contours intérieur et extérieur en connexité 4; (b) contour intérieur en connexité 8.

3.3.2 Traitement d'images – prétraitements avant mesures

Les outils numériques de traitement d'images sont particulièrement utiles pour extraire l'information pertinente à partir des images initiales. Les images en niveaux de gris ou en couleurs issues des microscopes comme celles de la figure 3.1 ne sont souvent pas directement utilisables. Pour effectuer les mesures définies dans la première partie, le logiciel utilisera une image binaire de chaque phase à mesurer, avec seulement deux niveaux de gris: l'un pour la phase considérée, l'autre pour le reste de l'image. Cette image peut être obtenue dans des cas simples par un seuillage: deux seuils de valeurs d'intensité sont choisis, définissant les limites d'intensité correspondant aux points de la phase. Des méthodes de seuillage automatique (choix d'un seuil optimal) existent et sont souvent incluses dans les logiciels. Le seuillage direct de l'image brute de microscopie ne donne cependant pas toujours l'image binaire souhaitée (fig. 3.20), et l'image doit être préalablement modifiée par des techniques de traitement d'images.

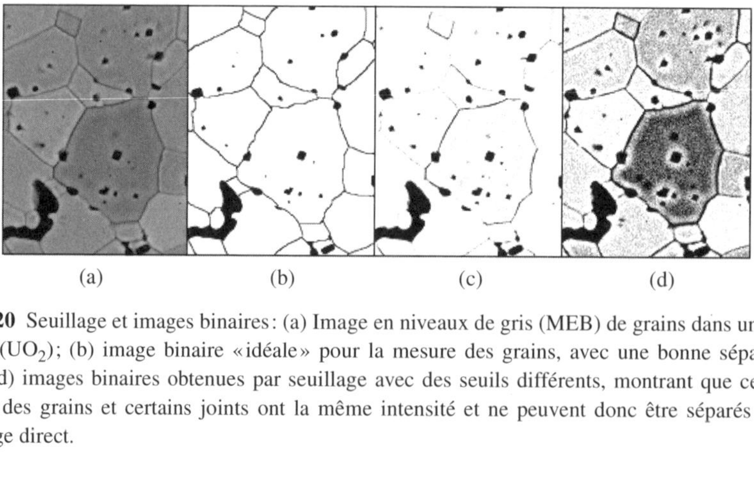

(a) (b) (c) (d)

Fig. 3.20 Seuillage et images binaires: (a) Image en niveaux de gris (MEB) de grains dans une céramique (UO_2); (b) image binaire «idéale» pour la mesure des grains, avec une bonne séparation; (c) et (d) images binaires obtenues par seuillage avec des seuils différents, montrant que certaines parties des grains et certains joints ont la même intensité et ne peuvent donc être séparés par un seuillage direct.

On trouvera dans les logiciels de traitement d'images une grande variété de traitements, souvent classés par type de modification à réaliser: enlever du «bruit» sur l'image, rehausser ou détecter les contours, corriger un défaut d'éclairement du fond d'image… Nous nous limiterons ici aux techniques directes de traitement des images par filtrage, et à une description très pratique pour en faire comprendre les principes. Le lecteur pourra trouver dans les ouvrages de base les définitions plus rigoureuses [3.16-3.18]. L'idée du filtrage est de transformer une image en une nouvelle image dans laquelle la valeur de chaque point-image est modifiée en fonction des autres points, en pratique les points voisins. Les différences résident dans la façon de prendre en compte ces points voisins.

Filtres linéaires de convolution

En pratique, ce filtrage est réalisé en remplaçant la valeur de chaque point par une moyenne pondérée des valeurs des points voisins. Le filtre est défini par la matrice des coefficients de pondération (*noyau, kernel*). De nombreux filtres existent permettant de renforcer les contrastes, de les affaiblir, de faire apparaître des gradients d'intensité dans une direction particulière, etc. Le choix des coefficients peut être empirique ou fondé sur des approches mathématiques. En effet, ce type de filtrage est la version à deux dimensions et discrétisée des classiques filtres de convolution (ou filtres linéaires fréquentiels) du traitement de signal et un large soutien théorique existe [3.16]-[3.18]. Quelques exemples sont présentés ci-dessous: ils utilisent un noyau 3×3 (le point et ses 8 premiers voisins sur une trame carrée), mais des filtres de plus grande taille peuvent bien entendu être utilisés.

- *Translation d'un pixel vers la gauche:*

0	0	0
0	0	1
0	0	0

- *Filtre passe-bas*: ce filtre réduit le bruit (fig. 3.21(b)) par une moyenne à coefficients positifs entre points voisins en supprimant les «hautes fréquences» parasites de l'image; il a cependant tendance à dégrader la définition des objets en estompant les détails et contours (effet de flou). En voici deux exemples:

1/9	1/9	1/9	1/16	1/16	1/16
1/9	1/9	1/9	1/16	1/2	1/16
1/9	1/9	1/9	1/16	1/16	1/16

- *Filtre passe-haut*: ce type de filtres exacerbe les détails (fig. 3.21(c)), et renforce les contrastes; il peut devenir un excellent filtre amplificateur de bruit («passe-bruit»!) si l'image n'est pas de bonne qualité. En voici deux exemples:

−1	−1	−1	1	−2	1
−1	9	−1	−2	5	−2
−1	−1	−1	1	−2	1

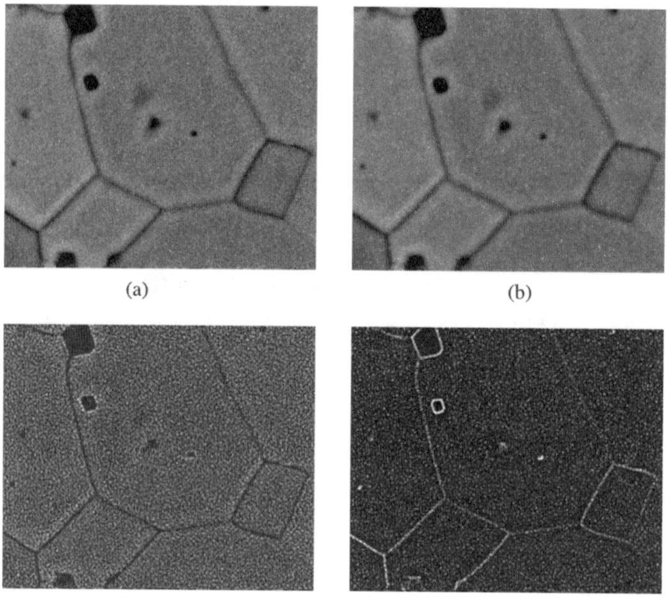

Fig. 3.21 Exemples de filtres linéaires : (a) image initiale ; (b) filtre passe-bas ; (c) filtre passe-haut ; (d) détection de contour.

- *Filtre de détection de contours (type laplacien)* : ce filtre détecte les contours des objets (fig. 3.21(d)) comme des zones à forte variation de contraste. On notera que la différence avec le filtre passe-haut est que la somme des coefficients est nulle : une plage homogène devient noire quelle que soit l'intensité initiale :

$$\begin{matrix} -1 & -1 & -1 \\ -1 & 8 & -1 \\ -1 & -1 & -1 \end{matrix}$$

Filtres de rang

Dans ce type de filtres, on ne remplace pas la valeur du point considéré par une moyenne des intensités des valeurs voisines, mais par l'une de ces valeurs choisie après un classement des valeurs. La figure 3.22 illustre ce type de filtrage : pour modifier un point, on classe d'abord les valeurs des intensités dans le voisinage du point (ici un voisinage 3×3) par ordre croissant, ce qui donne la liste : 100-100-108-108-116-116-124-140, puis on choisit dans cette liste la nouvelle valeur en fonction d'une règle.

- *Filtre médian :* on choisit la valeur médiane, soit dans notre exemple du voisinage 3×3 la 5e valeur : la nouvelle valeur est donc 116. Comme la valeur médiane est toujours une valeur « moyenne » du voisinage, ce filtrage

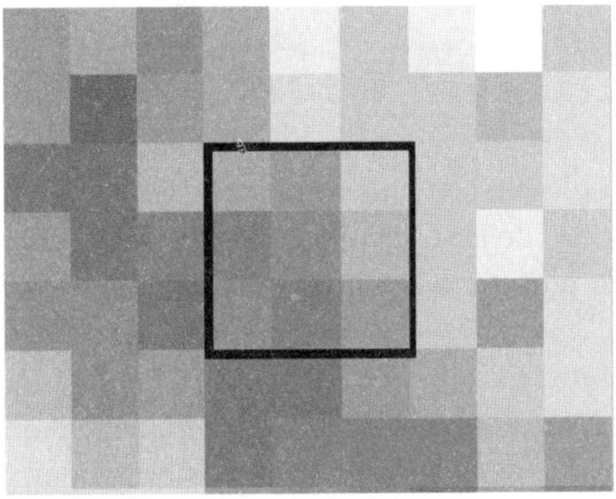

124	116	140
100	108	132
108	100	116

1	100
2	100
3	108
4	108
5	116
6	116
7	124
8	132
9	140

Fig. 3.22 Filtrage de rang. Le tableau central représente les valeurs d'intensité dans les 9 pixels du carré de l'image de gauche fortement agrandie. La valeur du point central (108) est remplacée par une nouvelle valeur choisie dans la liste ordonnée en choisissant la valeur qui a un rang donné dans la liste : rang 5 (valeur 116) pour le filtre median, rang 9 pour une dilatation (valeur 140), etc.

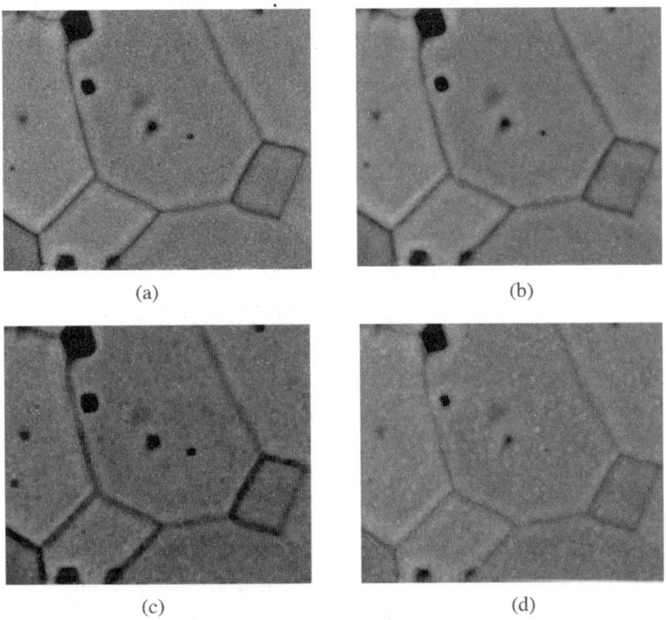

Fig. 3.23 Filtres de rang. Effet d'un filtre médian (b), de l'érosion (c) et de la dilatation (d) sur la même image (a) que celle de la figure 3.21.

élimine les valeurs erratiques, comme le passe-bas habituel, mais sans créer d'important effet de flou (fig. 3.23(b)), les valeurs proches de la moyenne, même proches d'une valeur erratique, n'étant pas modifiées sensiblement.

- *Erosion et dilatation* (morphologie mathématique en niveaux de gris): on choisit respectivement la valeur minimale (ici 100) ou la valeur maximale (ici 140): ceci étend les zones sombres (resp. claires) au détriment des zones voisines (fig. 3.23(c) et (d)).

On peut également définir des règles un peu plus complexes. En choisissant par exemple entre les deux valeurs extrêmes de la liste celle qui est la plus proche de la valeur au point considéré, on obtient un filtre qui renforce les contours des objets.

Morphologie mathématique: outil de traitement

La morphologie mathématique est à la fois une méthode de traitement des images et une méthode «active» de mesure, dans laquelle des transformations préalables de l'image précèdent une mesure de paramètre simple [3.19], [3.20], [3.1]-[3.3], [3.7].

Nous venons de voir dans les filtres de rang que les transformations de morphologie mathématique peuvent être définies sur des images en niveaux de gris, mais nous nous limiterons ici à la description du traitement d'images binaires (phase/objet à mesurer = 1, le reste = 0). De telles images peuvent être traitées comme des ensembles, par des opérations logiques («booléennes»): union («ou»), intersection («et»), différence symétrique («ou exclusif»), complémentaire ou inversion («non»).

Les transformations d'images sont réalisées en déplaçant un objet de référence de forme choisie, appelé élément structurant, en tout point de l'image comme pour les filtrages précédents. C'est ici la forme de l'élément structurant et la façon de le comparer localement à l'image qui déterminent la transformation réalisée. Mathématiquement, la comparaison est réalisée en posant des questions simples: l'objet de référence, transporté au point considéré, touche-t-il des points blancs, est-il inclus dans la phase blanche...? Le point considéré prend la valeur 1 ou 0 en fonction de la réponse. Les opérations élémentaires sont présentées ci-dessous, accompagnées d'une explication non mathématique, et illustrées sur la figure 3.24.

Soit X l'ensemble des points «blancs» (valeur 1), soit B un élément structurant, c'est-à-dire une forme de référence avec un centre. Pour tout point x de l'image, on note B_x l'élément structurant centré en x. Sur les illustrations, l'objet X (points de valeur 1) est en noir.

- *Erosion*: $E(X) = \{x \mid B_x \subset X\}$: le résultat peut être obtenu en gommant le contour des objets avec une gomme dont la forme et la taille sont celles de l'élément structurant. La figure 3.24 montre notamment l'importance du choix de l'élément structurant.
- *Dilatation*: $D(X) = \{x \mid B_x \cap X \neq \emptyset\}$: la transformation est analogue à l'érosion, mais en remplaçant la gomme par un gros feutre. C'est la même transformation que l'érosion, mais sur la phase complémentaire.
- *Ouverture*: érosion suivie d'une dilatation. Cette transformation supprime de l'image toute partie qui ne peut pas contenir l'élément structurant. Cette

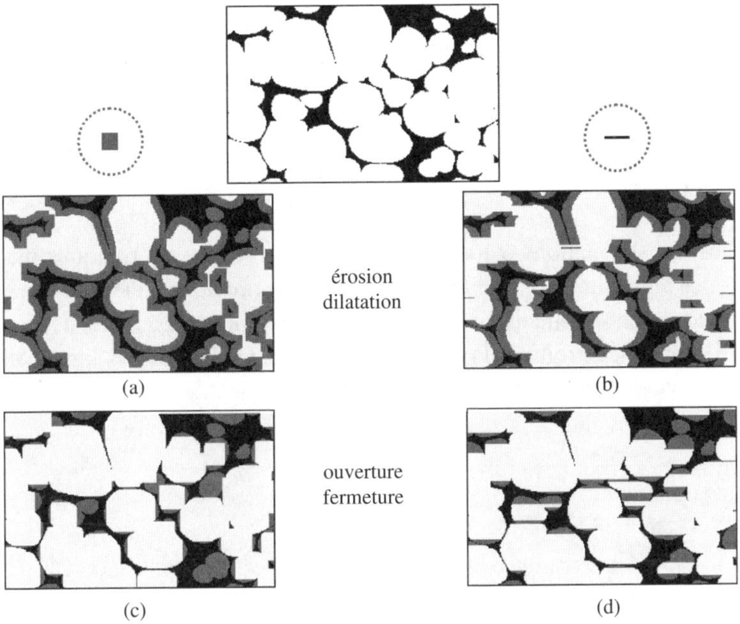

Fig. 3.24 Morphologie mathématique binaire sur une image binaire de matériau fritté W-Ni-Fe. Erosion et dilatation pour deux types d'éléments structurants : un carré et un segment centrés. Sur les images (a) et (b) les parties en blanc correspondent à l'érodé de la phase blanche (tungstène) de l'image initiale ; la partie en gris correspond à ce qui a disparu de la phase correspondante. L'ensemble (gris + noir) correspond au résultat d'une dilatation de la phase noire initiale (liant à base de Ni et Fe). Les images (c) et (d) sont obtenues par ouverture avec les mêmes éléments structurants que (a) et (b).

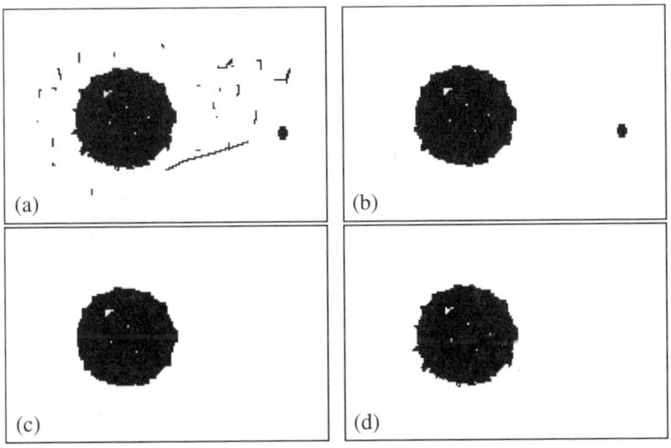

Fig. 3.25 Traitement élémentaire d'une image par morphologie mathématique : nettoyage de détails non significatifs par une ouverture avec un élément structurant carré. Image initiale (a), image après ouvertures de taille 1 (b) et 2 (c) : des détails de la taille correspondante disparaissent : petits objets et détails du contour des objets restants. On peut retrouver le contour initial des objets qui n'ont pas disparu (d) par une opération dite de *reconstruction* à partir des images (c) et (a).

transformation est ainsi un puissant outil de «nettoyage» des images, permettant de supprimer de petits défauts de type bruit (fig. 3.25).

- *Fermeture*: dilatation suivie d'une érosion. Cette transformation conduit au bouchage des trous ou anfractuosités du contour plus petits que l'élément structurant. C'est la même transformation que l'ouverture, mais sur l'image complémentaire.

A ces transformations élémentaires s'ajoutent des transformations plus complexes et des algorithmes associant plusieurs transformations, notamment des amincissements et épaississements qui permettent par exemple d'aboutir à des squelettes (fig. 3.26) ou des centroïdes, de détecter des points triples sur des lignes, des boucles ou des trous, de séparer automatiquement des objets...

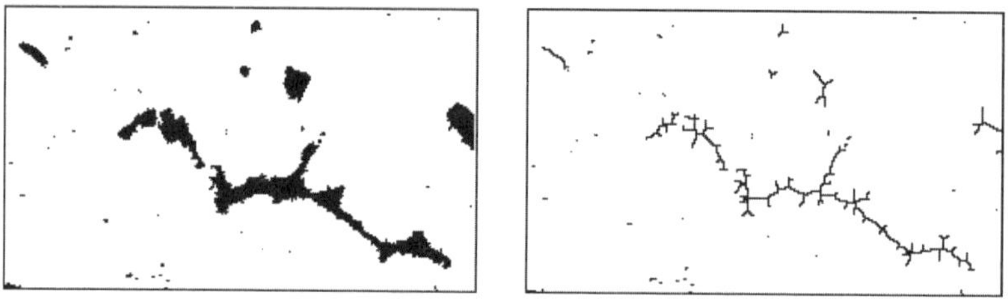

Fig. 3.26 Squelette calculé à partir d'amincissements.

Exemple de traitements

Nous ne pouvons pas détailler ici toutes les transformations et traitements proposés pour extraire les informations pertinentes des images, qui sont extrêmement variées [3.1], [3.7], [3.8], [3.17]. Il est cependant utile d'illuster le type de démarche sur l'exemple de la figure 3.27. L'image initiale en niveaux de gris met en évidence des grains et des porosités dans une structure d'alumine frittée. Un simple seuillage ne permet pas d'extraire directement ces informations: avec un seuil très bas (parties sombres), on obtient une image correcte des porosités (image a), mais un seuil plus élevé conduit (image s) à perdre une partie de la matière autour des pores sans toutefois détecter correctement les joints. La solution adoptée ici consiste en une première transformation dite de soustraction du fond (passe-bas de grande taille et soustraction), qui conduit à l'image b1 : dans cette image, les grandes plages homogènes ont été ramenées à une valeur moyenne (alumine et pores ne sont plus différenciables), mais le contraste entre les joints et les plages est plus net: on peut donc par seuillage extraire une marque des joints (image b2). Cette marque est bien plus épaisse que les joints réeels, et l'image montre aussi quelques petits objets séparés: ces derniers sont éliminés par des ouvertures, et l'épaisseur des joints est ramenée à l'épaisseur d'un pixel par un calcul de squelette (image b3). Il suffit d'ajouter cette dernière image à l'image (a) de la porosité pour avoir l'image recherchée.

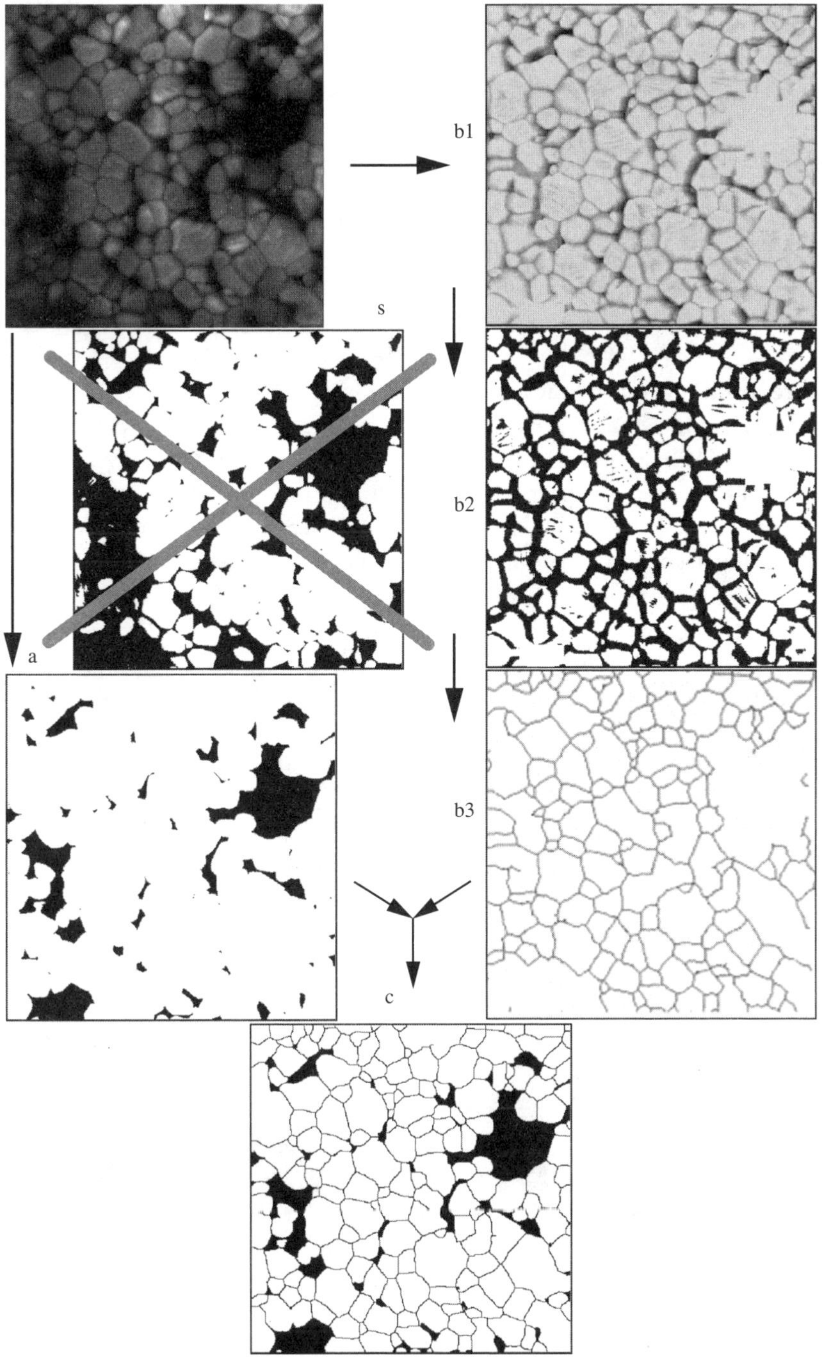

Fig. 3.27 Exemple de traitement complexe: extraction des grains et des porosités d'une structure céramique (Al_2O_3) à partir d'une image de microscopie à force atomique et d'une série de traitements (détails dans le texte).

Ce type de prétraitement des images est extrêment utile. Il est rarement parfait: l'utilisateur doit apprécier si l'image obtenue est de qualité suffisante pour les mesures à réaliser, et si nécessaire effectuer des corrections manuelles.

3.3.3 Morphologie mathématique: outil théorique et outil de mesure

La morphologie mathématique est un ensemble d'outils dont l'utilisation dépasse largement le simple traitement des images: c'est un outil théorique qui permet de définir des mesures et les limites de ces mesures. Les ouvrages spécialisés permettent d'accéder à un ensemble fascinant de possibilités [3.1], [3.19], [3.20].

Théorème du masque de mesure

Nous avons déjà remarqué lors des comptages de particules que les images constituent des champs finis et que les bords peuvent introduire des erreurs dans les mesures. Le théorème exprime que le résultat d'une transformation élémentaire d'image (comme l'érosion ou la dilatation) faite avec un élément structurant donné n'est connu sans biais que dans un sous-champ que l'on obtient en érodant le champ de l'image par le même élément structurant (fig. 3.28). Ce résultat se comprend aisément et s'applique de fait à tout filtrage: les points du bord de l'image plus près que le «rayon» du filtre ne peuvent être calculés de façon juste, puisqu'il faudrait pour cela connaître les valeurs de points qui sont hors de l'image…

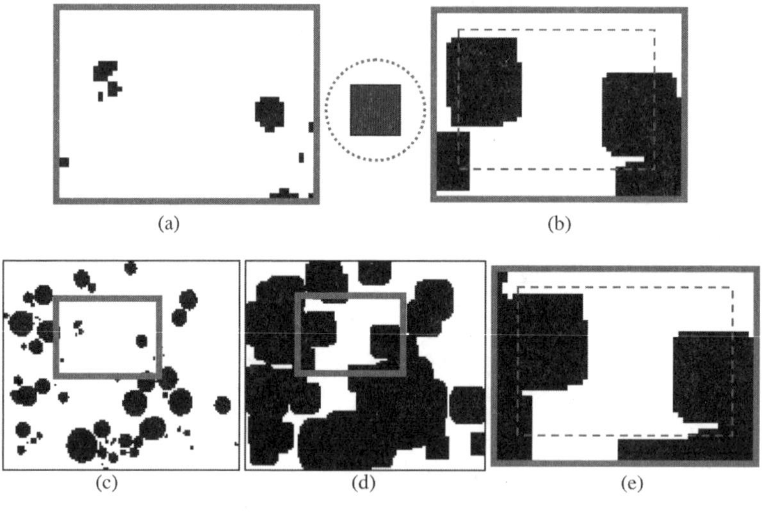

Fig. 3.28 Théorème du masque de mesure. Si on transforme l'image (a) en (b), ici par une dilatation avec le carré centré dessiné entre les deux images, on fait une erreur sur une partie de l'image proche du bord. Le résultat n'est en fait connu exactement que dans la zone en traits interrompus, obtenue en érodant le contour de l'image par le masque. L'image (e) montre le vrai dilaté correspondant au champ (a) du matériau, calculé dans une image plus grande (images (c) et (d)): il n'est égal à l'image (b) que dans le masque érodé.

Il faut bien se rappeler ce théorème lorsqu'on fait des transformations de grande taille, ou des transformations en série: si l'image de taille L après une transformation n'est exacte que dans un cadre L_1, une seconde transformation ne le sera que dans un cadre L_2 obtenu en appliquant le théorème au cadre L_1, et ainsi de suite, avec, pour un filtre (élément structurant) circulaire de rayon r, $L_1 = L - 2r$, $L_2 = L - 4r$...

Granulométrie par ouvertures

Considérons l'ouverture de l'image d'une phase par un élément structurant linéaire (segment) de longueur ℓ (fig. 3.24): toute traversée blanche de taille plus petite que ℓ a disparu, alors que tout segment plus grand a été conservé sans dégradation: l'action d'une ouverture linéaire sur l'image est donc analogue à celle d'un tamis sur un ensemble de particules. En appliquant à l'image des ouvertures de longueur 1 croissante, et en mesurant après transformation l'aire restante A_A, on obtient une courbe de distribution cumulée $G(\ell)$. Cette répartition est une granulométrie en mesure, car c'est l'aire qui est mesurée, et la distribution correspondante $g(\ell)$ s'interprête aisément: $g(\ell)\mathrm{d}\ell$ est la longueur totale des cordes qui ont une longueur ℓ sur l'image. La distribution en nombre correspondante, $f(1) = g(\ell)/\ell$ n'est autre que la distribution en nombre des cordes. Sa moyenne est la corde moyenne λ vue précédemment. Ceci est à rapprocher des granulométries classiques par tamis suivies d'une pesée du tamis (granulométrie en mesure) ou d'un comptage des grains (granulométrie en nombre).

Les mesures granulométriques par ouvertures peuvent être réalisées avec d'autres éléments structurants, pourvu qu'ils soient convexes [3.19], [3.21]. Avec des ouvertures par des cercles ou des carrés par exemple, on obtient une distribution en mesure des cercles (ou carrés) inclus dans la phase: une distribution très utile puisqu'elle ne nécessite pas d'objets individuels: c'est une distribution de tailles caractéristiques, une granulométrie... sans grains!

3.4 RÉSUMÉ

Nous sommes loin, dans ce chapitre, d'avoir fait une présentation exhaustive des méthodes existantes de traitement d'images, même si on limite leur seule application au domaine des matériaux. Des pans entiers ont été volontairement laissés à l'écart, entre autres l'utilisation de la très classique transformation de Fourier [3.16], tant comme outil de filtrage que comme outil d'interprétation, en microscopie en transmission par exemple. Nous avons cherché à donner au lecteur un ensemble d'outils de base pour l'analyse quantitative des images en métallographie. Mais nous avons surtout essayé de montrer que la grande simplicité des outils et leur facilité de mise en œuvre cachent de vrais problèmes de fond, et que l'utilisateur doit toujours garder un esprit critique face à ces outils.

On ne peut par ailleurs pas terminer sans mentionner que les techniques d'analyse d'images voient depuis quelques années s'ouvrir un champ important d'investigation avec la possibilité d'obtenir et d'exploiter, dans le domaine des matériaux, des «images 3D», notamment par tomographie [3.22]. Ces nouvelles images ouvrent des perspectives considérables, en donnant accès à des paramètres dont la mesure n'est pas possible en deux dimensions.

3.5 BIBLIOGRAPHIE

[3.1] M. Coster et J.L. Chermant, *Précis d'analyse d'images*, Ed. CNRS, 1985 et 1989.

[3.2] J.P. Jernot et J.L. Chermant, Mesures de base en analyse d'images, in *Caractérisation des poudres et des céramiques*, J.L. Chermant (coord.), Hermès, Paris, 1992.

[3.3] C. Souchier, Analyse d'images, *in Techniques de l'Ingénieur, traité Analyse chimique et caractérisation*, P855, 1-18, 1998.

[3.4] R.T. DeHoff et F.N. Rhines, *Microscopie quantitative*, Masson, 1972.

[3.5] E.E. Underwood, *Quantitative Stereology*, Addison-Wesley, 1970.

[3.6] J.C. Russ, *Practical Stereology*, Plenum Press, 1986.

[3.7] L. Wojnar, *Image analysis, Applications in Materials Engineering*, CRC Press, 1999.

[3.8] H.E. Exner et H.P. Hougardy (eds.), *Quantitative Image Analysis of Microstructures*, DGM Informationsgesellschaft Verlag, 1988.

[3.9] S.A. Saltykov, *Stereometrische Metallographie*, VEB Deutscher Verlag, Leipzig, 1974.

[3.10] B.B. Mandelbrot, *Fractals Form, Chance, and Dimension*, W.H. Freeman, San Francisco, 1977.

[3.11] J.H. Han et D.Y. Kim, Analysis of the proportionality constant correlating the mean intercept length to the average grain size, *Acta Metall Mater* 43 (8):3185-3188, 1995.

[3.12] J.-H. Han et D.-Y. Kim, Determination of three-dimensional grain size distribution by linear intercept measurement, *Acta Mater,* 46 (6):2021-2028, 1998.

[3.13] J. Gurland, The measurement of grain contiguity in two-phase alloys. *Trans AIME* (august): 452-455, 1958.

[3.14] J.-L. Chermant, M. Coster, et J.-P. Jernot, Modélisation des propriétés morphologiques et physiques des matériaux frittés en phase solide, *Mem. Et. Sci. Rev. Métal.*, (janvier): 5-18, 1984.

[3.15] T. Hersant, D. Jeulin, et P. Parniere, *C.I.T. Revue de Métallurgie*, n°6, 1976.

[3.16] R.C. Gonzalez et R.E. Woods, *Digital Image Processing*, Prentice Hall, 2002.

[3.17] J.P. Coquerez, S. Philipp (eds.), *Analyse d'images: filtrage et segmentation*, Masson, Paris, 1995.

[3.18] G.A. Baxes, *Digital Image Processing, a pratical prime*r, Prentice Hall, 1984.

[3.19] J. Serra, *Image Analysis and Mathematical Morphology*, Academic Press, 1982.

[3.20] M. Schmitt et J. Mattioli, *Morphologie mathématique*, Masson, 1994.

[3.21] G. Matheron, *Eléments pour une théorie des milieux poreux*, Masson, Paris, 1967.

[3.22] J. Baruchel, E. Maire, J.Y. Buffière, P. Merle, G. Peix (Eds.), *X-Ray Tomography in Materials Science*, Hermès, 2000.

CHAPITRE 4

DENSIMÉTRIE ET DILATOMÉTRIE

4.1 OBJECTIFS

Ce chapitre est divisé en deux parties. La première est consacrée aux techniques de mesure de la masse volumique, applicables aussi bien pour des poudres et fibres que pour des corps massifs. La seconde partie, complémentaire de la première, présente une autre technique de mesure de la masse volumique basée sur le changement dimensionnel qui s'opère lors d'un cycle de traitement thermique. D'autres méthodes dilatométriques sont également traitées.

4.2 MESURE DE MASSE VOLUMIQUE ET DENSIMÉTRIE

4.2.1 Définitions de la masse volumique et de la densité

La ***masse volumique*** d'un corps est la masse de l'unité de volume de ce corps. C'est donc le rapport entre la masse totale de la matière considérée et son volume. Elle dépend du système d'unités utilisé. La notion de masse volumique s'applique aux corps homogènes.

La masse volumique s'exprime dans le système international (SI) en kilogramme par mètre cube (kg/m^3) suivant la relation:

$$\rho = \frac{m}{v} \qquad [kg/m^{-3}] \tag{4.1}$$

La masse, comme le volume, sont des quantités extensives; elles traduisent la présence physique de la substance. Au contraire, la masse volumique est une quantité intensive liée directement à la nature de la matière. Ainsi, la masse volumique d'un petit volume de matière peut, en principe, être déterminée avec une précision fonction des méthodes utilisées pour mesurer la masse et le volume.

La ***densité*** d'un corps solide ou liquide est le rapport de sa masse volumique à celle de l'eau à 4°C. C'est donc un nombre sans dimension, indépendant du système d'unités.

On distingue :

- La ***masse volumique absolue*** ou ***vraie*** et la ***densité absolue*** ou ***vraie*** : quand le volume considéré ne prend en compte ni la porosité fermée[1] ni la porosité ouverte[2].
- La ***masse volumique effective*** et la ***densité effective***: quand le volume considéré inclut les porosités ouverte et fermée.
- La ***masse volumique apparente*** et la ***densité apparente***: quand le volume considéré inclut la porosité fermée. Pour les poudres et les fibres, elles dépendent de la densité de la matière solide, de la taille des particules et de leur distribution, ainsi que de la forme des particules et de leur rugosité.
- La ***masse volumique tassée*** et la ***densité tassée*** (poudres, fibres) : ce sont les mêmes que les précédentes, sauf que le volume considéré est celui après que la poudre ou les fibres ont été tassées soit par vibration soit par tapotement.

La densité relative est une autre notion utile. Si ρ_1 et ρ_2 désignent les masses volumiques de deux substances différentes, leur densité relative est :

$$\rho_{12} = \frac{\rho_1}{\rho_2} \tag{4.2}$$

C'est également une grandeur sans unité, puisque c'est une grandeur relative.

La masse volumique est à la fois une grandeur élémentaire et une propriété importante des matériaux. Relativement aux consommations d'énergie, des matériaux à faible masse volumique sont aujourd'hui développés, par exemple pour la conception de structures mobiles. Au contraire pour le lestage des bateaux, pour la stabilisation de structures en rotation rapide, pour les projectiles de lutte anti-chars..., une forte masse volumique est demandée. D'autre part, la masse volumique joue un rôle décisif dans le comportement d'un corps. Sa mesure contribue, et ce à tous les stades du processus de fabrication, à une meilleure conduite de celui-ci et à la détermination précise des quantités et qualités produites. Sa valeur est plus particulièrement utilisée pour :

- la conception dimensionnelle des constructions,
- la détermination de la concentration d'un composant dans un produit résultant d'un mélange,
- le contrôle qualitatif et non destructif en fin d'élaboration,
- le calcul de la masse par une méthode indirecte.

4.2.2 Méthodes de mesure de la masse volumique

Plusieurs techniques de mesure de la masse volumique ont été proposées et normalisées. Le choix dépend généralement de leurs caractéristiques relativement

---

1 Porosité fermée : pores isolés à l'intérieur de la matière, non débouchant en surface.

2 Porosité ouverte : pores communicant avec la surface.

au type d'échantillon considéré, de la précision exigée et de la commodité de la technique. On distingue deux catégories de méthodes : celles basées sur la masse et le volume, et celles basées sur la poussée.

Méthodes basées sur la masse et le volume

Méthode géométrique

D'une manière générale c'est la méthode la plus simple et la plus rapide pour déterminer la masse volumique et la densité d'un corps solide. Cependant, elle ne permet d'obtenir que la masse volumique et la densité apparentes. Elle ne tient compte ni de la porosité ouverte ni de la porosité fermée. De plus, elle est limitée aux géométries simples. Sa précision dépend de l'exactitude de la balance utilisée et de l'appareil de mesure des dimensions.

Pycnomètre à liquide (convient bien pour les poudres et les fibres)

Si une poudre de masse volumique ρ inconnue a le même volume qu'un échantillon standard de masse volumique ρ_s, alors le rapport des masses m/m_s des deux échantillons doit être proportionnel au rapport de leurs masses volumiques ρ/ρ_s. La masse volumique inconnue peut donc être déterminée à partir de la mesure des masses. Pour ce faire, on utilise des containers spéciaux appelés pycnomètres à liquides. Le pycnomètre est constitué essentiellement d'un récipient en verre de volume connu. Une sélection des pycnomètres les plus utilisés est représentée sur la figure 4.1. Le choix de leur forme et leur utilisation répondent à quatre caractéristiques et exigences de manipulation : (1) la forme doit permettre d'atteindre au plus vite la température requise, quand il est utilisé dans un bain, (2) le moyen de remplissage ne doit pas entraîner d'air, (3) le moyen de mesure du volume doit être précis et (4) le moyen de remplissage doit permettre d'éviter toute évaporation ou adsorption d'humidité.

La mesure consiste :

- à effectuer une pesée du pycnomètre à vide (m_1) puis rempli d'eau jusqu'au repère, en prenant soin de ne laisser aucune bulle d'air à l'intérieur (m_2) ;
- à introduire la poudre sèche dans le flacon vide et sec en quantité telle que le volume occupé soit environ le quart du volume du pycnomètre, et en effectuer la pesée (m_3 = pycnomètre + poudre) ;
- à désaérer complètement la poudre en faisant un vide de 20 à 30 mbar, l'air du flacon étant aspiré à travers l'eau du bécher. On coupe alors le vide ; sous l'effet de la dépression, le pycnomètre se remplit d'eau. On pèse à nouveau (m_4 = pycnomètre + poudre + eau).

La masse volumique est calculée à partir de la relation :

$$\rho = \frac{(m_3 - m_1)(\rho_{eau} - \rho_{air})}{(m_2 - m_1) - (m_4 - m_3)} - \rho_{air} \tag{4.3}$$

où ρ_{eau} et ρ_{air} sont les masses volumiques de l'eau et de l'air respectivement. On suppose que toutes les mesures ont été effectuées à la même température, dans une atmosphère sèche.

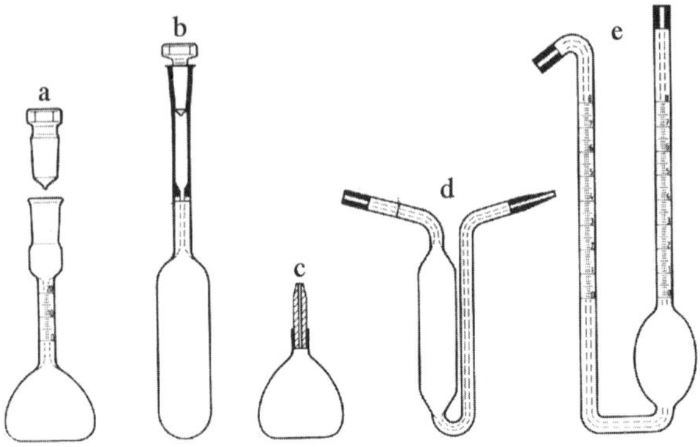

Fig. 4.1 Pycnomètres à liquide : différentes formes géométriques ; la forme (e) est utilisée comme densimètre à tube vibrant (VTD).

La détermination de la masse volumique des poudres ou fibres ne donne des résultats corrects que dans la mesure où la désaération de la poudre ou des fibres est assez poussée, afin d'obtenir un mouillage parfait par l'eau du pycnomètre. Il est souhaitable de refaire la dernière opération plusieurs fois afin de désaérer complètement l'échantillon. Pour une meilleure précision, les masses doivent être mesurées au millième de gramme près et l'écart de calcul de la masse volumique ne doit pas excéder 0,0005.

Densimètre à tube vibrant

La méthode du pycnomètre à liquide est une technique qui demande beaucoup de soin et une quantité minimale de poudre pour être efficace. Avec le densimètre à tube vibrant (VTD) ces problèmes peuvent être surmontés. En effet, le VTD, grâce à sa forme en U (fig. 4.1e), n'exige pas un niveau précis de remplissage ; seule la portion oscillante est sondée et les vibrations éliminent les bulles d'air. Cependant, la suspension dans un liquide de référence de masse m_r et de masse volumique ρ_r d'une poudre de masse m_s doit être très homogène. L'opération consiste donc à déterminer la masse volumique de la suspension ρ_{sus} à partir de la période d'oscillation. La masse volumique ρ_s de la poudre est ensuite calculée à partir de la relation :

$$\rho_s = \frac{m_s \cdot \rho_{sus}}{m_s + m_r\left(1 - \frac{\rho_{sus}}{\rho_r}\right)} \tag{4.4}$$

On peut citer une autre technique apparentée à celle du VTD, utilisant un *densimètre à résonance acoustique* (ARD). Elle utilise une autre géométrie que le VTD, mais fonctionne selon le même principe de base.

Pycnomètre à gaz

Il permet de déterminer aussi bien la masse volumique des poudres et fibres que celle des corps massifs. Le principe de la mesure est basé sur la loi des gaz parfaits, par la détermination de la différence de pression entre une cellule de référence vide et une cellule contenant l'échantillon. La technique consiste à remplir de gaz, jusqu'à une certaine pression P_1, le volume de référence, puis le gaz est pressurisé dans la chambre à échantillon jusqu'à la pression P_2 (fig. 4.2). D'où l'équation:

$$P_2\left(V_c - V + V_r\right) = \left(P_1 - P_2\right)V_r \tag{4.5}$$

où V_c est le volume de la cellule de l'échantillon, V_r le volume de la cellule de référence, P_1 la pression dans la cellule de référence, et P_2 la pression après pressurisation dans la chambre d'échantillon.

Le volume de l'échantillon est donné par la relation:

$$V = V_c - V_r\left[\left(\frac{P_1}{P_2}\right) - 1\right] \tag{4.6}$$

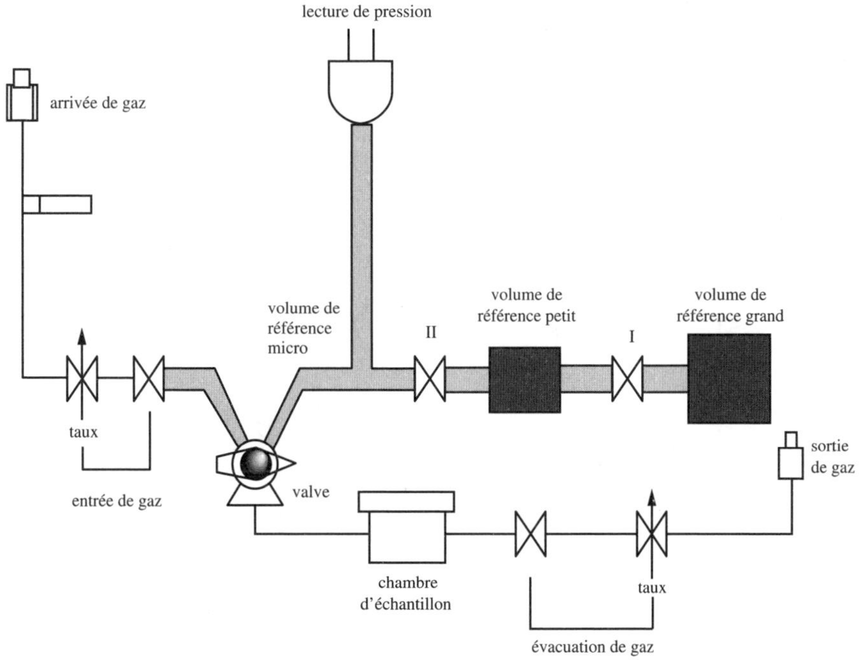

Fig. 4.2 Pycnomètre à gaz.

Cette méthode permet la mesure de la masse volumique et de la densité vraies s'il n'y a pas de porosité fermée, ou de la masse volumique et la densité effectives dans le cas contraire. Le volume mesuré exclut en fait la porosité ouverte. Cette technique est très sensible à l'environnement (température, humidité) et aux conditions de manipulation (étalonnage de l'appareil, niveau atteint par la pression P_1, lecture des valeurs); il est recommandé, pour obtenir une meilleure précision, de faire une mesure statistique. Cependant, la précision reste de l'ordre de 0,1 à 1,0%. Ce type de pycnomètre utilise le plus souvent de l'hélium à cause de ses petites dimensions atomiques qui lui permettent de pénétrer des pores et des crevasses de l'ordre du nanomètre.

Méthodes de mesure basées sur la poussée

Le concept de fonctionnement de ces méthodes est fondé sur le principe d'Archimède: «Tout volume immergé dans un liquide subit une poussée verticale ascendante égale au poids du volume de liquide déplacé.»

Pesée hydrostatique

On distingue deux méthodes de pesée hydrostatique. La méthode 1 est une technique classique, avec dans les meilleurs cas des incertitudes de l'ordre de 10^{-6} (fig. 4.3). La méthode 2, quant à elle, tolère une plus grande incertitude. Cependant, elle est beaucoup plus commode quand on utilise une cellule de charge (ou balance) servo-contrôlée.

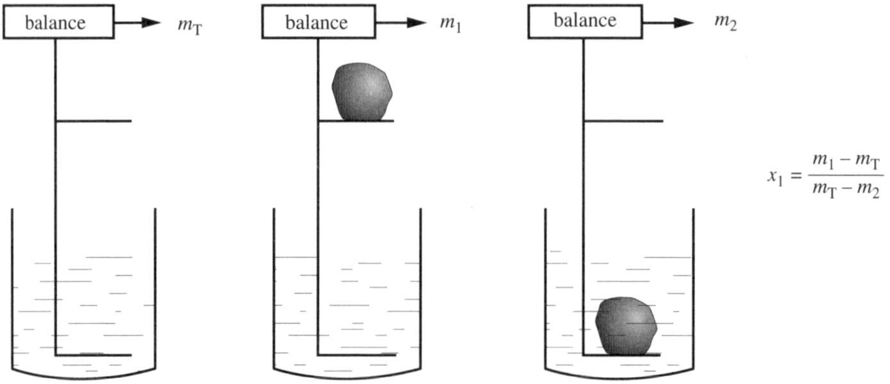

Fig. 4.3 Principe de la pesée hydrostatique, méthode 1.

x_1 est le rapport des valeurs lues sur la balance pour une pesée dans l'air (m_1) et une pesée dans l'eau (m_2). m_T est la masse de la tare, ρ_{eau} et ρ_{air} sont les masses volumiques de l'eau et de l'air respectivement. La masse volumique de la pièce est donnée par la relation:

$$\rho = \frac{x_1 \rho_{eau} - \rho_{air}}{x_1 - 1} \tag{4.7}$$

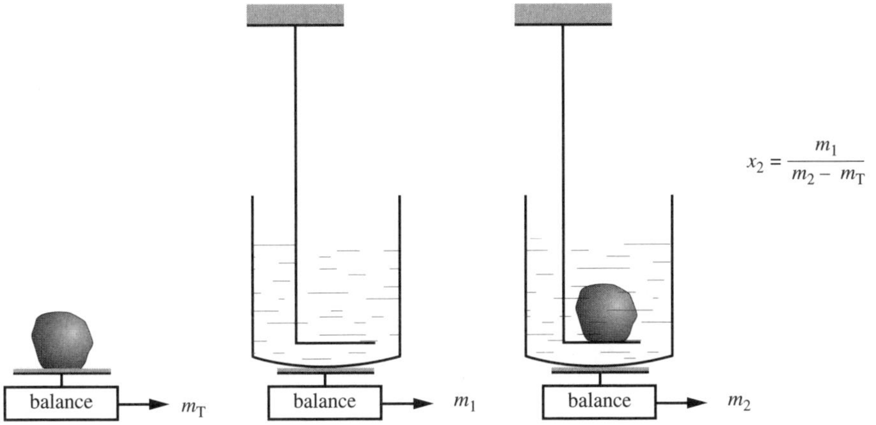

Fig. 4.4 Principe de la pesée hydrostatique, méthode 2.

Pour la méthode 2, x_2 est le rapport entre la pesée de l'échantillon dans l'air (m_1) et la différence entre la tare et la pesée après immersion (m_2) (fig. 4.4). Ainsi la masse volumique est donnée par:

$$\rho = x_2 \left(\rho_{\text{eau}} - \rho_{\text{air}}\right) + \rho_{\text{air}} \tag{4.8}$$

x_1 et x_2 étant des rapports sans dimension, la balance utilisée n'a pas à être calibrée à une unité de masse particulière. Cependant, sa linéarité doit être assurée. Cette caractéristique est souvent citée comme un avantage pour l'utilisation de la même balance pour les pesées dans l'air et dans l'eau.

Les deux méthodes ne seront suffisamment sensibles que si la balance a une bonne précision sur une masse de l'ordre de grandeur de $\rho_{\text{eau}}V$ où V est le volume du corps considéré. De plus, la bonne précision de la mesure dépend aussi de la tension de surface susceptible de générer des bulles d'air aux alentours du fil de suspension. En effet, $f = 2\pi r\gamma \cos\theta$ est la force créée quand un fil de rayon r traverse la surface du liquide de tension superficielle γ, θ étant l'angle de contact entre le fil de suspension et la surface du liquide; cette force s'ajoute ou se retranche selon le signe de $\cos\theta$.

Pour certains types d'échantillons ou de matériaux, l'eau peut s'avérer ne pas être le meilleur milieu liquide. D'autres liquides tels que l'alcool peuvent être utilisés. Cependant, leur masse volumique doit être déterminée au moment de la mesure, soit expérimentalement, soit à partir de tables.

Imbibition

Les deux méthodes précédentes donnent en principe de meilleurs résultats que la méthode géométrique, cependant, elles sont elles aussi relativement peu précises. En effet, certaines bulles d'air enfermées empêchent l'eau de pénétrer tous les pores. Pour une meilleure précision, il faut désaérer complètement l'échantillon. C'est une technique un peu plus longue, qui consiste à introduire un échantillon de masse M dans un dessiccateur à sec (fig. 4.5) et à remplir celui-ci d'eau distillée jusqu'au niveau 1. Après avoir fait le vide dans le bocal, on remplit d'eau l'entonnoir, et on ouvre le robinet. L'eau est aspirée dans le dessiccateur et pénètre dans les pores ouverts de l'échantillon. Lorsque le niveau de l'eau est au-dessus du niveau 2, on maintient le vide pendant quelques minutes encore pour être sûr de l'absence de bulles d'air. On coupe alors le vide, et on prélève l'échantillon imbibé d'eau. On effectue ensuite deux pesées, une à l'air (m_1) et une dans l'eau (m_2). Il faut noter que des erreurs peuvent résulter de l'évaporation de l'eau, si on laisse un temps trop long s'écouler entre le moment où on sort la pièce et le moment où on effectue la pesée.

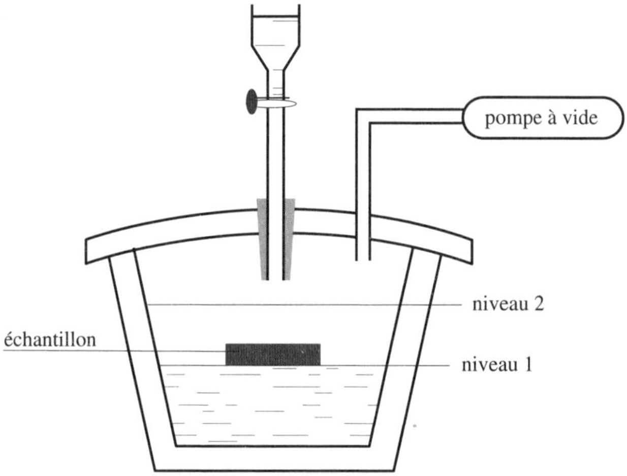

Fig. 4.5 Dispositif d'imbibition.

De la première mesure, connaissant la masse volumique théorique ρ_0 des matières utilisées, on détermine le volume de l'échantillon par $V = M/\rho_0$. De la deuxième pesée, on détermine le volume des pores ouverts V_1 par:

$$V_1 = \frac{m_1 - M}{\rho_{eau}} \tag{4.9}$$

avec ρ_{eau} la masse volumique de l'eau. On suppose que la température de l'eau reste constante tout au long des mesures.

La troisième pesée donne le volume de la porosité fermée V_2. Après avoir fait un bilan des forces sur l'échantillon immergé, on trouve:

$$V_2 = \frac{M - m_2 - \rho_{eau} V}{\rho_{eau}} \tag{4.10}$$

Si les pores ouverts occupent un volume V_1 et les pores fermés un volume V_2, alors le volume apparent du corps considéré est donné par:

$$V' = V + V_1 + V_2 \tag{4.11}$$

et sa masse volumique apparente est:

$$\rho' = \frac{M}{V'} = \frac{M\rho_{eau}}{m_1 - m_2} \tag{4.12}$$

Autre méthode: le porosimètre au mercure

Il a été développé pour mesurer la taille des pores et leur distribution. Son principe est basé sur la mesure de la quantité de mercure absorbée par les pores en fonction de la pression appliquée, selon l'équation de Washburn:

$$P = \frac{-2\gamma\cos\theta}{r} \tag{4.13}$$

où P est la pression appliquée, γ la tension de surface, θ l'angle de contact entre le mercure et le pore et r le rayon du pore.

Avec cette méthode, on peut mesurer des diamètres de pores dans une très large gamme (entre 500 à 0,003 μm). De la mesure du taux de porosité et connaissant la densité absolue du matériau considéré, on peut facilement en déduire sa masse volumique absolue.

Une comparaison entre les masses volumiques de différents matériaux est illustrée sur la figure 4.6.

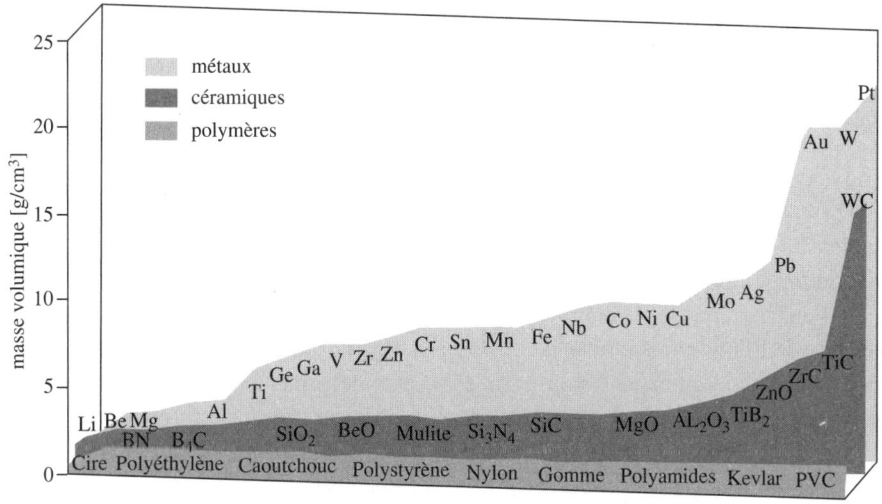

Fig. 4.6 Masses volumiques de différents matériaux.

4.2.3 Application à la mesure de l'endommagement d'un matériau ductile

Un exemple d'application de la densimétrie est la mesure de l'endommagement des matériaux ductiles sous sollicitations mécaniques Un matériau polycristallin se déforme selon trois processus essentiels. La déformation plastique des grains résulte de la création, de la multiplication et du réarrangement progressifs des dislocations; tous ces processus sont intégrés dans le terme d'***écrouissage***. Les réseaux cristallins des différents grains subissent des rotations non aléatoires qui entraînent la création d'une ***texture cristalline*** ou la variation de la texture initiale. Enfin, un mécanisme de création, de croissance et de coalescence de cavités à partir des particules de seconde phase (inclusions, particules de renfort, précipités...) constitue le phénomène que l'on désigne par le terme d'***endommagement*** des matériaux ductiles. Ce type d'endommagement apparaît sous sollicitations de traction monotone (cavitation intragranulaire le plus souvent), ou sous sollicitations de fluage (cavitation intergranulaire le plus souvent). Si l'on peut faire l'hypothèse que le matériau est un matériau poreux à porosité isotrope, fermée, uniformément répartie, on peut caractériser son endommagement au cours de la sollicitation mécanique par la mesure de sa densité, pourvu que cette densité ne soit influencée que par l'endommagement. Si d_0 est la densité initiale du matériau, d_{f} sa densité finale (à rupture) et d sa densité sous un état intermédiaire endommagé, on définit alors son endommagement, D, par:

$$D = \frac{d - d_0}{d_{\text{f}} - d_0} \tag{4.14}$$

avec la convention classique en mécanique que $D = 0$ à l'état non endommagé et $D = 1$ «à rupture».

Cette mesure indirecte de l'endommagement ne caractérise évidemment pas l'endommagement en termes de taille, teneur, forme et répartition des cavités. C'est en revanche une mesure macroscopique, précise et reproductible, indépendante de l'échantillonnage (les volumes étudiés sont de l'ordre de plusieurs mm^3, voire plusieurs cm^3).

La définition de la densité finale, d_{f}, pose néanmoins problème. En effet, très souvent l'endommagement se localise avant rupture, et la présence d'un gradient d'endommagement rend invalide l'estimation de l'endommagement par mesure de la densité. Il convient alors de se référer à un état de défaillance correspondant à un endommagement qui reste uniformément réparti.

Pour certains matériaux, la densité dépend également de l'écrouissage. Une mesure de l'endommagement est encore possible par mesure des densités sur l'état déformé et endommagé d'une part, sur l'état déformé, endommagé et restauré d'autre part, pourvu que la restauration ne modifie pas l'état de porosité.

4.3 DILATOMÉTRIE

4.3.1 Définition

La dilatométrie est une méthode physique utilisée pour caractériser le comportement thermique des matériaux, non seulement sur le plan de leur dilatabilité, mais aussi en ce qui concerne les diverses évolutions structurales dont ils peuvent être le siège. Comme exemple on peut citer les transformations de phase, les phénomènes de mise en solution et d'homogénéisation, les précipitations et ségrégations, ou encore les mécanismes de frittage. A ces différents types d'évolution sont associées des modifications de structure cristalline, qui se traduisent de façon plus ou moins conséquente sur les dimensions macroscopiques des échantillons considérés.

Ainsi, chaque fois qu'un matériau est susceptible, au cours de son histoire, d'être soumis à un traitement thermique, l'étude de son comportement dimensionnel peut apporter de multiples et précieux renseignements.

4.3.2 Coefficient de dilatation thermique

Le fait de chauffer un matériau accroît son énergie interne; en particulier les amplitudes d'oscillation des atomes augmentent et de ce fait leur interdistance moyenne augmente. Cet accroissement de distance interatomique moyenne est relié classiquement à la température par un facteur de proportionnalité qui est le coefficient de dilatation moyen $\bar{\alpha}$ donné par la relation (4.15). Par suite, le comportement thermique d'un matériau quelconque peut être, entre autres, caractérisé par les valeurs que prend le coefficient de dilatation entre deux températures données (éq. (4.15)) ou à la limite (quand l'une des deux températures précitées tend vers l'autre) par le coefficient vrai de dilatation à une température donnée (éq. (4.16)).

$$\bar{\alpha} = \frac{1}{L_0}\left(\frac{\Delta L}{\Delta T}\right) \tag{4.15}$$

où L_0 est la longueur initiale et ΔL son accroissement dû à l'accroissement de température ΔT. Le coefficient de dilatation (ou d'expansion thermique) vrai à la température T est donné par:

$$\alpha = \frac{1}{L_0}\frac{\mathrm{d}(\Delta L)}{\mathrm{d}T} \tag{4.16}$$

Le volume d'une masse donnée, et par conséquent la masse volumique et la densité, sont des fonctions de la température. Le coefficient de dilatation volumique à la température T peut être défini par:

$$\alpha_\mathrm{v} = \frac{1}{V}\frac{\partial V}{\partial T} = -\frac{1}{\rho}\frac{\partial \rho}{\partial T} \tag{4.17}$$

Pour des solides isotropes $\alpha_\mathrm{v} \approx 3\alpha$.

4.3.3 Dispositif de mesure

Toute courbe dilatométrique traduit donc par essence des variations dimensionnelles se produisant soit en condition anisotherme, soit en condition

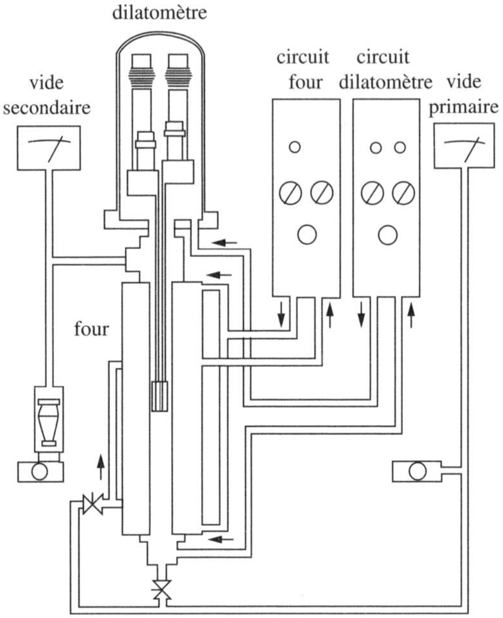

Fig. 4.7 Schéma d'une installation dilatométrique à montage différentiel (Setaram, France).

isotherme. Dans un dispositif de mesure de coefficient de dilatation, l'échantillon est serré par un poinçon au bout d'un tube. Sa dilatation (ou son retrait) déplace mécaniquement le noyau de la bobine d'un capteur inductif, placé à son extrémité, donnant un signal proportionnel au déplacement du noyau. L'appareillage complet consiste en un four au milieu duquel est placé un dispositif de support d'échantillon muni d'un capteur de déplacement à haute résolution (de l'ordre de 0,01 µm). Le cycle thermique et l'enregistrement des mesures sont pilotés par un ordinateur qui permet aussi le traitement des données. Cette technique comporte toujours une certaine incertitude dans le résultat, surtout si le coefficient α mesuré est faible et la température d'essai très élevée. Cette erreur est due à l'asymétrie thermique à laquelle est soumise l'éprouvette et son support lors des variations de température. Ces types de problème peuvent être éliminés en utilisant une méthode différentielle (fig. 4.7). Le déplacement est déduit par référence à un échantillon étalon de coefficient de dilatation connu (le plus souvent le saphir ou le platine). Cette technique a l'avantage de permettre des mesures de α plus précises, en effectuant la soustraction des deux signaux amplifiés provenant des capteurs. Le résultat est directement proportionnel à la différence de dilatation (ou contraction) entre les deux échantillons. Ainsi, la dilatation des supports d'échantillon et des palpeurs ne rentre pas en compte dans le calcul de α. Deux types de dispositifs existent, l'un horizontal, l'autre vertical.

Dispositif horizontal

Le principal avantage des dilatomètres horizontaux est leur simplicité d'utilisation et leur maniabilité. En revanche, la mesure est influencée par une pression d'appui minimale, nécessaire pour bien tenir l'éprouvette lors d'un essai. De plus, à haute température, le poinçon peut fluer. De même, le frottement entre l'échantillon et le support, que l'on observe en effectuant la mesure sur des matériaux avec une grande dilatation, peut influencer les résultats négativement.

Dispositif vertical

Il permet l'application de faibles pressions d'appui (de l'ordre de 10 à 20 mN) qui jouent un rôle déterminant, par exemple lors de la détermination d'une transition vitreuse à proximité d'un point de ramollissement dans le cas des polymères. L'inconvénient de ce système est qu'il est assez sensible aux vibrations de l'environnement, surtout en raison des faibles pressions d'appui appliquées.

4.3.4 Exemples d'application

Pour illustrer les diverses possibilités de la dilatométrie, voici quelques exemples, restreints, uniquement choisis à titre démonstratif. Rappelons seulement qu'à tout changement de structure cristalline est associée une variation de volume atomique spécifique, ce qui justifie l'origine de l'anomalie dimensionnelle que l'on observe.

Certains éléments métalliques, en particulier des métaux de transition, possèdent différentes variétés allotropiques stables dans des domaines donnés de température entre la température ambiante et leur température de fusion. Ces transformations s'opèrent soit avec expansion, soit avec contraction; elles s'effectuent avec une hystérésis plus au moins notable, même lorsque l'évolution de la température

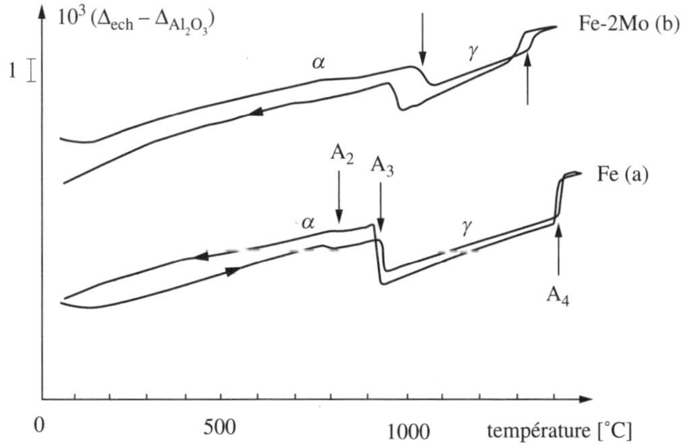

Fig. 4.8 Transformation allotropique du fer pur (a). Transformation structurale d'un alliage Fe-2Mo (b). Montage différentiel, référence en alumine.

est lente (50 à 300°C/h) ; ceci est lié soit à la pureté du matériau, soit au mécanisme de la transformation. Ainsi les transformations allotropiques du fer pur sont pratiquement réversibles et isothermes (fig. 4.8). La transformation $\alpha \rightarrow \beta$ du cobalt, quant à elle, est loin d'être isotherme (fig. 4.9).

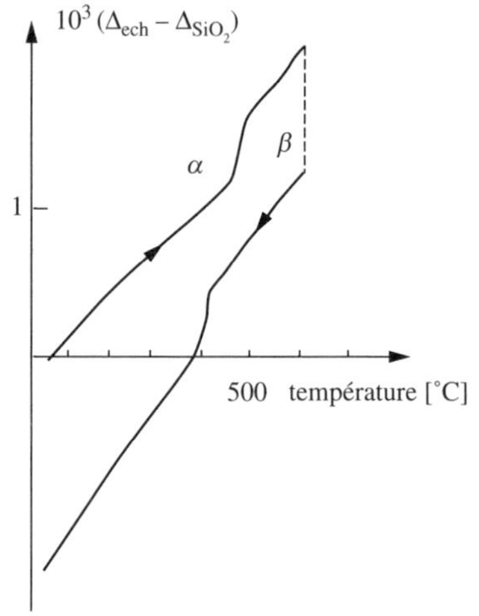

Fig. 4.9 Transformation allotropique du cobalt. Montage différentiel, référence en silice.

Effet du changement d'état magnétique sur la dilatabilité de l'INVAR

Aux environs de 200°C, l'alliage Fe35.5Ni, ferromagnétique à l'ambiante, devient paramagnétique ; à cette transformation est associée une modification sensible du coefficient de dilatation qui croît. Cette évolution est parfaitement réversible au refroidissement comme le montre la figure 4.10.

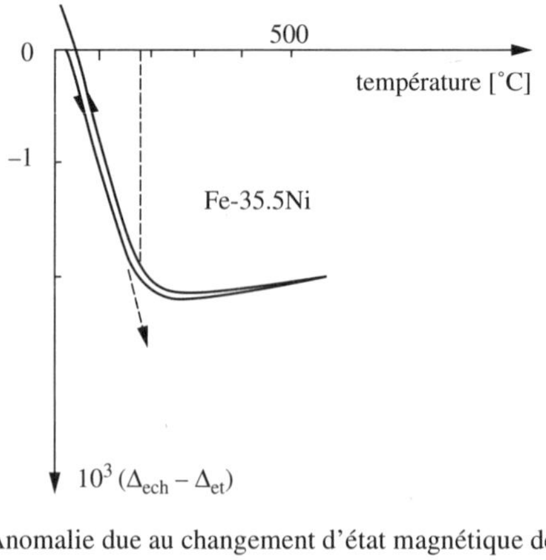

Fig. 4.10 Anomalie due au changement d'état magnétique de l'INVAR.

Le changement de structure cristalline est également associé à une variation de volume atomique spécifique; c'est le cas par exemple de la zircone pure, dont la structure monoclinique devient quadratique au-dessus de 1140°C (fig. 4.11).

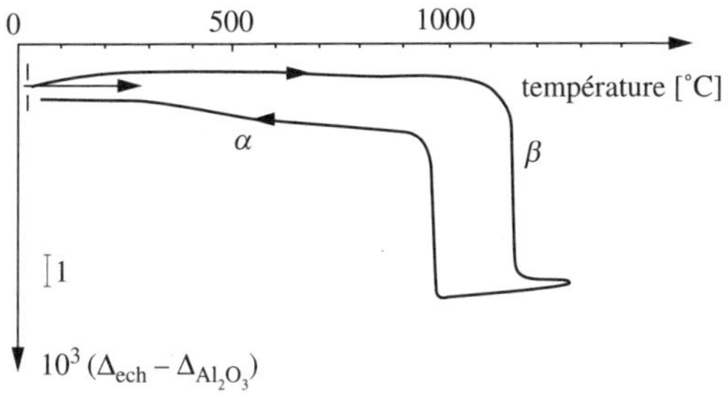

Fig. 4.11 Allotropie de la zircone non stabilisée.

Retrait dû au frittage

Durant le frittage, divers phénomènes se produisent, et souvent simultanément: liaison entre particules, développement des plages de contact entre grains, diminution des vides entre grains, arrondissement des pores et élimination des pores les plus fins. Ces phénomènes conduisent à un rapprochement des centres des particules, et donc à un retrait. De ce fait, la dilatométrie peut fournir de précieuses indications sur les processus de frittage. Elle permet en particulier l'optimisation du cycle de frittage. De plus, la densité relative D ainsi que le taux de densification peuvent être calculés à partir de la densité du corps cru D_0 et du taux de retrait $\Delta L / L_0$ par les équations:

$$D = \frac{D_0}{\left[1 - \left(\frac{\Delta L}{L_0}\right)\right]^3} \tag{4.18}$$

$$\frac{\mathrm{d}D}{\mathrm{d}t} = \frac{3D_0}{\left[1 - \left(\frac{\Delta L}{L_0}\right)\right]^4} \cdot \frac{\mathrm{d}\left(\frac{\Delta L}{L_0}\right)}{\mathrm{d}t} \tag{4.19}$$

Cette procédure s'applique aux corps présentant un retrait isotropique et un volume spécifique constant. De plus, elle peut être très utile dans certains cas, lorsque les méthodes pycnométriques ou hydrostatiques ne peuvent pas être employées avec succès, comme par exemple pour le graphite, matériau absorbant les liquides.

La figure 4.12 montre que le retrait dû au frittage s'accompagne d'une augmentation brutale de la densité.

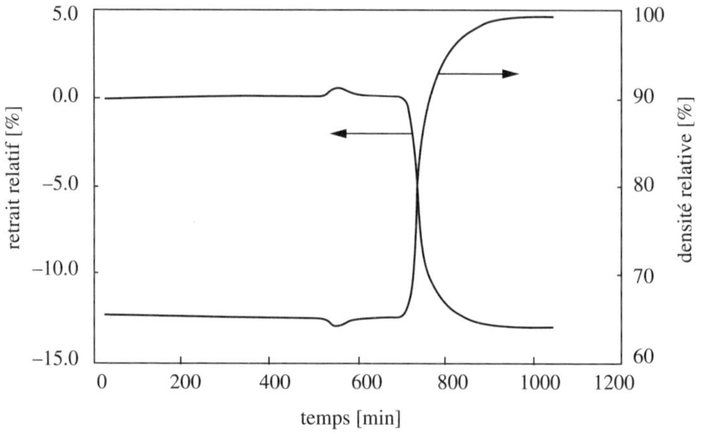

Fig. 4.12 Evolution de la densité en fonction du retrait lors du frittage d'un composé à base de WC/Co.

Transition du quartz

La dilatométrie permet d'étudier les différents changements structuraux au sein de la matière. Elle permet aussi d'étudier leur réversibilité. Sur la figure 4.13, de la poudre de quartz chauffée à 10°C/min montre une expansion de 1,44% entre 20 et 900°C avec un effet prononcé aux alentours de 573°C, dû à la transition $\alpha \rightarrow \beta$. Entre 900 et 1485°C, un retrait de 12,7% dû au frittage de la poudre se manifeste. La transition réversible du quartz $\beta \rightarrow \alpha$ est observée lors du refroidissement.

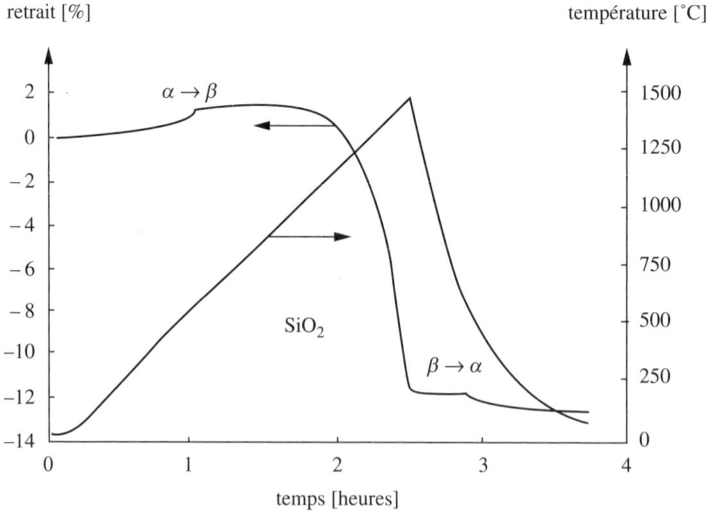

Fig. 4.13 Transition du quartz.

4.4 RÉSUMÉ

En général, toute technique de mesure peut être adaptée aux demandes et exigences. La liste des méthodes de mesure de la masse volumique et de la densité décrites dans ce chapitre n'est pas exhaustive. Elle démontre plutôt la diversité des méthodes possibles. Il est cependant intéressant de noter qu'une technique analytique de mesure peut découler immédiatement de n'importe quel phénomène physique, à condition que celui-ci comprenne, dans sa partie théorique, la description de la masse volumique d'un corps. Un résumé des méthodes est présenté dans le tableau 4.1. De son côté la dilatométrie, à travers les quelques exemples décrits plus haut, présente l'énorme intérêt de mettre en évidence et de caractériser des phénomènes ou des processus extrêmement divers et non spécifiques.

Tableau 4.1 Quelques méthodes de mesure de la masse volumique et de la densité.

Echantillon	Méthode
Corps solide	Pesée hydrostatique Géométrique Pycnomètre à gaz Pycnomètre à liquide Porosimètre Métallographique Imbibition
Poudre/Fibres	Pycnomètre à gaz Pycnomètre à liquide VTD ARD
Poudres frittées	Dilatométrie

4.5 BIBLIOGRAPHIE

[4.1] W. Rossiter et R.C. Baetzold, *Physical Methods of Chemistry, Volume VI, Determination of Thermodynamic Properties*, Second Edition, Ed. Bryant A Wiley-Interscience Publication, John Wiley & Sons, USA, 1992.

[4.2] F. Kohlrausch, *Praktische Physik*, Ed. B.G. Teubner, Stuttgart, 1985.

[4.3] W. Rossiter et R.C. Baetzold, *Physical Methods of Chemistry, Volume VI, Determination of Thermodynamic Properties*, Second Edition, Ed. Bryant A Wiley-Interscience Publication, John Wiley & Sons, USA, 1992.

[4.4] *Physique et mécanique de l'endommagement*, Groupe de Réflexion Endommagement, GRECO Grandes Déformations et Endommagement, F. Montheillet et F. Moussy Eds, Les Editions de Physique, 1986.

CHAPITRE 5

CONDUCTIBILITÉ THERMIQUE

5.1 OBJECTIFS

La conductibilité et la diffusivité de la chaleur dans un matériau sont des propriétés physiques très importantes pour leurs applications technologiques (conductibilité thermique des parois d'un radiateur, isolation thermique d'une maison, d'un habitacle de voiture...). Par ailleurs, étant donné que ces propriétés dépendent de la structure du matériau, elles peuvent être indicatrices d'autres propriétés ou défauts (chap. 14).

La chaleur est susceptible de se propager par différents mécanismes: par convection, par diffusion ou par rayonnement électromagnétique. La plupart du temps, la convection est le mécanisme dominant dans les liquides et les gaz. Ce type de transport est directement lié à un flux de matière. En revanche dans les solides, la chaleur se propage sans flux de matière, par diffusion de différents porteurs de chaleur tels que les phonons (ondes élastiques), les électrons ou les photons. Ces derniers ne jouent un rôle important qu'à haute température (> 800°C) et représentent des quantités élémentaires du rayonnement électromagnétique contribuant, par émission et absorption répétées, au transport de la chaleur.

Dans ce chapitre, nous présentons les méthodes expérimentales couramment utilisées pour la détermination de la *conductibilité thermique* et du *coefficient de diffusion thermique.* Ces deux constantes permettent de décrire le transport de chaleur par diffusion. La diffusion thermique est encore appelée *conduction thermique*.

5.2 BASES THÉORIQUES ET DÉFINITIONS

La conductibilité thermique λ est définie comme la constante de proportionnalité entre le gradient de température et le flux de chaleur j qu'il provoque:

$$j = -\lambda \cdot \mathbf{grad}\, T(r) \tag{5.1}$$

Le flux pour sa part quantifie la chaleur qui traverse l'unité de section pendant l'unité de temps. Le signe (–) indique que le flux est dirigé dans le sens des températures décroissantes. Pour déterminer λ, il faut mesurer j et $\mathbf{grad}T(r)$. En pratique, la conductibilité thermique n'est pas vraiment une constante. Elle dépend de la température, mais est indépendante du flux de chaleur lui-même. Pour les monocristaux ayant une symétrie cristalline inférieure aux symétries des réseaux cubiques, ainsi que pour les matériaux composites lamellaires ou renforcés par des fibres orientées, la conductibilité thermique peut dépendre de la direction du gradient de température.

Bien que l'équation (5.1) s'applique aussi aux cas où le profil de température, et en conséquence le flux, varient en fonction du temps, on l'utilise essentiellement pour déterminer la conductibilité thermique sous conditions stationnaires (profil de température invariable dans le temps). En régime instationnaire, le profil de température évolue selon l'équation de diffusion thermique. On obtient cette équation en tenant compte de la conservation de la chaleur:

$$\mathbf{div}j = -c\rho \cdot \frac{\partial T(r,t)}{\partial t} \tag{5.2}$$

et en y substituant la relation (5.1):

$$\frac{\partial T}{\partial t} = D_{\text{th}} \left[\frac{\partial^2 T}{\partial x^2} + \frac{\partial^2 T}{\partial y^2} + \frac{\partial^2 T}{\partial z^2} \right] \tag{5.3}$$

Le coefficient de diffusion thermique D_{th} défini par cette relation représente un autre paramètre qui permet, comme la conductibilité thermique λ, de définir le transport de chaleur. Ces deux constantes sont en effet liées par la relation:

$$D_{\text{th}} = \frac{\lambda}{c\rho} \tag{5.4}$$

où c est la chaleur spécifique (par unité de masse) et ρ la masse volumique. Cette relation et l'équation (5.3) ne sont strictement valables que si λ est constant (c'est-à-dire indépendant de r et de $T(r)$).

L'unité SI de conductibilité thermique est le [W/K·m], et celle du coefficient de diffusion est le [m^2/s]. Les facteurs de conversion à partir d'anciennes unités sont donnés dans le tableau 5.1.

Tableau 5.1 Facteurs de conversion entre d'anciennes unités et l'unité SI pour la conductibilité thermique. Noter que les unités au dénominateur sont le K·m = Kelvin·mètre et non pas le kilomètre ou le milli-Kelvin.

λ donné en	à multiplier par (pour λ en W/K·m)
cal K^{-1} cm^{-1} s^{-1}	4,1868
kcal h^{-1} K^{-1} cm^{-1}	1,163
Btu $s^{-1} \cdot F^{-1} ft^{-2}$ in	516,2
Btu $h^{-1} \cdot F^{-1} ft^{-2}$ in	0,1442

5.3 VUE D'ENSEMBLE DES VALEURS DE CONDUCTIBILITÉ THERMIQUE

La figure 5.1 définit les valeurs et la dépendance en température de la conductibilité thermique de différents types de matériaux. Parmi les meilleurs conducteurs de la chaleur, nous trouvons les métaux purs et certains solides cristallins qui sont à la fois élastiquement rigides et légers (BeO, diamant ~2000 W/K·m à 20°C). Les alliages métalliques et les céramiques pures conduisent généralement un peu moins bien la chaleur. Les matériaux vitreux, les polymères et les céramiques multicomposants (ZrO_2 stabilisé) se situent à mi-chemin entre les bons conducteurs et les isolants thermiques. Parmi les meilleurs isolants, nous ne trouvons que des matériaux mousseux et poreux.

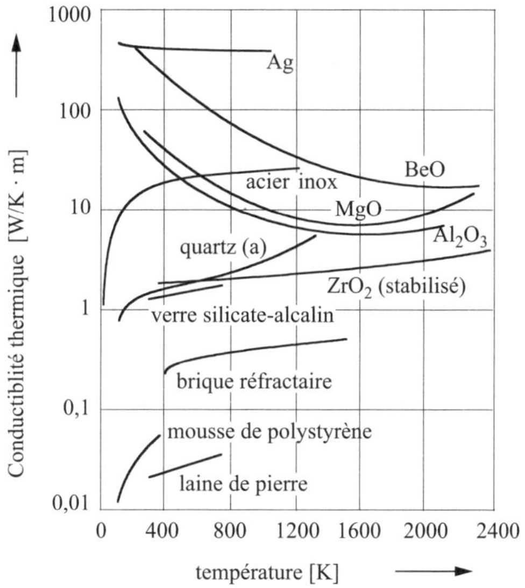

Fig. 5.1 Conductibilité thermique de différents matériaux en fonction de la température. Les métaux et les solides cristallins se situent dans la partie supérieure, et les matériaux amorphes et poreux dans la partie inférieure.

La gamme des valeurs de conductibilité thermique, c'est-à-dire la différence de conductibilité thermique entre le meilleur et le plus mauvais conducteur, est relativement petite. Sans tenir compte des matériaux poreux, λ ne varie que d'environ 4 ordres de grandeur, tandis que cette variation dépasse 20 ordres de grandeur pour la conductibilité électrique. Il n'existe en effet pas de vrais isolateurs thermiques. C'est une des raisons pour laquelle les mesures de la conductibilité thermique sont plus délicates que les mesures de la conductibilité électrique.

Selon la loi de Wiedemann-Franz, la conductibilité thermique d'un métal est liée à sa conductibilité électrique σ par la relation:

$$\frac{\lambda}{\sigma} = L \cdot T \qquad L = 2{,}45 \cdot 10^{-8} \qquad [\mathrm{V}^2/\mathrm{K}^2] \tag{5.5}$$

Cette loi nous montre que dans les métaux, le flux thermique, comme le courant électrique, est porté par les électrons libres. A température ambiante, la corrélation entre les conductibilités thermique et électrique suit assez bien cette loi. Mais à de plus basses températures, on observe des déviations. Une application de cette loi pour la détermination de λ ne peut donc fournir que des valeurs peu précises.

5.4 GÉNÉRALITÉS SUR LES MÉTHODES EXPÉRIMENTALES

Les méthodes de mesure expérimentale de la conductibilité thermique sont généralement classées selon les critères suivants:

- *Mesure en régime stationnaire ou instationnaire:* un profil de température et un flux thermique sont dits stationnaires lorsqu'ils n'évoluent pas au cours du temps.
- *Mesure absolue ou relative*: une méthode est dite relative lorsqu'on obtient la conductibilité thermique ou le coefficient de diffusion par comparaison avec un autre matériau dont on connaît les valeurs (matériau de référence).
- *Flux linéaire ou radial:* afin d'éviter une interprétation complexe des mesures, on impose en général un profil de température simple, qui provoque soit un flux linéaire (le long de l'axe d'une barre), soit un flux radial (dans un cylindre ou une sphère).

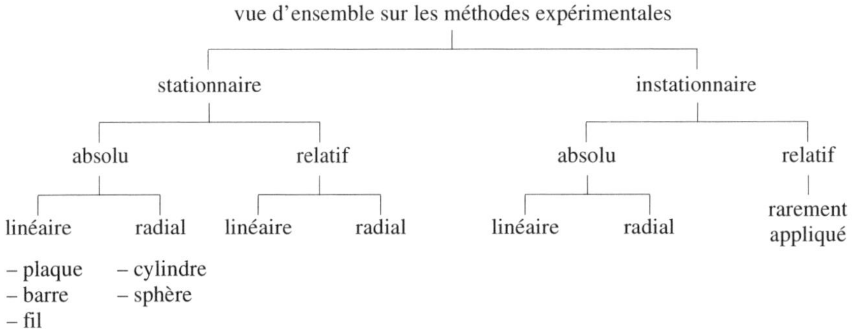

Fig. 5.2 Vue d'ensemble sur les méthodes expérimentales de mesure de la conductibilité thermique.

5.4.1 Méthodes de mesure sous conditions stationnaires

Les méthodes stationnaires se basent sur l'équation (5.1). On choisit de préférence une éprouvette de forme géométrique simple (plaque ou cylindre par exemple), à laquelle on impose un flux linéaire. L'utilisation d'un cylindre creux ou d'une sphère creuse en mode de conduction radial est aussi très intéressante. Pour toutes ces formes, les profils de température en régime stationnaire sont bien connus et sont exprimés par des fonctions simples. Les pertes de chaleur à travers les surfaces latérales (parallèles à la direction du flux principal) sont une source d'erreurs importante. Celles-ci doivent être estimées et maintenues en dessous d'un niveau tolérable. Il y a trois moyens pour y parvenir:

- augmenter la section orthogonale au flux par rapport à l'aire des surfaces latérales,
- entourer l'éprouvette par un anneau de garde dans lequel on impose le même gradient de température que dans l'éprouvette,
- perfectionner l'isolation thermique ou placer l'éprouvette sous vide.

La forme cylindrique présente, par rapport à la plaque, l'avantage d'un meilleur rapport section/surface latérale. Les pertes sont ainsi plus petites, surtout en mode radial. Quant à la sphère, elle offre des conditions presque idéales. Les pertes se limitent au trou d'accès à l'intérieur de la sphère.

Il va de soi que l'on doit attendre que le régime stationnaire soit atteint. Les grandeurs à mesurer ensuite sont le flux thermique et la différence de température entre les surfaces isothermes (entrée et sortie du flux). La distribution et donc le gradient de température sont alors uniquement fonctions de la forme et des dimensions géométriques de l'éprouvette.

Différents critères entrent en ligne de compte dans le choix de la méthode à appliquer dans un cas particulier:

- l'état de la substance à étudier (solide, liquide ou gaz),
- l'ordre de grandeur de la conductibilité thermique,
- le domaine de température,
- la précision demandée,
- l'usinabilité et la disponibilité du matériau.

Pour les bons conducteurs (métaux et alliages avec $\lambda > 10$ W/K·m), le choix est surtout dicté par la précision demandée et le domaine de température. A température ambiante et en dessous, les pertes dans l'air ou sous vide restent faibles par rapport au flux de chaleur utile. Des éprouvettes sous forme de barres ou de fils (flux linéaire) donnent des résultats satisfaisants. Pour des exigences de précision plus poussées, ainsi qu'à des températures plus élevées, les pertes latérales doivent être contrôlées. Une réduction importante de ces pertes peut être obtenue en augmentant la section par rapport à la longueur (ou épaisseur), ou en utilisant un dispositif de garde. Pour les mauvais conducteurs ($1 > \lambda > 0{,}01$ W/K·m), le manque de bons isolateurs thermiques se fait ressentir. On essaie de minimiser ce problème en choisissant des éprouvettes en forme de plaques minces. L'utilisation d'un cylindre creux ou d'une sphère creuse en mode de conduction radial peut également se révéler avantageuse.

Pour les liquides ($1 > \lambda > 0{,}1$ W/K·m) et les gaz ($\lambda \cong 0{,}02$ W/K·m) qui ont en général des faibles conductibilités, il s'agit d'éviter toute convection. Les mesures sont effectuées en plaçant le fluide entre deux plaques, ou, en mode radial, entre deux cylindres coaxiaux, de telle façon que l'espace entre eux soit minimal. Les forces motrices pour la convection restent minimales lorsque les deux plaques sont parfaitement horizontales et le flux dirigé vers le bas (plaque chaude en haut). De plus, les températures à la surface de chacune des deux plaques doivent être maintenues constantes, et le dispositif doit être tenu à l'abri des chocs et vibrations mécaniques.

5.4.2 Méthodes de mesure en régime instationnaire

Etant donné que ces méthodes se basent sur l'équation (5.3), elles permettent en principe de mesurer le coefficient de diffusion thermique. Pour calculer la conductibilité thermique (éq. (5.4)), on doit en plus connaître la chaleur spécifique et la masse volumique. Dans ces méthodes, on tente principalement de réduire au maximum la durée de l'essai. Ceci contribue en particulier à une réduction sensible des pertes thermiques, qui sont difficiles à maîtriser avec les méthodes en régime stationnaire. En revanche, les variations rapides de température rendent plus difficiles leur mesure et leur enregistrement. La taille et la chaleur spécifique des capteurs de température doivent rester petites, afin d'améliorer le temps de réponse et de réduire les perturbations amenées par le capteur sur le flux. Pour limiter l'effort expérimental et éviter un dépouillement trop complexe des mesures, ces méthodes doivent se baser sur des conditions initiales et aux limites simples. Souvent, on effectue un échauffement ou un refroidissement rapide d'une surface jusqu'à une température que l'on maintient constante par la suite. La précision de ces méthodes dynamiques reste néanmoins très inférieure à celle des méthodes statiques. La mesure ponctuelle et instantanée de la température et la réalisation exacte des conditions aux limites restent des facteurs difficiles à maîtriser. Lors d'une trempe dans l'eau chaude par exemple, la température de surface d'un bon conducteur thermique ne monte pas instantanément, le transfert de chaleur limitant le flux thermique. Par ailleurs, l'isolation électrique d'un thermocouple, nécessaire à l'intérieur d'un bloc métallique, retarde la montée en température du thermocouple.

5.4.3 Isolation thermique et sources de chaleur

Les sources de chaleur les plus pratiques sont les fours électriques. Ils permettent, sans étalonnage préalable, de mesurer par des moyens simples la quantité de chaleur dégagée. Dans la gamme des températures situées entre –50 et 100°C, les éléments Peltier peuvent aussi être d'une utilité appréciable. S'il s'agit de maintenir la température d'une grande surface à une valeur très précise, on préfère des liquides circulants. Leur température est régulée grâce à un thermostat, généralement placé à l'extérieur du dispositif de mesure et lié à celui-ci par des tuyaux. Pour garantir des conditions stables, il ne faut ni économiser sur le débit de circulation ni sous-dimensionner le volume du thermostat. Pour chauffer, on utilise entre autres l'eau, l'huile ou la glycérine; pour refroidir, on utilise de l'alcool ou de l'eau salée mélangés à de la neige carbonique, ainsi que de l'air ou des gaz liquéfiés.

L'isolation thermique de l'éprouvette et de certaines parties du dispositif de mesure nécessite une attention particulière. A basse température et jusqu'à 100°C, nous avons à disposition un grand nombre d'isolants thermiques naturels et synthétiques (ouate, écorce, élastomères alvéolaires, mousse de polystyrène, verre cellulaire). A des températures supérieures à 200°C, les matières organiques et les polymères doivent être remplacés par des matériaux minéraux et céramiques sous forme de fibres, de granulés ou de solide massif (laine de pierre et de quartz, amiante, porcelaine, brique réfractaire, alumine, MgO, ZrO_2). Une bonne isolation où ne restent que les pertes par rayonnement est obtenue en effectuant les essais sous vide. Des écrans au rayonnement espacés de quelques millimètres et montés en cascade permettent de maîtriser ces pertes. Les écrans au rayonnement sous forme de feuilles minces ou de couches évaporées (Al, Ag, Au) se montrent par ailleurs également efficaces à basse température, que ce soit sous vide ou dans l'air en combinaison avec une isolation thermique standard. Le tableau 5.2 montre les conductibilités thermiques λ et les coefficients de diffusion thermique D_{th} de quelques matériaux isolants courants. Les coefficients de diffusion permettent d'estimer le délai Δt pour atteindre le régime stationnaire dans une couche isolante d'épaisseur Δx par la règle approximative $\Delta t = \Delta x^2 / D_{th}$.

Tableau 5.2 Conductibilité thermique λ et coefficient de diffusion thermique D_{th} de quelques matériaux isolants courants.

Matériau	λ [W/K·m]	D_{th} [m²/s]
mousse de polystyrène (styropor)	0,035 ... 0,04	$5{,}3 \ldots 11{,}6 \cdot 10^{-7}$
coton (masse volumique = 0,1 g/cm³)	0,04 ... 0,08	$3{,}1 \ldots 6{,}2 \cdot 10^{-7}$
laine de verre	0,045 ... 0,06	$2{,}5 \ldots 5{,}6 \cdot 10^{-7}$
écorce (plaques)	0,045 ... 0,06	$0{,}9 \ldots 1{,}2 \cdot 10^{-7}$
pierre réfractaire (porosité 10 ... 30%)	0,8 ... 1,2	$4{,}8 \ldots 7{,}1 \cdot 10^{-7}$
porcelaine	1,0 ... 1,7	$5{,}4 \ldots 9{,}2 \cdot 10^{-7}$
alumine fritté	20 ... 35	$7{,}4 \ldots 12{,}3 \cdot 10^{-6}$

5.4.4 Mesure de la température et du flux thermique

En régime stationnaire, on peut mesurer le flux à l'aide d'une éprouvette dont on connaît la conductibilité thermique (méthodes relatives). Pour connaître ce flux, il suffit, selon l'équation (5.1), de mesurer la différence de température entre deux surfaces isothermes de référence, et les dimensions géométriques. L'éprouvette à laquelle on veut imposer ce flux pour mesurer sa conductibilité thermique est mise en contact thermique sur l'une des surfaces isothermes. Pour ne pas perturber le contact thermique, le capteur de température peut être placé en dessous de la surface de l'éprouvette de conductibilité connue. La température de l'interface s'obtient alors avec une bonne précision par extrapolation.

D'autre part, en utilisant un chauffage électrique et un dispositif adéquat capable d'absorber tout ou partie connue de la chaleur produite, on peut déterminer le flux en régime stationnaire par mesure de la puissance électrique dissipée ($P = UI$) lors du chauffage. Les méthodes calorimétriques, qui mesurent la quantité de chaleur par une mesure d'augmentation de température (par exemple d'un liquide de refroidissement), ne sont en général pas applicables pour les méthodes stationnaires, car celles-ci demandent des températures stables.

Les capteurs de température les plus pratiques sont les thermocouples. Ils sont en effet caractérisés par une résolution presque ponctuelle. Les filaments résistifs (par exemple Pt 100) permettent d'atteindre une précision supérieure à celle des thermocouples, mais leur partie sensible est beaucoup plus grande. Les capteurs résistifs à base de semiconducteurs (résistances NTC) peuvent être fabriqués aujourd'hui à des tailles miniaturisées. Ils fournissent des signaux nettement plus importants que les filaments résistifs métalliques, et de ce fait la sensibilité des mesures est accrue. La précision des NTC est comparable à celle des thermocouples. Lorsqu'on doit mesurer une différence de température (par exemple pour déterminer un gradient de température), les thermocouples différentiels permettent une lecture directe de cette différence. Par rapport à la différence numérique entre deux mesures absolues de la température, le thermocouple différentiel est plus précis, surtout lorsque la différence est petite. Avec un transformateur de séparation, un branchement différentiel de deux sondes résistives est aussi possible, mais plus complexe. En l'absence d'un gradient de température, ce système s'avère avantageux lorsque l'on veut directement compenser, à l'aide d'un potentiomètre, l'écart de mesure entre les deux capteurs.

Tableau 5.3 Propriétés des thermocouples les plus utilisés. Les sensibilités sont indicatives. Pour la précision, la valeur la plus élevée fait foi (c'est-à-dire l'écart maximal en °C à basse température et le % à température élevée.

Thermocouple +/–	Sensibilité [mV/K]	*T* max. [°C]	Précision +/–	Type	Atmosphère
fer/constantan	58	760	2,2°C 0,75%	J	ox/réd
chromel/alumel (Ni-Cr/Ni)	41	1260	2,2°C 0,75%	K	ox
nicrosil/nisil	39	1260	2,2°C 0,75%	N	ox
cuivre/constantan	50	370	1,0°C 0,75%	T	ox/réd
chromel/constantan	75	870	1,7°C 0,50%	E	ox
Pt-Rh 13%/Pt	11	1480	1,5°C 0,25%	R	ox/inerte
Pt-Rh 10%/Pt	10	1480	1,5°C 0,25%	S	ox/inerte
Pt-Rh 30%/Pt-Rh 6%	7	1700	0,5%	B	ox/inerte

Le tableau 5.3 indique les thermocouples couramment utilisés et donne les sensibilités approximatives, les températures maximales d'utilisation, et la précision des produits industriels. En dessous de 0°C, seul le couple cuivre/constantan donne encore des tensions thermoélectriques acceptables. Le nouveau couple nicrosil/nisil présente presque les mêmes caractéristiques thermoélectriques que le couple chromel/alumel; mais il présente l'avantage d'une meilleure résistance à l'oxydation.

5.5 DISPOSITIFS DE MESURE EN RÉGIME STATIONNAIRE

5.5.1 Dispositifs pour des mesures relatives, avec flux linéaire

Le principe de comparaison (fig. 5.3) est aussi élégant que simple. Entre une source de chaleur $+Q$ et un puits de chaleur $-Q$, se trouvent deux éprouvettes cylindriques de même section. L'une des éprouvettes est réalisée en un matériau dont on connaît exactement la conductibilité thermique $\lambda_{\text{réf}}$, et l'autre constitue l'éprouvette en matériau dont on désire mesurer la conductibilité λ. Si l'on fait abstraction des pertes latérales, les deux éprouvettes sont parcourues par exactement le même flux axial. Il suffit alors de mesurer les trois températures T_1, T_2 et T_3 aux interfaces entre source, puits et éprouvettes.

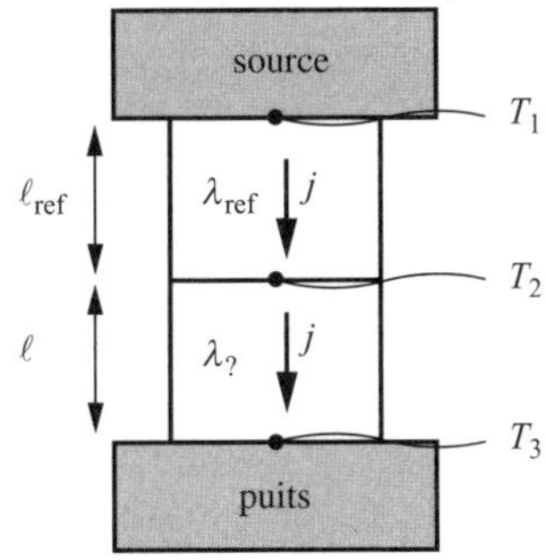

Fig. 5.3 Principe de la méthode de comparaison.

A l'aide de l'équation (5.1) on obtient, si ℓ_{ref} et ℓ sont les longueurs des éprouvettes:

$$\lambda = \lambda_{\text{ref}} \frac{(T_1 - T_2) \cdot \ell}{(T_2 - T_3)\ell_{\text{ref}}} \tag{5.6}$$

Source et puits de chaleur peuvent être obtenus au moyen de liquides circulant en circuit fermé et maintenus à température constante par un thermostat. Afin de limiter les fluctuations de température, la quantité et le débit du liquide doivent être proportionnés de façon adéquate. Les températures doivent en effet rester constantes pendant toute la durée de l'essai, y compris le délai pour atteindre le régime stationnaire. Des fours électriques régulés conviennent également. Lorsqu'on désire déterminer la conductibilité thermique en fonction de la température, le dispositif dessiné en figure 5.3 doit être placé dans une enceinte chauffée. Le rapport longueur/section des éprouvettes est choisi en fonction de leur conductibilité thermique. Pour les bons conducteurs, les pertes latérales dans le vide, dans l'air ou avec une isolation thermique, restent faibles par rapport au flux axial. Il convient alors d'augmenter la longueur, afin de faciliter la mesure des températures. Pour les matériaux isolants en revanche, il est préférable d'utiliser des géométries d'éprouvettes de type planaire. Le gradient de température dans les éprouvettes reste élevé en raison de leur mauvaise conductibilité. Souvent, l'épaisseur des sondes de température n'est alors plus négligeable par rapport à l'épaisseur de l'éprouvette. Dans le dispositif montré sur la figure 5.4, les plaques isolantes sont placées entre des plaques métalliques contenant les sondes de température. Les plaques métalliques aident à égaliser la température sur les surfaces des éprouvettes, mais engendrent une petite différence de température supplémentaire entre les surfaces. L'erreur due à cette différence doit être corrigée numériquement.

L'éprouvette de référence doit être caractérisée par une conductibilité thermique très voisine de celle qui est à mesurer, de façon à ce que les pertes soient à peu près les mêmes. Avec des longueurs d'éprouvettes à peu près identiques, les incertitudes de mesure des différences de température restent ainsi comparables. Une analyse de l'incertitude totale peut être menée de la manière suivante: considérons une

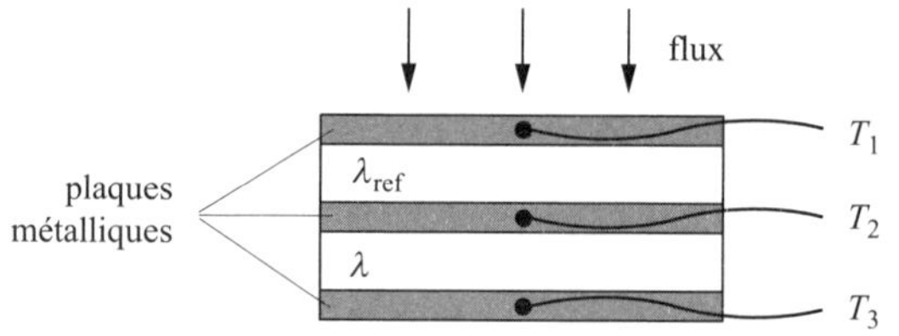

Fig. 5.4 Principe de la méthode de comparaison pour les matériaux mauvais conducteurs de chaleur.

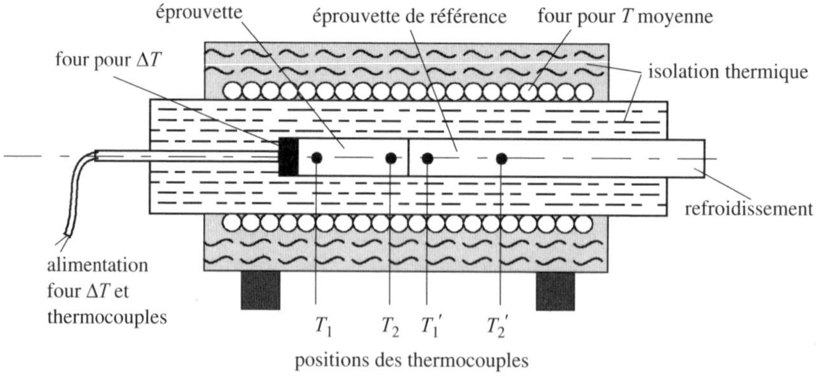

Fig. 5.5 Principe de la méthode de comparaison pour les matériaux bons conducteurs thermiques.

incertitude de 1 % sur $\lambda_{\text{réf}}$ (qui peut alors être considérée comme une valeur fiable); il convient de lui ajouter 1 % si les deux éprouvettes ne sont pas issues du même lot de production (la conductibilité thermique dépend de la pureté et de la microstructure du matériau !). Les deux mesures des différences de température contribuent en outre à environ 1 à 2 % d'incertitude. L'incertitude totale est donc supérieure ou égale à 3 ou 4 %. La figure 5.5 montre un dispositif expérimental de détermination de la conductibilité des métaux sous forme de barres. La taille de l'éprouvette est d'environ 1 à 2 cm en diamètre et de 4 à 6 cm en longueur.

5.5.2 Dispositifs pour des mesures absolues avec flux linéaire

Au lieu de mesurer le flux de chaleur à l'aide d'un matériau de référence, on le détermine ici par l'intermédiaire d'un débit de chaleur (puissance) fourni par un four. En utilisant un four électrique, la mesure de cette puissance est facilement effectuée, avec une incertitude qui reste négligeable par rapport à d'autres contributions (pertes, mesure de la température). Par rapport aux méthodes par comparaison, il devrait donc être possible de récupérer les 2 % d'incertitude sur la conductibilité thermique du matériau de référence. Avec une instrumentation de qualité et sous des conditions favorables, l'incertitude peut descendre à 0,5 %.

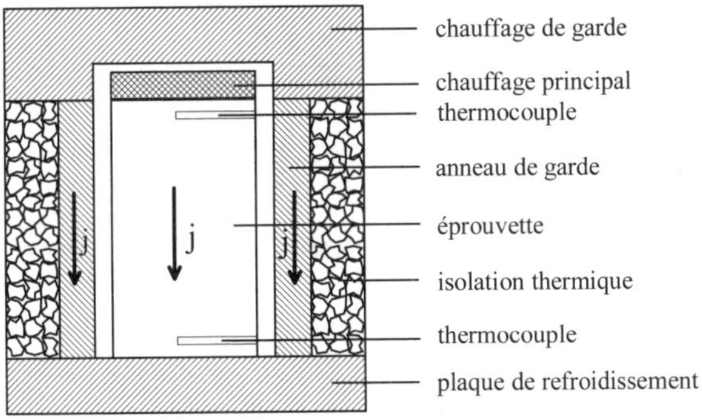

Fig. 5.6 Principe de base des méthodes absolues.

Bien que le principe de base soit simple et évident, l'effort pour sa mise en œuvre expérimentale est presque toujours complexe. L'instrumentation auxiliaire autour de l'éprouvette, nécessaire pour réaliser les conditions idéales (essentiellement la limitation du flux parasite sortant du four et la limitation des pertes latérales), devient souvent plus volumineuse que l'équipement de base.

Les solutions les plus élégantes pour faire face au flux parasite sont:

- arranger symétriquement les plaques à mesurer sur les deux cotés d'un four plat (fig. 5.6);
- entourer les faces du four principal qui ne sont pas en contact avec l'éprouvette d'un four de garde ou de surfaces auxiliaires chauffées à la même température que les faces du four principal (fig. 5.7);

- choisir une éprouvette cylindrique ou sphérique et disposer le four principal le long de l'axe du cylindre ou au centre de la sphère, de manière à obtenir un flux uniforme et radial (fig. 5.8).

La solution idéale, pour éviter les pertes latérales, consiste à entourer l'éprouvette d'un anneau de garde et à soumettre ce dernier au même gradient de température que l'éprouvette à l'aide d'un four auxiliaire (fig. 5.7 et 5.8). Ainsi, chaque

Fig. 5.7 Méthode absolue avec arrangement symétrique de deux éprouvettes identiques et anneau de garde.

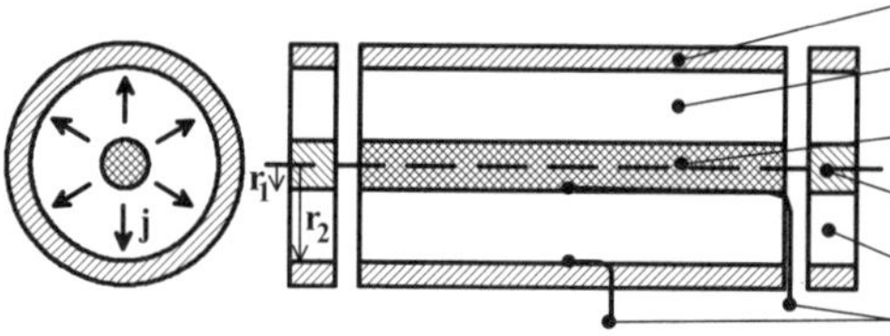

Fig. 5.8 Principe d'un dispositif de mesure cylindrique avec flux radial et anneau de garde cylindrique.

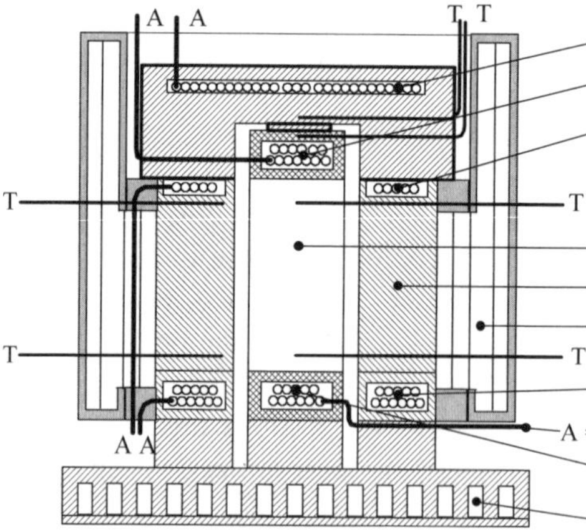

Fig. 5.9 Exemple de dispositif de mesure absolue de flux de chaleur avec anneau de garde. Plusieurs fours auxiliaires et points de mesure de température sont nécessaires pour garantir les conditions idéales autour de l'éprouvette.

élément de la surface latérale de l'éprouvette est situé en vis-à-vis d'un élément à la même température. Afin de minimiser l'échange par rayonnement, l'anneau doit être réalisé dans le même matériau que l'éprouvette, et l'espace entre l'éprouvette et l'anneau de garde doit rester petit. Pour la détermination de la conductibilité thermique, on ne tient évidemment compte que de la puissance du four à mesurer. Dans les dispositifs à éprouvette cylindrique et flux radial, l'anneau de garde prend une forme cylindrique. Pour une éprouvette sphérique, ce dispositif auxiliaire n'est pas nécessaire, les pertes se limitant au petit trou d'accès à l'intérieur de la sphère.

5.5.3 Méthode de Kohlrausch

Dans la méthode de Kohlrausch, l'éprouvette n'est pas seulement l'objet de l'étude, elle sert en même temps de four de chauffage. Un courant électrique produit par effet Joule une densité de puissance thermique $j_{\text{él}}E$ ($j_{\text{él}}$ = densité de courant électrique, E = champ électrique). Dans une barre de section constante, dont les extrémités sont maintenues à température constante et dont les pertes latérales restent négligeables, en régime stationnaire, un profil de température parabolique s'établit le long de la barre. Ce profil se calcule aisément avec l'équation de diffusion thermique en y ajoutant le terme dû à la production de chaleur par effet Joule:

$$\rho c \frac{\partial^2 T}{\partial t^2} = \lambda \frac{\partial T}{\partial x} + j_{\text{él}} E \qquad (5.7)$$

En régime stationnaire, $\partial^2 T / \partial t^2 = 0$, et avec les conditions aux limites $T(x = 0) = T(x = \ell) = T_0$, nous obtenons, en tenant compte de la loi d'Ohm, $j_{\text{él}} = \sigma E$, et en exprimant E par la différence de potentiel entre les extrémités, $E = U/\ell$:

$$T(x) = \frac{\sigma U^2}{2\lambda \ell^2} x(\ell - x) + T_0 \qquad (5.8)$$

Dans la méthode de Kohlrausch, on mesure les températures T_1 et T_3 aux extrémités x_1 et x_3, et T_2 au milieu x_2 de la barre ($x_2 = (x_1 + x_3)/2$) et on calcule $\theta = T_1 - (T_1 + T_3)/2$. En y substituant les valeurs calculées d'après la relation (5.8), nous obtenons un rapport λ/σ indépendant des dimensions géométriques de l'échantillon:

$$\frac{\lambda}{\sigma} = \frac{U^2}{8\theta} \qquad (5.9)$$

A première vue, ce résultat semble fort intéressant. Mais en pratique, on ne connaît que rarement avec une bonne précision la conductibilité électrique de l'éprouvette considérée (σ, comme λ, dépend de la microstructure, de la composition et de la pureté du matériau). Néanmoins, en mesurant le courant électrique J en plus de U, le dispositif permet de déterminer en même temps la conductibilité électrique. Ceci n'est cependant plus possible sans connaissance des dimensions géométriques de l'éprouvette (S = section, ℓ = longueur).

$$\sigma = \frac{\ell J}{SU} \tag{5.10}$$

Dans la pratique (fig. 5.10), il n'est pas nécessaire que les points de mesures soient situés aux extrémités de l'éprouvette. On peut les déplacer symétriquement vers le centre. Les formules (5.9) et (5.10) restent valables avec ℓ comme distance entre les points de mesure où se trouvent les sondes électriques et les thermocouples. Le courant servant à la fois au chauffage et pour les mesures de la conductibilité électrique peut être alternatif ou continu. Lorsqu'on utilise un courant continu, on doit prévoir un commutateur d'inversion de direction du courant, et utiliser la valeur moyenne des deux lectures de la tension électrique, mesurée pour les deux polarités du courant. Ainsi l'effet des tensions thermoélectriques parasites, susceptibles d'apparaître dans le circuit du voltmètre, s'annulent. Les pertes radiales restent minimales lorsqu'on utilise un conducteur de garde cylindrique dans lequel on reproduit, à l'aide d'un deuxième courant, le même profil de température que dans l'éprouvette.

La méthode s'applique surtout à température modérée (0 à 100°C) et sur des éprouvettes métalliques sous forme de barre ou fil de un à quelques millimètres de diamètre.

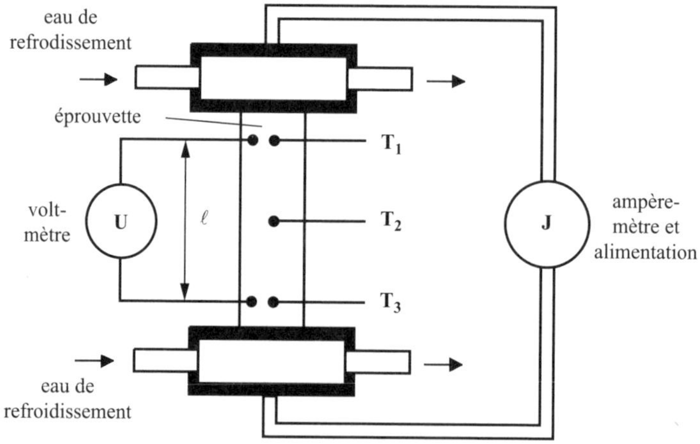

Fig. 5.10 Schéma de principe d'un appareil de Kohlrausch.

5.6 TECHNIQUES DE MESURE EN RÉGIME INSTATIONNAIRE

5.6.1 Echauffement ou refroidissement instantané de la surface

Avec cette technique, on mesure la variation temporelle de la température en un endroit précis à l'intérieur d'une éprouvette plongée dans un bain froid ou chaud.

La méthode s'applique surtout à des éprouvettes de grande ou moyenne taille en forme de cylindre, barre, sphère ou cube. L'analyse des courbes mesurées est en général assez fastidieuse. La condition initiale du problème de la diffusion thermique (saut de température à la surface) impose des solutions sous forme de séries infinies. Le coefficient de diffusion thermique apparaît dans chaque terme de la série, de telle sorte qu'on ne peut pas l'extraire pour obtenir une formule d'évaluation simple. Sa détermination passe donc le plus souvent par un calcul numérique d'ajustement des courbes.

5.6.2 Technique du film chauffant

Une feuille mince servant d'élément chauffant est collée entre deux éprouvettes identiques (arrangement symétrique, fig. 5.11), ou entre une éprouvette et un isolant thermique (arrangement asymétrique). Avant le début de l'essai, l'ensemble est maintenu à température homogène et constante. Au temps $t = 0$, la feuille mince se trouvant à $x = 0$ est chauffée avec une puissance constante. On commence alors à enregistrer la variation temporelle de la température de la feuille. Afin d'obtenir une solution pratique de l'équation de diffusion de la chaleur (5.3), il faut que la capacité calorifique de la feuille soit négligeable. La puissance P fournie impose alors entièrement le flux thermique $Q = P/S$ à la surface S de la feuille (ou $Q = P/2S$ pour l'arrangement symétrique). La condition initiale et les conditions aux limites à imposer à l'équation de diffusion thermique unidirectionnelle sont alors les suivantes (température mesurée par rapport à la température initiale):

$$T(x,0) = 0$$

$$\lambda \frac{\partial T(0,t)}{\partial x} = -Q \qquad \text{flux imposé} \tag{5.11}$$

$$\frac{\partial T(\ell,t)}{\partial x} = 0 \qquad \text{surface libre ou isolée à } \ell \to \infty$$

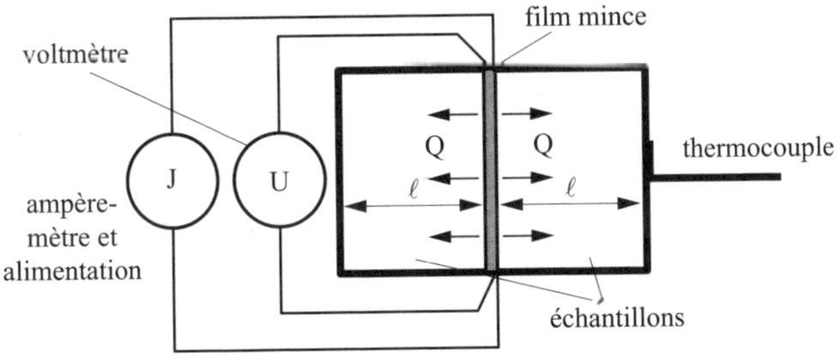

Fig. 5.11 Principe du film chauffant (arrangement symétrique).

En pratique, il suffit de choisir la longueur ℓ de manière à ce que la surface libre ne s'échauffe pas durant la mesure. Comme la solution $T(0, t)$ se présente sous forme d'un développement en série infinie, on utilise une approximation pour des temps courts :

$$T(0,t) = \frac{Q}{\sqrt{\pi\lambda\rho c}} \cdot \sqrt{t} \tag{5.12}$$

La conductibilité thermique λ s'obtient alors à partir de la pente d'un graphe de la température en fonction de $\sqrt{t}$. Une deuxième possibilité consiste à limiter la longueur de l'éprouvette et à continuer les mesures jusqu'à ce que la variation de la température du film augmente linéairement avec le temps. En effet, l'approximation du même problème pour des temps longs prédit :

$$T(0,t) = \frac{Q}{\rho c\ell} \cdot t + \frac{Q\ell}{3\lambda} \tag{5.13}$$

La conductibilité thermique, qui apparaît dans le terme constant, s'obtient par extrapolation de la courbe mesurée à $t = 0$. La pente de la même courbe représente le terme « calorimétrique », et permet de déterminer la chaleur spécifique c.

5.6.3 Méthode du fil chaud

Dans cette méthode, un fil métallique très fin, parcouru par un courant électrique, sert de source de chaleur cylindrique. L'éprouvette est arrangée autour du fil et doit être en bon contact thermique avec celui-ci sur toute sa longueur. De manière similaire à la méthode du film chauffant, on mesure l'évolution temporelle de la température du fil, pour en déduire la conductibilité thermique λ de l'éprouvette. La détermination de cette température, par l'intermédiaire d'une mesure de la résistivité électrique du fil, représente une solution très élégante, car ainsi le champ de température n'est pas perturbé par des fils thermoélectriques. La méthode s'applique surtout aux mauvais conducteurs de chaleur ($\lambda < 3$ W/K·m). En particulier, elle est fréquemment utilisée pour l'étude des poudres, liquides et gaz (fig. 5.12). On peut en effet aisément les introduire autour du fil mince, de façon à obtenir un bon contact thermique. Différents modes d'échauffement sont possibles : impulsion unique de courte durée, excitation sinusoïdale, ou application d'une marche de potentiel à $t = 0$.

L'analyse mathématique de la diffusion thermique se fait en coordonnées cylindriques :

$$\frac{\partial T}{\partial t} = D\left(\frac{\partial^2 T}{\partial r^2} + \frac{1}{r}\frac{\partial T}{\partial r}\right) \tag{5.14}$$

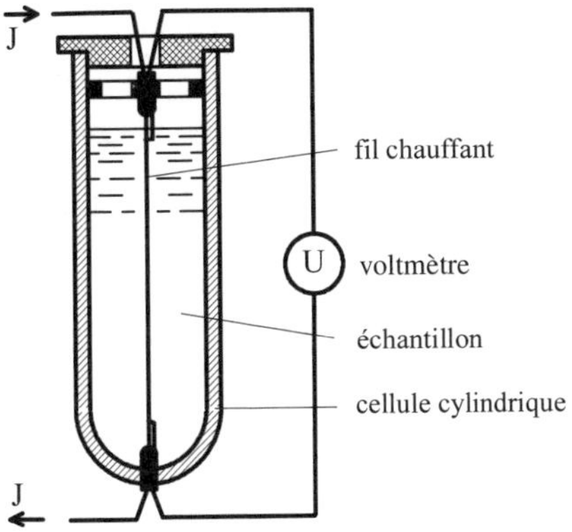

Fig. 5.12 Cellule de mesure pour poudres, liquides et gaz avec fil chauffant.

Nous ne donnons ici que les résultats pour le cas d'un échauffement à puissance constante qui commence à $t = 0$. En négligeant la capacité calorifique du fil mince, on impose un flux thermique Q constant par unité de longueur. Avant l'essai, l'éprouvette est en équilibre thermique à température constante. Avec la température $T(r, t)$ mesurée par rapport à cette température constante, la condition initiale et les conditions aux limites sont:

$$T(r,0) = 0$$

$$r\frac{\partial T(r,t)}{\partial r} = \frac{-Q}{2\pi\lambda} \qquad \text{lorsque } r \to 0 \tag{5.15}$$

$$T(r,t) = 0 \qquad \text{lorsque } r \to \infty$$

La solution de l'équation de diffusion thermique avec les conditions précédentes s'obtient directement en admettant que la température ne dépend que de la variable composée $\xi = r^2/4Dt$. Cette simplification s'applique souvent à des éprouvettes infinies, avec une condition initiale et des conditions aux limites simples:

$$T(r,t) = \frac{Q}{4\pi\lambda}\int_{\xi}^{\infty}\frac{e^{-\xi}}{\xi}d\xi = \frac{Q}{4\pi\lambda}\left(-C - \ln(\xi) + \xi - \frac{\xi^2}{2\cdot 2!} + \frac{\xi^3}{3\cdot 3!} - \ldots\right) \tag{5.16}$$

L'intégrale qui apparaît dans cette expression représente, au signe près, l'exponentielle intégrale $-Ei(-\xi)$ et peut être développée en série. La constante C est la constante d'Euler (C = 0,57721...). La convergence de cette série est d'autant plus grande que ξ est petit. Lorsque ξ tend vers zéro, $|\ln(\xi)| >> \xi$, et il suffit de retenir les deux premiers termes. Pratiquement, il faut alors attendre des temps suffisamment longs et mesurer la température $T(r, t)$ à la surface du fil. Pour les conditions dans lesquelles on applique la méthode du fil chaud, la variation radiale de la température du fil reste toujours négligeable, et on peut considérer la température moyenne T_f du fil égale à:

$$T_f(t) = \frac{Q}{4\pi\lambda} \ln(t) + k \tag{5.17}$$

La conductibilité thermique est donc définie à partir de la pente du diagramme T_f en fonction de $\ln(t)$, ou encore, plus directement, en prenant deux lectures $T(t_1)$ et $T(t_2)$ à t_1 et t_2:

$$\lambda = \frac{Q}{4\pi} \cdot \frac{\ln\left(\frac{t_1}{t_2}\right)}{T(t_2) - T(t_1)} \tag{5.18}$$

Pour appliquer cette méthode, la quantité de chaleur Q fournie par unité de longueur du fil doit être connue. Mais elle est facilement déterminée par des grandeurs électriques. Pour autant que les conditions aux limites soient respectées, les dimensions géométriques n'apparaissent pas dans cette formule. Il est en fait peu important que la surface extérieure soit cylindrique. Il suffit d'arrêter l'expérience au moment où celle-ci commence à s'échauffer. Néanmoins, le diamètre de l'éprouvette ne doit pas être choisi trop petit. En fait, la formule approximative donnée ci-dessus suppose explicitement que le fil est mince et que le contact thermique est parfait. Dans la pratique on utilise, selon la taille de l'échantillon, des fils d'environ 10 à 300 µm de diamètre. Lorsque le contact est mauvais, le champ de température est perturbé dans une zone cylindrique avoisinant le fil. Les premières mesures de la température ne peuvent donc pas être fiables. Il vaut mieux attendre que le front de l'onde de chaleur ait bien traversé cette région. D'autre part, la température en fonction du temps commence à dévier du comportement logarithmique dès que la surface extérieure s'échauffe. Comme l'éprouvette n'est jamais infiniment grande, l'intervalle de temps durant lequel la diminution de température est vraiment logarithmique est à limiter pour une interprétation fiable.

5.6.4 Méthode du fil parallèle

Pour des échantillons de taille moyenne, la technique du fil chaud n'est plus fiable lorsque la conductibilité thermique du matériau à tester est supérieure à environ 3 W/K·m. La méthode du fil parallèle permet de repousser cette limite à des conductibilités thermiques 10 fois plus élevées. Le dispositif, ainsi que la condition initiale et les conditions aux limites, restent essentiellement les mêmes. Mais au lieu de mesurer la température du fil chauffant, on enregistre la température à l'aide d'un deuxième fil (thermocouple ou fil résistif) placé parallèlement au fil central et à distance connue (fig. 5.13). L'arrangement le long d'une isotherme, donc parallèlement au fil chauffant, s'impose, pour minimiser les perturbations du champ de température.

L'approximation pour les petits rayons n'est plus applicable et l'évaluation doit se baser sur l'exponentielle intégrale. Avec $\xi = r_0^2/4Dt$ où r_0 est la position radiale du fil de mesure de température, on peut exprimer le rapport des températures $T(t)$ et $T(nt)$, mesurées à t et nt, par une nouvelle fonction $F_n(\xi)$:

$$\frac{T(nt)}{T(t)} = \frac{Ei\left(-\frac{\xi}{n}\right)}{Ei(-\xi)} = F_n(\xi) \tag{5.19}$$

En choisissant un n fixe (par ex. $n = 2$ ou 3), il suffit de calculer $F_n(\xi)$ une seule fois. La valeur ξ qui détermine le rapport des températures $T(nt)/T(t)$ contient le coefficient de diffusion thermique cherché. Il est évident que les temps t et nt doivent se situer dans l'intervalle de temps où la solution de l'équation de la chaleur indiquée est en accord avec les conditions expérimentales. Afin de s'assurer que l'on n'utilise que des mesures valables, il convient d'utiliser régulièrement une méthode d'ajustement numérique de la courbe $F_n(\xi(D, t))$ aux données expérimentales.

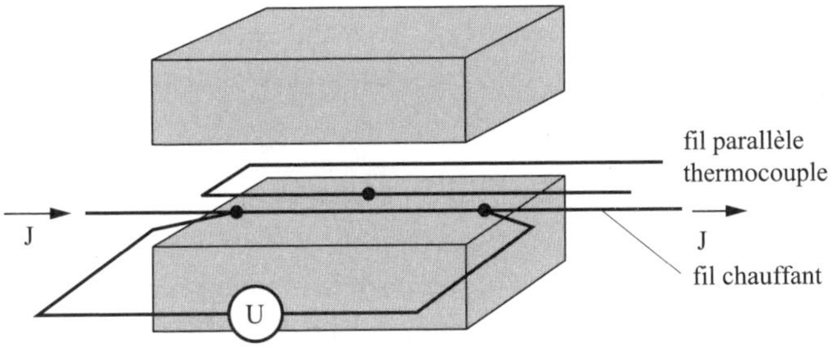

Fig. 5.13 Méthode du fil parallèle utilisée pour la détermination de la conductibilité thermique des briques réfractaires. Les fils sont logés dans deux rainures.

5.6.5 Chauffage périodique

Cette technique consiste à faire varier la température de l'extrémité (à $x = 0$) d'une barre «infiniment» longue selon une fonction $T(0, t)$ périodique, et à mesurer la température en fonction du temps à un endroit $x = x_0$ à l'intérieur de l'éprouvette. Vu que la période τ est toujours assez longue (de l'ordre de 1000 s), le chauffage pulsé, alternant entre une température fixe et la température initiale, est le plus facile à réaliser. On utilise aussi souvent une variation de température sinusoïdale. En pratique, la longueur L de l'éprouvette doit être dimensionnée de telle sorte qu'elle dépasse de plusieurs fois l'équivalent de la profondeur de pénétration durant une période τ, soit $L >> \sqrt{2D\tau}$. Ainsi la condition à la limite en $x = L$ peut être remplacée par $T(L \to \infty, t) = 0$.

Pour la discussion de l'équation de diffusion de la chaleur, il est pratique d'écrire la température imposée $T(0, t)$ sous forme de série de Fourier:

$$T(0,t) = \sum_{n=-\infty}^{\infty} C_n \exp(i\omega_n t)$$

avec

$$\omega_n = \frac{2\pi i n}{\tau} \tag{5.20}$$

et

$$C_n = |C_n| \exp(i\varphi n)$$

La solution de l'équation de la chaleur s'obtient alors par la technique de séparation des variables (en multipliant chaque terme de la série par une fonction $u_n(x)$):

$$T(x,t) = C_0 + 2\sum_{n=1}^{\infty} |C_n| e^{-\sqrt{\frac{z_n}{2D}}x} \cos(z_n t - \sqrt{\frac{z_n}{2D}}x + \omega_n) \tag{5.21}$$

En utilisant la série de Fourier ou une fonction strictement périodique, on admet implicitement que l'essai a commencé à $t = -\infty$. Cette solution ne tient donc pas compte des variations antérieures qui se manifestent lors des premiers cycles. Pour une variation sinusoïdale $T = T_0 \sin(\omega t)$, nous obtenons en particulier:

$$T(x,t) = T_0 \cdot \exp\left(-\sqrt{\frac{\omega}{2D}} \cdot x\right) \cdot \sin\left(\omega t - \sqrt{\frac{\omega}{2D}} \cdot x\right) \tag{5.22}$$

Ceci représente une onde qui se propage avec une vitesse $V = \sqrt{2D\omega}$, et de longueur d'onde $\lambda = 2\pi\sqrt{2D/\omega}$. L'amplitude de cette onde décroît de $1/e$ sur une distance $\Lambda = \sqrt{2D/\omega}$. Avec $D = 10^{-5}$ m^2/s et $\nu = 1$ Hz ($\omega = 2\pi\nu$), nous obtenons $\Lambda = 1{,}7$ mm et $\lambda = 11$ mm. Il est évident que la résolution spatiale des mesures de température (par exemple le diamètre du thermocouple) doit être nettement inférieure à la distance le long de laquelle la température change fortement. Dans notre cas, nous pouvons identifier cette distance avec Λ. L'exemple montre par conséquent que la fréquence d'un Hz est trop élevée. Les fréquences utilisables sont dans la gamme des mHz ($\Lambda \cong 4$ cm), ou même en dessous pour les isolants thermiques. La longueur totale de l'éprouvette, qui doit mesurer plusieurs fois la profondeur de pénétration Λ, devient donc relativement grande.

De l'équation (5.22), on déduit facilement qu'avec une excitation sinusoïdale, le déphasage entre les oscillations thermiques à x_1 et à x_2:

$$\varphi = \sqrt{(\omega/2D)} \cdot (x_2 - x_1) \tag{5.23}$$

permet de déterminer D directement:

$$D = \frac{\omega(x_2 - x_1)^2}{2\varphi^2} \tag{5.24}$$

Les amplitudes A_1 et A_2 de la température $A = (T_{max} - T_{min})/2$, mesurées aux mêmes endroits x_1 et x_2, fournissent une deuxième valeur pour D, indépendante de la première:

$$D = \frac{\omega(x_2 - x_1)^2}{2(\ln A_1 - \ln A_2)^2} \tag{5.25}$$

5.6.6 Méthode de l'impulsion thermique (ou méthode flash)

Les méthodes de mesure de la conductibilité thermique et du coefficient de diffusion thermique discutées dans les paragraphes précédents présentent l'inconvénient d'être lentes. Et dans de nombreux cas, les échantillons doivent avoir des dimensions importantes. Les méthodes en régime instationnaire permettent certes des temps de mesure relativement brefs, mais elles ne sont pas réellement avantageuses lorsqu'on aimerait répéter une mesure ou effectuer une mesure à une autre température moyenne. Or les conditions initiales demandent toujours une température homogène et constante. En ce qui concerne la taille de l'éprouvette, on constate que les matériaux ne sont souvent pas disponibles sous forme de blocs volumineux (par exemple les couches minces, les films en polymères, les métaux amorphes, les petits monocristaux) et ne permettent donc pas l'usinage de l'éprouvette voulue. La méthode flash proposée par Parker *et al.* en 1961 et développée ces dernières décennies repousse considérablement ces limitations. Elle est devenue aujourd'hui une des principales méthodes de mesure de la diffusivité thermique des solides.

Dans la méthode *flash*, l'échantillon sous forme de plaque mince est irradié par une brève impulsion thermique (une à quelques millisecondes) produite par une source lumineuse (laser ou tube à décharge). Les variations de température de la face illuminée ou de la face arrière sont enregistrées en fonction du temps (fig. 5.14).

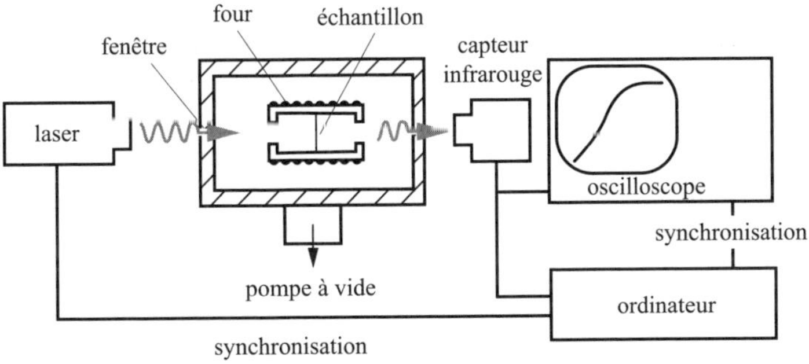

Fig. 5.14 Dispositif expérimental pour la détermination du coefficient de diffusion thermique par la méthode des impulsions thermiques («méthode flash»).

Si l'impulsion est instantanée et uniformément répartie, une couche superficielle infiniment mince (épaisseur $\Delta x \to 0$) s'échauffe à:

$$T_0 = \frac{Q}{\rho c \Delta x} \tag{5.26}$$

où Q est l'énergie thermique fournie par unité de surface. Au-delà de la profondeur Δx, la température initiale $T(x, 0)$ reste inchangée. Ceci n'est évidemment réalisable qu'avec des échantillons opaques. Dans le cas idéal, on suppose que les pertes thermiques à travers les deux surfaces (à $x = 0$ et $x = d$) de l'échantillon restent négligeables:

$$\frac{\partial T(0,t)}{\partial x} = 0 \quad \text{et} \quad \frac{\partial T(d,t)}{\partial x} = 0 \tag{5.27}$$

La solution de l'équation de la chaleur unidirectionnelle, que l'on obtient par la technique de séparation des variables, est donnée pour la face irradiée avec a_n = 1 et pour la face arrière avec $a_n = (-1)^n$ par:

$$T(t) = \frac{Q}{\rho c d}\left(1 + 2\sum_{n=1}^{\infty} a_n \exp(-\frac{n^2 \pi^2 D t}{d^2})\right) \tag{5.28}$$

Le facteur devant la parenthèse correspond à la température maximale T_m de la face arrière. Si l'on connaît Q, on peut utiliser cette formule pour déterminer la capacité calorifique c. La température de la face illuminée augmente, selon ce modèle, jusqu'à l'infini.

Pour déterminer le coefficient de diffusion thermique, il suffit de mesurer le temps $t_{1/2}$ qui est le temps nécessaire pour que la température de la face arrière monte à $T_m/2$. D devient alors:

$$D = \frac{1{,}38 d^2}{\pi^2 t_{1/2}} \tag{5.29}$$

Comme le montre cette expression, il n'est pas nécessaire de connaître l'énergie thermique Q absorbée par la surface pour obtenir D. Ceci est un avantage certain de cette technique. L'évaluation de la courbe mesurée sur la surface irradiée est numériquement plus compliquée. Pour les temps courts et avant que le front de chaleur n'atteigne la surface arrière, $T(0, t)$ diminue proportionnellement à l'inverse de la racine carrée du temps:

$$T(0,t) = \frac{T_m d}{\sqrt{\pi D t}} \tag{5.30}$$

Vers la fin de l'expérience, la température de la face irradiée se stabilise à T_m. Ceci représente aussi la température limite qui s'établit uniformément dans l'échantillon à la fin de la mesure. A condition de pouvoir complètement négliger les pertes, elle doit correspondre à l'augmentation de température due à l'énergie absorbée au début de l'essai.

Bien que la formule (5.29) soit simple, son emploi nécessite la connaissance presque complète de la courbe $T(t)$. Afin de profiter de toutes les valeurs mesurées et de réduire l'erreur statistique, l'application d'une méthode d'ajustement de la courbe théorique aux valeurs expérimentales se justifie entièrement.

Réalisation pratique

Une installation de mesure par la méthode flash (fig. 5.14) se compose tout d'abord d'une source d'excitation permettant de réaliser des impulsions thermiques d'une durée qui ne dépasse pas quelques millisecondes. L'utilisation d'un laser permet d'obtenir des durées d'impulsion inférieures à la milliseconde, tandis que pour les lampes à décharge, cette durée est de l'ordre de 10 ms. En revanche, la réalisation d'une répartition homogène de l'irradiation est plus difficile avec un laser qu'avec une lampe à décharge. Afin de pouvoir réaliser des mesures à différentes températures, l'éprouvette est placée dans un four de chauffage ou un système cryogénique. Pour éviter des pertes importantes, qui, au vu de la petite taille de l'éprouvette, seraient catastrophiques, les mesures doivent être effectuées dans un bon vide primaire. Comme capteurs pour la mesure des variations de température, on utilise des thermocouples, ou mieux encore, des détecteurs de rayonnement infrarouge. Les différents capteurs photoconducteurs ou photovoltaïques présentent l'avantage d'un temps de réponse très court, tout en n'ayant pas besoin d'être en contact direct avec l'échantillon. En raison de leur sensibilité au pouvoir émissif de la surface, les capteurs photoélectriques ne disposent pas d'une très grande précision absolue. Mais si l'on ne souhaite pas déterminer la capacité calorifique par l'intermédiaire de T_m, il suffit de connaître les courbes relatives (T/T_m). Leur mesure ne demande que des thermomètres ayant une bonne linéarité. Lorsqu'on ne dispose pas de ces outils hautement sensibles, on doit recourir aux thermocouples. Afin d'éviter les pertes à l'endroit même de la mesure, les couples doivent être réalisés en fils de petit diamètre. Ceci s'impose également pour réduire au minimum le temps de réponse qui pourrait par ailleurs fausser les résultats.

5.7 RÉSUMÉ

Nous avons présenté dans ce chapitre les principales méthodes expérimentales utilisées pour mesurer les propriétés de conductibilité thermique des matériaux, en régime stationnaire d'une part, en régime instationnaire d'autre part. Notre premier objectif était d'exposer les fondements théoriques de ces méthodes et les diverses techniques de mise en œuvre. Le second objectif était de mettre en évidence les moyens expérimentaux à mettre en œuvre, les méthodes de dépouillement utilisées et les méthodes d'exploitation des résultats. Ces éléments doivent permettre de choisir la méthode appropriée au problème de caractérisation qui se pose à l'ingénieur ou au chercheur.

5.8 BIBLIOGRAPHIE

[5.1] D. BALAGEAS, Mesure de la diffusivité thermique par la méthode Flash, Techniques de l'Ingénieur, R2 955, 1996.

[5.2] K.-H. BODE, *Int. J. of Heat Mass Transfer* ***23**, 961*, 1980.

[5.3] W. FRITZ, K.-H. BODE, *Chem. Ing. Tech.* ***37**, 1118,* 1965.

[5.4] J. HLADIK, *Métrologie des propriétés thermophysiques des matériaux*, Masson, Paris, 1990.

[5.5] V.E. KOHLRAUSCH, *Praktische Physik* , B.G. Teubner Verlag, Stuttgart, 1985.

[5.6] K. MAGLIC, A. CEZAIRLYAN et V.E. PELETSKY, (Eds) *Compendium of Thermophysical Measurement Methods*:
Vol. 1 *Survey of measurement techniques*, Plenum Press, New York, 1984.
Vol. 2 *Recommended measurement techniques and practices*, Plenum Press, New York, 1992.

[5.7] F. MILLET, *La mesure des températures, de l'ambiante à 2500 K*, Pyc Edition, Paris, 1984.

CHAPITRE 6

CARACTÉRISATION DES MATÉRIAUX EN TRACTION MONOTONE

6.1 OBJECTIFS

Ce chapitre se propose de définir les objectifs de l'essai de traction monotone sur éprouvettes cylindriques lisses, puis de décrire successivement:

- les dispositifs expérimentaux utilisés,
- les procédures expérimentales à mettre en œuvre,
- les différentes exploitations des résultats d'un essai de traction monotone, en termes de caractéristiques normalisées d'une part, de lois de comportement d'autre part.

Seront mentionnés également les essais de traction sur éprouvettes entaillées, utilisés pour caractériser par exemple l'emboutissabilité d'une tôle ou la résistance à la rupture ductile d'un produit sidérurgique.

6.2 ESSAI DE TRACTION MONOTONE

Seul l'essai de traction monotone sur éprouvette cylindrique est traité ici.

L'***essai de traction monotone*** (dit encore ***essai de traction simple*** ou ***essai de traction uniaxiale***) est l'essai le plus communément pratiqué, parce que le plus simple, pour déterminer les caractéristiques mécaniques élastiques, plastiques et de ductilité des matériaux, dans le domaine des vitesses de déformation de 10^{-5} à 10^{-2} s^{-1}. Au-delà de 10^{-2} s^{-1}, les essais sont dits *à haute vitesse de déformation*, ou *dynamiques*. Les essais spécifiques aux moyennes et hautes vitesses de déformation font l'objet du chapitre 10 du présent volume. Aux vitesses en deçà de 10^{-5} s^{-1}, les phénomènes de fluage et de relaxation (phénomènes activés thermiquement) prennent une grande importance dans le processus de déformation. Ces phénomènes, spécifiques aux faibles vitesses de déformation et aux hautes températures, font l'objet du chapitre 11 du présent volume.

Les résultats des essais de traction monotone sont utilisés pour la sélection, la spécification, le contrôle-qualité des matériaux, aussi bien que pour la caractérisation de nouveaux matériaux ou de nouveaux processus d'élaboration et la comparaison entre différents matériaux.

Les caractéristiques mécaniques tirées d'un essai de traction, telles qu'elles apparaissent en particulier dans les catalogues de fournisseurs, doivent être mesurées suivant des procédures normalisées. Les essais de traction sont donc définis par des normes (AFNOR, ASTM, DIN, EURO, ISO...). Par exemple, l'essai de traction sur produit sidérurgique est défini par la norme européenne EN 10002-1 «Essai de traction».

L'essai de traction consiste à soumettre une éprouvette cylindrique à une charge uni-axiale longitudinale jusqu'à la rupture, et à enregistrer simultanément durant l'essai la charge et l'allongement de l'éprouvette. Un tel enregistrement permet d'obtenir des grandeurs caractéristiques de la résistance mécanique du matériau (propriétés élastiques, plastiques et de ductilité); mais il permet aussi d'accéder à sa loi de comportement contrainte-déformation, utilisable ultérieurement dans un calcul de structure.

6.3 DISPOSITIFS D'ESSAI

6.3.1 Eprouvettes

L'essai de traction est pratiqué sur des éprouvettes cylindriques dont la géométrie est fonction de la forme et des dimensions du produit d'origine. La géométrie et les dimensions de la partie utile sont définies par la norme. En revanche, la forme et les dimensions des têtes d'amarrage ne sont pas imposées; elles doivent s'adapter aux lignes d'amarrage des machines d'essais utilisées. Des congés de raccordement sont néanmoins nécessaires entre la partie utile et les têtes, de manière à éviter les trop fortes concentrations de contrainte susceptibles de provoquer la rupture dans ces zones. La figure 6.1 définit deux formes d'éprouvette de traction monotone.

La section de la partie utile doit être constante; elle peut être circulaire, carrée, rectangulaire... selon la forme initiale du produit. La forme circulaire est néanmoins la plus adéquate. Les dimensions de la section utile doivent être suffisamment grandes relativement aux dimensions de la microstructure (taille de grain en particulier) et aux tailles des défauts éventuels, volumiques (soufflures, retassures, porosité...) ou surfaciques (raies d'usinage par exemple), afin de réduire au maximum la dispersion des résultats des essais. L'éprouvette doit être saine, c'est-à-dire de microstructure représentative de celle du matériau à caractériser, et avec un bon état de surface pour éviter les amorces de rupture; il est d'autant plus nécessaire de respecter ces recommandations que l'éprouvette est de plus faibles dimensions.

La longueur L_c de la partie calibrée cylindrique de l'éprouvette doit être supérieure à la longueur de référence L_0 sur laquelle sont mesurés les allongements, de façon à ce que la répartition des contraintes soit uniforme dans la partie utile, c'est-à-dire non perturbée par les têtes d'amarrage. Si l'éprouvette a une section circulaire, L_0 doit être égale à 5 fois le diamètre d; si l'éprouvette a une section non circulaire d'aire S_0, L_0 doit être égale à $5{,}65\sqrt{S_0}$. La longueur calibrée recommandée est $L_c = L_0 + 2d$, où d est défini comme $\sqrt{S_0}$ pour une éprouvette de

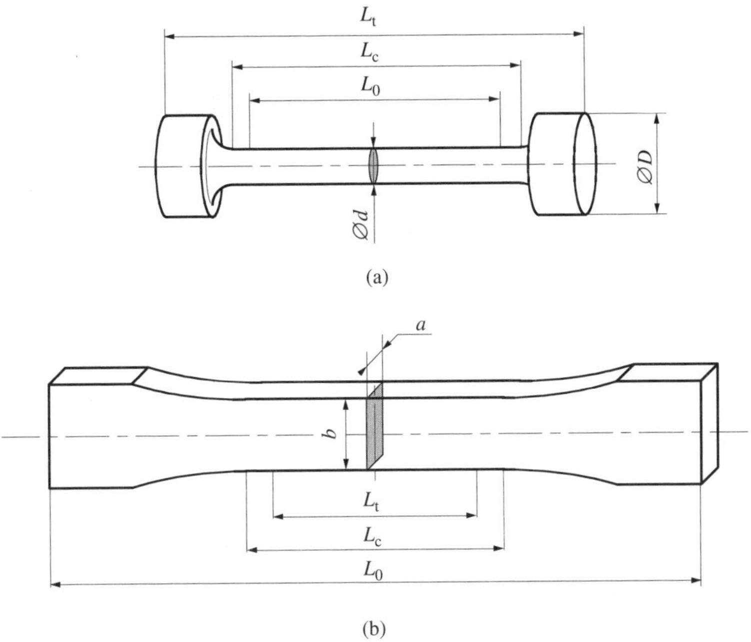

Fig. 6.1 Géométries d'éprouvettes de traction monotone : (a) éprouvette cylindrique de révolution ; (b) éprouvette plate à section rectangulaire.

section non circulaire. Ces dimensions doivent respecter les tolérances imposées par la norme sur les dimensions et les formes. La longueur L_0 de référence peut être repérée par un léger marquage initial de l'éprouvette.

6.3.2 Machines d'essais

Les machines d'essai utilisées pour les essais de traction monotone doivent permettre l'application d'une charge uniaxiale dans l'axe de l'éprouvette (traction pure), et l'enregistrement en continu de la charge appliquée et de l'allongement de l'éprouvette.

Les machines d'essai de traction sont soit des machines électrohydrauliques, soit des machines électromécaniques. Ces machines ne sont pas fondamentalement différentes, le mode de chargement excepté, hydraulique dans le premier cas, mécanique dans le second. La plupart des machines sont aujourd'hui asservies, suite à leur développement pour la pratique des essais de fatigue.

Machines électrohydrauliques asservies

Ces machines (fig. 6.2) comportent en général une traverse fixe liée au bâti, un vérin hydraulique dont le corps est fixé à cette traverse, et une traverse mobile guidée en translation par deux colonnes cylindriques liées au bâti (quatre colonnes

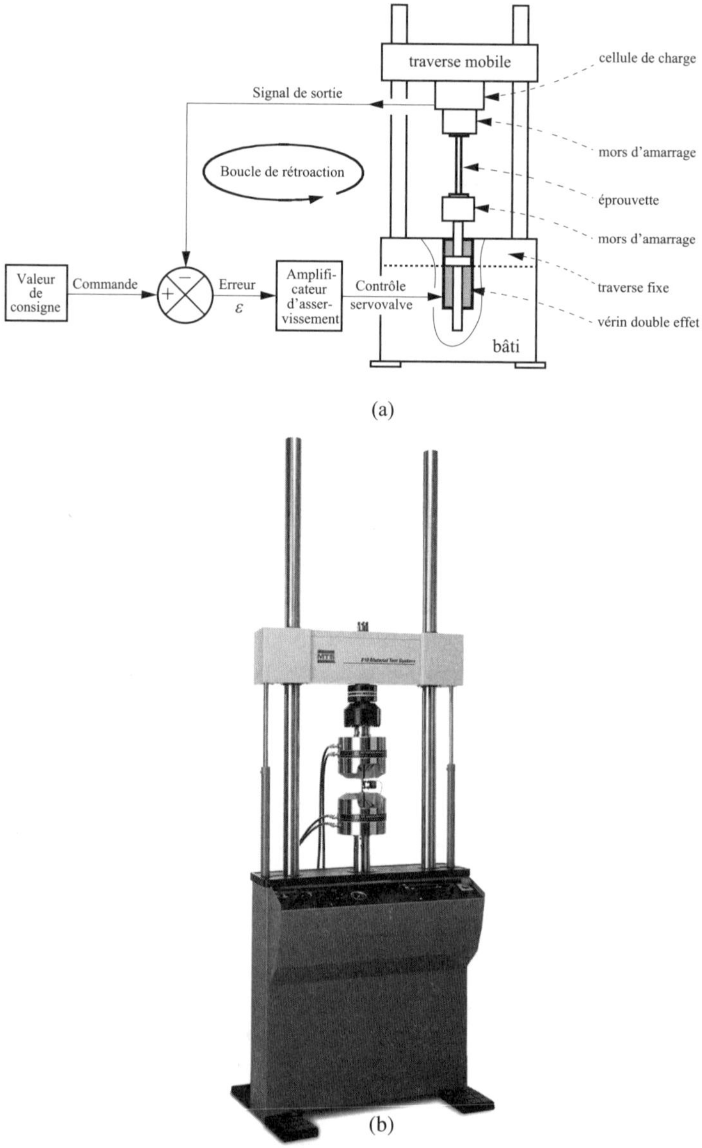

Fig. 6.2 Machine d'essai électrohydraulique asservie de traction-compression uniaxiale : (a) schéma de principe ; (b) photo (avec l'aimable autorisation de MTS Systems).

pour les machines de forte capacité). Sur ces machines, la mobilité de la traverse ne sert qu'à adapter l'espace utile à la géométrie du système ligne d'amarrage-éprouvette ; la traverse reste fixe durant l'essai. Le vérin est à double effet, permettant d'effectuer des essais de traction, de compression ou de fatigue (en traction-compression éventuellement). La servovalve doit être adaptée au type d'essai (simple-, double-effet, de débit fonction des vitesses visées).

Une cellule à jauges de déformation étalonnée en charge est fixée à la traverse mobile ou au vérin, dans l'axe de chargement. Un capteur de déplacement, le plus souvent de type inductif (dit ***LVDT*** pour *Linear Voltage Differential Transducer*), permet de mesurer le déplacement du vérin. Notons que la précision de cette mesure est faible, le capteur LVDT étant adapté à la course totale du vérin, qui peut atteindre 100 à 200 mm. Pour plus de précision sur le déplacement du vérin pendant l'essai lui-même, on peut ajouter un autre capteur de plus faible course, disposé de manière adéquate.

Les extrémités de l'éprouvette sont fixées l'une au vérin, l'autre à la traverse mobile, via les lignes d'amarrage adaptées et la cellule de charge. C'est donc le vérin qui exerce l'effort de traction. Ces machines peuvent être asservies en charge, en déplacement du vérin, ou en déformation de l'éprouvette mesurée par un extensomètre. Le principe d'une ***boucle d'asservissement*** (dite encore ***boucle de rétroaction***) en charge est donné sur la figure 6.2.

Machines électromécaniques

Ces machines (fig. 6.3) comportent en général une traverse fixe et une traverse mobile guidée en translation par rapport au bâti grâce à deux vis à billes (quatre pour les machines de forte capacité). Les vis à billes sont souvent précontraintes pour permettre d'effectuer des essais de traction-compression et de fatigue. Une

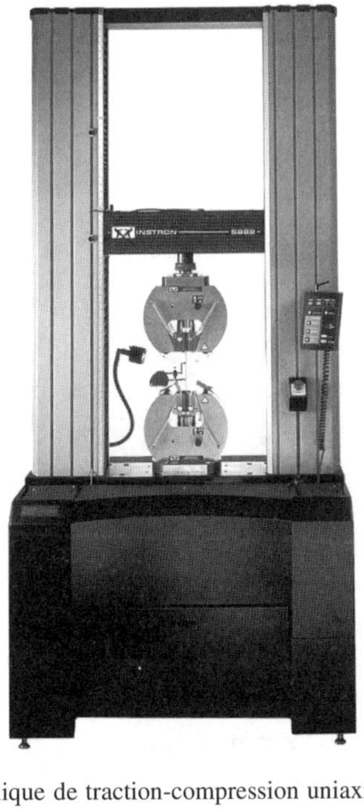

Fig. 6.3 Machine électromécanique de traction-compression uniaxiale (avec l'aimable autorisation de INSTRON Ltd).

cellule à jauges de déformation, étalonnée en charge, est fixée soit à la traverse mobile, soit à la traverse fixe. Les extrémités de l'éprouvette sont fixées, à l'aide de lignes d'amarrage adéquates, l'une à la traverse fixe, l'autre à la traverse mobile, via la cellule de charge pour l'une d'entre elles. Un moteur électrique rotatif commande le déplacement de la traverse mobile grâce à une transmission par système vis-écrou, et c'est le déplacement de la traverse mobile qui assure le chargement de l'éprouvette. Le déplacement de la traverse est mesuré, avec relativement peu de précision, par l'intermédiaire de la rotation du moteur. Pour plus de précision durant l'essai, rien n'empêche de mesurer plus directement le déplacement de la traverse mobile, à l'aide d'un capteur LVDT de plus faible course par exemple. Ces machines peuvent être asservies en déplacement de la traverse mobile, en charge, ou en déformation de l'éprouvette mesurée par un extensomètre.

6.3.3 Mors d'amarrage

Pour assurer une sollicitation de traction pure, le dispositif de chargement (machine + mors d'amarrage) doit assurer un alignement rigoureux de l'axe de l'éprouvette avec l'axe de traction de la machine. Les mors d'amarrage doivent être conçus en conséquence. Ils doivent par ailleurs être adaptés à la machine d'essai et à la forme de l'éprouvette. Un dispositif à rotule ou à joint de cardan peut aider l'éprouvette à s'aligner dans la direction du chargement.

Le montage de l'éprouvette est généralement assuré par obstacle ou par serrage. Le serrage peut être mécanique ou hydraulique. Le serrage mécanique est initial ou réalisé en début de chargement par des mors autoserrants par friction. Le serrage hydraulique est quant à lui initial. Il conviendra bien sûr de s'assurer que l'éprouvette ne glisse pas dans les mors en cours d'essai.

6.3.4 Extensométrie

Dans l'industrie en contrôle-qualité, on se contente souvent de la mesure de la limite d'élasticité, la résistance à la rupture et l'allongement à rupture du matériau; seuls la charge et le déplacement de la traverse (ou du vérin) sont alors mesurés et enregistrés. L'évaluation de l'allongement de la partie utile de l'éprouvette est dans ce cas peu précise. Il faut en effet soustraire du déplacement mesuré les allongements sous charge des têtes et des mors d'amarrage, difficilement évaluables. L'allongement à rupture est mesuré post mortem sur l'éprouvette rompue, à partir de la distance entre les marquages initiaux de référence de la partie utile.

En revanche, en recherche-développement et en recherche, on désire le plus souvent effectuer une mesure précise de l'allongement de la partie utile de l'éprouvette, afin d'obtenir la courbe complète contrainte-déformation du matériau; il est alors indispensable d'utiliser un extensomètre.

Différents types de capteurs sont utilisés pour mesurer les déformations d'une éprouvette soumise à de la traction monotone: les allongements peuvent être mesurés par des jauges de déformation, des extensomètres à lames et jauges de déformation ou des extensomètres à capteur LVDT; les déformations transversales sont quant à elles mesurées par des jauges de déformation (contractions transverses) ou par des extensomètres diamétraux (striction).

Les ***jauges de déformation*** sont des petits éléments linéaires résistifs que l'on colle sur l'éprouvette et qui subissent la même déformation que celle-ci; la mesure de l'allongement pour cent, ou déformation, s'effectue par mesure de la variation relative de résistance de la jauge, grâce à un pont de Wheatstone alimenté par un ***conditionneur*** qui réalise également le traitement du signal de sortie (généralement délivré en +/−10 Volts continus, proportionnellement à la déformation). Les jauges de déformation sont utilisées dans le domaine des déformations élastiques et des faibles déformations plastiques, en raison de leur grande sensibilité et de leur faible capacité d'allongement. Elles ne sont bien sûr pas réutilisables pour un second essai.

Les ***extensomètres à lames et jauges de déformation*** (fig. 6.4(a)) sont généralement de petite dimension, légers et précis, mais coûteux; ils se montent directement sur la partie utile de l'éprouvette: les extrémités acérées des lames sont maintenues en contact avec l'éprouvette, sur sa partie utile, à l'aide de systèmes à ressort. Ce type d'extensomètre est utilisé dans les domaines élastique et plastique du comportement du matériau. Un conditionneur permet l'alimentation du pont de jauges et le traitement du signal de sortie (délivré en +/−10 Volts continus communément, proportionnellement à la déformation). Mais la capacité de ces extensomètres est

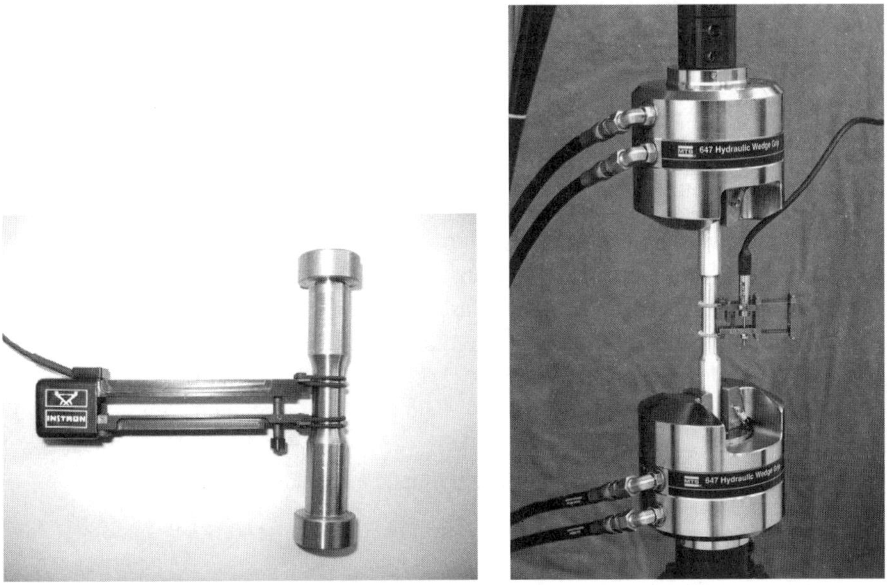

(a) (b)

Fig. 6.4 Extensomètres longitudinaux: (a) à lames et jauges de déformation (avec l'aimable autorisation de INSTRON Ltd); (b) à capteur LVDT, monté sur la partie utile d'une éprouvette (avec l'aimable autorisation de MTS Systems).

limitée par l'ouverture maximale admissible entre les deux lames; des précautions doivent donc être prises pour ne pas dépasser cette limite. Pour ces raisons, on préfère en général ne pas utiliser ces extensomètres jusqu'à la rupture complète de l'éprouvette, au moins pour les matériaux ductiles. Il convient ainsi d'arrêter l'essai avant d'atteindre cette limite, et de démonter l'extensomètre avant de poursuivre l'essai jusqu'à rupture. Des systèmes automatisés de mise en place et de retrait de l'extensomètre sont aujourd'hui utilisés industriellement, quand une utilisation intensive l'exige. Après retrait de l'extensomètre, l'allongement n'est plus alors mesuré que par le capteur de déplacement de la traverse pour une machine électromécanique, du vérin pour une machine électro-hydraulique. Il convient d'effectuer une correction afin d'obtenir la courbe contrainte-déformation complète du matériau. Ces extensomètres sont préférés aujourd'hui aux extensomètres à capteurs LVDT décrits ci-dessous, au moins en recherche et en recherche-développement.

Les ***extensomètres à capteur LVDT*** (fig. 6.4(b)), moins répandus aujourd'hui, sont moins précis et moins coûteux, mais présentent souvent l'avantage d'autoriser un allongement «infini» de l'éprouvette, la mesure s'arrêtant néanmoins lorsque le contact du capteur LVDT avec la surface de référence est rompu. Ils peuvent alors être utilisés sans danger jusqu'à rupture complète de l'éprouvette.

6.4 CONDUITE DE L'ESSAI DE TRACTION MONOTONE

Avant tout essai de traction, il est nécessaire de mesurer précisément les dimensions de la partie utile de l'éprouvette. On désigne par:

- L_0 (mm), la longueur initiale de référence (éventuellement entre repères),
- S_0 (mm^2), l'aire de la section initiale de la partie calibrée.

L'essai de traction doit être pratiqué à vitesse constante. La norme ne définit que des intervalles de vitesses à respecter:

- vitesse de chargement pour déterminer la limite d'élasticité (équivalente à une vitesse de déformation étant donné la proportionnalité entre charge et déformation dans le domaine élastique):
  - $2 \leq \dot{F}/S_0 \leq 10$ [N/mm$^2 \cdot$ s^{-1}] pour $E \leq 150\,000$ N/mm^2
  - $6 \leq \dot{F}/S_0 \leq 30$ [N/mm$^2 \cdot$ s^{-1}] pour $E > 150\,000$ N/mm^2

  où E est le module d'élasticité longitudinal (ou module d'Young) du matériau testé;
- vitesse de déformation pour la résistance à la traction:

  $$\Delta\dot{L}/L_0 \leq 8 \cdot 10^{-3}\, s^{-1}$$

  dans la partie calibrée de l'éprouvette.

Les machines asservies actuelles permettent de conduire les essais de traction selon ces deux modes de chargement.

6.5 PHÉNOMÉNOLOGIE DE L'ESSAI DE TRACTION MONOTONE

Lors d'un essai de traction, un matériau élastoplastique manifeste l'un des comportements représentés à la figure 6.5 (enregistrements force-allongement de la partie utile de l'éprouvette). Le matériau peut être quasi fragile (cas par exemple d'un acier dur, fig. 6.5(a)), peu ductile (acier mi-dur, fig. 6.5(b)), ductile avec palier de limite d'élasticité (acier doux ferritique, fig. 6.5(c)), ductile sans palier de limite d'élasticité (acier inoxydable austénitique, fig. 6.5(d)).

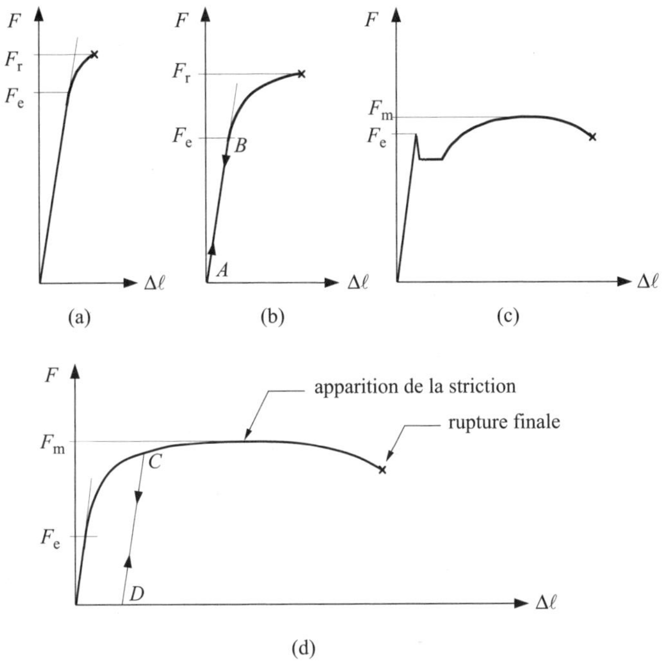

Fig. 6.5 Allure des courbes force-allongement de la partie utile de l'éprouvette lors d'un essai de traction monotone, pour différents types de matériaux : (a) acier dur ; (b) acier mi-dur ; (c) acier doux ferritique ; (d) acier inoxydable austénitique.

Dans un premier temps, l'allongement de l'éprouvette est proportionnel à la charge appliquée, c'est le domaine du comportement élastique linéaire du matériau ; une décharge suit la même courbe que la charge, mais en sens inverse ($B \to A \to B$) (fig. 6.5(b)). La rupture d'un matériau parfaitement fragile intervient sous une charge F_r inférieure à la charge limite de proportionnalité. Pour les autres matériaux, au-delà d'une charge F_e la courbe n'est plus linéaire, le matériau se plastifie. Deux cas typiques peuvent alors se présenter :

- La courbe est continue (fig. 6.5(a), (b) et (d)) ; la déformation plastique est, dès son apparition, répartie uniformément dans la partie utile de l'éprouvette, et s'accompagne d'un durcissement que l'on appelle ***écrouissage*** (pour plus de détails sur la nature de l'écrouissage des matériaux métalliques, on se reportera au volume 9 du Traité des matériaux).

- La courbe présente un palier avant de présenter un domaine plastique durcissant (fig. 6.5(c)); ce palier est dû à une déformation hétérogène dans le fût de l'éprouvette. La déformation plastique est alors concentrée dans des bandes inclinées par rapport à l'axe de chargement appelées ***bandes de Piobert-Lüders***, qui se déplacent le long du fût de l'éprouvette. Ce n'est que lorsque ces bandes se sont multipliées et ont envahi tout le fût de l'éprouvette que l'écrouissage commence.

Dans les deux cas, dès que le durcissement d'écrouissage apparaît, la déformation plastique reste uniformément répartie le long de la partie cylindrique utile de l'éprouvette, jusqu'à la charge maximale F_{r} pour les matériaux quasi-fragiles ou peu ductiles (fig. 6.5(a) et (b)) ou F_{m} pour les matériaux très ductiles (fig. 6.5(c) et (d)). Pour ces derniers, F_{m} correspond au maximum de la courbe force-allongement. Tant que la déformation plastique reste répartie (charge inférieure à F_{m}), toutes les décharges et recharges de l'éprouvette s'effectuent élastiquement, avec la même pente que dans le domaine élastique ($C \rightarrow D \rightarrow C$) (fig. 6.5(d)). Au-delà de F_{m}, sous allongement croissant, la déformation plastique se poursuit, mais en plus, elle s'intensifie localement pour créer et développer une zone de striction; enfin, au cours de l'allongement ultérieur, la rupture apparaît brutalement dans la section la plus faible de la zone de striction.

Il faut noter que certains produits métallurgiques (produits forgés, produits plats...) présentent une anisotropie de comportement, due au processus d'élaboration et/ou de mise en forme. Cette anisotropie peut résulter d'une orientation préférentielle des grains du matériau polycristallin, ou de la présence d'inclusions, de ségrégations, de secondes phases... orientées. Il convient alors de caractériser le produit en traction monotone suivant plusieurs directions. Ceci est particulièrement important lorsqu'il s'agit de mettre en forme le produit, par emboutissage par exemple.

6.6 EXPLOITATION DES RÉSULTATS

Un plus ou moins grand nombre de résultats peuvent être tirés d'un essai de traction monotone, relatifs aux propriétés élastiques, plastiques et de ductilité du matériau.

Les essais de traction monotone peuvent ainsi être exploités:

- de manière simple en termes de ***courbe conventionnelle***, fournissant des grandeurs caractéristiques du matériau,
- de manière plus sophistiquée en termes de ***courbe vraie*** dite encore ***courbe rationnelle***, permettant l'accès aux lois de comportement du matériau,
- en termes de ***ductilité*** du matériau, c'est-à-dire de déformations homogène et localisée.

6.6.1 Courbe conventionnelle de traction monotone

L'enregistrement de base, lors d'un essai de traction monotone, est celui de la charge F (ou force appliquée) et celui de l'allongement ΔL de la longueur utile L_0 de l'éprouvette. Ces données sont la plupart du temps présentées en termes de courbe conventionnelle de traction monotone représentant la ***contrainte conventionnelle***, dite encore ***contrainte nominale*** ou ***charge unitaire***:

$$\sigma = F/S_0 \tag{6.1}$$

en fonction de la ***déformation conventionnelle***, dite encore ***déformation nominale*** ou ***allongement pour cent***:

$$\varepsilon = \Delta L/L_0 \tag{6.2}$$

La courbe obtenue a la même forme que la courbe force-allongement, seules les unités sur les axes changent (fig. 6.6). La courbe conventionnelle de traction monotone d'un matériau métallique a donc la forme de l'une des quatre courbes présentées à la figure 6.5.

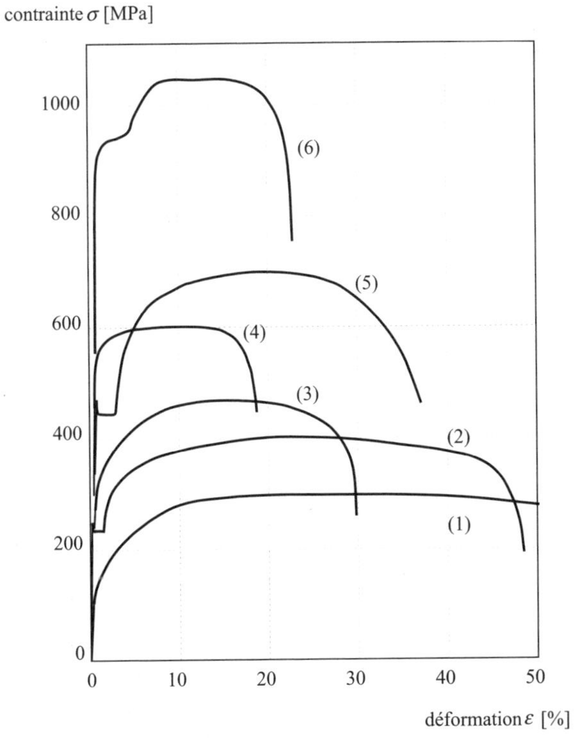

Fig. 6.6 Courbes conventionnelles de traction monotone pour différents matériaux: (1) laiton, (2) acier bas carbone, (3) bronze dur, (4) acier écroui, (5) acier moyen carbone recuit, (6) acier moyen carbone traité thermiquement.

Sur chacune de ces courbes, on définit dans le domaine élastique le module d'élasticité longitudinal ou module de Young E (N/mm^2 ou MPa), pente de la partie linéaire élastique:

$$E = \frac{F/S_0}{\Delta L/L_0} \tag{6.3}$$

Et pour un matériau présentant une des courbes figure 6.5(a), (b) et (d), on définit:

- La limite d'élasticité vraie, qui est la contrainte limite de proportionnalité, $R_e = F_e/S_0$. Cette limite d'élasticité vraie est parfois difficile à mesurer, en raison du fort taux d'écrouissage de certains matériaux; c'est pourquoi on lui préfère, pour une utilisation pratique dans un calcul de résistance des matériaux par exemple, une des limites conventionnelles d'élasticité définies ci-dessous.
- La limite conventionnelle d'élasticité R_p (N/mm^2 ou MPa), définie à 0,2 (ou 0,02)% de déformation plastique rémanente (fig. 6.7(a)), notée $R_{p0,2}$ (ou $R_{p0,02}$); et, pour toute autre déformation plastique rémanente de référence x%, la limite conventionnelle d'élasticité correspondante R_{pX}. Ces grandeurs sont parfois appelées limites conventionnelles d'écoulement.

Pour un matériau présentant une courbe du type de celle de la figure 6.5(c), on définit la limite inférieure d'élasticité (ou limite inférieure d'écoulement), R_{eL} (N/mm^2 ou MPa), et la limite supérieure d'élasticité (ou limite supérieure d'écoulement), R_{eH} (N/mm^2 ou MPa) (fig. 6.7(b)).

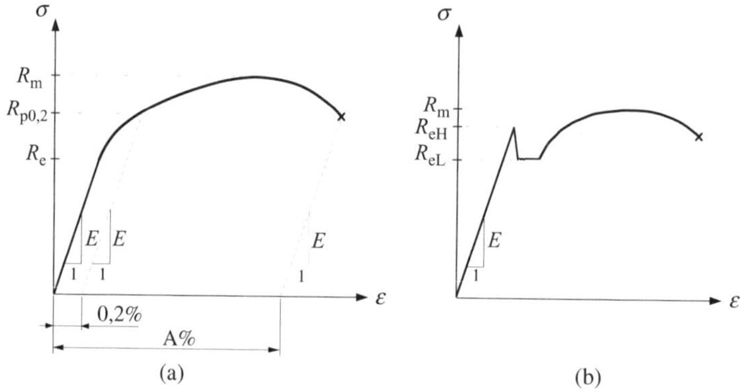

Fig. 6.7 Courbes conventionnelles de traction monotone: (a) limites d'élasticité vraie (R_e) et conventionnelle ($R_{p0,2}$), pour un matériau ne présentant pas de palier d'écoulement; (b) limites supérieure (R_{eH}) et inférieure (R_{eL}) d'élasticité, pour un matériau présentant un palier d'écoulement.

Un certain nombre de matériaux ne présentent pas une portion linéaire élastique claire en début de chargement. C'est par exemple le cas des aciers inoxydables austénitiques. Il est alors impossible d'obtenir avec précision le module d'élasticité et la limite conventionnelle d'élasticité par la méthode préconisée ci-dessus. Le module d'élasticité est alors déterminé selon la méthode présentée sur la figure 6.8. Une décharge est effectuée après avoir dépassé légèrement la limite d'élasticité présumée; la charge est réduite de 90%, puis ré-augmentée jusqu'à une valeur supérieure à la charge maximale précédente. Le module d'élasticité est alors défini comme la pente de la droite joignant les extrémités de la boucle d'hystérésis obtenue. La limite conventionnelle d'élasticité à la déformation plastique conventionnelle x% est alors obtenue selon la méthode définie précédemment (fig. 6.7(a)).

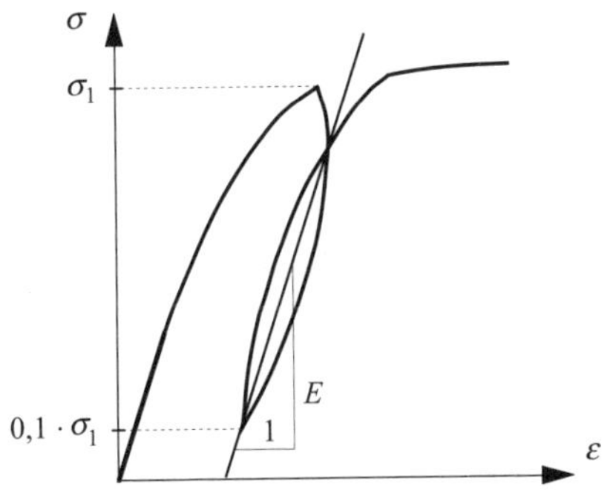

Fig. 6.8 Définition du module d'élasticité pour un matériau ne présentant pas de droite élastique initiale bien marquée.

L'utilisation d'une jauge de déformation longitudinale et d'une jauge de déformation transversale (ou d'une rosette 2 jauges à 90°) permet la mesure des déformations longitudinale ε et transversale ε_t, donnant ainsi accès simultanément au module d'élasticité E et au coefficient de Poisson ν par les relations:

$$E = \frac{F/S_0}{\varepsilon} \tag{6.4}$$

$$\nu = -\frac{\varepsilon_t}{\varepsilon} \tag{6.5}$$

On en déduit la déformation plastique conventionnelle:

$$\varepsilon_p = \varepsilon - \frac{\sigma}{E} \tag{6.6}$$

On définit par ailleurs la résistance à la traction R_m (N/mm^2 ou MPa) correspondant au point maximum de la courbe conventionnelle de traction monotone (fig. 6.6):

$$R_m = \frac{F_m}{S_0} \tag{6.7}$$

Et en ce qui concerne les déformations, à partir des grandeurs L_u (mm), longueur ultime entre repères, et S_u (mm^2), aire de la section minimale après rupture, on définit :

- l'allongement rémanent après rupture (mm) :

$$\Delta L = L_u - L_0$$

- l'allongement pour cent après rupture (%) :

$$A = \left(\frac{L_u - L_0}{L_0}\right) \cdot 100 \tag{6.8}$$

- le coefficient de striction (%) :

$$Z = \left(\frac{S_0 - S_u}{S_0}\right) \cdot 100 \tag{6.9}$$

- l'allongement pour cent non proportionnel sous charge maximale (ou allongement réparti), A_g (%), noté parfois A_R (%) :

$$A_g = \frac{\Delta L_m}{L} \times 100 - \frac{R_m}{E} \times 100 \tag{6.10}$$

- la variation pour cent de section sous charge maximale, Z_R (%) :

$$Z_R = \frac{S_0 - S_m}{S_0} \times 100 \tag{6.11}$$

A_g et Z_R sont liés par la relation :

$$1 + A_g = \frac{1}{1 - Z_R} \tag{6.12}$$

Ces derniers paramètres sont en particulier intéressants relativement à la mise en forme des matériaux : ils constituent des limites à ne pas dépasser si l'on veut éviter toute localisation de la déformation plastique, à savoir tout phénomène de striction, lors d'une mise en forme par déformation plastique.

6.6.2 Courbe vraie de traction monotone

La *courbe vraie* (ou *rationnelle*) de traction monotone est la courbe $\sigma_v = f(\varepsilon_v)$ où :

- σ_v est la contrainte réelle dite *vraie* (ou *rationnelle*), c'est-à-dire la charge ramenée à la section instantanée (N/mm^2 ou MPa) :

$$\sigma_v = F/S \tag{6.13}$$

- ε_v est la *déformation réelle* dite *vraie* (ou *rationnelle*):

$$\varepsilon_v = \int_{L_0}^{L} \frac{d\ell}{\ell} = \ln \frac{L}{L_0} \tag{6.14}$$

soit:

$$\varepsilon_v = \ln(1+\varepsilon) \tag{6.15}$$

Dans le domaine des déformations où la déformation élastique est négligeable devant la déformation plastique, c'est-à-dire bien au-delà du domaine de la transition élastique-plastique, et compte tenu du fait que la déformation plastique s'effectue à volume constant (coefficient de Poisson plastique égal à 0,5), on a:

$$S_0 \cdot L_0 = S \cdot L \tag{6.16}$$

et

$$\sigma_v = \sigma \cdot \exp(\varepsilon_p) \approx \sigma \cdot (1+\varepsilon_p) \tag{6.17}$$

avec

$$\sigma = F/S_0 \quad \text{et} \quad \varepsilon_p = \Delta L/L_0 - \sigma/E$$

où ε_v et ε s'expriment en vraie grandeur (et non en %).

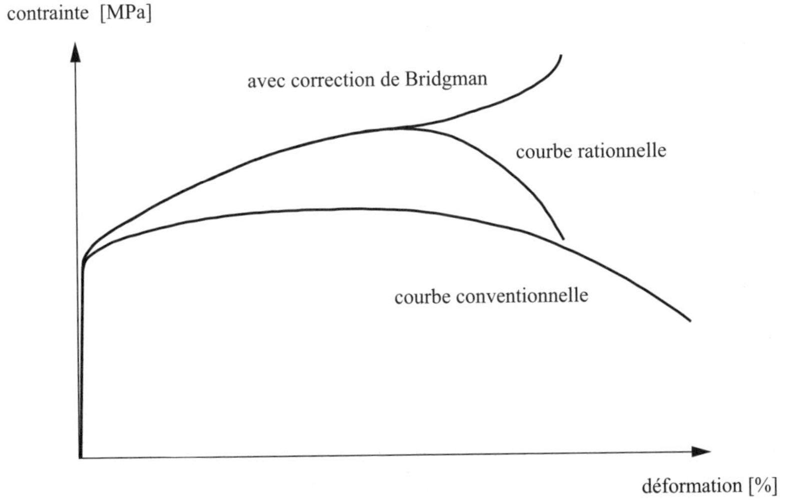

Fig. 6.9 Courbe de traction monotone d'un matériau ductile: courbe conventionnelle, courbe vraie (ou rationnelle) et courbe corrigée selon Bridgman (voir § 6.6.5).

Dans le domaine élastique et dans le domaine plastique jusqu'à 2 % de déformation totale, on confond généralement les déformations conventionnelle et vraie. Au-delà, il convient en revanche de les distinguer. La figure 6.9 présente une courbe conventionnelle et la courbe rationnelle de traction monotone correspondante.

On définit par ailleurs la déformation plastique vraie par :

$$\varepsilon_{\mathrm{pv}} = \varepsilon_{\mathrm{v}} - \frac{\sigma_{\mathrm{v}}}{E} \tag{6.18}$$

6.6.3 Lois de comportement en traction monotone

Plusieurs formulations mathématiques ont été proposées pour représenter la courbe $\sigma_{\mathrm{v}} = f(\varepsilon_{\mathrm{pv}})$. Les plus courantes sont :

- la relation de Ludwik :

$$\sigma_{\mathrm{v}} = \sigma_0 + \alpha \cdot \varepsilon_{\mathrm{pv}}^{\mathrm{n}} \tag{6.19}$$

- la relation de Ramberg-Osgood :

$$\frac{\varepsilon_{\mathrm{v}}}{\varepsilon_0} = \frac{\sigma_{\mathrm{v}}}{\sigma_0} + \alpha \cdot \left(\frac{\sigma_{\mathrm{v}}}{\sigma_0} \right)^{\mathrm{N}} \tag{6.20}$$

qui se réduit, si on néglige la déformation élastique devant la déformation plastique, à la relation :

$$\frac{\varepsilon_{\mathrm{v}}}{\varepsilon_0} = \alpha \cdot \left(\frac{\sigma_{\mathrm{v}}}{\sigma_0} \right)^{\mathrm{N}} \tag{6.21}$$

analogue à la relation de Hollomon :

$$\sigma_{\mathrm{v}} = \sigma_0 \cdot (\varepsilon_{\mathrm{pv}})^{\mathrm{n}} \tag{6.22}$$

Dans la relation (6.22), σ_0 est appelé ***coefficient d'écrouissage*** ou de résistance, et n est appelé ***exposant d'écrouissage***. Ce dernier peut être obtenu par la relation :

$$n = \frac{\mathrm{d}(\ln \sigma)}{\mathrm{d}(\ln \varepsilon)} = \frac{\mathrm{d}\sigma / \mathrm{d}\varepsilon}{\sigma / \varepsilon} \tag{6.23}$$

Ces relations sont utilisables dans le domaine des déformations réparties (en deça de R_{m}) ; elles reposent sur l'hypothèse d'une linéarité de la relation contrainte vraie-déformation vraie dans un diagramme bi-logarithmique (relations (6.21) et (6.22)), après changements de variables éventuellement (relations (6.19) et (6.20)). Elles peuvent être identifiées sur un domaine restreint de la courbe, qu'il convient alors de définir. Au besoin, et pour une meilleure précision dans tout le domaine utile pour le calcul de structure visé, la courbe contrainte vraie-déformation vraie peut être modélisée par morceaux par plusieurs relations de l'un de ces types. Des relations polynomiales sont parfois également utilisées.

Notons que:

- les paramètres σ_0 et les exposants n n'ont pas la même signification dans les relations de Ludwik (6.19) et de Hollomon (6.22); il en est de même des paramètres α dans les relations de Ludwik (6.19) et de Ramberg-Osgood (6.20);
- dans les relations (6.21) et (6.22), les σ_0 sont les mêmes, et les exposants n et N vérifient: $n = 1/N$.

6.6.4 Caractérisation d'une anisotropie de comportement

Le problème de l'anisotropie de comportement d'un produit sidérurgique est particulièrement important vis-à-vis de ses capacités à la mise en forme, par emboutissage par exemple. Il n'est pas difficile de pratiquer des essais de traction monotone sur éprouvettes cylindriques prélevées dans plusieurs directions du plan d'une plaque, et donc d'obtenir ses caractéristiques de traction monotone en fonction de la direction considérée dans le plan. En revanche, il est difficile et pourtant important de connaître les caractéristiques de comportement dans l'épaisseur d'une tôle. L'anisotropie de comportement mécanique d'une tôle est caractérisée par le ***coefficient d'anisotropie***, r, appelé encore ***coefficient de Lankford***, et défini par:

$$r = \frac{\ln(w_0 / w)}{\ln(e_0 / e)} = \frac{\varepsilon_2}{\varepsilon_3} \tag{6.24}$$

si l'on désigne par ε_1, ε_2, et ε_3 les déformations dans les directions longitudinale (sens de laminage), transversale, et dans l'épaisseur de la tôle respectivement, ℓ étant la longueur, w la largeur et e l'épaisseur de l'éprouvette prélevée en pleine épaisseur de tôle.

Un coefficient de Lankford élevé traduit une forte résistance de la tôle à l'amincissement en emboutissage, donc une plus grande capacité de déformation de celle-ci avant apparition d'une striction.

Si l'on suppose par ailleurs que la déformation de l'éprouvette est suffisamment grande pour que celle-ci s'effectue à volume constant, autrement dit si l'on suppose que la déformation élastique est négligeable devant la déformation plastique, c'est-à-dire que l'on se situe loin de la transition élastique/plastique, alors $\ell_0 e_0 w_0 = \ell e w$, et:

$$r = \frac{\ln(w_0 / w)}{\ln(e_0 / e)} = \frac{\ln(w_0 / w)}{\ln(\ell w / \ell_0 w_0)} = \frac{\log(w_0 / w)}{\log(\ell w / \ell_0 w_0)} \tag{6.25}$$

r peut donc être obtenu à partir des seules mesures de l'allongement et de la contraction latérale de l'éprouvette.

Le coefficient de Lankford est généralement fonction de l'orientation de prélèvement de l'éprouvette dans la tôle. Plusieurs directions de prélèvement sont alors nécessaires à sa caractérisation. On définit dans ce cas un coefficient de Lankford moyen.

Le coefficient de Lankford est parfois aussi fonction de la déformation. Ce n'est néanmoins pas le cas des aciers extra-doux utilisés en emboutissage, ce qui autorise de ne mesurer le coefficient d'anisotropie qu'à un seul niveau de déformation, pourvu qu'il soit suffisamment élevé pour avoir une bonne précision, mais encore loin de l'apparition de la striction.

L'exposant d'écrouissage (§ 6.6.3) est parfois lui aussi fonction de l'orientation du prélèvement de l'éprouvette dans la tôle. Plusieurs directions de prélèvement sont alors nécessaires à la caractérisation. On définit là encore un exposant d'écrouissage moyen.

6.6.5 Instabilité en traction

Les relations (6.15) et (6.17) restent vraies tant que la déformation est répartie. Elles ne le sont plus en revanche dès qu'il y a localisation de la déformation plastique, c'est-à-dire au-delà de la charge maximale F_m. Lorsque la striction apparaît, l'augmentation de contrainte locale due à la décroissance de la section devient plus grande que l'augmentation de la capacité de résistance du matériau par écrouissage, et la courbe conventionnelle présente un maximum (fig. 6.6(c) et (d)). A l'apparition de la striction, si l'on suppose la déformation élastique négligeable par rapport à la déformation plastique, on a la relation :

$$dF = d(\sigma_v \cdot S) = \sigma_v \cdot dS + S \cdot d\sigma_v = 0 \tag{6.26}$$

soit

$$\frac{d\sigma_v}{\sigma_v} = -\frac{dS}{S} = \frac{dL}{L} = d\varepsilon_v \tag{6.27}$$

d'où

$$\left(\frac{d\sigma_v}{d\varepsilon_v}\right)_{stric} = (\sigma_v)_{stric} \tag{6.28}$$

Cette relation est dite ***relation de Considère.***

Les contrainte et déformation vraies à l'apparition de la striction peuvent être définies graphiquement sur les courbes rationnelles de traction monotone, grâce à la construction donnée à la figure 6.10.

Au-delà de la charge F_m, dans la section minimale de la striction, la contrainte σ_v ne cesse d'augmenter. En fait, la striction crée localement un état de contraintes

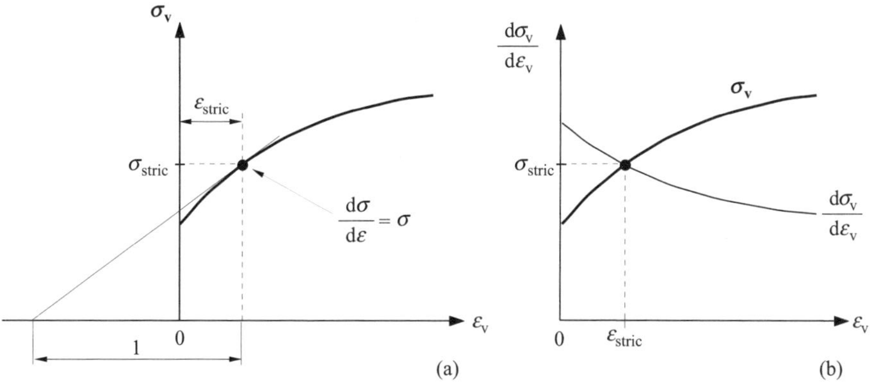

Fig. 6.10 Détermination graphique ((a) → (b)) des contrainte et déformation vraies à l'apparition de la striction (utilisation de la relation de Considère).

triaxial, la charge n'étant plus uniformément répartie dans la section droite. Les relations (6.15) et (6.17) ne sont en conséquence plus valables.

Si l'éprouvette de traction est cylindrique de révolution et le matériau isotrope, la zone de striction conserve la symétrie de révolution. En revanche, si l'éprouvette est plate, de largeur beaucoup plus grande que l'épaisseur, et le produit d'origine anisotrope, on observe deux types d'instabilités en traction : une instabilité correspondant à une striction diffuse, analogue à celle rencontrée sur une éprouvette cylindrique de révolution, et une instabilité correspondant à une striction localisée dans une bande étroite inclinée par rapport à l'axe de l'éprouvette (fig. 6.11).

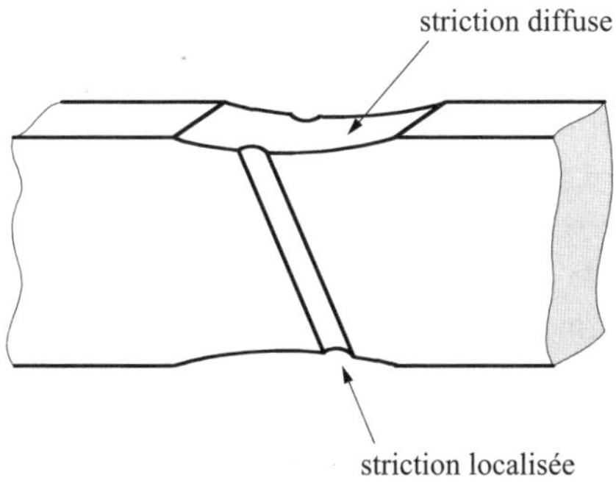

Fig. 6.11 Striction diffuse et striction localisée sur une éprouvette plate de traction monotone.

Bridgman a proposé une analyse mathématique des contraintes dans la section de striction d'une éprouvette cylindrique de révolution. Son analyse repose sur les hypothèses suivantes :

- le profil de la zone de striction est supposé correctement approximé à tout instant par un arc de cercle,
- la section droite minimale, dans la zone de striction, dite *section de striction,* reste circulaire durant tout l'essai,

- le critère de Von Mises[1] s'applique pour la contrainte d'écoulement,
- l'état de déformation est uniforme dans la section de striction.

Dans ces conditions, la contrainte d'écoulement uniaxiale correspondant à celle qui devrait exister dans l'essai de traction s'il n'y avait pas de striction, donc si l'état de contrainte restait uniaxial d'intensité $(\sigma_x)_{moy}$, serait égale à tout instant à:

$$\sigma = \frac{(\sigma_x)_{moy}}{(1+2R/a)\times\left[\ln(1+a/2R)\right]} \tag{6.29}$$

avec

- x indice de l'axe de l'éprouvette,
- a rayon minimal de l'éprouvette, dans la zone strictionnée,
- R rayon de courbure du profil de la striction,
- $(\sigma_x)_{moy}$ contrainte moyenne mesurée dans la direction axiale, égale à F/S.

La relation (6.29) est souvent utilisée pour définir la *courbe vraie* de traction monotone jusque bien au-delà de la charge maximale correspondant à l'apparition de la striction. On parle alors de courbe rationnelle après *correction de Bridgman* (fig. 6.9).

6.7 SENSIBILITÉ À LA VITESSE DE DÉFORMATION ET À LA TEMPÉRATURE

Le comportement en traction monotone d'un matériau n'est pas une caractéristique intrinsèque à celui-ci. Il dépend en particulier de la vitesse et de la température auxquelles le matériau est déformé. Globalement, plus la vitesse de déformation est importante, plus le matériau aura tendance à se comporter de manière fragile. Inversement, plus la vitesse de déformation est faible, plus le matériau aura tendance à se comporter de manière ductile. La température a l'effet inverse de la vitesse: aux hautes températures correspondront des comportements plutôt ductiles, tandis qu'aux basses températures correspondront des comportements plutôt fragiles.

Notons néanmoins que certains matériaux ne présentent pas de transition fragile/ductile avec l'augmentation de la température ou avec la diminution de la vitesse de déformation. Par exemple, les métaux cubiques à faces centrées manifestent un comportement ductile quelle que soit la température, tandis que les céramiques manifestent un comportement fragile à toute température.

Les manières d'étudier les influences des paramètres *vitesse de déformation* et *température* sur le comportement mécanique d'un matériau seront examinées aux

[1] Le critère de Von Mises s'exprime, en fonction des contraintes principales σ_1, σ_2, σ_3, par: $(\sigma_1-\sigma_2)^2+(\sigma_1-\sigma_2)^2+(\sigma_1-\sigma_2)^2=2\sigma_e{}^2$ où σ_e est la limite d'élasticité du matériau.

chapitres 10 («Résistance et ductilité à moyennes et hautes vitesses de déformation») et 11 («Essais mécaniques à haute température») respectivement. On peut néanmoins signaler dès maintenant que pour les matériaux dont le comportement est sensible à la vitesse de déformation, il convient de réaliser des essais de traction monotone à différentes vitesses de déformation dans la plage représentative des vitesses utilisées dans la pratique. C'est le cas pour les tôles en acier doux emboutissables, utilisées pour la carrosserie automobile.

6.8 INFLUENCE DE LA RAIDEUR DU MONTAGE

En l'absence d'utilisation d'un extensomètre pour mesurer la déformation de la partie utile de l'éprouvette, on doit se contenter de la mesure du déplacement du vérin (machine hydraulique) ou de celle du déplacement de la traverse (machine mécanique). Dans ce cas, la raideur de l'ensemble machine-mors d'amarrage intervient. Nous supposerons que ceux-ci ont été correctement conçus, de telle sorte que l'ensemble machine-mors d'amarrage se comporte comme un ressort élastique de raideur K, monté en série avec l'éprouvette. Si la raideur K est élevée, la machine est dite *dure*; la déformation du montage est alors négligeable devant celle de l'éprouvette. Si K est faible, la machine est dite *molle* et la déformation du montage est du même ordre de grandeur que celle de l'éprouvette. La forme de la courbe de traction peut en être modifiée; c'est le cas pour les matériaux présentant un palier de limite d'élasticité (fig. 6.5(c)), ou un *phénomène Portevin-Le Chatelier* (fig. 6.12). Les chutes brutales de charge se manifestent d'autant moins que la machine est molle. La forme des striations de la courbe dépend donc de la rigidité de l'ensemble machine-mors d'amarrage. La raideur K peut être évaluée préalablement aux essais sur éprouvettes, à l'aide d'un montage spécifique et d'une procédure adéquate. Une correction peut alors être apportée aux mesures ultérieures de déformation.

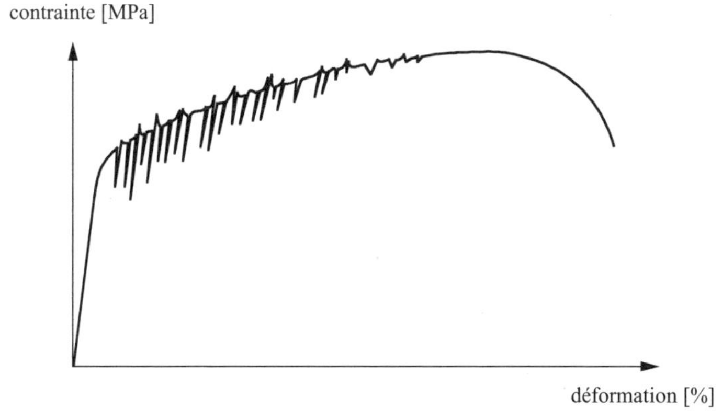

Fig. 6.12 Allure de la courbe de traction monotone d'un matériau manifestant le phénomène Portevin-Le Chatelier.

6.9 ESSAIS DE TRACTION MONOTONE SUR ÉPROUVETTES ENTAILLÉES

Les essais de traction monotone ne sont pas toujours pratiqués sur des éprouvettes lisses. Pour certaines applications spécifiques, ils sont pratiqués sur des éprouvettes entaillées. On rapportera ci-dessous deux exemples: les essais sur éprouvettes entaillées, utilisés pour caractériser l'emboutissabilité des tôles minces, et les essais sur éprouvettes axisymétriques entaillées, utilisés pour caractériser un matériau à la rupture. L'emboutissage est un procédé de mise en forme par déformation plastique biaxiale. Cet état peut être obtenu sur éprouvette entaillée sollicitée en traction simple. Les conditions de rupture d'un matériau sont quant à elles sensibles à l'état des contraintes en termes de niveau et de triaxialité.

L'intérêt des essais de traction monotone sur éprouvettes entaillées est qu'ils restent simples d'un point de vue mise en œuvre, mais leur exploitation est relativement complexe. L'éprouvette constitue en fait une «quasi-structure». L'état des contraintes dans la section entaillée est triaxial par effet géométrique. Seul un calcul de structure par éléments finis (EF) permet d'accéder à l'état des contraintes dans la section entaillée, et cet état varie au cours de l'essai.

Dans la section minimale d'une éprouvette entaillée soumise à de la traction monotone, l'état des contraintes n'est ni uniaxial ni uniforme. Les contraintes sont maximales à fond d'entaille. On caractérise la non-uniformité de répartition des contraintes par le ***facteur théorique de concentration de contrainte***, K_t, défini dans le domaine purement élastique comme le rapport de la contrainte maximale à fond d'entaille sur la contrainte nominale, c'est-à-dire la contrainte qui existerait au même endroit dans une éprouvette lisse (fig. 6.13):

$$K_t = \frac{\sigma_{max}}{\sigma_{nom}} \tag{6.30}$$

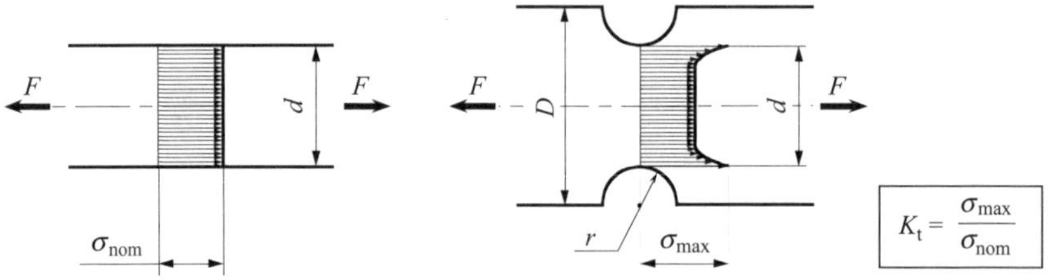

Fig. 6.13 Définition du facteur théorique de concentration de contrainte en traction monotone dans une éprouvette entaillée.

Mais caractériser l'éprouvette entaillée par ce facteur K_t suppose que les contraintes sont uniaxiales dans la section à fond d'entaille. En réalité, l'état des contraintes à fond d'entaille est multiaxial. On caractérise un état de contraintes multiaxial en un point d'un solide par le ***rapport de triaxialité***, r_t, défini comme le rapport de la contrainte hydrostatique sur la contrainte équivalente de Von Mises:

$$r_t = \sigma_m / \bar{\sigma} \tag{6.31}$$

où la contrainte hydrostatique est définie par :

$$\sigma_m = \frac{1}{3}\sigma_{kk} \tag{6.32}$$

avec σ_{kk} la trace du tenseur des contraintes σ_{ij}.

La contrainte équivalente de Von Mises est définie par :

$$\bar{\sigma} = \left[\frac{3}{2} s_{ij} s_{ij}\right]^{1/2} \tag{6.33}$$

avec s_{ij} le tenseur déviateur des contraintes :

$$s_{ij} = \sigma_{ij} - (\sigma_{kk}/3)1 \tag{6.34}$$

où 1 est le tenseur unité d'ordre 2.

6.9.1 Caractérisation de l'aptitude à l'emboutissage des tôles minces

Le paragraphe 6.6.4 traitait de la caractérisation de l'anisotropie de comportement d'une tôle. Une telle caractérisation est utile pour qualifier les tôles destinées à la mise en forme par emboutissage. Les conditions d'essais et de mesure des caractéristiques conventionnelles de traction des tôles minces pour emboutissage sont définies dans la norme NF A03-160. Mais pour connaître les capacités d'emboutissage d'une tôle, il est nécessaire de disposer d'une courbe définissant la

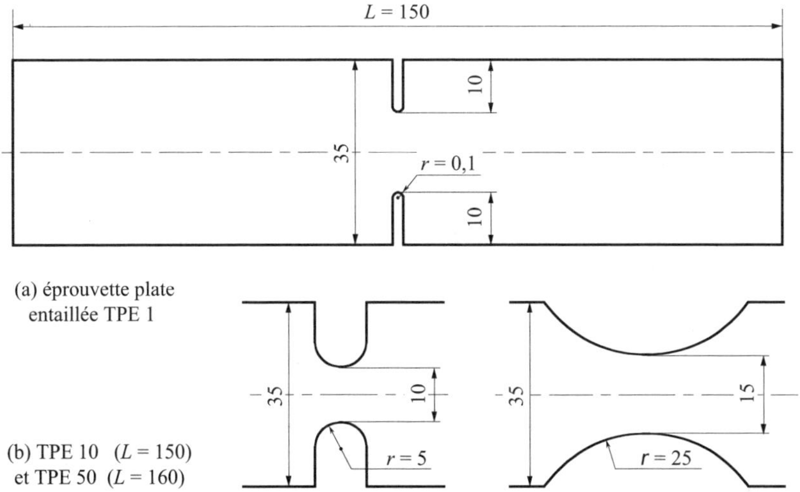

Fig. 6.14 Géométrie d'éprouvettes entaillées utilisées pour tracer les courbes limites d'emboutissage.

limite, dans l'espace (ε_1, ε_2) des déformations rationnelles dans le plan de la tôle, entre le domaine où l'emboutissage a réussi et celui où l'emboutissage a échoué. L'emboutissage a réussi si, en aucun point de l'embouti, la striction, voire la rupture, n'ont été atteintes au cours du processus. Une telle courbe est appelée ***courbe limite d'emboutissage***. On peut définir une *courbe limite d'emboutissage à la striction*, et une *courbe limite d'emboutissage à la rupture*. Différents types d'essais ont été proposés pour tracer ces courbes. Parmi ceux-ci figurent les essais de traction monotone sur les éprouvettes plates entaillées symétriquement, dites TPE50, TPE10 et TPE1 (fig. 6.14) pour des rayons de 50, 10 et 1 mm à fond d'entaille respectivement.

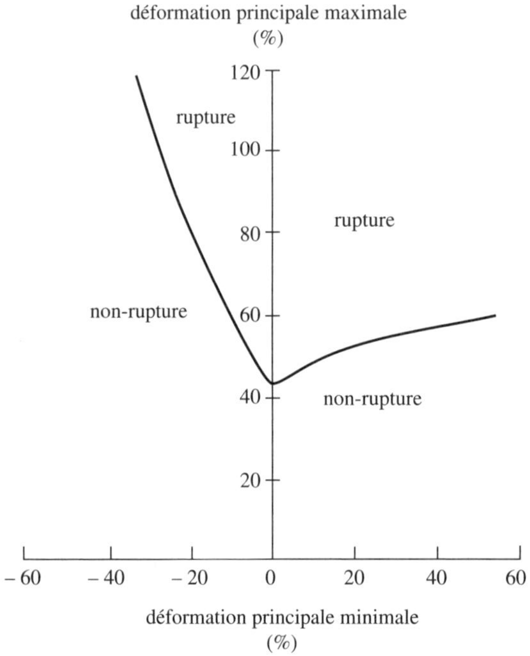

Fig. 6.15 Courbe limite d'emboutissage à la rupture.

6.9.2 Caractérisation d'un matériau à la rupture par essais sur éprouvettes axisymétriques entaillées

Les éprouvettes axisymétriques entaillées (dites *éprouvettes AE*) sont des éprouvettes de laboratoire utilisées pour caractériser les matériaux à la rupture ductile, fragile ou par fluage, par l'*approche locale de la rupture*, par opposition à l'*approche globale* développée au chapitre 9 du présent volume. Nous ne parlerons ici que de la rupture fragile et de la rupture ductile. La rupture fragile est contrôlée par la plus grande contrainte principale, la rupture ductile est contrôlée par la triaxialité des contraintes. La géométrie des éprouvettes axisymétriques entaillées est définie à la figure 6.16. Elles sont appelées éprouvettes $AE\chi$ avec $\chi = 10\times(R/\Phi_0)$ où R est le rayon et Φ_0 le diamètre à fond d'entaille. L'état des contraintes à fond d'entaille est triaxial. Aucune expression analytique de cet état des contraintes n'existe. Seul un calcul de structure par la méthode des éléments finis permet de l'obtenir. Le rapport de triaxialité r_t augmente avec χ et varie en cours d'essai. Il est maximum au centre de la section minimale pour $0 \leq \Phi/R \leq 7$, où Φ est le diamètre à fond d'entaille en cours d'essai. Au-delà, le maximum de triaxialité se rapproche du fond de l'entaille.

Les essais de traction sur éprouvettes axisymétriques entaillées nécessitent un couplage entre la mesure des forces et déformations au cours de l'essai, la mesure de l'endommagement et le calcul de structure. Ce couplage permet l'identification du critère de rupture du matériau. La déformation mesurée est la déformation diamétrale à fond d'entaille, $\Delta\Phi/\Phi_0 = (\Phi_0 - \Phi)/\Phi_0$, mesurée par un capteur diamétral. On obtient ainsi expérimentalement les courbes F/S_0 en fonction de $\Delta\Phi/\Phi_0$ jusqu'à rupture, pour les différentes géométries d'éprouvettes AE, où F est la force appliquée et S_0 l'aire initiale de la section à fond d'entaille.

Pour identifier un modèle de rupture fragile, par exemple un modèle basé sur l'hypothèse de la rupture du maillon le plus faible, tel le modèle de Weibull, des essais à plusieurs températures sont réalisés et les données de rupture permettent d'identifier les paramètres du modèle. L'analyse est dite *non couplée*, c'est-à-dire que l'identification du modèle de rupture se fait en post-traitement du calcul par éléments finis.

Dans le cas de la rupture ductile, l'analyse peut être *couplée* ou *non couplée*, selon le modèle de rupture utilisé. Dans le cas d'une analyse non couplée (modèle de Rice et Tracey par exemple), l'identification du modèle de rupture se fait là encore en post-traitement du calcul par éléments finis élastoplastique. Dans le cas d'une analyse couplée (modèle de Gurson, modèle de Rousselier pour les plus

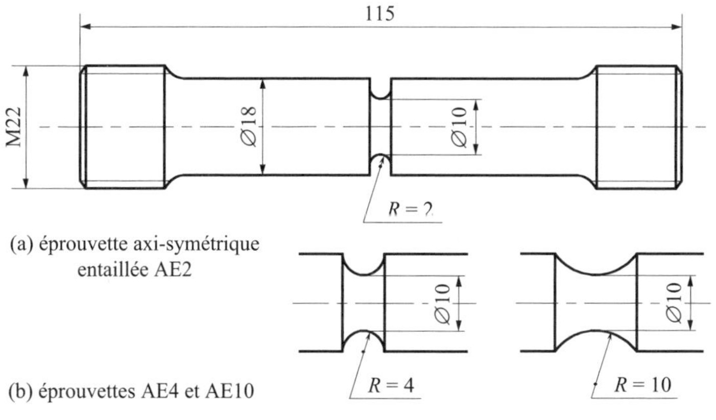

Fig. 6.16 Géométries des éprouvettes axisymétriques entaillées (éprouvettes AE2, AE4, AE10) utilisées pour l'identification de modèles de rupture.

couramment utilisés), le calcul par éléments finis utilise une loi de comportement élastoplastique endommageable par cavitation, dans laquelle l'endommagement est défini par la porosité *f*.

Pour le lecteur intéressé, une analyse détaillée de l'exploitation des essais sur éprouvettes AE est donnée dans [6.11], et une analyse des modèles de ruptures fragile et ductile est donnée dans [6.12].

6.10 RÉSUMÉ

L'essai de traction monotone sur éprouvette lisse est l'essai le plus simple permettant d'obtenir les caractéristiques mécaniques usuelles d'un matériau, en particulier sa limite d'élasticité, sa résistance à la rupture et son allongement à rupture. Les conditions de réalisation et de dépouillement de ces essais sont définies par des normes qu'il convient de respecter pour utiliser les grandeurs obtenues comme références. L'essai de traction simple permet de plus, pourvu que l'on enregistre la courbe charge-déformation au cours de l'essai, d'accéder à la loi de comportement uniaxiale du matériau. La connaissance de cette loi est souvent suffisante pour permettre le calcul d'une structure soumise à un chargement statique, pourvu que le matériau soit isotrope.

Des essais de traction monotone sont également pratiqués sur éprouvettes entaillées, pour leur simplicité de mise en œuvre, tandis qu'ils permettent d'obtenir des états de contrainte complexes à fond d'entaille, fort utiles pour caractériser l'aptitude des matériaux à la mise en forme ou à la rupture par exemple.

6.11 BIBLIOGRAPHIE

6.11.1 Normes

NF EN 10002-1 (1990): *Matériaux métalliques – Essai de traction.*

EN ISO 6892 (1998): *Matériaux métalliques – Essai de traction.*

6.11.2 Ouvrages de référence

[6.1] ASM International, *Tensile Testing*, P. Han ed., 1992.

[6.2] J. Barralis et G. Maeder, *Précis de Métallurgie: Elaboration, Structures, Propriétés, Normalisation*, Nathan, 1995.

[6.3] J. Lemaitre et J.-L. Chaboche, *Mécanique des matériaux solides*, Dunod, 1996.

[6.4] D. François, A. Pineau et A. Zaoui, *Comportement mécanique des matériaux*, Hermès, 1991.

[6.5] D. François, «Essais de traction et de compression», *Essais mécaniques et lois de comportement*, Hermès, 2001.

[6.6] D. François, «Essais mécaniques des métaux, Détermination des lois de comportement», *Les Techniques de l'Ingénieur*, M120-121.

[6.7] ASM Metals Handbook Desk Edition, 2nd edition, édité par Joseph R. Davis Hardbound, 1998.

[6.8] Traité des Matériaux, Vol. 9, *Déformation et résistance*, PPUR, Lausanne, à paraître.

[6.9] Traité des Matériaux, Vol. 10, *Modélisation numérique en science et génie des matériaux*, PPUR, Lausanne, 1998.

[6.10] G. POMEY, «Aptitude à l'emboutissage des tôles minces», *Propriétés d'emploi des aciers*, Collection IRSID-OTUA, 1976.

[6.11] J. BESSON, «Eprouvettes axisymétriques entaillées», *Essais mécaniques et lois de comportement*, Hermès, 2001.

[6.12] D.P. MIANNAY, *Mécanique de la rupture*, EDP Sciences, 1995.

CHAPITRE 7

CARACTÉRISATION DE LA DURETÉ DES MATÉRIAUX

7.1 OBJECTIFS

Ce chapitre vise à faire comprendre les différentes techniques de pénétration d'un pénétrateur à la surface d'un échantillon et à définir la dureté d'un matériau solide à partir des dimensions de l'empreinte après décharge. On montre que le résultat dépend du soin mis à la préparation des échantillons. En conséquence, il convient de respecter rigoureusement les normes établies pour assurer un maximum de reproductibilité sur le plan international. La gamme des méthodes s'étend des très simples appareils de poche comme le *scléromètre* aux grands appareils coûteux et de haute technologie comme le *nanoindenteur*. La profondeur de l'empreinte plastique va d'environ 1 mm jusqu'à quelques nm. Bien qu'empiriques, les techniques de mesure de la dureté se révèlent être des outils indispensables pour la caractérisation rapide de l'état mécanique des matériaux. Ils présentent de plus l'avantage d'une grande flexibilité d'application.

La dureté d'un matériau est une caractéristique de sa résistance à la déformation plastique localisée. Les mesures de dureté sont fréquemment utilisées, car elles ne nécessitent pas la préparation d'une éprouvette spéciale et peuvent être effectuées directement sur pièce de structure. Ce sont des mesures non destructives, qui donnent essentiellement des valeurs comparatives. Ces essais sont très souvent utilisés en suivi de fabrication, contrôle de qualité, etc.

La dureté des métaux et alliages peut être profondément modifiée par l'écrouissage ou grâce à un traitement thermique. Inversement on peut, à l'aide de la valeur de dureté, tirer des conclusions relatives à l'état microstructural du matériau (état de précipitation par exemple).

7.2 GÉNÉRALITÉS

La première échelle de dureté est l'échelle de Mohs, échelle empirique pour classer les éléments non métalliques et minéraux en les comparant à divers minéraux rangés par ordre de dureté croissante. Chaque élément de l'échelle est susceptible de rayer tous les éléments qui le précèdent, et ne peut pas être rayé par eux. Les éléments de l'échelle de Mohs sont le talc, le gypse, la calcite, la fluorine, l'apatite, l'orthoclase, le quartz, la topaze, le corindon et le diamant.

Dans les années 1920-1930, trois procédés de mesure statique de la dureté ont été développés successivement et normalisés: les essais de dureté selon Brinell, Vickers et Rockwell. La méthode de mesure est, pour ces trois types d'essais, basée sur la pénétration d'un ***indenteur*** ou ***pénétrateur*** très dur à la surface d'un matériau. Une valeur de dureté, sans dimension, est déterminée à partir de la mesure de la dimension ou de la profondeur de l'empreinte laissée par le pénétrateur soumis à une charge et une vitesse d'application contrôlées. Les trois procédés se différencient par le type de pénétrateur, la force exercée sur celui-ci, la grandeur mesurée, et le mode de détermination de la valeur de la dureté.

Les essais de dureté donnent des empreintes dont la taille est de l'ordre du millimètre (mm). Une empreinte de dureté couvre donc généralement un nombre important de grains d'un métal et les duretés obtenues sont des valeurs moyennes sur plusieurs grains. Ceci peut être un avantage, l'anisotropie des grains étant responsable pour une large part de l'importante dispersion sur les mesures de dureté obtenues avec des tailles d'empreinte inférieures au diamètre d'un grain.

En revanche, les essais de micro- et de nanodureté sont des essais de dureté à l'échelle des grains d'un polycristal ou des différents constituants microstructuraux d'un matériau polyphasé ou d'un matériau revêtu. Des précautions très particulières doivent être prises pour réaliser ces mesures.

La figure 7.1 définit la géométrie des différents types d'indenteurs utilisés pour les mesures de dureté, microdureté et nanodureté.

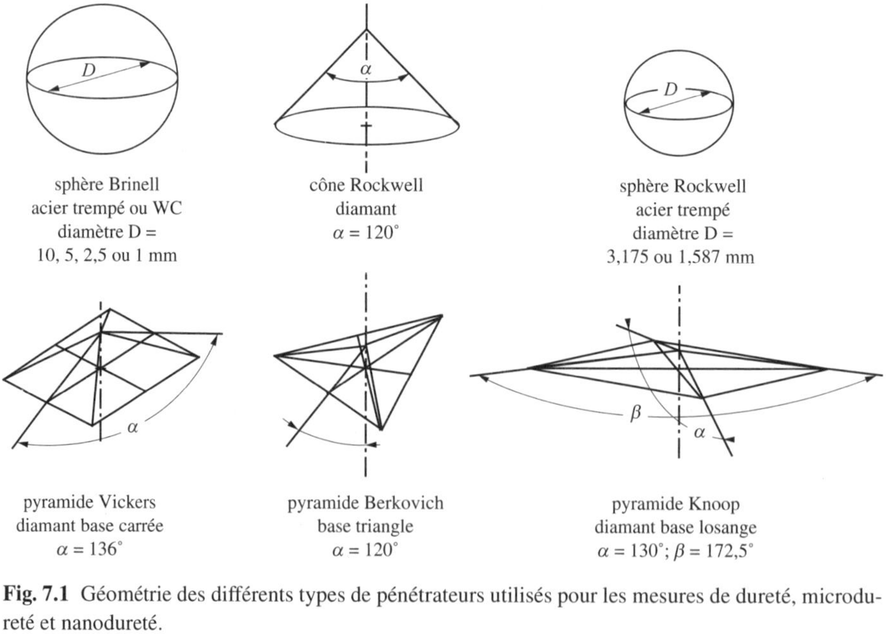

Fig. 7.1 Géométrie des différents types de pénétrateurs utilisés pour les mesures de dureté, microdureté et nanodureté.

7.3 ESSAI DE DURETÉ BRINELL

La dureté Brinell est notée *HB*. Les mesures de dureté Brinell, dont le principe est présenté en figure 7.2, sont utilisables jusqu'à des duretés de 650 *HB*. Elles font l'objet de la norme européenne EN 10003 (1994). D'autres normes européennes existent pour des matériaux et/ou des produits spécifiques.

Pour l'essai Brinell, le pénétrateur est une bille en acier trempé polie ou une bille en carbure. La bille en acier est utilisée pour des duretés Brinell allant jusqu'à 350 HB. Pour des duretés plus importantes, la déformation élastique de la bille en acier n'est plus négligeable, on utilise alors une bille en carbure. Le diamètre de la bille doit être adapté à l'épaisseur et à la dureté de la pièce, il peut être déterminé à l'aide d'un abaque. Les diamètres de la bille sont normalisés (1; 2,5; 5 ou 10 mm).

Le pénétrateur est appliqué sur la surface lisse de l'éprouvette avec une force donnée, à une vitesse contrôlée. La norme préconise une durée d'application de la charge comprise entre 2 et 8 secondes, et un maintien à la charge maximale de durée comprise entre 10 et 15 secondes.

Le diamètre de l'empreinte laissée par le pénétrateur après retrait complet de la charge est mesuré sur l'éprouvette. Pour cette mesure, une précision de ± 1% est nécessaire, afin que l'incertitude sur la valeur de dureté ne dépasse pas ± 2%. L'empreinte est supposée circulaire et ayant la forme d'une calotte sphérique. Dans le cas d'une empreinte non circulaire, on prendra la valeur moyenne de deux diamètres perpendiculaires de l'empreinte.

Sous charge croissante, dès que la limite d'élasticité du matériau est atteinte, un durcissement par écrouissage a lieu dans le domaine déformé plastiquement autour de l'empreinte. Afin que les mesures soient reproductibles, il est donc nécessaire de respecter certaines conditions:

- La surface arrière de la pièce ne doit pas présenter de déformation visible après indentation; aussi le diamètre de la bille est fonction de l'épaisseur de l'échantillon. L'épaisseur minimale de l'échantillon est donnée par la norme: $e_{min} \geq 8$ fois la profondeur de pénétration de la bille.
- La charge doit être choisie de telle sorte que l'empreinte ne soit ni trop plate (bords de l'empreinte peu lisibles) ni trop profonde (grandeurs mesurées à peine différenciées pour des profondeurs d'empreinte différentes): le diamètre de l'empreinte doit être compris entre 0,24 et 0,6 fois le diamètre de la bille. Cela suppose le retrait élastique à la décharge négligeable par rapport à la déformation plastique.

Les valeurs de dureté obtenues avec des billes différentes ne sont comparables que si le rapport entre la charge d'essai et le diamètre de la bille est constant. Cette constante est appelée ***rapport de charge***: $C \cong F/D$.

La norme définit le rapport de charge à utiliser en fonction de la nature du métal et de sa dureté. Ce choix permet en particulier qu'indépendamment du matériau, le diamètre de l'empreinte reste dans le domaine défini ci-dessus.

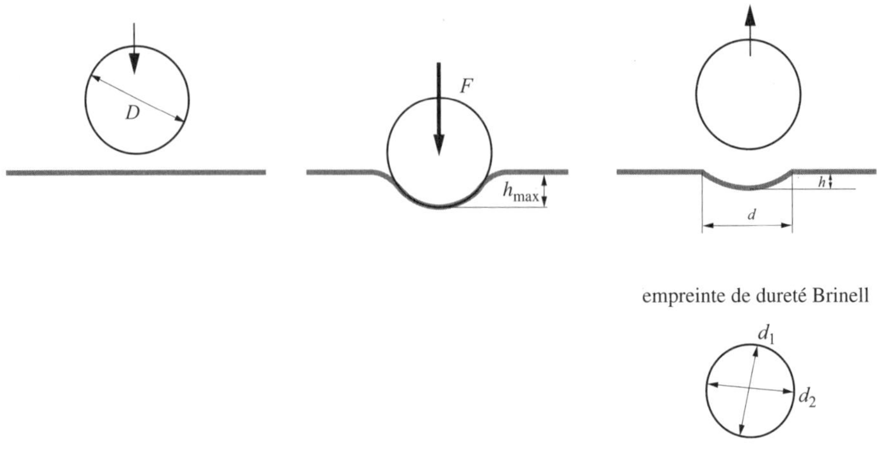

Fig. 7.2 Schéma de principe d'un essai de dureté Brinell.

La valeur de dureté Brinell est donnée par:

$$\text{Dureté Brinell } HB = \frac{0{,}102 \cdot F}{A} \quad (F \text{ en [N] et } A \text{ en [mm}^2\text{]}) \tag{7.1}$$

où F est la force appliquée et A est l'aire de l'empreinte supposée assimilable à une calotte sphérique:

$$A = \frac{\pi \cdot D \cdot \left(D - \sqrt{\left(D^2 - d^2\right)}\right)}{2} \tag{7.2}$$

avec D le diamètre de la bille et d le diamètre de l'empreinte. Cette dernière hypothèse suppose le retrait élastique à la décharge faible comparativement à la déformation plastique sous charge, condition de validité de la mesure.

Dans la pratique, la dureté Brinell n'est pas calculée mais relevée dans des tables, en fonction du diamètre de la bille, du diamètre de l'empreinte et du rapport de charge (ou de la charge d'essai).

Les valeurs de dureté obtenues par différentes mesures ne sont comparables que si ces mesures ont été effectuées sous des conditions identiques. Une valeur de dureté selon la norme doit mentionner ces conditions de mesures. A cette fin, la désignation symbolique est normalisée; aucune information supplémentaire n'est mentionnée après la dureté suivie de la désignation *HB* si les conditions de mesures sont celles couramment utilisées (bille de 10 mm, force de 29420 N, durée de maintien de la charge d'essai 10 à 15 s).

La mesure de dureté Brinell est utilisée pour:

- La mesure de dureté sur des matériaux de dureté allant jusqu'à 650 *HB*.
- La mesure de dureté sur matériau présentant une microstructure comportant des domaines de duretés différentes ou présentant un gradient de dureté. Il

est possible, avec une bille de diamètre 10 mm, de toucher plusieurs de ces domaines, de telle sorte qu'une valeur «moyenne de la microstructure» pourra être évaluée. Ceci est important par exemple pour un métal polyphasé, ou pour de la fonte grise.

- Le contrôle de résistance de pièces ayant subi un traitement thermique. De nombreuses séries d'essais comparatifs sur aciers ont permis de mettre en évidence la relation entre la résistance à la rupture R_m mesurée par l'essai de traction et la dureté Brinell: $R_m \cong 3{,}5\ HB$. Cette relation approximative est valable pour des aciers jusqu'à une résistance R_m d'environ 1500 N/mm^2. Elle permet d'effectuer par exemple un contrôle non destructif de la résistance de pièces traitées thermiquement. L'essai de dureté est alors pratiqué sur les têtes d'amarrage des éprouvettes de traction.

La mesure de dureté Brinell n'est pas utilisable pour des matériaux très durs ou pour des couches superficielles fines.

7.4 ESSAI DE DURETÉ VICKERS

Le procédé Vickers est le procédé de mesure de dureté le plus précis, et concerne le domaine de mesure le plus large. Dans le projet de l'Euronorme

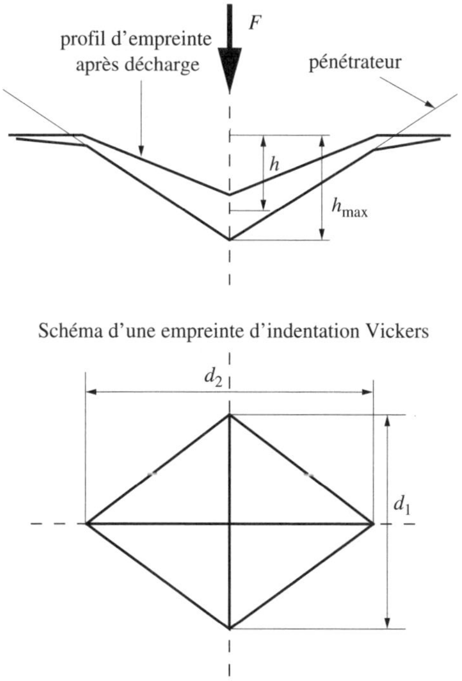

Fig. 7.3 Schéma de principe d'un essai de dureté Vickers.

[DIN EN ISO 6507] on distingue plusieurs variantes de cet essai selon la valeur de la charge appliquée. Ces variantes seront détaillées plus loin (mesures de microdureté, sect. 7.6, mesures de nanodureté, sect. 7.7).

Pour l'*essai de dureté Vickers*, dont le principe est défini sur la figure 7.3, on utilise comme pénétrateur un diamant épointé de forme pyramidale à base carrée et d'angle 136° entre deux faces opposées (fig. 7.1). Celui-ci est fragile aux chocs, et de ce fait moins apte à l'utilisation en conditions sévères que la bille dans le procédé Brinell. En revanche, il est possible d'examiner des matériaux plus durs. Il n'y a a priori pas de limite aux duretés mesurables par l'essai de dureté Vickers.

La force est appliquée en 10 à 15 s, sans à-coup, jusqu'à sa valeur maximale. Elle est ensuite retirée. La pyramide laisse alors une empreinte de forme pyramidale (fig. 7.4).

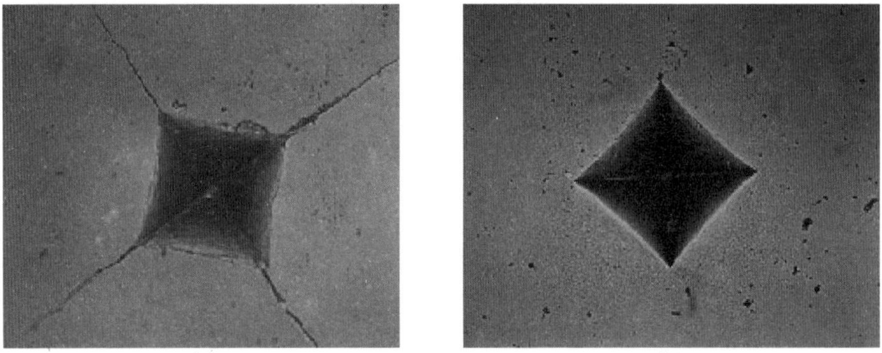

(a) (b)

Fig. 7.4 Empreintes de dureté Vickers : (a) dans un matériau fragile ; (b) dans un matériau ductile.

Pour des charges comprises entre 100 et 1000 N, la charge est sans influence sur la mesure de dureté. Pour des échantillons dont la surface de mesure est petite ou mince (couche dure superficielle par exemple), ou lorsque la surface ne peut être que légèrement endommagée, de plus faibles forces sont préconisées, entre 2 et 50 N. On parlera alors d'*essai de dureté Vickers sous charge réduite*. Pour des charges inférieures à 2 N, on parle d'*essai de microdureté Vickers*. Un tel essai est approprié pour la mesure de dureté des grains individuels d'un polycristal par exemple (sect. 7.6).

La diagonale de l'empreinte est mesurée. La valeur moyenne des deux diagonales est utilisée si le matériau est anisotrope. La précision du dispositif de mesure (loupe ou projection sur un verre opaque) doit être de l'ordre de ± 1 %, correspondant à un écart sur la dureté de ± 2 %. Les calculs des duretés Vickers (*HV*) et Brinell (*HB*) sont semblables. La mesure de dureté Vickers est définie par :

$$HV = \frac{1{,}854 \cdot F}{d^2} \quad (F \text{ en [N] et } d \text{ en [mm]}) \tag{7.3}$$

Comme pour les valeurs de dureté Brinell, les valeurs de dureté Vickers obtenues par différentes mesures ne sont comparables que si ces mesures ont été effectuées sous des conditions identiques. Une valeur de dureté Vickers selon la norme doit mentionner ces conditions de mesures par une désignation symbolique normalisée. Par exemple 640 *HV* 50 désigne une dureté Vickers de 640, obtenue en utilisant une charge $F = 490$ N et une durée de mesure comprise entre 10 et 15 s.

Les domaines d'application de la mesure de dureté Vickers sont par exemple:

- La mesure de dureté pour des matériaux de tout niveau de dureté, y compris les matériaux durs frittés. Dans ce dernier cas, l'empreinte ne mesure que quelques µm. Plus l'empreinte est petite, plus la qualité de la surface indentée doit être propre (polie).
- La mesure de dureté d'une couche superficielle durcie. La force de mesure doit être choisie de telle sorte qu'aucune trace de déformation ne soit visible sur la face opposée après l'essai, et de telle sorte que l'épaisseur de la couche soit supérieure ou égale à 1,5 fois la diagonale de l'empreinte.

La mesure de dureté Vickers peut être effectuée sur une surface cylindrique convexe ou sphérique. Il convient alors d'une part de respecter un bon centrage de l'échantillon par rapport à l'axe du pénétrateur, d'autre part d'effectuer une correction fournie par la norme en fonction de la géométrie de la surface indentée.

7.5 ESSAI DE DURETÉ ROCKWELL

Dans l'essai de dureté selon Rockwell, la dureté n'est pas définie par le quotient d'une force par la surface de l'empreinte comme c'est le cas avec les procédés Brinell et Vickers, mais est déterminée par la *profondeur* de l'empreinte. Celle-ci, ainsi que la dureté elle-même, sont lues sur un cadran ou enregistrées. Le procédé est entièrement automatisable.

Dans les essais de dureté Rockwell, le pénétrateur est soit un cône en diamant pointu d'angle au sommet 120° et à pointe arrondie sphérique (rayon 0,2 mm), soit une bille en acier de diamètre 1,587 mm ou 3,175 mm (fig. 7.1). L'*indentation* s'effectue en deux temps à la surface lisse de l'éprouvette. Une charge initiale F_0 est d'abord appliquée; cette charge est de 30 N pour les duretés superficielles, et de 100 N pour des échantillons massifs. Cette phase préliminaire permet d'éliminer l'influence du support et du jeu, en fournissant une base de référence pour la mesure de la profondeur de pénétration. Puis, la charge est augmentée progressivement jusqu'à la charge d'essai, en 2 à 8 secondes. La charge d'essai est imposée par l'Euronorme EN ISO 6508 (1999). Elle est maintenue constante durant 4 ± 2 s. Puis une décharge s'effectue jusqu'à la charge initiale F_0. Après enlèvement de la surcharge, le dispositif mesure automatiquement l'accroissement rémanent de la profondeur de l'empreinte, h, correspondant à la déformation plastique. h est encore appelé ***profondeur de pénétration résiduelle*** et peut être directement lu ou enregistré. Aux valeurs de la pénétration correspondent des valeurs de dureté Rockwell (*HR*) également directement lues.

La valeur de dureté Rockwell varie linéairement avec la profondeur de l'empreinte selon une relation dont les paramètres sont normalisés. Ces paramètres constants sont listés selon plusieurs échelles (A, B, C... N, T) correspondant à la nature des matériaux :

$$HR = N - h/S \quad (h \text{ en [mm]}) \tag{7.4}$$

Le facteur S vaut 0,002 pour les échantillons massifs, 0,001 pour les mesures de dureté superficielle, et $N = 100$ (échelle B) ou 130 (échelle C).

La valeur de dureté Rockwell ainsi obtenue est désignée par le symbole *HR* suivi par la lettre correspondant à l'échelle de mesure utilisée, 59 *HRC* par exemple.

Le domaine d'application de la mesure de dureté Rockwell est essentiellement celui des mesures rapides de dureté pour les matériaux de dureté comprise entre 20 et 70 *HRC*. Pour les matériaux plus mous, l'échelle *HRB* doit être utilisée, où le cône est remplacé par une bille en acier de diamètre 1,587 mm. Pour les matériaux de dureté supérieure à 65 *HRC* (dureté d'un acier trempé ou de la martensite), le procédé devient imprécis.

Notons enfin qu'il faut bien sûr procéder de telle manière que la zone de déformation plastique autour du pénétrateur n'atteigne pas la face opposée de l'échantillon, ou l'interface entre le revêtement et l'alliage substrat. L'échantillon doit donc être suffisamment épais. Par exemple, la dureté d'une couche superficielle durcie par cémentation n'est mesurable par le procédé *HRC* que si son épaisseur est supérieure à 0,7 mm. Par ailleurs, moyennant quelques précautions, le procédé Rockwell peut être utilisé sur surface cylindrique convexe ou sphérique. Il convient là encore de respecter un bon centrage de l'échantillon par rapport à l'axe du pénétrateur.

7.6 COMPARAISON ENTRE LES DIFFÉRENTES DURETÉS

A cause des différents processus micromécaniques mis en jeu dans les différentes méthodes de mesure de dureté, on comprend bien qu'il n'existe pas de formule de traduction entre les valeurs de dureté *HB*, *HV* et *HR*. Néanmoins, les résultats de nombreuses séries d'essais sur aciers ont permis d'établir des cartes de conversion qui font l'objet de la norme NF A 03-172 (1980). Une estimation peut tout de même être effectuée à l'aide de relations empiriques telles que $HB \cong 0{,}95\ HV$, ou $HRC = 1/10\ HV$ (dans le domaine 200-400 *HV*).

Enfin l'essai de dureté étant un essai quasiment non destructif comparativement à un essai de traction, il peut être pratiqué directement sur pièce de structure. Pour des pièces traitées thermiquement, il est tentant de pouvoir évaluer la résistance de la pièce traitée par un simple essai de dureté, sur des têtes d'amarrage d'éprouvettes par exemple. Malgré un grand nombre d'essais existant dans ce sens, il faut néanmoins rester très prudent quant à la validité d'une telle conversion, qui ne fournit qu'un ordre de grandeur de la résistance à la traction. Pour les matériaux à faible exposant d'écrouissage, on peut en première approximation considérer que *HB* est égal à trois fois la résistance à la traction R_m.

7.7 ESSAI DE MICRODURETÉ

On parle d'essai de microdureté lorsque la taille de l'empreinte correspondante est de l'ordre de quelques micromètres (μm). La microdureté peut être déterminée, sous certaines conditions, par les méthodes de mesure conventionnelles statiques, par exemple selon les procédures Vickers DIN IS0 4516 (1988). Comme pour les mesures de dureté macroscopiques, il est indispensable, lorsqu'on donne une valeur de microdureté, de préciser les conditions d'essai, en particulier la charge appliquée.

La plupart des méthodes statiques couramment utilisées pour mesurer la microdureté, analogues aux différentes méthodes décrites précédemment pour les mesures de dureté, sont basées sur le principe de mesure de l'aire d'une empreinte (création d'une empreinte par un pénétrateur sous l'action d'une charge, et mesure de l'aire de l'empreinte après décharge). On obtient alors une valeur dite statique de microdureté. La valeur de *microdureté statique*, H, (par ex. la microdureté selon Vickers, HV) est calculée comme le rapport entre la charge appliquée et mesurée, F, et l'aire de l'empreinte, A:

$$H = F/A = cF/d^2 \quad (F \text{ en [N] et } d \text{ en [mm]}) \qquad (7.5)$$

où c est une constante indépendante de la charge, fonction de la géométrie du corps pénétrateur, et d est la diagonale de l'empreinte générée.

Un microduromètre est composé d'un appareil de mesure de dureté et d'un microscope (fig. 7.5). Pour l'évaluation des très petites empreintes de microdureté, on utilise un microscope électronique à balayage.

La méthode Knoop de mesure de microdureté est particulièrement intéressante. Le pénétrateur utilisé est un diamant de forme pyramidale à base losange, dont les diagonales sont sensiblement dans un rapport 7/1 (fig. 7.1). Son avantage est la dimension d'empreinte suffisamment importante, pour une charge néanmoins très faible. La dureté Knoop, notée HK, est calculée là aussi comme le rapport de la charge appliquée F à la surface A de l'empreinte ayant pour plus grande diagonale ℓ:

$$HK = F/A \approx 14,23 \cdot \frac{0,102 \cdot F}{\ell^2} \quad (F \text{ en [N] et } \ell \text{ en [mm]}) \qquad (7.6)$$

Les mesures de microdureté sont utilisées pour mesurer les duretés des différentes phases d'un matériau polyphasé, ou celles des différents constituants d'un matériau composite. Pour que la valeur de microdureté de chaque phase soit

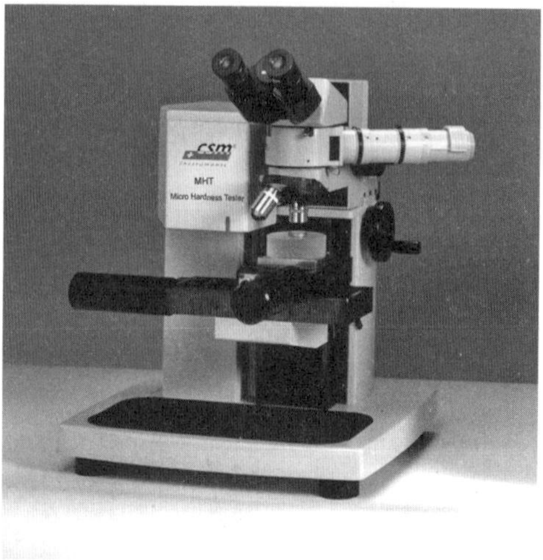

Fig. 7.5 Microduromètre Vickers (avec l'aimable autorisation de CSM-Instruments).

valable, la taille de l'empreinte ne doit pas dépasser de l'ordre de 1/7 de la taille du constituant [7.4]. Elles sont également parfois utilisées pour mesurer la ténacité d'un matériau fragile.

Les mesures de microdureté sont également utilisées pour caractériser les couches traitées superficiellement dans leur épaisseur (couches nitrurées, carburées, carbonitrurées...), pour mesurer l'écrouissage superficiel d'une pièce, ou pour mesurer l'adhérence d'une couche superficielle à son substrat. Le pénétrateur Knoop est particulièrement intéressant pour caractériser les couches superficielles dans leur épaisseur, en raison de sa faible dimension dans une des directions perpendiculaires à la direction de pénétration. La figure 7.6 montre une filiation d'empreintes de microdureté Knoop à travers la couche superficielle d'un acier nitruré.

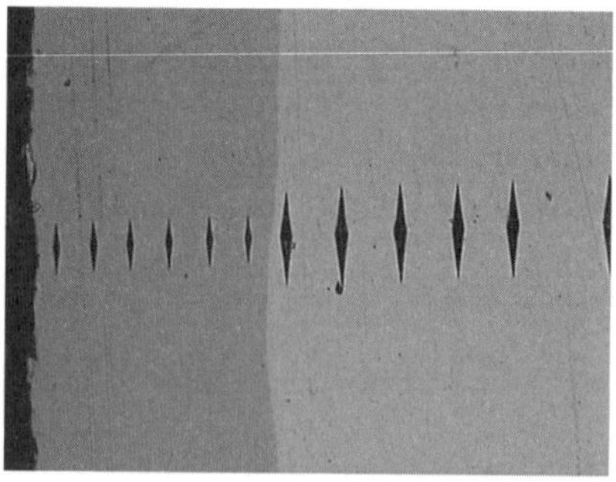

Fig. 7.6 Filiation d'empreintes de microdureté Knoop dans la couche superficielle d'un acier nitruré (Chicot & Lesage, LML, Univ. Lille 1, France).

7.8 ESSAI DE NANODURETÉ ET TECHNIQUES DE NANOINDENTATION

On parle d'essai de nanodureté lorsque la taille de l'empreinte correspondante est de l'ordre de quelques nanomètres (nm), en tout cas inférieure au µm. Pour évaluer une nanodureté, on utilise des méthodes et des concepts différents de ceux utilisés pour les mesures statiques, telles que la méthode dynamique dite ***méthode de pénétration***. Comme pour les mesures de dureté macroscopique ou de microdureté, il est indispensable, lorsqu'on donne une valeur de nanodureté, de préciser les conditions d'essai, en particulier la charge appliquée. Par les nouvelles méthodes dites de pénétration, développées spécialement pour les mesures à l'échelle nanométrique, on mesure une *dureté dynamique* appelée encore ***dureté universelle***. La dureté universelle (HU) est, relativement aux duretés Vickers (HV), Brinell (HB) et Rockwell (HRC et HRB), une autre grandeur caractéristique de la dureté, normalisée seulement depuis 1997 (norme DIN 50359-1). Elle caractérise les résistances aux déformations élastiques et plastiques du matériau. Elle permet la caractérisation de tous les matériaux. Il n'existe pas de corrélation de validité générale entre la valeur dynamique HU et les valeurs statiques (HV, HB, HRC, HRB). Pour des matériaux qui ne se déformeraient que plastiquement, on admet néanmoins que $HU = HV$; pour les autres matériaux, $HU < HV$.

Pour évaluer la nanodureté d'un matériau, on peut utiliser un pénétrateur Vickers (pyramide à base carrée), un pénétrateur Brinell (sphère), un pénétrateur Knoop (pyramide à base losange) ou un pénétrateur Berkovitch (pyramise à base triangulaire). Les géométries de ces différents pénétrateurs sont définies à la figure 7.1.

L'évaluation de la nanodureté s'effectue par mesure de la profondeur de pénétration de l'indenteur. En fait, un nanoduromètre (fig. 7.7) est instrumenté de manière très fine, de façon à mesurer simultanément, pendant tout le processus de charge et de décharge, la charge et le déplacement de l'indenteur. Si le comportement du matériau au cours de l'indentation était purement élastique, les courbes de chargement et de déchargement seraient superposées et la profondeur résiduelle de pénétration après décharge serait nulle. A cause de la plasticité du matériau, seule la déformation élastique est recouvrée à la décharge, et une déformation plastique donc une empreinte subsiste. La pente S de la courbe de déchargement au début de celui-ci permet l'évaluation du module de Young du matériau (fig. 7.8).

La dureté universelle mesurée est définie comme le quotient de la force maximale appliquée, F, par l'aire A de l'empreinte lors de l'application de cette force:

$$HU = F/A = cF/h^2 \quad (F \text{ en [N] et } h \text{ en [mm]}) \tag{7.7}$$

où c est une constante caractéristique de la forme du pénétrateur, et h est la profondeur de pénétration lors de l'application de la force maximale (pour un pénétrateur supposé parfaitement rigide).

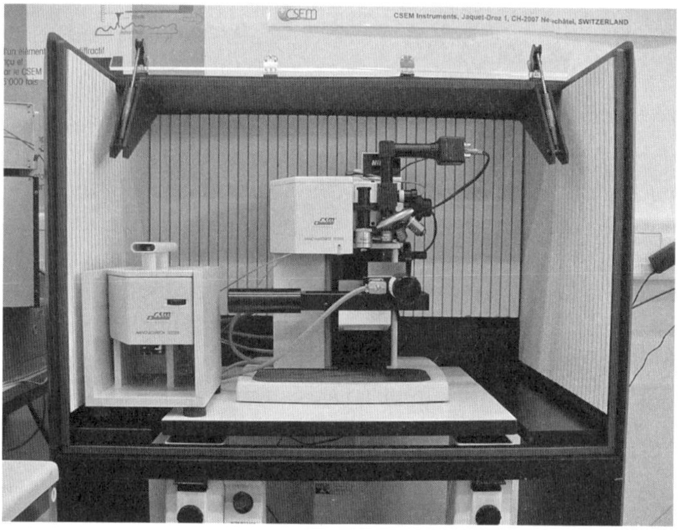

Fig. 7.7 Nanoduromètre (avec l'aimable autorisation de CSM-Instruments).

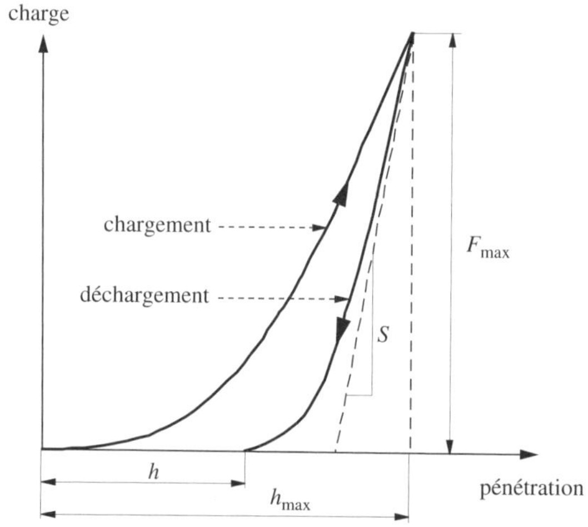

Fig. 7.8 Courbe schématique charge d'essai-profondeur de pénétration, enregistrée lors d'un essai de nanodureté.

Un nanoduromètre est parfois combiné à un microscope à force atomique (AFM) de façon à pouvoir mesurer le relief d'indentation, à savoir de l'empreinte et du bourrelet ou du retrait plastique qui l'entoure.

Les caractères distinctifs des mesures de microdureté et des mesures de nanodureté sont donnés dans le tableau 7.1. Quand la microdureté est décrite en tant que dureté universelle, de nombreuses caractéristiques de l'essai de microdureté sont identiques à celles de l'essai de nanodureté, et les exigences de l'essai de microdureté sont toujours les minima des exigences de l'essai de nanodureté.

Tableau 7.1 Caractéristiques et comparaison entre les essais de microdureté et ceux de nanodureté.

	Microdureté	Nanodureté
Principe de mesure	Essai conventionnel ou Méthode de pénétration (voir nanodureté) Dureté statique	Méthode de pénétration (vitesse typique : 10 – 20 nm/s) Résultat : Courbe force-profondeur (fig. 7.8) Dureté dynamique (dite *universelle*)
Force appliquée	Selon Norme DIN 50133 • charge faible, HV 0,2... $< HV$ 5 force F : 1,961 – 49,03 N • domaine micro : $< HV$ 0,2 force F : $<$ 1,961 N Selon Norme DIN 50359-1 • domaine macro : 2 N $\leq F \leq$ 1000 N • domaine micro : $F \leq$ 2 N, $h >$ 0,2 µm Dans la norme américaine, la microdureté est normalisée pour des forces de pénétration dans la gamme 1-1000 p	En principe $F \leq$ 0,1 N Définitions possibles de F et h pour adaptation aux dimensions de l'objet
Calcul	Dureté statique (particulièrement HV) $H = F/A = cF/d^2$ avec A aire projetée de l'empreinte d diamètre d'empreinte ou Dureté universelle HU $HU = F/A = cF/h^2$ avec h profondeur d'empreinte	Dureté universelle HU $HU = F/A = cF/h^2$ avec h profondeur d'empreinte
Instrument	Appareil d'essai pour la microdureté (microduromètre) souvent associé à un microscope optique Corps de pénétration en diamant, par ex. pyramide selon Vickers	Appareil d'essai pour la nanodureté (nanoduromètre) parfois associé à un microscope à force atomique (AFM) Pénétrateur : conique ou sphérique avec diamètre de 0,6 à 0,7 µm. Très répandue aussi, la pyramide trilatérale selon Berkovich, à angle de 142°, ou la pyramide selon Vickers, avec le même rapport profondeur/surperficie
Précision	Conditionnée par les paramètres techniques (en particulier résolution du microscope) et subjectifs	Conditionnée par la conception mécanique du système ; résolution de l'ordre de 0,01 µN pour la force, et jusqu'à 0,1 nm pour la profondeur de pénétration
Applications typiques	Dureté ou/et caractéristiques mécaniques des grains d'un polycristal Ténacité d'une interface (selon épaisseur du revêtement) Dureté d'un revêtement (selon épaisseur)	Dureté ou/et caractéristiques mécaniques de particules de seconde phase Ténacité d'une interface (selon épaisseur du revêtement) Dureté d'un revêtement (selon épaisseur)

7.9 AUTRES POTENTIALITÉS DES MESURES DE DURETÉ

L'interprétation du comportement à la charge et à la décharge du processus d'indentation est délicate. Néanmoins, moyennant l'hypothèse d'une forme de loi de comportement du matériau, une analyse par éléments finis, couplée à des mesures de profilométrie de l'empreinte, permet de déterminer, par méthode inverse, bon nombre des caractéristiques de traction monotone des matériaux usuels (module de Young, limite d'élasticité, loi de comportement). On peut également déterminer par essai de dureté la ténacité d'un matériau fragile ou la ténacité d'une interface entre deux matériaux. On trouvera des analyses détaillées sur le sujet dans [7.4], [7.5] et [7.7].

7.10 BIBLIOGRAPHIE

7.10.1 Normes

EN 10003-1 (1994): *Matériaux métalliques – Essai de dureté Brinell.*

EN ISO 6507-1 (1998): *Matériaux métalliques – Essai de dureté Vickers.*

EN ISO 6508 (1999): *Matériaux métalliques – Essai de dureté Rockwell.*

NF A 03-172 (1980): *Produits sidérurgiques, Valeurs de conversion de dureté de l'acier.*

NF A 03-173 (1984): *Produits sidérurgiques – Valeurs de conversion dureté – résistance à la traction de l'acier.*

ISO/FDIS 14577-1:2002, Metallic materials – Instrumentedindentation test for hardness and materials parameters, ISO Central Secretariat, Rue de Varembé 1, 1211 Geneva, Suisse.

DIN 50359 (1997) Testing of metallic materials – Universal hardness test.

DIN 50359-1 (1997) Testing of metallic materials – Nanohardness.

DIN IS0 4516 (1988) Metallic and similar layers – Microhardness test after Vickers and Knoop.

7.10.2 Ouvrages de référence

[7.1] D. François, «Essais mécaniques des métaux. Essais de dureté.» *Les Techniques de l'Ingénieur*, M123, pp. 1-12, 1984.

[7.2] J. Barralis, G. Maeder, *Précis de Métallurgie: Elaboration, Structures, Propriétés, Normalisation*, Nathan, pp. 186-190, 1995.

[7.3] D. Tabor, *Hardness of Metals*, Oxford University Press, 1951.

[7.4] S. Pommier, Chapitre «Essais de dureté», *Essais mécaniques et lois de comportement*, Traité «Mécanique et Ingénierie des matériaux», série «Alliages Métalliques et Mise en forme des matériaux» Hermès Science Publications, pp. 107-142, 2001.

[7.5] A.C. Fischer-Cripps, *«A review of analysis methods for sub-micron indentation testing»*, Vacuum 58, pp. 569-585, 2000.

[7.6] A.C. Fischer-Cripps, *«Nanoindentation»*, Mechanical engineering series, Springer-Verlag, 2002.

[7.7] *Encyclopedia of Materials Science*, Elsevier, 2001.

CHAPITRE 8

RÉSISTANCE DES MATÉRIAUX À LA FATIGUE

8.1 OBJECTIFS

Ce chapitre se propose dans un premier temps de donner quelques généralités sur le phénomène de fatigue des matériaux. Il définit ensuite les différents domaines de la fatigue, et leurs caractéristiques propres. Puis après avoir défini les objectifs des essais de fatigue, nous décrirons les dispositifs expérimentaux et les procédures expérimentales à mettre en œuvre pour caractériser la résistance d'un matériau à la fatigue. Les modes d'obtention et d'exploitation des résultats des essais de fatigue seront exposés. Enfin quelques éléments sur la fatigue aléatoire et la fatigue sur éprouvettes entaillées seront donnés.

8.2 GÉNÉRALITÉS SUR LA FATIGUE

8.2.1 Phénomène de fatigue des structures

On sait depuis longtemps qu'un élément de structure soumis à une charge variable, répétée ou fluctuante, est susceptible de se rompre sous des charges nettement plus faibles que celle nécessaire à sa rupture sous chargement constant (ou chargement statique).

Les ruptures sous charges variables sont appelées ***ruptures par fatigue***. Le phénomène de fatigue des matériaux consiste en un endommagement progressif résultant d'une sollicitation variable dans le temps, conduisant à la fissuration puis à la rupture. La rupture apparaît généralement après une période de fonctionnement qui peut être longue, voire très longue. On considère aujourd'hui que 85 à 90% des ruptures de structures en service en fonctionnement normal résultent d'un phénomène de fatigue. Il s'agit d'un problème primordial, étant donné les conséquences économiques, matérielles et humaines que de telles ruptures peuvent entraîner. Le nombre de ces ruptures a fortement augmenté avec le développement des équipements dans l'automobile, l'aviation, les machines tournantes en général (moteurs, turbines, compresseurs, pompes, alternateurs...).

Le phénomène de fatigue est bien souvent insidieux ; bien que résultant d'un endommagement progressif, une rupture par fatigue apparaît souvent brutalement, sans signe avant-coureur aisément détectable, en particulier sans déformation plastique notable préalable. La résistance d'une pièce de structure à la fatigue dépend du matériau, de la forme et de l'état de surface de la pièce, de son mode de sollicitation, et des conditions d'environnement (température, milieu ambiant plus ou moins corrosif...). Cette résistance se caractérise par la *durée de vie* de la pièce, ou nombre de cycles qu'elle peut supporter jusqu'à sa défaillance. Il convient donc d'étudier d'une part la résistance à la fatigue des matériaux de structure, d'autre part les facteurs structuraux susceptibles d'influer sur cette résistance.

On trouvera plus de détails sur les mécanismes physiques à l'origine du phénomène de fatigue des matériaux dans le volume 9 du présent Traité des matériaux.

La durée de vie d'une structure soumise à de la fatigue est d'autant plus courte que le niveau de sollicitation appliqué est élevé. Inversement, un niveau de sollicitation suffisamment faible peut conduire à une durée de vie infinie de la structure (relativement à l'application visée). On appelle ***endurance*** l'aptitude d'un matériau ou d'une structure à résister à la fatigue.

La conception d'une structure sollicitée en fatigue se fait suivant deux approches différentes, selon que l'on souhaite pour celle-ci une durée de vie «infinie» (ou «illimitée»), ou une durée de vie «finie» (ou «limitée»).

Concevoir une structure de durée de vie infinie peut signifier deux choses: ou bien aucun amorçage de fissure ne doit apparaître dans la structure en service; ou bien, s'il existe des défauts ou des microfissures dans la structure, ceux-ci ne doivent en aucun cas se propager.

Au contraire, dans la conception d'une structure de durée de vie finie donnée, l'amorçage ou la présence de fissures et leur propagation sont acceptables, pourvu que l'état d'endommagement de la structure susceptible d'être atteint en fin de durée de vie ne présente aucun risque de défaillance de la structure vis-à-vis des performances attendues en service (notion de ***tolérance au dommage***). Une telle approche nécessite un suivi des défauts par des contrôles non destructifs adaptés (chap. 14).

On peut distinguer deux grandes catégories d'essais de fatigue: les essais sous amplitude de sollicitation constante, et les essais sous amplitude de sollicitation variable simulant des sollicitations en service, elles-mêmes d'amplitude variable. Ces derniers essais sont généralement pratiqués sur structure réelle, ou au moins sur maquette, tandis que les essais à amplitude constante sont la plupart du temps pratiqués sur éprouvette. Nous ne traiterons ici que des essais sous amplitude de sollicitation constante à température ambiante, donc à température constante. Les essais sous amplitude constante à haute température seront traités dans le chapitre 11 du présent volume.

Les méthodes de conception des structures vis-à-vis des risques d'endommagement par fatigue nécessitent au préalable la connaissance des caractéristiques de résistance à la fatigue des matériaux: résistance aux sollicitations cycliques d'une part, résistance à la propagation de fissures existantes d'autre part. Les fluctuations de contrainte susceptibles d'être rencontrées dans une structure peuvent être de formes très variées: variations sinusoïdales, variations cycliques par blocs répétés, variations aléatoires... Des surcharges ou des sous-charges peuvent également apparaître, comme celles enregistrées sur une voiture ou un camion sur route.

Les ruptures en service par fatigue présentent généralement des faciès d'aspect caractéristique. On y distingue une zone relativement lisse, caractéristique de la propagation lente d'une fissure, et une zone plus accidentée de rupture brutale plus ou moins ductile; cette dernière s'est produite en fin de propagation, lorsque le ligament restant est devenu d'aire insuffisante pour supporter la charge maximale appliquée.

En effet, le phénomène de fatigue se caractérise par une première phase d'amorçage de microfissures, en surface le plus souvent à température ambiante sur des défauts préexistants (inclusions, porosités, raies d'usinage...). Ces microfissures se propagent d'abord en surface, puis coalescent et se propagent jusqu'à l'apparition d'une macrofissure. Cette macrofissure va, elle, se propager en profondeur dans la pièce, lentement d'abord, puis de plus en plus vite, jusqu'à ce que les conditions de rupture brutale en fond de fissure soient satisfaites et que le ligament restant se rompe. La figure 8.1 montre un exemple de faciès de rupture d'un arbre épaulé rompu en fatigue sous sollicitation de flexion plane alternée ayant occasionné deux sites d'amorçage et la propagation de deux fissures macroscopiques de part et d'autre de la zone de rupture finale.

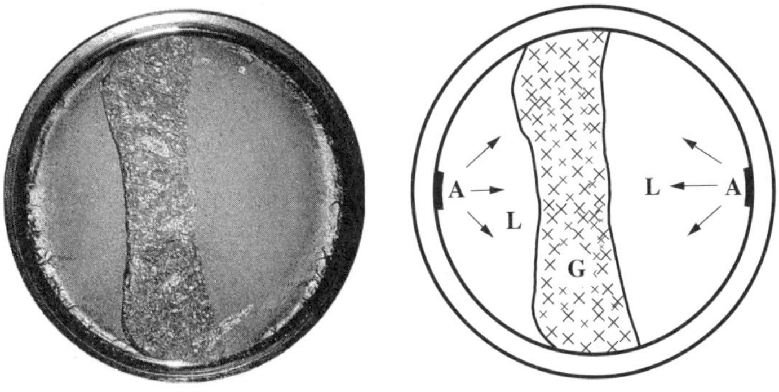

Fig. 8.1 Faciès de rupture par fatigue d'un arbre épaulé sollicité en flexion plane alternée. A: zones d'amorçage; L: zones lisses de propagation des fissures; G: zone accidentée de rupture brutale.

L'objet de ce chapitre est de présenter les méthodes de caractérisation de la résistance à la fatigue des matériaux de structure à température ambiante. On distinguera les essais de fatigue-endurance (sect. 8.3) et les essais de fatigue oligocyclique (sect. 8.4).

8.2.2 Différents domaines de la fatigue

Considérons dans un premier temps les essais de fatigue sous amplitude de contrainte constante. La sollicitation dont on parlera s'exprimera bien sûr en termes de contrainte nominale; pour la définir, il ne sera pas tenu compte des concentrations de contrainte existant au droit des défauts microstructuraux ou des défauts d'état de surface.

Les caractéristiques de ***résistance à la fatigue*** ou ***endurance*** d'un matériau sont généralement obtenues grâce à des essais sur éprouvettes lisses soumises à des sollicitations cycliques, en cycle sinusoïdal ou triangulaire, d'amplitude et de fréquence constantes. Le nombre de cycles conduisant à la rupture sous le niveau de sollicitation appliqué est appelé ***durée de vie***, et est désigné par N[1].

Un cycle de contrainte sinusoïdal sera défini par (fig. 8.2(a)):

- les contraintes minimale et maximale du cycle, σ_{min} et σ_{max},
- l'étendue de variation de contrainte (dite souvent «variation de contrainte»):

$$\Delta\sigma = \sigma_{max} - \sigma_{min}$$

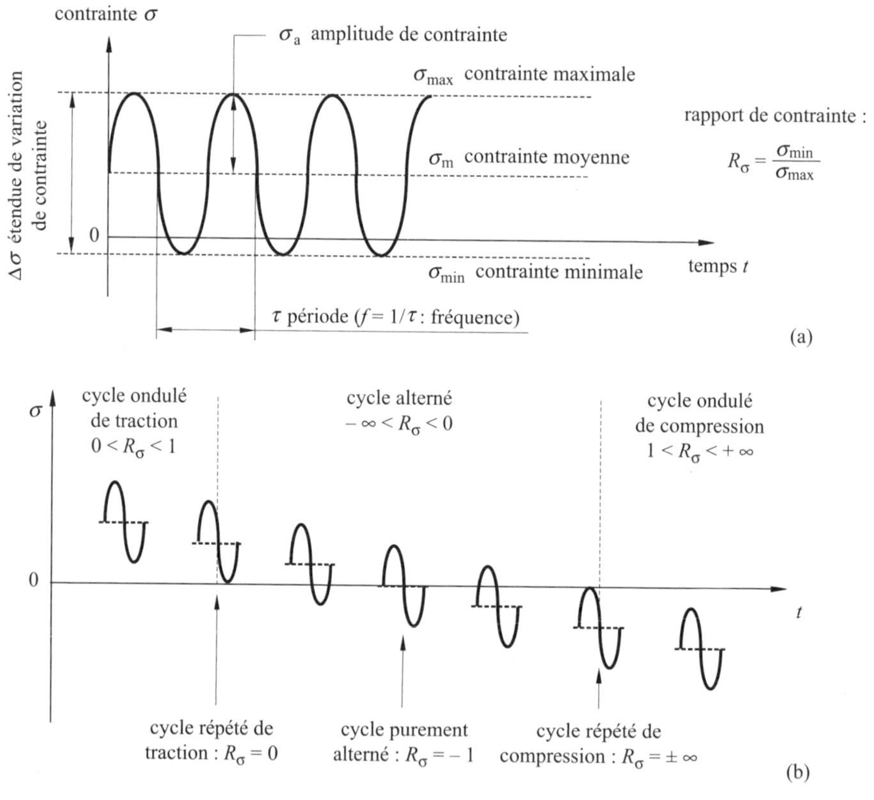

Fig. 8.2 Cycles de contrainte en fatigue: (a) paramètres caractéristiques; (b) différents types de cycles.

---

1 Noter donc que malgré le nom de «durée de vie», N n'a pas la dimension d'un temps. La littérature anglo-saxonne utilise N_f pour *number of cycles to failure*.

- l'amplitude de contrainte :

$$\sigma_a = \frac{\sigma_{max} - \sigma_{min}}{2}$$

- la contrainte moyenne :

$$\sigma_m = \frac{\sigma_{max} + \sigma_{min}}{2}$$

- le *rapport de contrainte* :

$$R_\sigma = \frac{\sigma_{min}}{\sigma_{max}}$$

- le rapport d'amplitude de contrainte :

$$A = \frac{\sigma_a}{\sigma_m} = \frac{1 - R_\sigma}{1 + R_\sigma}$$

- et enfin, la fréquence, f, inverse de la période, τ, du cycle.

Remarquons que deux paramètres de contrainte (σ_{max} et σ_{min} ; σ_m et $\Delta\sigma$; σ_a et σ_m ; σ_a et R_σ) et la fréquence (ou la période) suffisent à définir un cycle sinusoïdal en contrainte. On parlera de sollicitation purement alternée, alternée dissymétrique, répétée ou ondulée, de traction ou de compression, suivant les signes et les valeurs des contraintes extrêmes, conformément à la figure 8.2(b).

Soit une éprouvette cylindrique d'un matériau donné, soumise à une sollicitation en contrainte uniaxiale de traction-compression cyclique purement alternée, à la fréquence f. Le nombre de cycles qu'elle pourra supporter jusqu'à la rupture dépend de l'amplitude de la contrainte appliquée. Supposons maintenant que l'on effectue à la même fréquence f un certain nombre de tels essais sur différentes éprouvettes, chacune étant soumise à un niveau donné d'amplitude de contrainte ; on peut alors reporter les résultats des essais sur un ***diagramme de résistance à la fatigue*** exprimant l'amplitude de contrainte en fonction du logarithme de la durée de vie N (ou nombre de cycles à rupture) et tracer la courbe moyenne correspondante, appelée ***courbe de Wöhler***. Le même type de diagramme peut être tracé à partir de résultats d'essais à même contrainte moyenne σ_m imposée non nulle, ou à partir d'essais à même rapport de contrainte R_σ. Le type de sollicitation (traction, flexion, torsion...) et les valeurs de σ_m (ou R_σ) et de f doivent impérativement être mentionnés sur le diagramme. Un tel diagramme est présenté à la figure 8.3(a).

Sur une courbe de Wöhler, on distingue trois domaines (fig. 8.3(b)) :

- $N \leq 10^5$ cycles, domaine de la ***fatigue oligocyclique*** (ou fatigue à faible nombre de cycles) ;

- $10^5 < N < 5 \cdot 10^6$ cycles, domaine de la ***fatigue à endurance limitée***;
- $N \geq 5 \cdot 10^6$ cycles, domaine de la ***fatigue à endurance illimitée***.

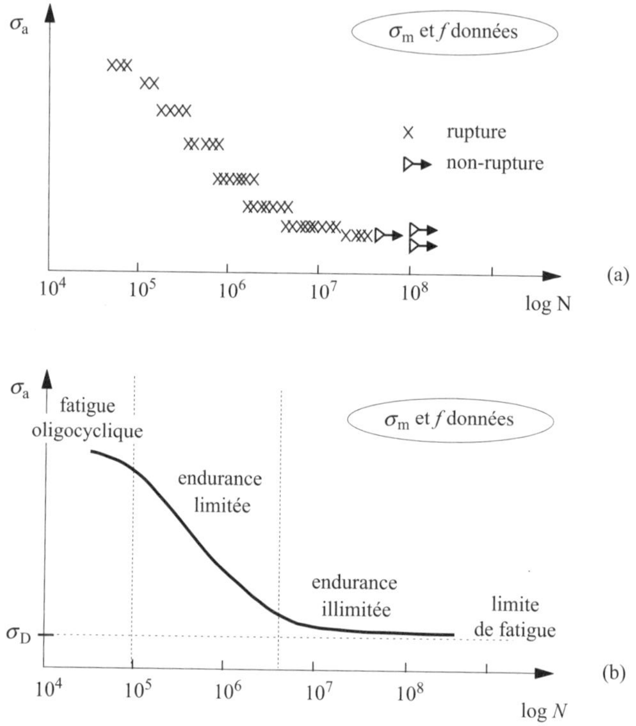

Fig. 8.3 Diagramme de résistance à la fatigue: (a) présentation des résultats expérimentaux; (b) courbe de Wöhler.

Pour des durées de vie supérieures à 10^8 cycles, on parle de ***fatigue gigacyclique***.

Quel que soit le domaine de durées de vie considéré, on peut toujours décomposer le nombre de cycles à la rupture par fatigue N en un *nombre de cycles à l'amorçage*, N_a, et un *nombre de cycles en propagation*, N_p:

$$N = N_a + N_p \qquad (8.1)$$

Suivant le domaine de fatigue dans lequel on se situe, c'est-à-dire suivant le niveau de sollicitation appliqué, la proportion de durée de vie couverte par la phase d'amorçage et celle couverte par la phase de propagation varient selon le diagramme de la figure 8.4.

Il convient de noter que la définition du nombre de cycles à l'amorçage, et le nombre de cycles en propagation qui en découle, dépendent du mode de détection des fissures adopté. Ceci revêt une importance particulière en fatigue plastique oligocyclique, où le nombre de cycles à l'amorçage peut être faible, voire négligeable. La durée de vie se passe alors en propagation essentiellement.

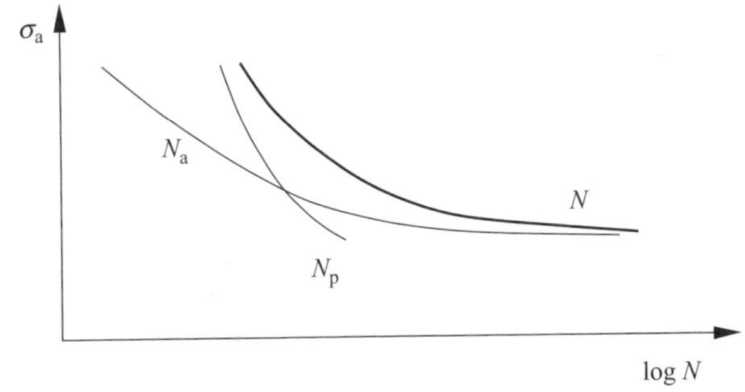

Fig. 8.4 Courbes schématiques amplitude de contrainte en fonction du nombre de cycles à l'amorçage, du nombre de cycles en propagation et du nombre de cycles à la rupture.

Domaine de la fatigue-endurance

Le domaine de la fatigue-endurance ($N > 10^5$ cycles ; en anglais, *high-cycle fatigue* ou HCF en abrégé) regroupe le domaine de fatigue à endurance illimitée (très grandes durées de vie : $N \geq 5 \cdot 10^6$ cycles) et celui à endurance limitée (durées de vie intermédiaires : $10^5 < N < 5 \cdot 10^6$ cycles).

Dans le domaine de la fatigue à endurance illimitée, on considère généralement que la courbe de Wöhler admet, au moins en ce qui concerne les aciers et en l'absence de milieu agressif, une asymptote horizontale dont elle est très proche dès $10^6 - 5 \cdot 10^6$ cycles. Il existe donc une amplitude de contrainte appelée ***limite de fatigue***, notée σ_D (fig. 8.3(b)), en deçà de laquelle l'éprouvette ne se rompt pas. Cette contrainte limite σ_D est nettement inférieure à la limite d'élasticité du matériau.

Au voisinage de la limite de fatigue, la rupture résultera d'un endommagement très localisé, en des lieux microscopiques de concentration de contrainte (raies d'usinage, défauts de surface, inclusions, ou toutes autres hétérogénéités microstructurales...). Les endommagements localisés vont devenir des microfissures. Les microfissures vont coalescer et se propager progressivement pour devenir une fissure macroscopique appelée ***fissure principale*** (il se crée parfois deux, voire trois fissures principales) ; enfin cette macrofissure va se propager en profondeur. Lorsque la section sera suffisamment réduite, elle ne sera plus capable de supporter la charge maximale appliquée, et la rupture interviendra brutalement lors d'un quart de cycle de chargement. Néanmoins, l'éprouvette reste macroscopiquement sollicitée (en termes de contrainte nominale) bien en deçà de la limite d'élasticité du matériau.

Etant donné le caractère aléatoire de la présence de défauts amorçants, les résultats des essais de fatigue dans le domaine de la fatigue-endurance sont relativement dispersés. Une seconde cause de cette dispersion est la difficile répétabilité des conditions expérimentales. L'ordre de grandeur de la dispersion étant non négligeable par rapport aux grandeurs mesurées, il convient de réaliser un certain nombre d'essais à chaque niveau de contrainte et d'analyser les résultats à l'aide d'une approche statistique. Dans le domaine de la fatigue-endurance, le nombre de cycles supporté par l'éprouvette avant l'amorçage d'une fissure représente la plus grande partie de la durée de vie ; le nombre de cycles de propagation est quant à lui relativement faible, voire négligeable par rapport à la durée de vie totale.

Domaine de la fatigue oligocyclique

Dans le domaine de la fatigue oligocyclique ($N \leq 10^5$ cycles ; en anglais, *low-cycle fatigue* ou LCF en abrégé), les niveaux d'amplitude de contrainte sont généralement supérieurs à la limite d'élasticité, et l'éprouvette subit alors une déformation plastique dans sa masse à chaque cycle. L'endommagement par fatigue procède alors par plasticité généralisée, et c'est le cumul des déformations plastiques, successivement en traction et en compression, qui conduira à l'amorçage de fissures. En effet, des défauts ponctuels et des dislocations vont se créer par déformation plastique et s'arranger progressivement en des structures internes de moindre énergie ; des bandes de glissement vont alors émerger en surface et s'intensifier au cours du cyclage, jusqu'à créer un *relief en intrusions/extrusions* tel que celui montré à la figure 8.5. Lorsque la concentration de contrainte en fond d'intrusion sera suffisante, une fissure s'y amorcera ; celle-ci se propagera ensuite. Lorsque la section réduite sera suffisamment faible et ne pourra plus supporter la charge maximale, l'éprouvette se rompra brutalement, lors d'un quart de cycle de chargement.

C'est en raison de la déformation plastique généralisée que subit la partie utile de l'éprouvette dans ce domaine des faibles durées de vie que l'on parle souvent de ***fatigue plastique oligocyclique***. Dans ce domaine, le nombre de cycles de propagation représente une partie non négligeable de la durée de vie, qui peut même parfois être prépondérante devant le nombre de cycles à l'amorçage.

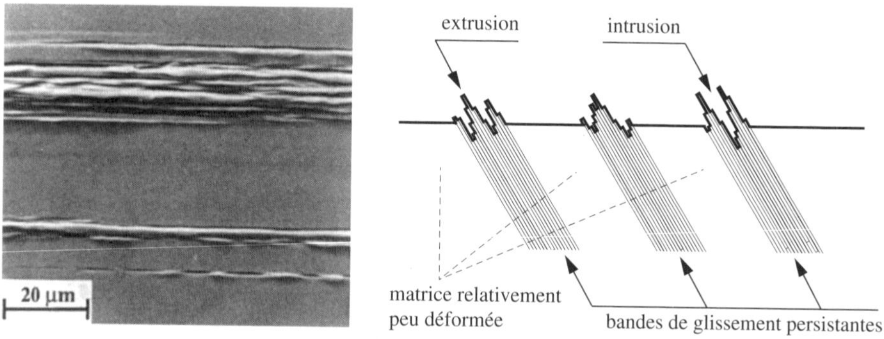

Fig. 8.5 Relief créé en surface d'une éprouvette polie sollicitée en fatigue plastique oligocyclique.

Dans le domaine de la fatigue plastique oligocyclique, les résultats d'essais sont beaucoup moins dispersés que ceux en fatigue-endurance. Aussi il est admis que deux ou trois essais par niveau d'amplitude de contrainte sont suffisants pour définir la durée de vie en fatigue plastique oligocyclique avec une relativement bonne précision.

8.3 ESSAIS DE FATIGUE-ENDURANCE

Ces essais sont réalisés, comme on vient de le voir, pour caractériser les matériaux à la fois dans le domaine de la fatigue à endurance illimitée et dans celui de la fatigue à endurance limitée. Les essais de fatigue-endurance font l'objet de plusieurs normes AFNOR. Il n'existe pas de normes européennes ou internationales équivalentes à ce jour.

Les éprouvettes sont généralement sollicitées sous contrainte ou charge sinusoïdale d'amplitude constante. De nombreux facteurs influent sur la résistance à la fatigue-endurance :

- *Paramètres mécaniques*: nature des sollicitations (flexion rotative, flexion plane simple, traction/compression, torsion), forme du cycle (alterné, répété, ondulé) c'est-à-dire essentiellement niveau moyen de sollicitation, état de surface, état de contraintes résiduelles, forme géométrique de l'éprouvette...
- *Paramètres métallurgiques*: structure cristalline du matériau, taille de grain, état de précipitation, état d'écrouissage, hétérogénéités microstructurales...

Les essais de fatigue-endurance concernant le domaine des grandes durées de vie, il s'agit d'essais longs. De plus, la grande dispersion des résultats impose d'effectuer un nombre relativement important d'essais au même niveau d'amplitude de contrainte ou de charge, et de réaliser un dépouillement statistique de ces essais.

La dispersion des résultats des essais de fatigue-endurance pratiqués sous des conditions nominales similaires peut provenir de diverses sources :

- dispersion due aux conditions des essais de fatigue eux-mêmes ;
- dispersion due au mode de fabrication (usinage, polissage...) des éprouvettes ;
- dispersion due au matériau lui-même, en raison en particulier de ses hétérogénéités microstructurales propres.

Les deux premières sources de dispersion doivent être réduites au maximum par le plus grand soin apporté d'une part à la préparation des échantillons, d'autre part à la réalisation des essais. La troisième source de dispersion est en revanche intrinsèque au matériau et à ses conditions d'élaboration, de mise en forme et de traitement thermique.

8.3.1 Machines d'essai et instrumentation

En raison du grand nombre d'essais nécessaires à la caractérisation en fatigue -endurance des matériaux, les machines d'essai utilisées doivent être simples, robustes, rapides et de fonctionnement peu coûteux.

Les machines de flexion sont couramment utilisées en fatigue-endurance. Les machines de flexion rotative sont à cet égard intéressantes, et utilisées dans l'industrie en «batterie» d'un grand nombre d'entre elles; elles sont néanmoins beaucoup moins utilisées aujourd'hui qu'autrefois. Les éprouvettes utilisées en flexion rotative sont axisymétriques et généralement de forme torique pour concentrer les contraintes dans la section minimale de l'éprouvette (fig. 8.6(a)). L'éprouvette est animée d'un mouvement de rotation uniforme autour de son axe, à une vitesse de l'ordre de 3000 tr/min; elle est simultanément soumise à un moment de flexion d'axe fixe perpendiculaire à l'axe de l'éprouvette. Les fibres, hors la fibre neutre, sont alors successivement tendues puis comprimées, les fibres circonférentielles subissant les contraintes cycliques sinusoïdales de plus forte amplitude. L'essai de fatigue par flexion rotative fait l'objet de la norme NF A 03-402.

Les machines de flexion plane peuvent être de conception très variée. Les machines électromécaniques à came et excentrique sont les plus adéquates, à cause de leur vitesse élevée. Elles permettent de soumettre une éprouvette de forme parallélépipédique à une flèche à variation sinusoïdale. Tous les points d'une section droite à la même distance de l'axe neutre subissent alors le même cycle de contrainte; et s'il s'agit de flexion 4 points, toutes les sections droites subissent les mêmes sollicitations (flexion dite «circulaire»).

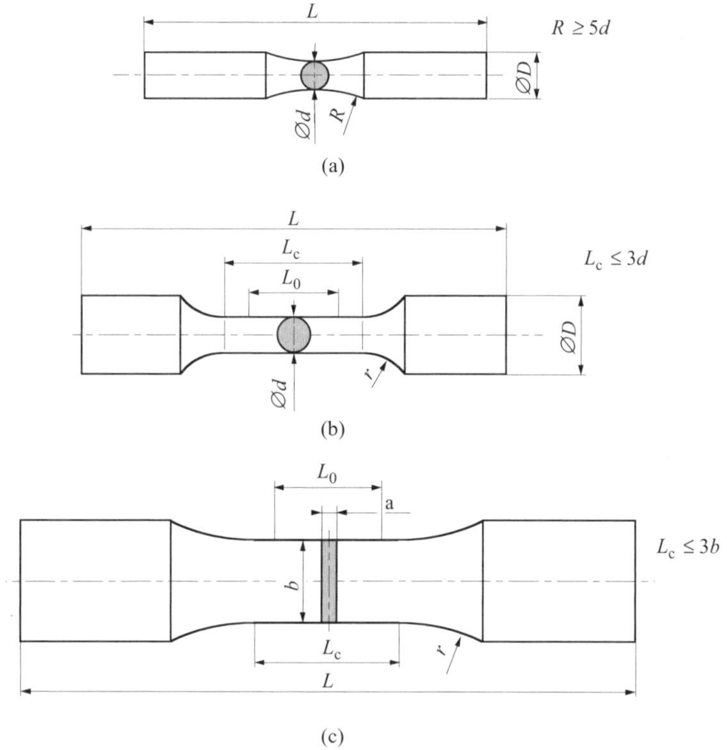

Fig. 8.6 Géométries d'éprouvettes de fatigue-endurance: (a) éprouvette torique pour essais de flexion rotative; (b) et (c) éprouvettes cylindrique de révolution et plate à section rectangulaire pour essais de traction-compression.

Les machines servo-contrôlées de traction-compression, électromécaniques ou électrohydrauliques, sont parfois utilisées en fatigue-endurance. Elles présentent néanmoins l'inconvénient majeur d'être insuffisamment rapides (20 Hz maximum pour la plupart). En revanche, les machines de traction-compression, de type électromagnétique à résonance, ou de type pulsateur hydraulique, conviennent parfaitement à ce type de sollicitation. Les éprouvettes sont alors généralement cylindriques de révolution ou non (fig. 8.6(b) et (c)); toute la partie utile de l'éprouvette, de section constante, supporte le même cycle de contrainte. Les essais de fatigue sous charge axiale font l'objet de la norme NF A 03-401.

8.3.2 Préparation des éprouvettes

Les formes des éprouvettes utilisées pour les essais de fatigue-endurance ont été définies précédemment; elles sont adaptées aux modes de chargement utilisés, et leurs géométries évitent les concentrations de contrainte. Afin d'être représentatif du «matériau» et non de la «structure» qu'est l'éprouvette (caractérisée par sa forme, ses dimensions et son état de surface), les essais de fatigue-endurance doivent être pratiqués sur des éprouvettes lisses et exemptes de contraintes résiduelles. C'est pourquoi les éprouvettes doivent être usinées puis rectifiées (voire polies) pour réduire au maximum les traces d'usinage susceptibles d'être des lieux privilégiés d'amorçage des fissures de fatigue. Les conditions d'usinage et de polissage doivent être suffisamment «douces» pour ne pas introduire de contraintes résiduelles et doivent être rigoureusement identiques pour une même campagne d'essais.

8.3.3 Pratique des essais de fatigue-endurance

Dans un essai de fatigue-endurance, seule la sollicitation appliquée est mesurée (soit en continu, soit au minimum les valeurs pic), ainsi que le nombre de cycles. En fatigue par flexion plane simple, c'est généralement le déplacement imposé (la flèche) qui est mesuré à l'aide d'un capteur, LVDT par exemple. En flexion rotative, c'est le plus souvent le moment appliqué qui est mesuré, bien souvent a priori (mesures d'une force et d'une longueur). En traction-compression, la charge appliquée est mesurée à l'aide d'une cellule de charge montée en série avec l'éprouvette. On trouvera plus de détails sur ces capteurs dans le chapitre 6 du présent volume.

Compte tenu de l'existence d'une *limite de fatigue* pour bon nombre de matériaux, on définit souvent un nombre maximal de cycles au-delà duquel, si l'éprouvette ne s'est pas rompue pendant l'essai, on admet que celle-ci aura une durée de vie infinie. Ce nombre maximal de cycles est fonction de l'application technologique visée par l'étude en fatigue du matériau considéré (10^7 ou 10^8 cycles habituellement, mais $2 \cdot 10^6$ cycles pour les joints soudés). On arrêtera alors un essai à la ruine de l'éprouvette, ou au nombre maximal de cycles défini par avance si l'éprouvette ne s'est pas rompue avant.

Le critère de ruine est communément défini en fatigue-endurance comme la rupture de l'éprouvette en deux parties. Mais il peut l'être aussi par la présence d'une fissure de taille donnée; c'est le cas pour les essais de flexion plane sur joints soudés pour lesquels le critère de ruine est conventionnellement défini par l'existence d'une fissure propagée sur la demi-épaisseur de tôle (ou le 1/3 de l'épaisseur). Dans ce dernier cas, il est nécessaire d'avoir une mesure de la charge si c'est la flèche qui est imposée en flexion, ou une mesure de déplacement ou de déformation si c'est la charge qui est imposée, afin de détecter la perte de rigidité correspondante de l'éprouvette. D'autres méthodes plus sophistiquées de détection d'une fissure de taille donnée existent (chap. 14).

8.3.4 Dépouillement des essais. Présentation des résultats

Courbes S-N et courbes PSN

Les résultats des essais de fatigue-endurance s'expriment en termes d'amplitude de contrainte en fonction du logarithme de la durée de vie, dans le *diagramme de Wöhler* dit aussi ***diagramme S-N*** pour *Stress – Number of cycles to rupture* (fig. 8.7). A chaque essai sous amplitude de contrainte constante, on associe un point σ_a – log N sur le diagramme. Pour un essai arrêté avant atteinte du critère de ruine adopté, le point correspondant du diagramme est affecté d'une flèche dirigée vers les durées de vie infinies. Rappelons que, pour un même diagramme de Wöhler, tous les essais doivent avoir été conduits à même fréquence f et, soit à même contrainte moyenne σ_m, soit à même rapport de contrainte R_σ.

Le traitement statistique des données des essais de fatigue-endurance fait l'objet de la norme NF A 03-405 citée précédemment.

Dans la suite de ce paragraphe et sauf précision contraire, les notations traditionnelles en statistique seront utilisées; en particulier la variable considérée sera notée x, l'écart type σ et la moyenne μ. En conséquence, pour éviter toute confusion, la contrainte sera notée S (pour *stress* en anglais).

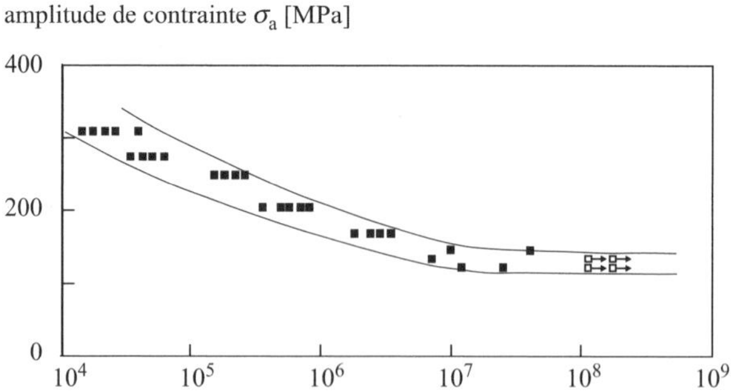

Fig. 8.7 Courbe *S-N* et bande de dispersion pour un bronze-manganèse [8.12].

L'analyse statistique des résultats d'essais de fatigue-endurance permet d'estimer la résistance à la fatigue pour une durée de vie donnée et l'écart type correspondant, et de tracer les courbes *amplitude de contrainte-nombre de cycles à rupture* probabilisées. Cette analyse conduit à une description des résultats en termes de fonctions densités de probabilité caractéristiques (i) de la distribution des durées de vie à amplitude de contrainte donnée, et (ii) de la distribution des amplitudes de contrainte à durée de vie donnée.

L'expérience montre que les courbes densités de probabilité des amplitudes de contrainte pour différentes durées de vie peuvent être représentées par une fonction de répartition d'une variable x à distribution normale (fig. 8.8, courbe (a)). La probabilité de rupture $P(N_S)$ en N cycles sous l'amplitude de contrainte constante S a donc la forme d'une sigmoïde normale d'équation :

$$P\left(\log N_s\right) = \frac{1}{\sigma_N \sqrt{2\pi}} \int_{-\infty}^{\log N_s} \exp\left[-\left(x-\mu\right)^2 / 2\,\sigma_N^2\right] dx \qquad (8.2)$$

où μ représente la durée de vie pour laquelle la probabilité de rupture est égale à 0,5 et σ_N est l'écart type de la dispersion en durée de vie.

De même, l'expérience montre que les courbes densités de probabilité des durées de vie pour différentes amplitudes de contrainte peuvent également être représentées par une fonction de répartition d'une variable x à distribution normale (fig. 8.8, courbe (b)). La probabilité de rupture $P(S_N)$ sous une amplitude de contrainte S pour un même nombre de cycles à rupture N a donc aussi la forme d'une sigmoïde normale d'équation :

$$P\left(S_N\right) = \frac{1}{\sigma_s \sqrt{2\pi}} \int_{-\infty}^{S_N} \exp\left[-\left(x-\mu\right)^2 / 2\,\sigma_s^2\right] dx \qquad (8.3)$$

où μ représente l'amplitude de contrainte pour laquelle la probabilité de rupture est égale à 0,5 et σ_s est l'écart type de la dispersion en contrainte.

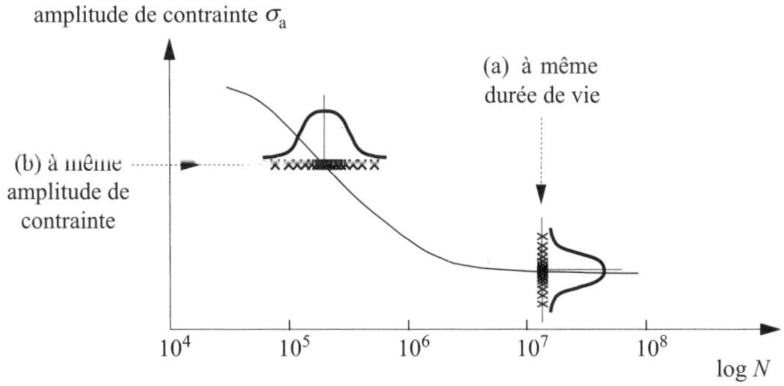

Fig. 8.8 Courbe de distribution des durées de vie à amplitude de contrainte constante et courbe de distribution des résistances à la fatigue à durée de vie constante.

On en déduit, pour une durée de vie donnée, la *courbe de réponse à la contrainte,* représentant la probabilité de rupture (en abscisse) en fonction de l'amplitude de contrainte appliquée (en ordonnée) (fig. 8.9(a)).

On peut alors tracer, à partir des courbes de réponse à la contrainte, la courbe définissant, pour chaque probabilité de rupture *P*, l'amplitude de contrainte en fonction du nombre de cycles à rupture *N*. L'ensemble de ces courbes, pour les diverses valeurs de *P*, définit les ***courbes d'équiprobabilité de rupture***. La figure 8.9(b) présente schématiquement les courbes ainsi obtenues pour 50%, 10% et 90% de probabilité de rupture. En pratique, on se réfère au moins à la courbe à 50% de probabilité de rupture; on y ajoute bien souvent les courbes à 10 et 5%, voire 1% de probabilité de rupture.

Pour beaucoup de matériaux (les aciers en particulier, en l'absence de corrosion, mais pas les alliages d'aluminium), les courbes d'équiprobabilité de rupture (ou ***courbes PSN*** pour *Probability – Stress – Number of cycles to rupture*) admettent une asymptote horizontale. Comme il a été dit précédemment, l'asymptote horizontale à la courbe d'équiprobabilité $P = 50\%$ tend vers la *limite de fatigue*, notée σ_D (en revenant à la notation habituelle pour une contrainte). En réalité, cette limite, non accessible pratiquement (puisque aucun essai ne peut être mené jusqu'à une durée de vie infinie), est remplacée par la limite d'endurance conventionnelle pour une durée de vie *N* donnée, appelée ***limite d'endurance à N cycles*** et notée $\sigma_D(N)$ (avec là encore la notation habituelle pour une contrainte) (fig. 8.9(b)). A cette limite d'endurance à 50% de probabilité de rupture, on associe généralement son écart type σ_s; $(\sigma_D + \sigma_s)$ correspond à $P = 84\%$, tandis que $(\sigma_D - \sigma_s)$ correspond à $P = 16\%$.

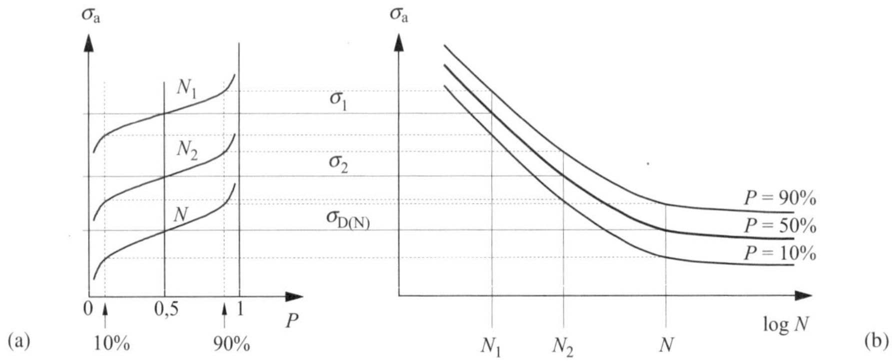

Fig. 8.9 Tracé des courbes *PSN* à partir des courbes de réponse à la contrainte: (a) courbes de réponse à la contrainte pour N_1, N_2 et *N* cycles; (b) courbes *PSN* à 10%, 50% et 90% de probabilité de rupture. $\sigma_{D(N)}$: limite d'endurance à *N* cycles.

Représentations mathématiques de la courbe de Wöhler

Plusieurs expressions mathématiques des courbes *S-N* et *PSN* ont été proposées. Les plus adéquates sont celles qui tiennent compte à la fois des deux propriétés suivantes:

- la quasi-linéarité de la courbe de Wöhler autour d'un point d'inflexion, dans le domaine de l'endurance limitée,
- une asymptote horizontale à la courbe de Wöhler dans le domaine des grandes durées de vie, décrivant le phénomène de *limite d'endurance*.

Les relations (8.4) et (8.5), respectivement proposées par Wöhler et Basquin, ne rendent compte que de la première propriété. Ce sont néanmoins les plus couramment utilisées :

$$\log N = a - b \cdot \sigma_a \tag{8.4}$$

$$\log N = a - b \cdot \log \sigma_a \tag{8.5}$$

où N est le nombre de cycles à rupture, σ_a est l'amplitude de contrainte appliquée (en MPa), a et b sont des constantes caractéristiques du matériau et des conditions expérimentales, différentes selon l'expression considérée. Ces deux expressions expriment la quasi-linéarité de la courbe de Wöhler dans le domaine de l'endurance limitée, dans le diagramme semi-logarithmique classique σ_a – $\log N$ pour la première, dans un diagramme bi-logarithmique $\log\sigma_a$ – $\log N$ pour la seconde. La relation de Basquin est utilisée préférentiellement sous forme de la loi puissance :

$$N = C \cdot \sigma_a^{-b} \tag{8.6}$$

avec $C = \exp(a)$.

Pour décrire l'existence de l'asymptote horizontale à contrainte non nulle, Strohmeyer a proposé la modification suivante de la relation de Basquin :

$$\log N = a - b \cdot \log(\sigma_a - \sigma_D) \tag{8.7}$$

qui s'écrit aussi :

$$N = C \cdot (\sigma_a - \sigma_D)^{-b} \tag{8.8}$$

La relation proposée par Palmgreen :

$$\log(N + B) = a - b \cdot \log(\sigma_a - D) \tag{8.9}$$

qui s'écrit aussi :

$$N + B = C \cdot (\sigma_a - D)^{-b} \tag{8.10}$$

permet, par l'introduction des constantes B et D, de rendre compte de la forme en S de la courbe de Wöhler.

Enfin citons la relation de Bastenaire, couramment utilisée dans l'industrie sidérurgique :

$$N + B = \frac{A \cdot \exp[-C(\sigma_a - \sigma_D)]}{\sigma_a \cdot \sigma_D} \tag{8.11}$$

Méthodes d'estimation de la limite d'endurance

La connaissance de σ_D est une donnée essentielle pour la conception d'une structure devant résister à la fatigue-endurance. Mais il s'agit d'une grandeur longue à obtenir expérimentalement, en raison d'une part des grandes durées de vie associées, et d'autre part de la grande dispersion attendue dans les résultats, et donc du grand nombre d'essais nécessaires. Rappelons que ce que l'on entend ici par σ_D est en fait pratiquement toujours la *limite d'endurance* σ_D(N) définie pour un nombre de cycles N choisi conventionnellement selon l'application considérée.

Estimation de la limite d'endurance à partir des caractéristiques de traction simple

De nombreux auteurs ont tenté de relier la limite d'endurance σ_D à des caractéristiques mécaniques plus simples à acquérir expérimentalement, R_e, R_m en particulier. Pour les aciers et pour les alliages d'Aluminium, les meilleurs résultats semblent obtenus en exprimant σ_D en fonction de la résistance à la rupture R_m. On citera à titre d'exemple la relation proposée par le CETIM pour $\sigma_D(10^7)$, déterminée à partir d'environ 500 résultats sur des aciers de résistance à la rupture R_m variant de 300 à 2000 MPa [8.2]:

$$\sigma_D = R_m \left(0{,}58 - 1{,}1 \cdot 10^{-4} \cdot R_m\right) \tag{8.12}$$

avec σ_D et R_m en MPa, et un coefficient de corrélation de 0,93; l'écart type sur la valeur de la limite d'endurance est de l'ordre de $0{,}1\sigma_D$.

Influence du mode de sollicitation

Il a été observé expérimentalement que le mode de sollicitation a une influence sur la limite d'endurance. Bien que cette influence dépende de la nature du matériau considéré, il est admis dans la pratique que l'on obtient une bonne estimation de la limite d'endurance en flexion plane, en traction – compression et en torsion, en multipliant la valeur de σ_D obtenue en flexion rotative par un facteur égal à 1,05, 0,9 et 0,6 respectivement.

Méthodes expérimentales

Plusieurs méthodes expérimentales plus ou moins précises ont été proposées pour obtenir σ_D et éventuellement son écart type. Leur principe général consiste en une succession d'essais à différents niveaux (à raison en général d'une éprouvette par niveau), dont l'ordre et l'échelonnement dépendent de la méthode considérée. Afin de ne pas perdre trop de temps, il est nécessaire, pour chacune de ces méthodes, d'estimer a priori l'ordre de grandeur de la limite d'endurance recherchée et, le cas échéant, celui de son écart type. Cela permet de définir correctement les niveaux de contrainte des premiers essais et l'espacement entre niveaux de contrainte de deux essais successifs. On pourra se reporter à des ouvrages spécialisés pour plus de détails concernant ces méthodes [8.7] et [8.10]. Nous nous contenterons de donner ici leurs caractéristiques en termes de nombre d'éprouvettes utilisées et de précision attendue (tab. 8.1).

En première approximation, les méthodes proposées sont d'autant plus précises que le nombre d'essais pratiqués, donc le nombre d'éprouvettes utilisées, est important.

Pour la *méthode des probits*, il est nécessaire de prévoir au moins 60 à 80 essais (le meilleur résultat est obtenu avec 150, voire 200 essais !). En raison de ce nombre important d'éprouvettes, cette méthode est très rarement utilisée en pratique, en dépit de son excellente précision. La *méthode de l'escalier* (*stair-case* en anglais) est la plus simple, mais nécessite de pratiquer les essais les uns après les autres. Ces deux méthodes sont les seules, parmi celles citées ici, à donner une estimation de l'écart type, pour laquelle toutefois une certaine prudence s'impose lorsque le nombre d'éprouvettes est inférieur à 50. La méthode de l'escalier est la plus utilisée actuellement.

La *méthode d'itération* est très rapide, mais elle est plus délicate à mettre en œuvre, surtout si la limite d'endurance est mal estimée au départ et que les résultats sont très dispersés. Dans ce cas, on peut utiliser plusieurs éprouvettes à chaque niveau, mais la méthode de l'escalier devient préférable. La *méthode des K éprouvettes non rompues*, qui utilise un nombre réduit d'éprouvettes, ne donne qu'une estimation approchée.

Enfin deux méthodes, à pratiquer sur un nombre très restreint d'éprouvettes, ont été proposées pour avoir une première évaluation de la limite d'endurance. Elles permettent en particulier de choisir le niveau de contrainte de départ pour chacune des autres méthodes précédemment citées. Il s'agit de la *méthode de Prot*, qui ne demande que quelques éprouvettes (de 5 à 10) et de la *méthode de Locati*, qui ne demande qu'une éprouvette dans son principe (néanmoins l'essai est souvent doublé, voire triplé).

Tableau 8.1 Caractéristiques des principales méthodes de détermination de la limite d'endurance.

	Nombre d'éprouvettes nécessaires et précision attendue			
Méthode	grossière	approchée	moyenne	précise
de Locati	1	–	–	–
de Prot	5 à 10	–	–	–
des K éprouvettes	–	10 à 15	–	–
d'itération	–	10 à 15	15 à 40	–
de l'escalier	–	10 à 15	15 à 40	> 40
des probits	–	–	–	> 60

8.3.5 Effet de contrainte moyenne

Effet de la contrainte moyenne – Phénoménologie

On a vu précédemment que la courbe de Wöhler et les courbes d'équiprobabilité de rupture étaient définies à contrainte moyenne imposée (parfois à rapport de contrainte R_σ imposé). Le plus souvent, on caractérise le matériau sous contrainte purement alternée ($\sigma_m = 0$; $R_\sigma = -1$), puis on étudie l'influence d'une contrainte moyenne non nulle dans la même direction de sollicitation.

L'augmentation de la contrainte moyenne σ_m (appelée encore *contrainte statique*, tandis que la contrainte alternée est appelée *contrainte dynamique*) conduit à une réduction de la résistance à la fatigue d'un matériau. La figure 8.10(a) montre de façon schématique comment se situent, dans un diagramme de Wöhler, les courbes de résistance à la fatigue pour trois valeurs de contrainte moyenne telles que σ_{m1} (= 0) < σ_{m2} < σ_{m3}.

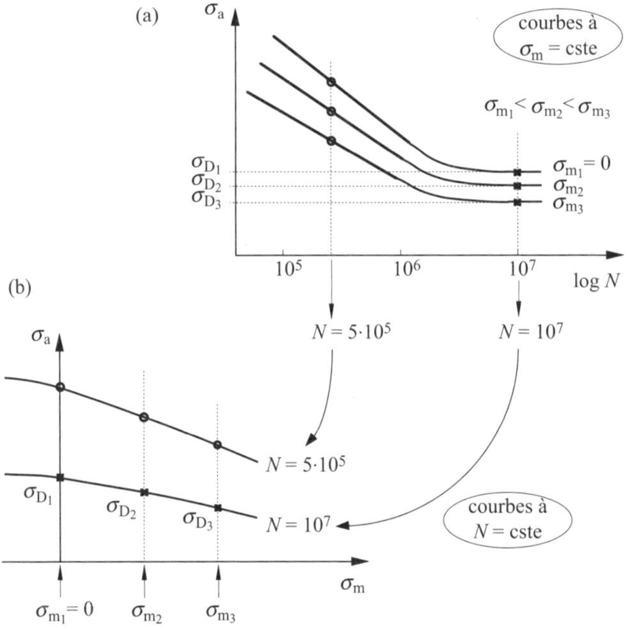

Fig. 8.10 (a) Effet de la contrainte moyenne sur la résistance à la fatigue-endurance; (b) construction schématique du diagramme d'endurance de Haigh.

Diagrammes d'endurance

Si on dispose de courbes $\sigma_a - \log N$ pour un nombre suffisant de valeurs de σ_m, il est aisé de construire des courbes $\sigma_a - \sigma_m$ (ou diagramme de Haigh, fig. 8.10(b)) à durée de vie N constante. La figure 8.10(b) montre la construction de deux telles courbes iso-durées de vie, l'une dans le domaine de l'endurance «illimitée», l'autre dans le domaine de l'endurance limitée. Le domaine de non-rupture probable est situé à chaque fois entre la courbe ainsi construite et l'axe des abscisses.

De façon plus générale, toute représentation graphique permettant de décrire, pour une même durée de vie *N*, l'évolution de l'amplitude de contrainte alternée admissible $\sigma_a(N)$ (en *endurance limitée*) ou $\sigma_{aD}(N)$ (en *endurance illimitée*) en fonction de la contrainte moyenne appliquée σ_m est appelée ***diagramme d'endurance***.

Les diagrammes d'endurance les plus couramment utilisés sont:

- le diagramme de Haigh, déjà présenté figure 8.10(b), qui définit l'amplitude de contrainte cyclique admissible σ_a en fonction de σ_m;
- le *diagramme de Goodman-Smith*, présenté schématiquement figure 8.11, qui définit les contraintes maximale σ_{max} et minimale σ_{min} admissibles en fonction de σ_m.

Comme les courbes de Wöhler, les diagrammes d'endurance peuvent être probabilisés.

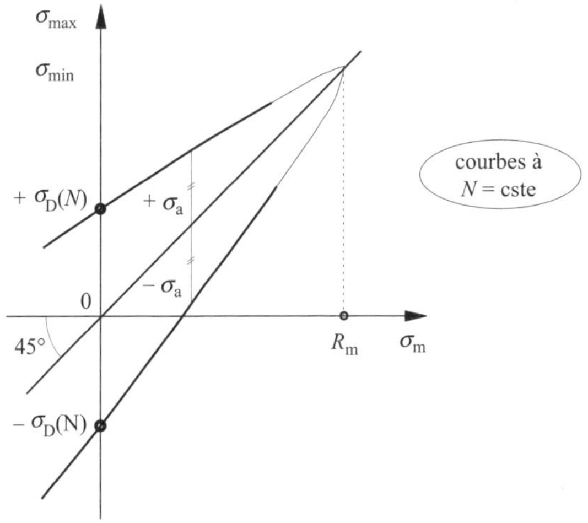

Fig. 8.11 Diagramme d'endurance de Goodman-Smith.

Modélisation d'un diagramme d'endurance

Pour déterminer précisément un diagramme d'endurance pour une durée de vie donnée *N*, il est nécessaire de disposer d'un nombre suffisant de courbes $\sigma_a - \log N$ correspondant à différentes valeurs de contrainte moyenne σ_m, ou tout au moins de suffisamment de résultats d'essais menés à différents couples de valeurs (σ_m; σ_a) ayant conduit à des durées de vie proches de *N*.

En l'absence de ces résultats, un certain nombre de représentations mathématiques du diagramme d'endurance ont été proposées. Elles sont plus ou moins conservatives et rendent plus ou moins bien compte du comportement réel d'un matériau donné.

Ces différentes modélisations sont présentées sur la figure 8.12 pour le diagramme de Haigh. Tout autre diagramme d'endurance (de Goodman-Smith par exemple) s'en déduit aisément. Ces modélisations reposent toutes sur la connaissance préalable de deux points-clés (point A correspondant à un essai de fatigue purement alternée [$\sigma_m = 0$; $\sigma_a = \sigma_D(N)$] et point B correspondant à l'essai de traction monotone [$\sigma_a = 0$; $\sigma_m = R_m$, voire R_e pour être plus conservateur]), et se distinguent par la manière de les relier.

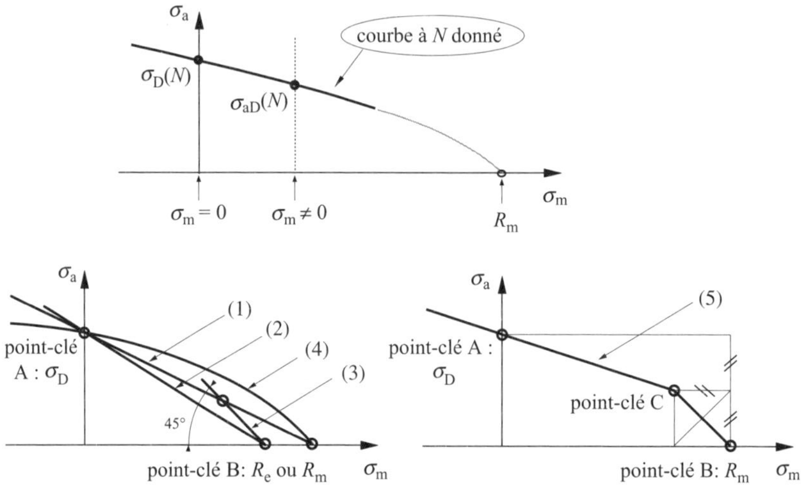

Fig. 8.12 Différentes modélisations du diagramme de Haigh.

Comme le montre la figure 8.12(b), on distingue:

- la droite (1) de Goodman (B étant défini par R_m), d'équation:

$$\sigma_a = \sigma_D \cdot \left(1 - \frac{\sigma_m}{R_m}\right) \tag{8.13}$$

- la droite (2) de Söderberg (B étant ici défini par R_e), d'équation:

$$\sigma_a = \sigma_D \cdot \left(1 - \frac{\sigma_m}{R_e}\right) \tag{8.14}$$

Le domaine de non-rupture défini sous la droite de Goodman est souvent tronqué à la limite d'élasticité (droite (3), d'équation $\sigma_a + \sigma_m = R_e$).

Deux autres modélisations ont été proposées, qui sont souvent moins conservatives que les précédentes, au moins dans le domaine des $\sigma_m > 0$:

- la parabole (4) de Gerber, d'équation:

$$\sigma_a = \sigma_D \cdot \left[1 - \left(\frac{\sigma_m}{R_m}\right)^2\right] \tag{8.15}$$

- la droite AC (5), recommandée plus récemment par le VDI, qui fait intervenir le point-clé C supplémentaire de coordonnées $[(R_m - \sigma_D/2); (\sigma_D/2)]$, d'équation:

$$\sigma_a = \sigma_D - \frac{c}{1-c}\sigma_m \text{ , avec } c = \frac{1}{2}\frac{\sigma_D}{R_m} \tag{8.16}$$

8.4 ESSAIS DE FATIGUE OLIGOCYCLIQUE

Comme il a été dit à la section 8.3, le domaine des durées de vie $N \leq 10^5$ cycles est celui de la *fatigue oligocyclique*, appelée souvent *fatigue plastique oligocyclique*. Ce nom résulte du fait que les amplitudes de contrainte appliquées conduisant à de telles durées de vie sont le plus souvent, dans les matériaux métalliques au moins, supérieures à la limite d'élasticité. L'endommagement résulte alors d'un cumul de déformations plastiques alternées.

De telles sollicitations se rencontrent essentiellement dans des structures en matériaux à faible limite d'élasticité mais susceptibles d'un écrouissage important, tels que les aciers inoxydables austénitiques (à température ambiante ou à haute température) et les alliages légers et les superalliages utilisés dans l'industrie aéronautique (à haute température). L'endommagement par fatigue plastique oligocyclique concerne principalement des zones de concentration de contrainte au droit d'entailles mécaniques; il y existe en effet une zone plastifiée cycliquement, confinée dans un environnement élastique. L'étude du comportement et de la résistance à la fatigue de telles structures est approchée soit par des essais sur éprouvettes entaillées soumises à une charge cyclique imposée, le plus souvent uniaxiale, soit par des essais sur éprouvettes lisses soumises à une sollicitation cyclique uniaxiale. Cette seconde approche est aujourd'hui la plus pratiquée, au moins sur les matériaux homogènes (métalliques en particulier). Ces essais sur éprouvettes lisses sont appelés ***essais de fatigue oligocyclique***. Ils font l'objet de la norme AFNOR A 03-403 intitulée «Pratique des essais de fatigue oligocyclique» datant de 1990, mais ne font pas encore l'objet d'une norme européenne. Ils sont pratiqués à température constante. Ils peuvent être menés à charge imposée, mais le développement des machines asservies permet aujourd'hui de les mener aisément à déformation imposée.

Les essais de fatigue oligocyclique sont pratiqués industriellement dans les secteurs nucléaire et aéronautique essentiellement. Etant donné l'importance de la sécurité dans ces domaines, ils font l'objet de nombreuses études dans les laboratoires de recherche. L'objectif est alors de comprendre les mécanismes de plasticité cyclique et d'endommagement en fatigue plastique oligocyclique.

Nous traiterons dans ce paragraphe des essais de fatigue plastique oligocyclique à température ambiante. Les essais à haute température seront décrits dans le chapitre 11 («Essais mécaniques à haute température»).

La fatigue-endurance concernait le domaine des sollicitations cycliques sous charges inférieures à la limite d'élasticité. Aussi, compte tenu de la proportionnalité des contraintes et des déformations dans le domaine élastique linéaire (loi de Hooke), la mesure (ou le contrôle) de la charge appliquée était suffisante. En revanche, dans le domaine de la fatigue plastique oligocyclique, il est indispensable de prendre en compte le paramètre déformation, qui doit être au moins mesuré, et est souvent même contrôlé.

En résumé, l'essai de fatigue oligocyclique consiste à soumettre une éprouvette à une sollicitation cyclique de traction-compression purement alternée, à charge, déformation totale ou déformation plastique imposée, et à en déduire le comportement du matériau et la durée de vie associée.

8.4.1 Machines d'essais et instrumentation

Les essais de fatigue plastique oligocyclique sont généralement pratiqués sur une machine d'essais électromécanique ou électrohydraulique asservie en charge, déformation totale ou déformation plastique. Pour plus de détails concernant ces machines et les capteurs de charge et de déformation, on pourra se reporter au chapitre 6 («La caractérisation des matériaux en traction monotone»). Sur ces machines, un asservissement en charge utilise le signal de la cellule de charge pour la boucle d'asservissement, tandis que la déformation de la partie utile de l'éprouvette est mesurée à l'aide d'un extensomètre. Un asservissement en déformation utilise le signal de l'extensomètre monté sur l'éprouvette, directement si l'essai est contrôlé en déformation totale (la charge est alors simplement mesurée à l'aide de la cellule de charge), après calcul de la déformation plastique à partir des mesures de la charge et de la déformation totale si l'essai est contrôlé en déformation plastique.

Les extensomètres utilisés en fatigue oligocyclique doivent être très précis, en raison des faibles déformations mesurées (de l'ordre du %).

Dans tous les cas les machines informatisées actuelles permettent l'enregistrement en continu de la charge et de la déformation au cours de l'essai, ainsi que le comptage des cycles.

8.4.2 Eprouvettes

Les éprouvettes utilisées en fatigue plastique oligocyclique sont le plus souvent cylindriques, donc de section constante dans la partie utile. Elles sont relativement compactes afin d'éviter tout risque de flambage lors du passage en compression (rapport longueur utile/diamètre < 2). La longueur de la partie utile doit néanmoins être suffisante pour que la répartition des contraintes soit uniforme dans toute section droite de la longueur de référence mesurée par l'extensomètre.

Elles peuvent être à têtes lisses ou à têtes filetées; dans le second cas, la section des parties filetées doit être de diamètre nettement supérieur à celui de la partie utile. Quelle que soit la forme des têtes, les congés de raccordement doivent être suffisamment «doux» pour éviter les concentrations de contrainte excessives pouvant conduire à un amorçage de fissure en dehors de la partie utile de l'éprouvette.

Diverses géométries adoptées sont présentées en figure 8.13. La forme de la section droite de la partie utile doit être adaptée au produit d'origine. Une forme circulaire est préférable. Dans le cas d'un produit initial plat de faible épaisseur, on utilisera des «raidisseurs» pour éviter le flambage lors du passage en compression (fig. 8.14); il conviendra alors de limiter les frottements du dispositif antiflambage sur l'éprouvette.

Un soin particulier doit être apporté en fatigue plastique oligocyclique à l'amarrage des têtes de l'éprouvette sur la machine. En effet, afin de permettre les passages

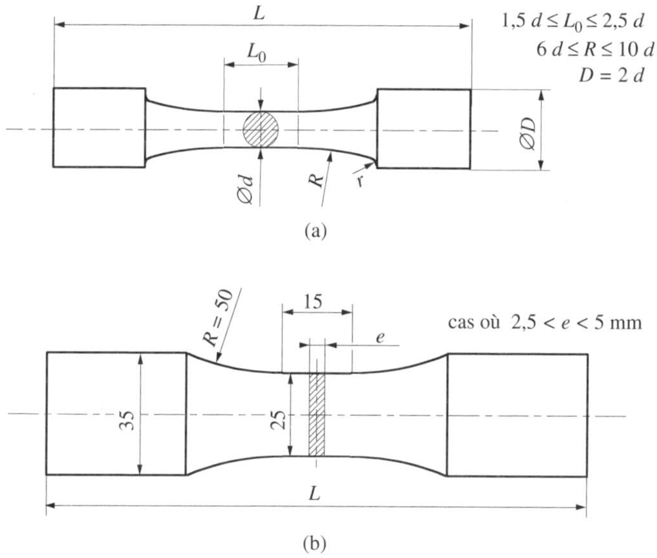

Fig. 8.13 Géométries d'éprouvettes de fatigue oligocyclique: (a) éprouvette cylindrique de révolution; (b) éprouvette plate à section rectangulaire.

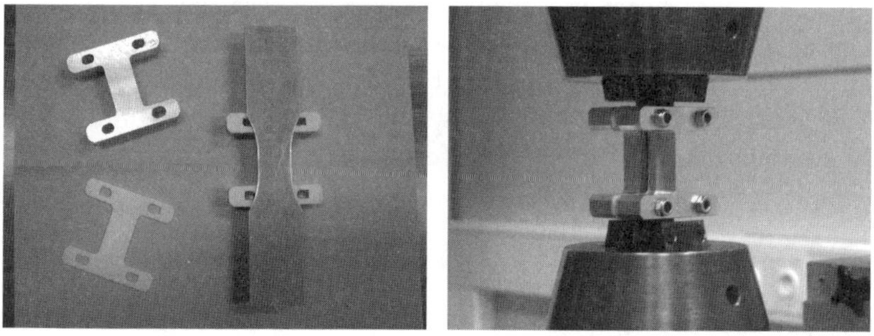

(a) (b)

Fig. 8.14 Montage d'une éprouvette plate avec raidisseurs pour essai de fatigue oligocyclique: (a) éprouvette et raidisseurs; (b) montage sur machine d'essais (document ARCELOR-Research IRSID).

sans à-coups de la traction à la compression et inversement, il convient d'assurer un serrage bilatéral des têtes d'amarrage. Et afin de limiter au maximum les risques de flambage, l'axe de l'éprouvette doit être parfaitement aligné avec l'axe de chargement de la machine; à cet effet, il convient de prévoir un dispositif de centrage et d'alignement réglable. Une autre solution consiste à utiliser un dispositif à métal de Wood (alliage à bas point de fusion: 72°C). L'éprouvette étant fixée au mors d'amarrage supérieur de la machine, la barre d'amarrage inférieure liée à l'éprouvette est plongée dans un récipient fixé à la partie inférieure de la machine, contenant le métal de Wood fondu (fig. 8.15). Le refroidissement de celui-ci et sa solidification permettent un montage de l'éprouvette exempt de toutes contraintes parasites.

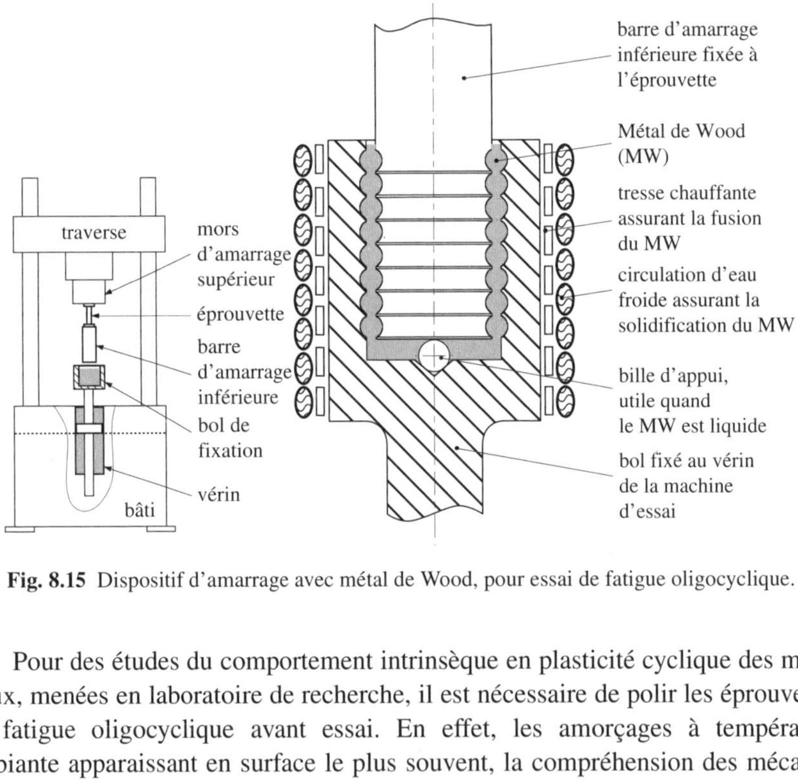

Fig. 8.15 Dispositif d'amarrage avec métal de Wood, pour essai de fatigue oligocyclique.

Pour des études du comportement intrinsèque en plasticité cyclique des matériaux, menées en laboratoire de recherche, il est nécessaire de polir les éprouvettes de fatigue oligocyclique avant essai. En effet, les amorçages à température ambiante apparaissant en surface le plus souvent, la compréhension des mécanismes d'endommagement par plasticité cyclique nécessite des observations au microscope électronique à balayage sur surface initialement exempte de tout défaut résultant de l'usinage.

8.4.3 Conditions d'essai

Les essais de fatigue plastique oligocyclique sont menés à fréquence constante relativement faible. Le signal de commande asservi, purement alterné, peut être sinusoïdal; on lui préfère souvent un signal triangulaire à vitesse de chargement constante. La plupart des essais de fatigue plastique oligocyclique sont conduits en déformation imposée à vitesse de déformation constante, égale le plus souvent à $4 \cdot 10^{-3}$ ou 10^{-3} s^{-1}. La déformation totale est le plus souvent contrôlée, mais c'est parfois la déformation plastique qui est contrôlée; ce dernier cas est théoriquement préférable, au moins pour analyser les micromécanismes de déformation plastique cyclique mis en jeu, puisque les mouvements des dislocations sont généralement contrôlés par la vitesse de déformation plastique. Néanmoins un contrôle en déformation plastique nécessite un calculateur pour déterminer la déformation plastique, ε_p, à partir de la déformation totale, ε_t, et de la charge, F, mesurées, et du module d'élasticité, E, entré dans le calculateur en début d'essai:

$$\varepsilon_p = \varepsilon_t - \frac{\sigma}{E} = \varepsilon_t - \frac{F}{ES} \tag{8.17}$$

Le module d'élasticité E est généralement mesuré en tout début d'essai, par cyclage de l'éprouvette dans le domaine élastique.

Pour être valide, un essai de fatigue oligocyclique doit conduire à une rupture de l'éprouvette entre les deux couteaux de l'extensomètre.

Par la suite, nous décrirons essentiellement les essais de fatigue oligocyclique à déformation totale imposée.

8.4.4 Exploitation et présentation des résultats

Contrairement à ce qui se passe en fatigue-endurance, où le niveau de sollicitation appliqué est inférieur à la limite d'élasticité, en fatigue plastique oligocyclique, le matériau subit une déformation plastique à chaque cycle, et son comportement est en conséquence modifié. Il convient alors d'étudier la tenue du matériau aux sollicitations appliquées en termes de durée de vie, mais également en termes de réponse à la sollicitation imposée: réponse en déformation à une sollicitation en contrainte imposée, ou bien réponse en contrainte à une sollicitation en déformation imposée.

Les résultats d'essais de fatigue oligocyclique sont relativement peu dispersés. Aussi on se limite la plupart du temps à deux essais (voire trois au maximum) à même niveau de sollicitation imposé.

Courbes de durcissement/adoucissement cyclique

Le contrôle d'un essai de fatigue oligocyclique en déformation imposée, totale ou plastique, en cycle triangulaire purement alterné, conduit à une réponse du matériau en contrainte d'amplitude variable dans le temps (fig. 8.16(a) et (b)). En revanche, si l'essai est contrôlé en charge imposée, toujours en cycle triangulaire purement alterné, la réponse du matériau se traduit par des variations d'amplitudes de déformations, totale, élastique et plastique, au cours du cyclage (fig. 8.16(c) et (d)). Souvent, après plusieurs cycles de chargement, la réponse du matériau se stabilise.

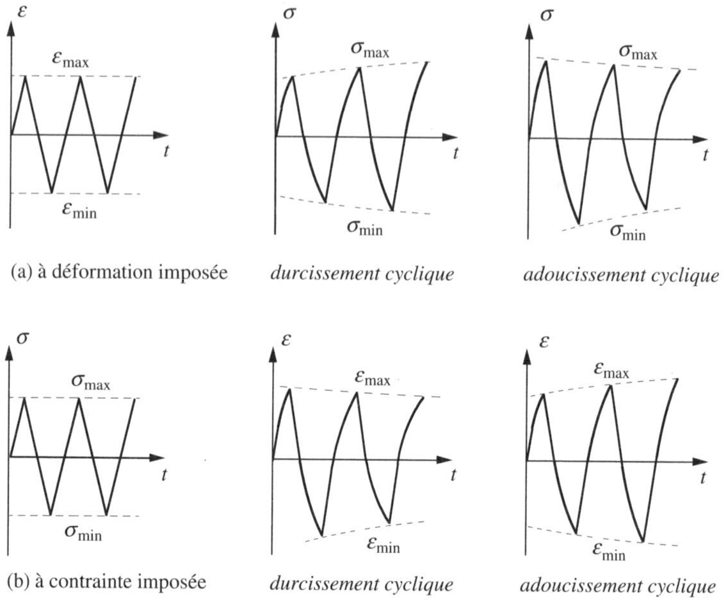

Fig. 8.16 Réponse d'un matériau à une sollicitation de fatigue oligocyclique. A déformation imposée : (a) durcissement cyclique ou adoucissement cyclique. A contrainte imposée : (b) durcissement cyclique ou adoucissement cyclique.

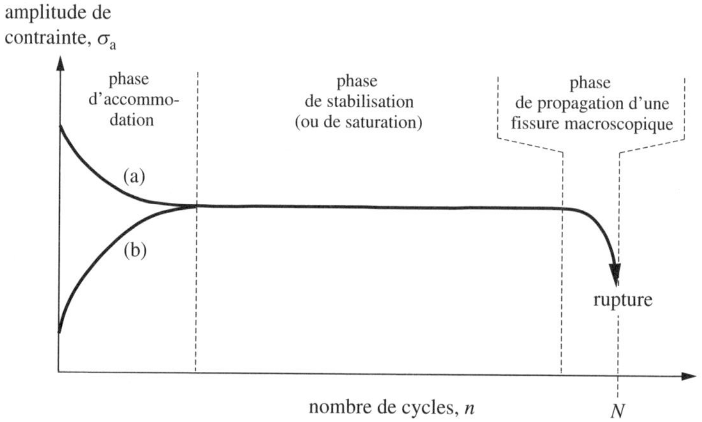

Fig. 8.17 Courbes de durcissement/adoucissement cycliques schématiques : distinction des phases d'accommodation, de stabilisation et de propagation, pour un matériau s'adoucissant cycliquement (a) ou durcissant cycliquement (b).

Considérons le cas le plus fréquent d'un essai contrôlé en déformation totale imposée.

Les courbes d'évolution de l'amplitude de contrainte au cours du cyclage sont appelées ***courbes de durcissement/adoucissement cyclique*** (fig. 8.17). On y distingue généralement trois phases. Durant la première phase, l'amplitude de contrainte varie de manière relativement importante et rapide avec le nombre de cycles, jusqu'à stabilisation. Le plus souvent, elle reste ensuite stabilisée pendant une grande partie de la durée de vie, jusqu'à ce qu'une fissure principale se soit suffisamment propagée pour qu'apparaisse une chute rapide de l'amplitude de contrainte en traction. La rupture apparaît après un nombre de cycles N appelé ***nombre de cycles à rupture*** ou ***durée de vie***. La troisième phase est celle de la chute de l'amplitude de contrainte en traction suivie de la rupture finale de l'éprouvette. Les première et troisième phases couvrent généralement chacune de l'ordre de 5 à 20% de la durée de vie, tandis que la phase de stabilisation couvre le reste, c'est-à-dire la plus grande partie de la durée de vie. Ces trois phases sont respectivement appelées ***phase d'accommodation***, ***phase de stabilisation*** (ou ***phase de saturation***), et ***phase de propagation***.

Durant la *phase d'accommodation*, le matériau peut durcir (amplitude de contrainte croissante, fig. 8.16(a)) ou s'adoucir cycliquement (amplitude de contrainte décroissante, fig. 8.16(b)). Si l'essai est contrôlé en charge (fig. 8.16(c) et (d)), un durcissement correspondra à une décroissance de la réponse en déformation (fig. 8.16(c)), tandis qu'un adoucissement correspondra à une augmentation de cette réponse (fig. 8.16(d)). La *phase de stabilisation* est atteinte lorsque le niveau de contrainte ne varie plus. Mais progressivement et simultanément, la déformation plastique se localise en bandes et un relief de surface en ***intrusions/extrusions*** va apparaître et s'intensifier (fig. 8.5), jusqu'à ce que les concentrations de contrainte en fond d'intrusions soient suffisantes pour que des microfissures s'y amorcent. Celles-ci

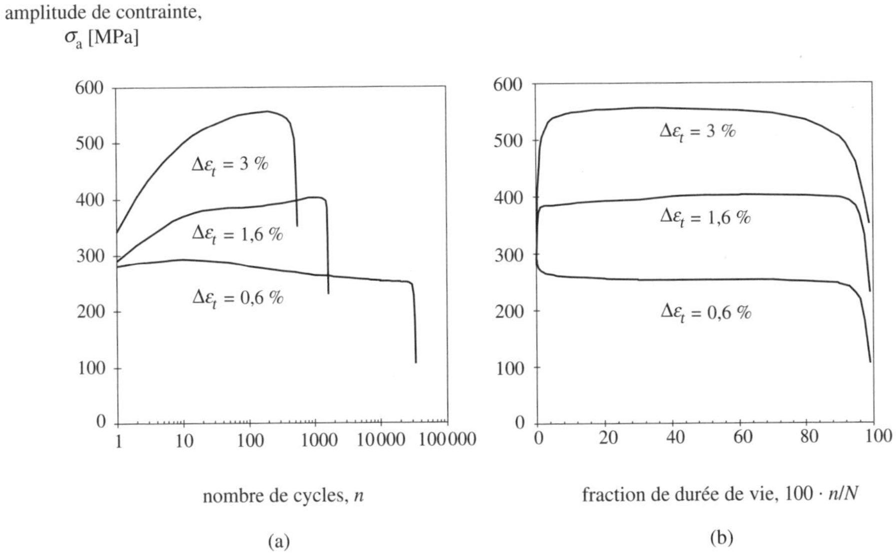

Fig. 8.18 Courbes de durcissement/adoucissement cyclique pour un acier inoxydable austénitique AISI 316L: (a) diagramme semi-logarithmique; (b) diagramme linéaire (Document LML, Centrale Lille).

vont alors se propager en surface et coalescer. Quand enfin une macrofissure se sera créée, elle se propagera en profondeur et le maximum de contrainte en traction commencera à décroître de manière notable sur la courbe de durcissement/adoucissement cyclique jusqu'à conduire à la rupture brutale du ligament restant de matériau. Cette dernière phase est appelée *phase de propagation*. Plus de détails sur les évolutions microstructurales associées peuvent être trouvés dans le volume 9 du présent traité.

Les courbes de durcissement/adoucissement cyclique peuvent être définies en diagramme semi-logarithmique σ_a – $\log n$ ou en diagramme linéaire σ_a – n/N (fig. 8.18(a) et (b)). Le second type de diagramme présente l'avantage de montrer clairement les fractions de durée de vie couvertes par chacune des trois phases (accommodation-stabilisation-propagation), mais «écrase» la phase d'accommodation durant laquelle le maximum de variation de l'amplitude de contrainte intervient. En revanche, le premier type de diagramme montre clairement ces évolutions, mais «fausse» l'image des proportions de la durée de vie couvertes par chacune des trois phases. Les deux représentations sont en conséquence souvent utilisées en complément l'une de l'autre.

Boucles d'hystéréris contrainte-déformation

Outre les courbes de durcissement/adoucissement cyclique, la réponse du matériau peut être caractérisée par l'évolution des boucles d'hystéréris contrainte-déformation au cours du cyclage. Lors d'un essai à déformation totale imposée, un durcissement et un adoucissement cyclique, caractéristiques de la phase d'accommodation, se traduisent par les évolutions des boucles d'hystéréris schématiquement représentées en figure 8.19.

Si la réponse du matériau se stabilise, on obtient une ***boucle d'hystérésis stabilisée***, sur laquelle sont définies les grandeurs de référence montrées en figure 8.20. Si la réponse du matériau ne se stabilise pas, on définit conventionnellement une boucle d'hystérésis et des grandeurs de référence à 50% de la durée de vie N.

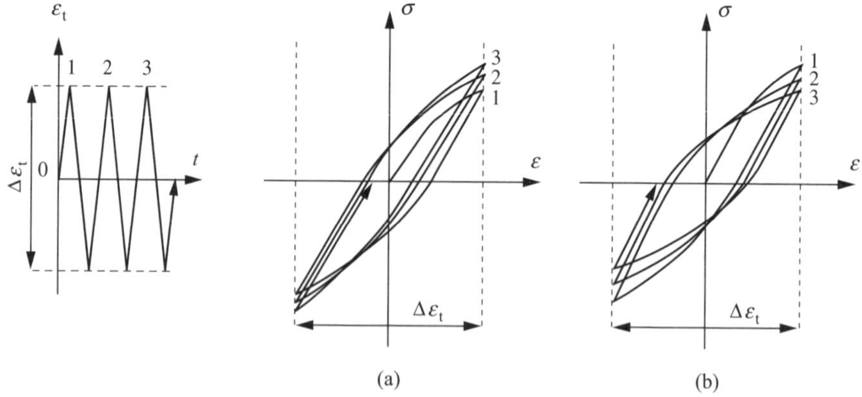

Fig. 8.19 Evolution des boucles d'hystérésis lors d'un essai de fatigue oligocyclique à variation de déformation $\Delta\varepsilon_t$ imposée: (a) durcissement cyclique; (b) adoucissement cyclique.

Les ***étendues de variation*** (appelées aussi plus simplement ***variations***) de la contrainte, $\Delta\sigma$, et des déformations totale, $\Delta\varepsilon_t$, plastique, $\Delta\varepsilon_p$, et élastique, $\Delta\varepsilon_e$, sont liées par les relations:

$$\Delta\varepsilon_t = \Delta\varepsilon_e + \Delta\varepsilon_p = \frac{\Delta\sigma}{E} + \Delta\varepsilon_p \qquad (8.18)$$

où E est le module d'élasticité du matériau. Celui-ci peut être évalué par un cyclage initial de l'éprouvette dans le domaine élastique. Il convient de noter que l'étendue de variation de la déformation plastique n'est égale à la largeur de la boucle d'hystérésis à contrainte nulle que si les décharges, en traction et en compression, sont strictement élastiques (fig. 8.20).

Les paramètres $\Delta\sigma$ (ou $\Delta\varepsilon_e = \Delta\sigma/E$), $\Delta\varepsilon_p$, $\Delta\varepsilon_t$ précédemment définis, et ΔW_s, l'aire de la boucle d'hystérésis stabilisée, sont couramment utilisés comme paramètres d'endommagement.

E :	module d'élasticité
ΔF :	variation de charge appliquée
$\Delta\sigma = \Delta F/S$:	variation de contrainte
$\Delta\varepsilon_p$, $\Delta\varepsilon_e$, $\Delta\varepsilon_t$:	variation de déformation plastique, élastique, totale
$\sigma_a = \Delta\sigma/2$:	amplitude de contrainte
$(\varepsilon_a = \Delta\varepsilon/2)_{p,e,t}$:	amplitude de déformation plastique, élastique, totale

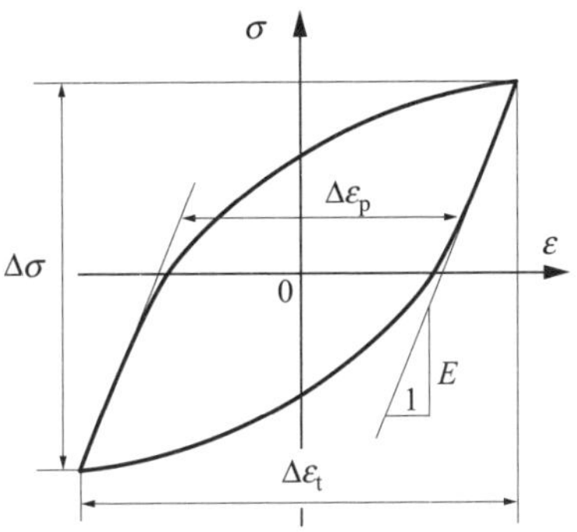

Fig. 8.20 Boucle d'hystérésis stabilisée en fatigue oligocyclique: définition des grandeurs de référence.

Courbes de consolidation cyclique

Le comportement du matériau en réponse à une sollicitation de fatigue plastique oligocyclique étant souvent stabilisé pendant la plus grande partie de la durée de vie, c'est cette réponse stabilisée qui est prise comme référence pour définir la relation contrainte-déformation cyclique du matériau. Cette relation est alors utilisable dans un calcul de structure. Elle est définie point par point, chaque point correspondant à un essai de fatigue plastique oligocyclique sous sollicitation purement alternée d'amplitude constante. La courbe amplitude de contrainte stabilisée-amplitude de déformation imposée ainsi obtenue (fig. 8.21) est appelée ***courbe d'écrouissage cyclique*** ou ***courbe de consolidation cyclique*** (désignée en abrégé «CCC»). Tous les matériaux ne présentant pas une réponse parfaitement stabilisée à la sollicitation cyclique imposée, les caractéristiques utilisées comme référence sont définies le plus souvent conventionnellement sur la boucle d'hystéréris contrainte-déformation à 50% de la durée de vie.

La courbe de consolidation cyclique est généralement comparée à la courbe d'écrouissage monotone (fig. 8.21). Celle-ci peut être obtenue à partir d'un essai de traction monotone, ou du premier quart de cycle en traction de l'essai de fatigue oligocyclique.

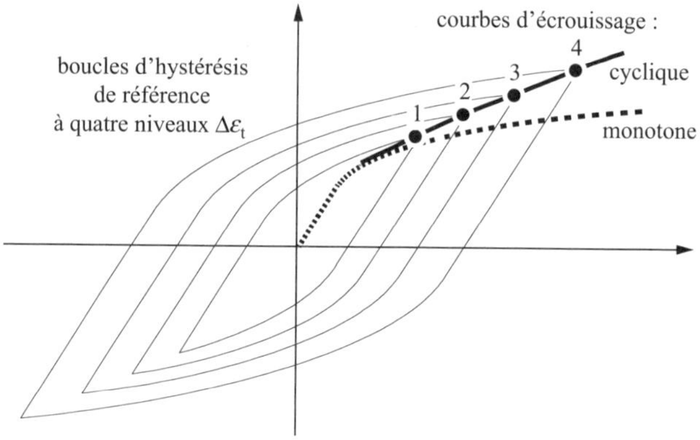

Fig. 8.21 Courbe de consolidation cyclique obtenue par la méthode «à une éprouvette par niveau», pour un matériau durcissant cycliquement.

La courbe de consolidation cyclique ne doit pas être confondue avec la relation contrainte-déformation au cours d'un cycle de sollicitation, définie par une boucle d'hystérésis.

Chaque essai de fatigue oligocyclique définit un point de la courbe de consolidation cyclique. L'obtention de la courbe complète nécessite un nombre relativement important d'essais et d'éprouvettes; elle est en conséquence longue et coûteuse. Cette méthode d'obtention de la CCC est appelée ***méthode à une éprouvette par niveau***.

Autres méthodes d'obtention de la courbe de consolidation cyclique

Un certain nombre d'autres méthodes ont été proposées dans la littérature pour obtenir la CCC à l'aide d'un seul essai utilisant une seule éprouvette. Ces méthodes sont définies à la figure 8.22. Chacune consiste à soumettre l'éprouvette de fatigue oligocyclique à un chargement donné d'amplitude de déformation variable. Aux diverses méthodes correspondent des histoires de chargement imposé différentes.

Dans les ***méthodes par paliers successifs croissants*** et ***par paliers successifs décroissants***, chaque palier est mené jusqu'à stabilisation de la réponse en contrainte. La CCC est définie alors comme le lieu des points «amplitude de contrainte stabilisée-amplitude de déformation imposée» (définies au dernier cycle de chaque palier).

La ***méthode incrémentale*** et la ***méthode aléatoire*** utilisent des blocs de chargement, incrémental et aléatoire respectivement, répétés jusqu'à stabilisation de la réponse en contrainte. La méthode Rain-Flow [8.8] est utilisée sur le bloc stabilisé

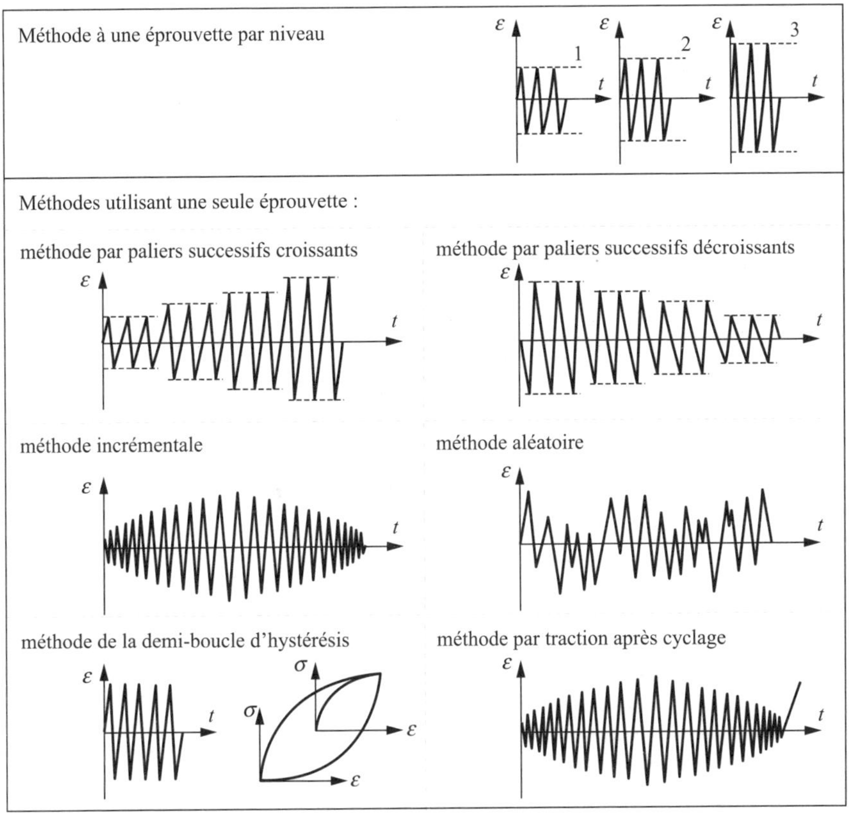

Fig. 8.22 Différentes méthodes d'obtention de la courbe d'écrouissage cyclique; dénomination et mode de chargement correspondant.

pour identifier des cycles contrainte-déformation fermés, que l'on suppose symétriques. La CCC est ici définie comme le lieu des points «amplitude de contrainte-amplitude de déformation» définies sur les cycles stabilisés identifiés.

La ***méthode de la demi-boucle d'hystéréris*** définit la CCC comme la courbe homothétique de rapport 1/2 de l'alternance ascendante de la boucle d'hystéréris contrainte-déformation stabilisée obtenue par un essai de fatigue oligocyclique à amplitude de déformation constante.

La ***méthode par traction après cyclage*** assimile la CCC à la courbe de traction monotone obtenue après un cyclage sous blocs incrémentaux mené jusqu'à stabilisation de la réponse en contrainte.

Les courbes de consolidation cyclique obtenues par ces différentes méthodes sont rarement identiques, même si elles correspondent à la même plage d'amplitudes de déformation. Elles sont d'autant plus dissemblables que le matériau est sensible à l'histoire du chargement. La figure 8.23 montre les courbes d'écrouissage cyclique obtenues par différentes méthodes pour deux matériaux, un acier inoxydable austénitique, caractérisé par une forte influence de l'histoire du chargement (fig. 8.23(a)), et un acier inoxydable duplex austéno-ferritique, peu influencé par l'histoire du chargement (fig. 8.23(b)).

D'un point de vue pratique, il convient de choisir le domaine des amplitudes de déformation d'essai en fonction du domaine d'application visé, en ce qui concerne le niveau maximal d'amplitude de déformation totale en particulier.

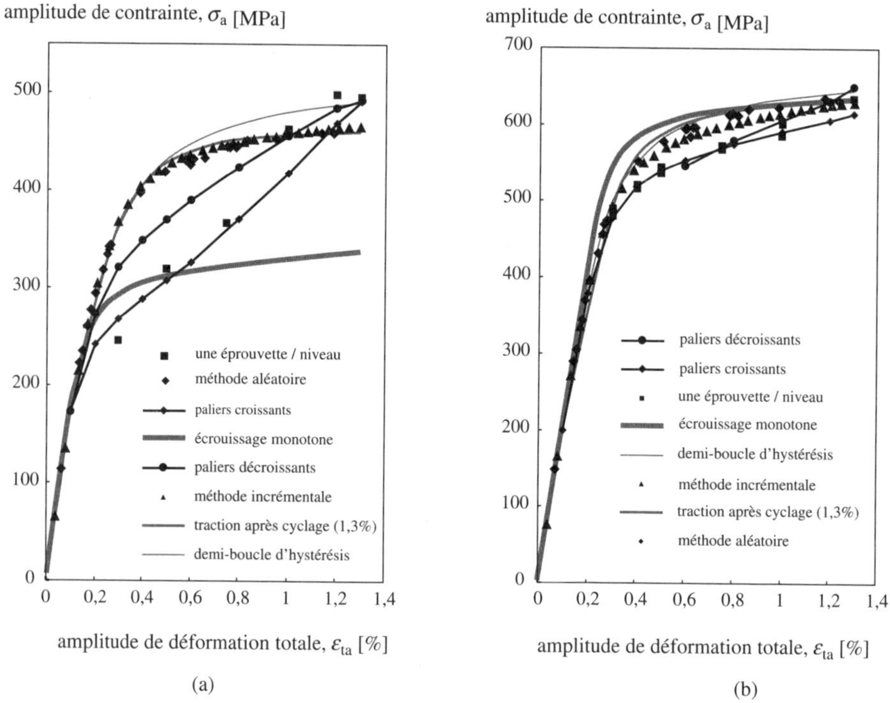

Fig. 8.23 Courbes de consolidation cyclique à température ambiante obtenues par différentes méthodes: (a) cas d'un acier inoxydable austénitique; (b) cas d'un acier inoxydable duplex austéno-ferritique (Documents LML, Centrale Lille).

Loi de consolidation cyclique

La courbe de consolidation cyclique d'un matériau est souvent comparée à sa courbe d'écrouissage monotone obtenue par un essai de traction simple ou tout simplement lors du premier quart de cycle de l'essai de fatigue plastique oligocyclique.

La position relative de ces deux courbes est caractéristique du comportement d'accommodation (durcissement et/ou adoucissement cyclique) du matériau.

Par analogie avec la loi d'écrouissage monotone:

$$\sigma_{\mathrm{v}} = K \cdot \left(\varepsilon_{\mathrm{pv}}\right)^{\mathrm{n}} \tag{8.19}$$

la relation contrainte-déformation plastique cyclique est souvent modélisée par la loi puissance:

$$\sigma_a = K' \cdot \left(\varepsilon_{pa}\right)^{n'} \tag{8.20}$$

appelée ***loi de consolidation cyclique*** ou ***loi d'écrouissage cyclique***, où K' et n' sont respectivement le coefficient et l'exposant d'écrouissage cyclique. Ils s'obtiennent à partir d'un tracé en diagramme bi-logarithmique $\log \sigma_a = f(\log \varepsilon_{pa})$.

Pour les matériaux manifestant une forte influence de l'histoire du chargement cyclique, on peut associer une loi d'écrouissage cyclique à chaque histoire de chargement. Dans un calcul de structure, il conviendra alors d'utiliser la loi associée à l'histoire du chargement en service réel de la structure. Par ailleurs, il convient de souligner que ces lois sont établies pour un chargement cyclique uniaxial de traction-compression. Pour un chargement cyclique multiaxial, le comportement du matériau peut se révéler beaucoup plus complexe. Des essais multiaxiaux spécifiques doivent alors être menés pour définir la loi de comportement adéquate du matériau.

Endommagement en fatigue oligocyclique

En fatigue oligocyclique, le nombre de cycles à l'amorçage et le nombre de cycles de propagation peuvent être du même ordre de grandeur (§ 8.2.2, fig. 8.4). Dès qu'il y a eu amorçage de fissure, la rigidité de l'éprouvette diminue. On définit l'état d'endommagement de l'éprouvette par un ***paramètre d'endommagement***, D, égal par convention à 0 lorsque l'éprouvette est vierge, et à 1 lorsque l'éprouvette est rompue. Il existe plusieurs méthodes de mesure de l'endommagement d'une éprouvette fatiguée. Les deux plus courantes seront citées ici.

Lorsqu'une fissure se propage dans l'éprouvette, la rigidité de celle-ci diminue. On observe alors une diminution de la pente à la décharge élastique sur la boucle d'hystérésis au cours du cyclage. On définit alors l'endommagement D par:

$$D = \frac{E_0 - E}{E_0} \tag{8.21}$$

où E_0 est la pente à la décharge élastique sur la boucle d'hystérésis de l'éprouvette vierge, et E celle sur la boucle d'hystérésis de l'éprouvette fissurée.

De même durant la propagation de fissure, la résistance électrique de l'éprouvette diminue. On peut alors mesurer l'endommagement de l'éprouvette par une méthode électrique. Cette méthode consiste à faire passer un courant, continu ou alternatif, dans l'éprouvette, et à mesurer la variation de potentiel qui accompagne la propagation de fissure. Cette méthode est appelée ***méthode de la variation de potentiel électrique*** (§ 9.4.2). Elle permet de détecter l'amorçage, et moyennant un étalonnage préalable, de mesurer la longueur de fissure, pourvu que celle-ci soit unique, durant la propagation.

Courbes et lois de résistance à la fatigue oligocyclique

La réponse d'un matériau à une sollicitation cyclique se caractérise par la relation contrainte-déformation, mais aussi par la durée de vie N associée au niveau appliqué de sollicitation.

Néanmoins la durée de vie (ou nombre de cycles à la défaillance) n'est pas toujours associée à une rupture de l'éprouvette en deux parties. En particulier, si l'essai est piloté en déformation totale imposée, et que la fissure principale est située entre les deux couteaux de l'extensomètre, il peut arriver que la fissure se propage très lentement, et même parfois qu'elle ne se propage jamais jusqu'à la rupture complète de l'éprouvette.

C'est pourquoi on définit généralement un ***critère de durée de vie*** ou ***critère de rupture***, souvent utilisé également comme critère de fin d'essai autre que la rupture en deux parties de l'éprouvette. Un critère de rupture couramment utilisé est un nombre de cycles correspondant à une diminution conventionnelle du maximum de contrainte en traction, relativement à une amplitude de contrainte en traction de référence. L'amplitude de contrainte de référence sera définie suivant les conventions de la figure 8.24, selon que le matériau manifeste ou non une phase de stabilisation de sa réponse en contrainte.

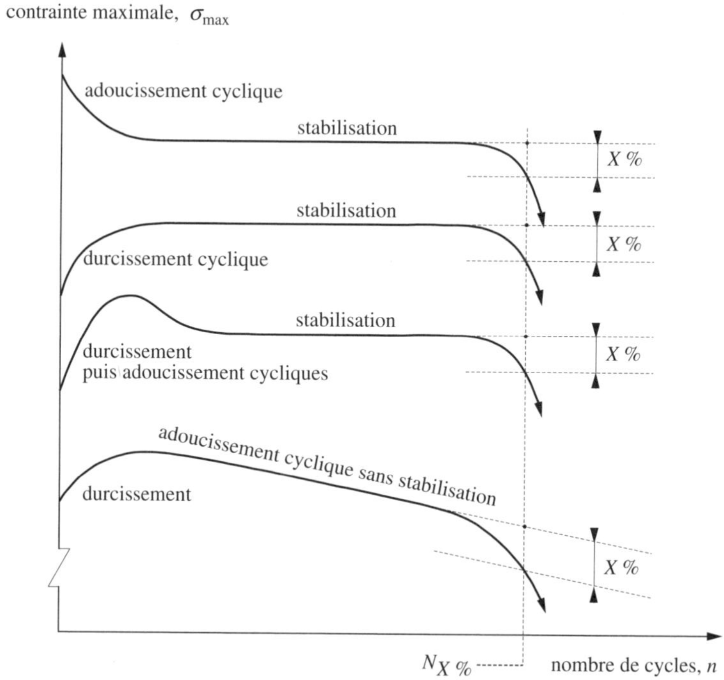

Fig. 8.24 Définition d'un critère de rupture à partir d'une diminution conventionnelle de l'amplitude de contrainte en traction lors d'un essai de fatigue oligocyclique piloté en déformation imposée.

La propagation d'une fissure principale correspondant à une perte de rigidité de l'éprouvette, on peut également définir comme critère de rupture une diminution conventionnelle du rapport du module d'élasticité de la partie en traction sur celui de la partie en compression des boucles d'hystérésis.

Utilisant le partitionnement de la déformation totale en ses composantes élastique et plastique :

$$\Delta\varepsilon_t = \Delta\varepsilon_e + \Delta\varepsilon_p \tag{8.22}$$

on reporte généralement dans un diagramme bi-logarithmique les points $\Delta\varepsilon_e - N$ et $\Delta\varepsilon_p - N$ obtenus à partir des données expérimentales aux cycles stabilisés (fig. 8.25). Ce diagramme est souvent appelé *diagramme de Manson-Coffin*. Les courbes $\Delta\varepsilon_e - N$ et $\Delta\varepsilon_p - N$ résultantes sont quasiment linéaires. On définit alors la droite de Basquin, $\log\Delta\varepsilon_e$ en fonction de $\log N$, et la droite de Manson-Coffin, $\log\Delta\varepsilon_p$ en fonction de $\log N$. Les expressions en loi puissance associées sont définies par régression linéaire utilisant la méthode des moindres carrés. La relation:

$$\Delta\varepsilon_e = C_e \cdot N^{-b} \tag{8.23}$$

dérive de la relation de Basquin établie en fatigue-endurance :

$$\frac{\Delta\sigma}{2} = \sigma_a = D \cdot N^{-b} \tag{8.24}$$

La seconde relation:

$$\Delta\varepsilon_p = C_p \cdot N^{-c} \tag{8.25}$$

est appelée ***relation de Manson-Coffin***.

La courbe de résistance à la fatigue oligocyclique $\Delta\varepsilon_t - N$ définie dans le même diagramme bi-logarithmique présente une concavité dirigée vers le haut (fig. 8.25). La loi de résistance à la fatigue oligocyclique associée s'écrit, en termes d'amplitudes des déformations en fonction du nombre d'alternances à la rupture, $2N$:

$$\Delta\varepsilon_t/2 = \Delta\varepsilon_e/2 + \Delta\varepsilon_p/2 = (\sigma_f'/E)\cdot(2N)^{-b} + \varepsilon_f'\cdot(2N)^{-c} \tag{8.26}$$

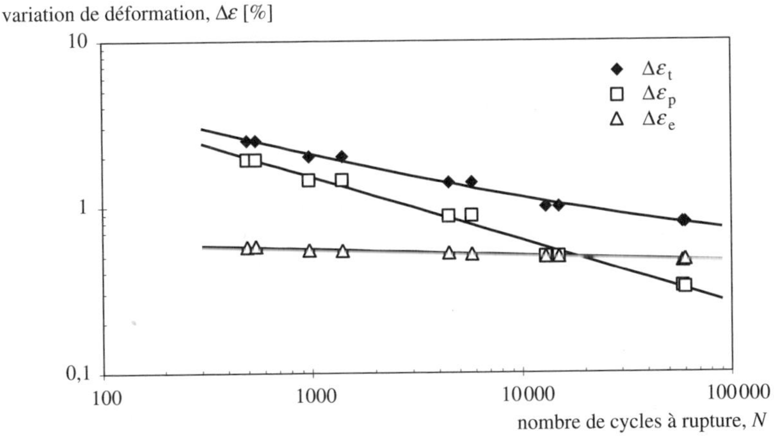

Fig. 8.25 Diagramme de Manson-Coffin d'un acier inoxydable austéno-ferritique à température ambiante (Document LML, Centrale Lille).

avec

- σ'_f, le coefficient de résistance en fatigue,
- b, l'exposant de résistance en fatigue,
- ε'_f, le coefficient de ductilité en fatigue,
- c, l'exposant de ductilité en fatigue.

8.5 ESSAIS DE FATIGUE SUR ÉPROUVETTES ENTAILLÉES

Les essais de fatigue présentés jusqu'ici étaient pratiqués sur des *éprouvettes lisses*, c'est-à-dire ne présentant pas de concentration de contrainte. Pourtant, la plupart des structures sont constituées d'éléments de formes géométriques complexes. Ces entailles mécaniques sont des lieux de concentration de contrainte qui jouent un rôle nocif relativement à la résistance de la structure. L'influence des concentrations de contrainte sur la résistance à la fatigue d'un matériau est étudiée sur des *éprouvettes entaillées*.

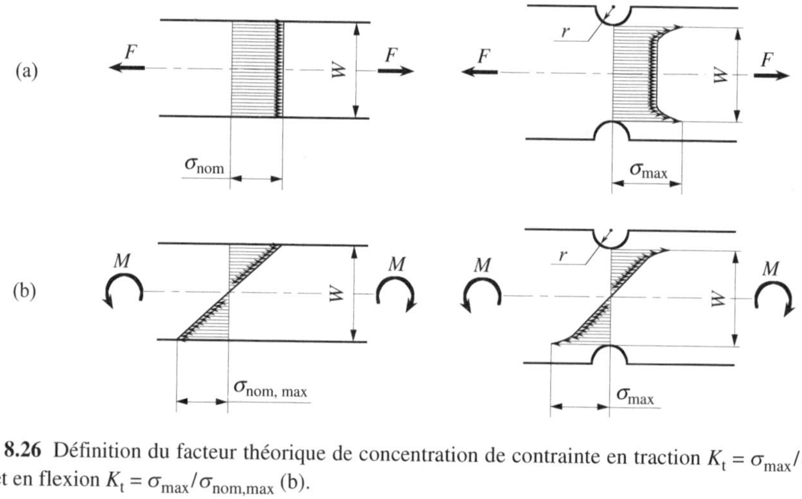

Fig. 8.26 Définition du facteur théorique de concentration de contrainte en traction $K_t = \sigma_{max}/\sigma_{nom}$ (a) et en flexion $K_t = \sigma_{max}/\sigma_{nom,max}$ (b).

Le ***facteur théorique de concentration de contrainte***, K_t, caractérise la concentration de contrainte au droit d'une entaille dans une pièce sollicitée de manière monotone dans son domaine élastique. Il est défini comme le rapport de la contrainte maximale à fond d'entaille sur la contrainte nominale, c'est-à-dire la contrainte qui existerait au même endroit dans une éprouvette lisse (fig. 8.26):

$$K_t = \frac{\sigma_{max}}{\sigma_{nom}} \tag{8.27}$$

Si une entaille avait le même rôle nocif sous sollicitation monotone et en fatigue, alors la limite d'endurance d'une pièce entaillée, $\sigma_{D,ent}$, serait égale à:

$$\sigma_{\mathrm{D,ent}} = \frac{\sigma_{\mathrm{D}}}{K_{\mathrm{t}}} \tag{8.28}$$

En fait, l'effet d'une entaille en fatigue sous sollicitations purement alternées ($\sigma_{\mathrm{m}} = 0$) d'amplitude constante est caractérisé par un facteur appelé ***facteur de réduction en fatigue***, ou ***facteur effectif de concentration de contrainte***, K_{f}, tel que:

$$\sigma_{\mathrm{D,ent}} = \frac{\sigma_{\mathrm{D}}}{K_{\mathrm{f}}} \tag{8.29}$$

avec $K_{\mathrm{f}} < K_{\mathrm{t}}$ le plus souvent, et ce d'autant plus que la pièce est de petite taille avec une entaille aiguë, et que la résistance à la rupture du matériau est faible. Peterson [8.7] a proposé de caractériser la sensibilité à l'entaille en fatigue d'un matériau par le facteur:

$$q = \frac{K_{\mathrm{f}} - 1}{K_{\mathrm{t}} - 1} \tag{8.30}$$

Ce facteur augmente avec la sensibilité à l'entaille en fatigue. Il est égal à 1 lorsque la sensibilité à l'entaille est la même sous sollicitation monotone et en fatigue ($K_{\mathrm{f}} = K_{\mathrm{t}}$), et à 0 s'il n'y a pas de sensibilité à l'entaille en fatigue ($K_{\mathrm{f}} = 1$). Le facteur q augmente avec la taille de l'éprouvette et avec la résistance à la rupture du matériau.

Diverses expressions analytiques ont été proposées pour le facteur q. Les plus utilisées sont la relation de Peterson:

$$q = \frac{1}{1 + a^{*}/\rho} \tag{8.31}$$

où ρ est le rayon à fond d'entaille et a^* est une constante dépendant du matériau, et la relation de Neuber:

$$q = \frac{1}{1 + \sqrt{A/\rho}} \tag{8.32}$$

où ρ est là encore le rayon à fond d'entaille, et A est une constante dépendant du matériau.

8.6 CUMUL DE DOMMAGE EN FATIGUE

Dans ce qui précède, seule la fatigue sous sollicitations d'amplitude constante a été considérée. Or un grand nombre de structures sont soumises à des sollicitations d'amplitude variable dans le temps, voire aléatoire. Le chargement variable d'une structure en service est caractérisé par un ***spectre de chargement***, qui peut être de nature déterministe ou de nature stochastique. Prenons deux exemples. L'arbre d'un moteur rotatif voit des sollicitations de fatigue d'amplitude croissante durant la phase de démarrage ou durant un régime d'accélération, d'amplitude décroissante durant la phase d'arrêt ou durant un régime de décélération, et d'amplitude constante durant le régime de fonctionnement stable. Le spectre de chargement correspondant est de nature déterministe. Le pied d'une aile d'avion voit des sollicitations correspondant à un chargement qui est la superposition d'un chargement statique déterministe et d'un chargement stochastique de nature aléatoire. Le chargement déterministe est un chargement croissant durant le décollage, constant durant le vol, et décroissant durant l'atterrissage, correspondant à la sustentation du fuselage. Le chargement stochastique est dû à la rugosité du tarmac durant les phases de roulage au sol, et à la turbulence de l'air durant la phase de vol. Pour estimer la tenue en fatigue d'un élément de structure, il convient de connaître le spectre de chargement de cette structure en service, et de savoir comment se cumulent les endommagements en fatigue sous divers niveaux de sollicitation.

La règle de cumul de dommage en fatigue la plus couramment utilisée, essentiellement parce qu'elle est très simple, est la règle de cumul linéaire de dommage linéaire, appelée ***règle de Miner***. Le dommage, D, sous chargement d'amplitude σ_a est défini égal à 0 lorsque le matériau est vierge, et égal à 1 à la défaillance. Le dommage ΔD_i résultant de n_i cycles de chargement au niveau σ_{ai}, correspondant à la durée de vie N_i est défini comme la fraction de durée de vie:

$$D_i = \frac{n_i}{N_i} \tag{8.33}$$

La règle de Miner s'écrit alors:

$$D = \sum_i D_i = \sum_i \frac{n_i}{N_i} \tag{8.34}$$

Cette règle suppose que l'ordre d'application des niveaux de chargement n'a pas d'influence sur l'endommagement, et que les petits cycles d'amplitude inférieure à la limite d'endurance ne sont pas endommageants.

En fait, des essais à deux niveaux de chargements successifs ont montré que l'ordre d'application des niveaux de chargement n'est pas indifférent. Appliquer un niveau «bas» avant un niveau «haut» sur des éprouvettes lisses est moins endommageant que l'inverse. La règle de Miner peut être conservative dans le premier cas et non conservative dans le second. En revanche, sur des éprouvettes entaillées, appliquer un niveau «haut» en premier peut avoir un effet favorable pourvu qu'il ait plastifié le fond d'entaille et que le mode de changement de niveau ait introduit des contraintes résiduelles de compression à fond d'entaille.

Ces quelques considérations montrent la complexité du problème de cumul des endommagements en fatigue sous sollicitations variables, que l'on ne saurait traiter ici de manière exhaustive. En fait, pour chaque structure, il convient de connaître son spectre de chargement avant d'effectuer les essais adéquats. Nous qualifierons ces essais plutôt de type «essais de structure» que de type «essais de caractérisation de matériau», en ce sens que l'essai doit être représentatif de la structure en termes de matériau, de forme géométrique (au point critique de la structure), d'état de surface, de mode et de spectre de chargement. On tente souvent de simplifier le spectre de chargement de la structure, en définissant des «blocs de cycles équivalents», des «spectres types», dans les industries du Transport par exemple, en soustrayant les petits cycles non endommageants... Il convient ensuite de «classer» et «compter» les cycles, de façon à simplifier les essais de simulation à effectuer en vue des calculs de prédiction de durée de vie. Seuls quelques essais de validation sur structure réelle sous chargement en service sont nécessaires ensuite.

8.7 RÉSUMÉ

Le phénomène de fatigue se caractérise par un endommagement du matériau sous chargement cyclique, conduisant à sa ruine. La résistance à la fatigue d'un matériau est définie par le nombre de cycles que peut supporter le matériau en fonction du niveau de sollicitation auquel il est soumis. Si ce niveau est inférieur à la limite d'élasticité, on parle de *fatigue-endurance*. Les durées de vie attendues sont généralement supérieures ou égales à 10^6 cycles. On caractérise alors la résistance du matériau à la fatigue en termes de durée de vie en fonction du niveau de contrainte appliquée. Les essais de fatigue-endurance sont pilotés en contrainte imposée. Les durées de vie obtenues sont relativement dispersées. Il convient alors d'effectuer plusieurs essais par niveau de sollicitation, et les résultats d'essais exigent un dépouillement statistique. Si le niveau de sollicitation est supérieur à la limite d'élasticité du matériau, celui-ci subit une déformation plastique à chaque cycle. On parle alors de *fatigue plastique oligocyclique*. Les essais de fatigue plastique oligocyclique sont alors pilotés en déformation imposée. La réponse du matériau en termes de contrainte dépend de son état métallurgique initial et du niveau de déformation appliquée. L'amplitude de contrainte évolue au début du cyclage pour se stabiliser ensuite. On définit le comportement stabilisé du matériau par sa loi d'écrouissage cyclique. Dans ce domaine, les durées de vie attendues sont généralement inférieures ou égales à 10^5 cycles. La résistance du matériau à la fatigue plastique oligocyclique s'exprime en termes de durée de vie en fonction du niveau de déformation appliquée. Les durées de vie obtenues sont relativement peu dispersées. Deux essais par niveau de sollicitation sont alors suffisants pour définir la loi de résistance à la fatigue oligocyclique.

8.8 BIBLIOGRAPHIE

8.8.1 Normes

NF A 03-400: Produits sidérurgiques. Essais de fatigue. Principes généraux, 1983.
NF A 03-401: Produits sidérurgiques. Essais de fatigue sous charge axiale, 1983.

NF A 03-402 : Produits sidérurgiques. Essais de fatigue par flexion rotative, 1983.
NF A 03-403 : Produits métalliques. Pratique des essais de fatigue oligocyclique, 1990.
NF A 03-405 : Produits métalliques. Essais de fatigue. Traitement statistique des données, 1991.

8.8.2 Ouvrages de référence

[8.1] C. Bathias et J.-P. Baïlon, *La fatigue des matériaux et des structures*, Hermès, 2e édition, Paris, 1997.

[8.2] A. brand, *Données Technologiques sur la Fatigue*, Publications CETIM, Lavoisier, 1999.

[8.3] F. Ellyin, *Fatigue damage, Crack growth and life prediction*, Chapman & Hall, 1997.

[8.4] D. François, A. Pineau et A. Zaoui, *Comportement mécanique des matériaux*, vol. 2, Traité des Nouvelles technologies, série Mécanique, Hermès, Paris, 1991.

[8.5] *Essais mécaniques et lois de comportement*, Traité « Mécanique et Ingénierie des matériaux », série Alliages Métalliques et Mise en forme des matériaux, Chapitre « Fatigue », D. François coordonnateur, Hermès, Paris, 2001.

[8.6] J. Lemaitre et J.-L. Chaboche, *Mécanique des matériaux solides*, Dunod, 2e édition, Paris, 1996.

[8.7] H.-P. lieurade, La Pratique des Essais de Fatigue, Société Française de Métallurgie, Commission Fatigue des Métaux, Pyc Editions, 1982.

[8.8] Y. Murakami, *The Rainflow method in Fatigue*, Butterworth-Heinemann, 1992.

[8.9] R. E. Peterson, *Stress concentration factors*, John Wiley & Sons, New York, 1974.

[8.10] P. Rabbe, H.-P. Lieurade et A. Galtier, *Essais de fatigue – Partie I*, Techniques de l'Ingénieur, M4170, 2000.

[8.11] J. Schijve, *Fatigue of structures and materials*, Kluwer Academic Publishers, 2001.

[8.12] N. waterman et M.F. ashby, *Elsevier Materials Selector*, Elsevier, 1991.

CHAPITRE 9

RÉSISTANCE DES MATÉRIAUX À L'AMORÇAGE ET À LA PROPAGATION DES FISSURES

9.1 OBJECTIFS

L'objet du présent chapitre est de décrire les essais mécaniques permettant la caractérisation de la résistance des matériaux métalliques à l'amorçage et à la propagation des fissures. Les types de fissuration considérés sont la propagation sous chargement de type fatigue continue, la propagation brutale, et la déchirure stable sous chargement monotone croissant. Les caractéristiques obtenues permettent les analyses d'intégrité des pièces ou composants en présence de défauts et sont donc des données de base pour la fiabilité et la sûreté des appareils et installations.

Après un rappel sur les champs mécaniques en pointe de fissure et sur les méthodes de suivi de la propagation des fissures, les principes des essais de propagation en fatigue, de ténacité et de résistance à la déchirure sont successivement présentés.

9.2 CHAMPS MÉCANIQUES EN POINTE DE FISSURE

La présence d'une fissure dans un solide soumis à un chargement modifie localement les champs de déplacement. Au niveau des surfaces de la fissure, ou lèvres de la fissure, trois modes élémentaires de déplacement sont possibles (fig. 9.1):

- le mode I ou *mode d'ouverture*,
- le mode II ou *mode de cisaillement plan*,
- le mode III ou *mode de cisaillement antiplan.*

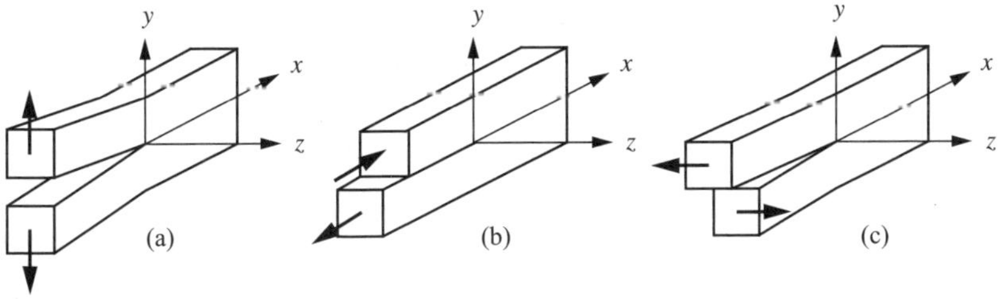

Fig. 9.1 Les trois modes de sollicitation d'une fissure plane: mode I ou mode d'ouverture (a), mode II ou mode de cisaillement plan (glissement parallèle) (b), mode III ou mode de cisaillement antiplan (ou glissement perpendiculaire) (c).

La sollicitation de mode I est le plus souvent celle qui est utilisée dans les caractérisations par essai mécanique, car elle est la plus fréquemment rencontrée et est considérée comme la plus critique pour la stabilité des fissures.

La modification locale des champs mécaniques par une fissure se traduit par une concentration des déformations et des contraintes. Pour un matériau élastique linéaire, si le rayon de courbure au niveau de l'extrémité de la fissure est nul (fissure aiguë), les champs des contraintes et des déformations sont singuliers: les valeurs des composantes de ces champs tendent vers l'infini à l'extrémité de la fissure. En réalité, de telles singularités ne peuvent pas exister, la plasticité et l'émoussement de la fissure limitent les valeurs des composantes des champs mécaniques en contraintes. Toutefois, tant que le chargement n'est pas trop important, l'approximation des champs réels par une singularité élastique linéaire reste valable au voisinage de l'extrémité de la fissure. On peut alors se servir de grandeurs intervenant dans les expressions des champs de cette singularité pour caractériser l'état mécanique.

En élasticité linéaire ou lorsque la plasticité reste confinée et peut être négligée, les champs des déplacements $\boldsymbol{u}$ et des contraintes σ à proximité de la pointe de la fissure pour le mode I ont les expressions suivantes:

$$\boldsymbol{u}_{\mathrm{i}} = \frac{K_{\mathrm{I}}}{4\mu} \cdot \sqrt{\frac{r}{2\pi}} \cdot \tilde{u}_{\mathrm{i}}(\theta) + T \cdot r \cdot \tilde{v}_{\mathrm{i}}(\mu, \nu, \theta) + \ldots \tag{9.1}$$

et

$$\sigma_{\mathrm{ij}} = \frac{K_{\mathrm{I}}}{\sqrt{2\pi \cdot r}} \cdot \tilde{\sigma}_{\mathrm{ij}}(\theta) + T \cdot \delta_{1\mathrm{i}} \cdot \delta_{1\mathrm{j}} + \ldots. \tag{9.2}$$

où r et θ sont les coordonnées polaires, $\boldsymbol{u}$ est le vecteur déplacement du point M, $\tilde{u}_{\mathrm{i}}(\theta)$ et $\tilde{\sigma}_{\mathrm{ij}}(\theta)$ sont des fonctions de θ, σ est le tenseur des contraintes au point M, μ est le module de cisaillement (ou coefficient de Lamé, utilisé en élasticité, égal à G, module de cisaillement utilisé en résistance des matériaux), ν le coefficient de Poisson du matériau, et les δ_{ij} sont les symboles de Kronecker. Le facteur T est encore appelé *T-stress*.

Ces expressions sont les premiers termes d'un développement limité proposé par Williams et Irwin en 1957. Le premier terme est proportionnel à la grandeur K_{I} qui est donc une caractéristique de l'intensité des champs. Cette grandeur est appelée ***facteur d'intensité de contrainte*** et s'exprime en $\mathrm{MPa}\sqrt{\mathrm{m}}$. Les valeurs des facteurs d'intensité de contrainte K_{I} pour de nombreux types de géométrie et de conditions de sollicitation peuvent être trouvées dans [9.3].

Sous l'effet de l'accroissement du chargement, la plasticité s'étend en fond de fissure et la solution en élasticité linéaire n'est plus valable. Le comportement élasto-plastique réel du matériau peut être alors approché par un comportement élastique non linéaire. Cette approximation est considérée comme valable tant que le chargement reste croissant en tout point du voisinage de la fissure.

En élasticité non linéaire, et par extension en élasto-plasticité, une expression des champs de contraintes et de déformations à proximité de la pointe de la fissure pour le mode I a été proposée par Hutchinson [9.2], Rice et Rosengreen [9.5] (*champs H.R.R.*):

$$\sigma_{\text{ij}} = \sigma_0 \cdot \left(\frac{J}{\alpha \varepsilon_0 \sigma_0 I_{\text{N}} r} \right)^{\frac{1}{\text{N}+1}} \cdot \tilde{\sigma}_{\text{ij}}(\theta, n) + Q \cdot \delta_{\text{ij}} + \ldots \tag{9.3}$$

et

$$\varepsilon_{\text{ij}} = \varepsilon_0 \cdot \left(\frac{J}{\alpha \varepsilon_0 \sigma_0 I_{\text{N}} r} \right)^{\frac{\text{N}}{\text{N}+1}} \cdot \tilde{\varepsilon}_{\text{ij}}(\theta, n) + \ldots \tag{9.4}$$

où α, σ_0, ε_0 et N sont les paramètres de la loi de comportement de Ramberg-Osgood:

$$\frac{\varepsilon}{\varepsilon_0} = \frac{\sigma}{\sigma_0} + \alpha \cdot \left(\frac{\sigma}{\sigma_0} \right)^{\text{N}} \tag{9.5}$$

et I_{N} est une variable fonction de N uniquement.

La grandeur J, appelée *intégrale J*, est donnée par l'expression suivante [9.4]:

$$J = \int_{\Gamma} W \cdot \mathrm{d}y - T_{\text{i}} \cdot \frac{\partial u_{\text{i}}}{\partial x} \cdot \mathrm{d}s \tag{9.6}$$

où W est la densité d'énergie de déformation et T_{i} et u_{i} les composantes respectives des vecteurs contrainte et déplacement sur un contour fermé Γ entourant l'extrémité de la fissure (fig. 9.2).

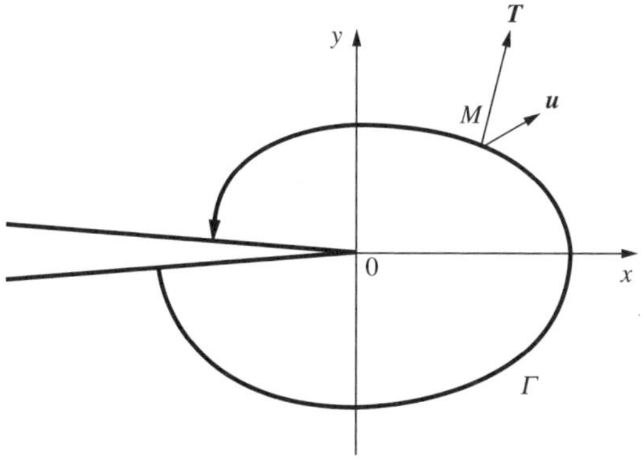

Fig. 9.2 Contour d'intégration de l'intégrale J. $\boldsymbol{T}$ et $\boldsymbol{u}$ sont respectivement le vecteur contrainte en M et le vecteur déplacement de M, point du contour Γ.

L'intégrale J a deux propriétés essentielles. La première est son indépendance par rapport au contour Γ. Cette propriété a des conséquences pratiques importantes, particulièrement pour sa détermination par calcul numérique. Sa deuxième propriété est qu'elle dérive d'un potentiel, et plus précisément de l'énergie potentielle P d'un système isolé, par exemple l'éprouvette d'essai et son dispositif de chargement:

$$J = -\frac{\partial P}{\partial A} \tag{9.7}$$

Au travers de cette expression dans laquelle A est la surface de fissure, J apparaît comme un taux de restitution d'énergie par avancée de fissure dA. Elle s'exprime en J/m^2. La figure 9.3 illustre, d'un point de vue expérimental, cet aspect «énergétique» de l'intégrale J: la connaissance de la relation effort-déplacement du point d'application de l'effort, et de sa variation avec l'accroissement de profondeur de fissure suffit donc à la détermination expérimentale de J.

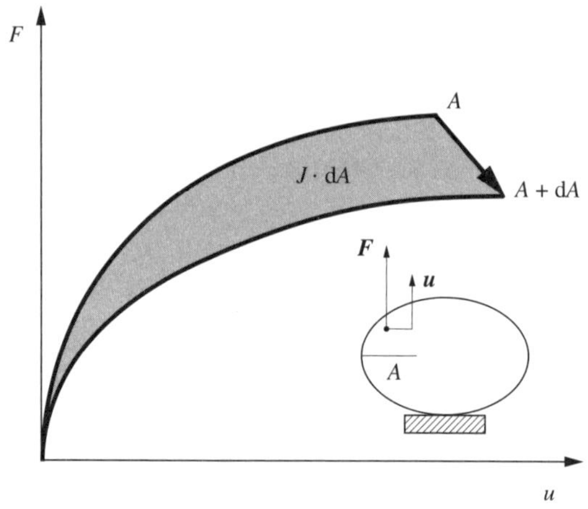

Fig. 9.3 Signification expérimentale de l'intégrale J: l'aire comprise entre les deux courbes de chargement pour deux solides fissurés ne différant que par la longueur de fissure est égale au produit $J \cdot$ dA, dA étant la différence d'aire entre les surfaces fissurées.

9.3 PRINCIPES DES DÉTERMINATIONS EXPÉRIMENTALES DE K_I ET DE J

Compte tenu des rôles physiques tenus par K_I et J, il semble naturel que la quantification de la résistance d'un matériau à l'amorçage ou à la propagation des fissures soit réalisée au travers de ces grandeurs. Quel que soit le mécanisme de fissuration considéré, sa caractérisation va donc nécessiter, en cours d'essai, la détermination des valeurs du facteur d'intensité de contrainte K_I ou de l'intégrale J.

9.3.1 Détermination expérimentale de J

Comme on peut le penser d'après la figure 9.3, l'expression de J sous forme d'un taux de restitution d'énergie est le fondement de sa mesure. Dans le cas des fissures profondes, c'est-à-dire des fissures dont la profondeur a est grande devant les dimensions de la section S non fissurée, on peut montrer que l'intégrale J peut s'exprimer par:

$$J = \eta(a).\frac{U}{S} \tag{9.8}$$

avec U l'aire sous la courbe effort appliqué-déplacement du point d'application de l'effort (fig. 9.3) et η une fonction sans dimension de la profondeur a, qui dépend de la géométrie de l'éprouvette utilisée. Cette fonction est fournie par les normes d'essai. Par exemple, elle vaut 2 en flexion pure et pour une fissure profonde.

Pour déterminer J au cours d'un essai, il faut donc mesurer en continu la force appliquée, le déplacement de son point d'application et la profondeur de fissure.

9.3.2 Détermination expérimentale de K_I

L'élasticité linéaire étant un cas particulier de l'élasticité non linéaire ($N = 1$ dans l'équation de Ramberg-Osgood), on peut montrer que, dans ce cas, K_I est relié à J par l'expression:

$$J = \frac{K_I^2}{E'} \tag{9.9}$$

avec $E' = E/\left(1-\nu^2\right)$ en déformation plane et $E' = E$ en contrainte plane.

La détermination de K_I se ramène donc à celle de J. Toutefois, l'élasticité linéaire permet des simplifications qui ont des conséquences pratiques importantes. Par définition, l'énergie potentielle P d'un corps élastique linéaire fissuré soumis à un effort F dont le point d'application se déplace de δ est égale à la somme du travail U de la force F et de l'énergie de déformation élastique notée E:

$$J = -\frac{\partial P}{\partial A} = -\frac{\partial(U+E)}{\partial A} = -\frac{\partial(-F\cdot\delta + 1/2\cdot F\delta)}{\partial A} = \frac{1}{2}\frac{\partial(F\delta)}{\partial A} \tag{9.10}$$

Si on nomme $C(A)$ la *complaisance* du corps fissuré, égale à δ / F, on a alors:

$$J = \frac{K_I^2}{E'} = \frac{1}{2}F^2\frac{\partial(C(A))}{\partial A} \tag{9.11}$$

soit

$$K_I = F\cdot\sqrt{E'\cdot\frac{\partial(C(A))}{\partial A}} = F\cdot Y(A) \tag{9.12}$$

La mesure de K_I revient donc à celle de l'effort F, sous réserve que la fonction Y qui dépend de la géométrie du corps fissuré soit connue. Les normes d'essais de caractérisation de la résistance à l'amorçage ou à la propagation des fissures fournissent la fonction $Y(A)$ pour les différentes géométries d'éprouvettes utilisées.

9.3.3 Limitations des déterminations expérimentales de K_I et de J : validité des essais

Considérons un solide fissuré chargé de façon monotone croissante. Le développement de la plasticité à partir de l'extrémité de la fissure vers les bords du solide peut se décomposer en 5 étapes successives de chargement décrites ci-dessous.

- *Niveau 1 – Elasticité:* la réponse globale du solide est linéaire, c'est-à-dire qu'un accroissement de charge est accompagné d'un déplacement proportionnel du point d'application de la charge. Le solide est élastique en tout point à l'exception d'une zone très réduite à l'extrémité de la fissure, donc négligeable. Le concept de facteur d'intensité de contrainte K_I est pleinement utilisable.

- *Niveau 2 – Plasticité confinée:* la réponse globale du solide reste linéaire, mais la limite d'élasticité est franchie dans un volume important au voisinage de la fissure. L'état mécanique dans la zone plastique est contrôlé par le champ dans la partie élastique. Le concept de facteur d'intensité de contrainte peut être utilisé, avec éventuellement une correction. Mais il est intéressant d'utiliser le concept de l'intégrale *J*.

- *Niveau 3 – Plasticité limitée:* la réponse globale du solide est non linéaire. L'extension de la zone plastique est telle qu'il faut utiliser le concept d'intégrale *J* pour décrire la singularité des contraintes.

- *Niveau 4 – Plasticité généralisée:* la réponse globale du solide est fortement non linéaire. La zone plastique n'est plus limitée par une partie élastique du solide. La perte de confinement des champs mécaniques en extrémité de fissure conduit peu à peu, avec l'accroissement du chargement, à la disparition de la singularité. On est à la limite d'application du concept de l'intégrale *J*.

- *Niveau 5 – Ecoulement plastique:* l'écoulement plastique est intense, et si le solide n'a pas rompu au cours d'une des phases de chargement précédentes, la rupture se produit alors par une localisation de l'écoulement plastique comparable à la striction d'une éprouvette de traction.

Les conditions de validité des essais de caractérisation de la résistance à l'amorçage et à la propagation des fissures ont pour objectif de limiter le chargement à un niveau de développement de la plasticité prédéterminé par le type caractéristique de rupture. Par exemple, si on cherche à déterminer la valeur de K_I à l'amorçage d'une propagation brutale (ténacité K_{Ic}), le chargement devra être limité au niveau 1. Si on cherche à évaluer la résistance au déchirement stable (résistance J-Δa), on pourra admettre d'atteindre le niveau 3, et exprimer le chargement par l'intermédiaire de l'intégrale *J*.

Chaque norme définit précisément les conditions de validité des essais qu'elle décrit.

9.4 PRÉPARATION DES ÉPROUVETTES

9.4.1 Choix de la géométrie et des dimensions des éprouvettes

La caractérisation de la résistance à l'amorçage et à la propagation des fissures est réalisée à l'aide d'éprouvettes préfissurées. Les plus utilisées sont les éprouvettes de flexion de type SENB (*Single Edge Notched Bend*) et les éprouvettes de traction de type CT (*Compact Tension*) (fig. 9.4 et 9.5). Le ligament non fissuré de ces

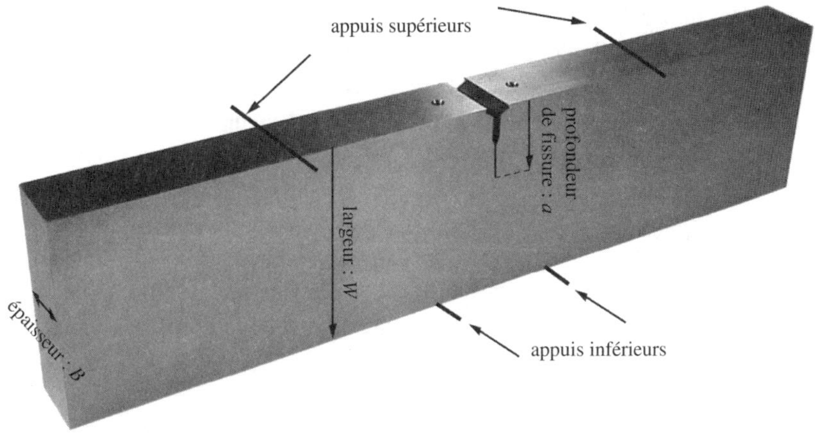

Fig. 9.4 Eprouvette de flexion de type SENB. La face supérieure de l'éprouvette sert de référence pour la profondeur de la fissure. Les couteaux usinés sur cette face supérieure servent à fixer un extensomètre de type «clip gage» pour la mesure de l'ouverture de fissure. Les traits sur les faces supérieure et inférieure indiquent les lignes de contact entre les rouleaux des appuis et l'éprouvette dans le cas d'un chargement en flexion 4 points (photo CEA/SRMA, G. Perez).

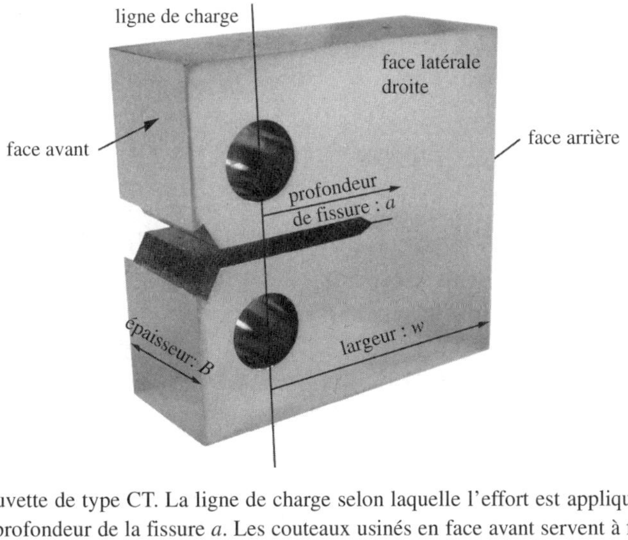

Fig. 9.5 Eprouvette de type CT. La ligne de charge selon laquelle l'effort est appliqué sert de référence pour la profondeur de la fissure a. Les couteaux usinés en face avant servent à fixer un extensomètre de type «clip gage» pour la mesure de l'ouverture de fissure (photo CEA/SRMA, G. Perez).

éprouvettes est en flexion, ce qui permet d'assurer un bon confinement de la plasticité, et donc un domaine de validité des mesures important.

Il existe d'autres types d'éprouvettes : les éprouvettes à entaille centrale (CCT pour *Central Crack Tensile*) ou à entaille latérale (SENT pour *Single Edge Notch Tensile*). Leur ligament non fissuré étant en traction, ces éprouvettes possèdent un domaine de validité nettement plus faible que celui des éprouvettes précédentes. Sauf spécification ou intention particulière, il est donc recommandé, pour la caractérisation des matériaux, d'utiliser les éprouvettes type SENB ou CT.

Les trois dimensions les plus importantes d'une telle éprouvette sont la profondeur de fissure notée a, la largeur notée w et l'épaisseur notée B. Le rapport a/w est utilisé comme variable adimensionnelle dans les expressions permettant le calcul de la complaisance des éprouvettes, de K_I et de J. La longueur du ligament non fissuré (w-a) et l'épaisseur de l'éprouvette (B) définissent, pour un matériau donné, la capacité de mesure des éprouvettes. En effet, pour les essais utilisant la notion de facteur d'intensité de contrainte, et donc limités à la plasticité confinée, les conditions de validité sont exprimées de façon à vérifier que la taille de zone plastique se développant à partir de la pointe de la fissure n'excède pas une certaine fraction des dimensions du ligament non fissuré. Une estimation de la taille de la zone plastique est donnée par le modèle d'extension de la zone plastique d'Irwin (fig. 9.6). Ce modèle suppose que

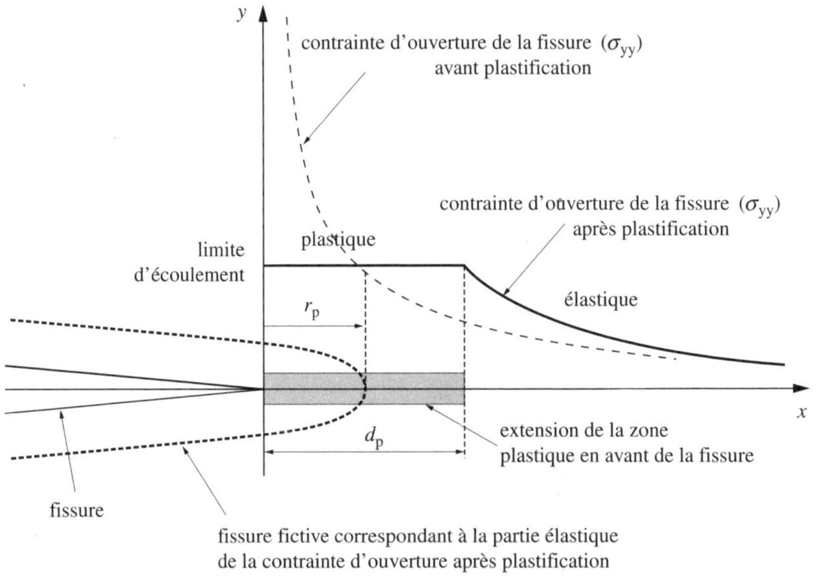

Fig. 9.6 Modèle d'Irwin pour l'extension de la zone plastique en avant de la fissure. Pour un matériau élastique, le chargement appliqué loin de la fissure crée au voisinage de l'extrémité de celle-ci des contraintes d'ouverture σ_{yy} représentées en traits pointillés. Pour un matériau parfaitement plastique, en première approximation, les contraintes d'ouverture sont bornées par la limite d'écoulement. Le respect de l'équilibre des efforts nécessite un décalage de la partie élastique du champ comme si la fissure avait avancé de la distance r_p égale à la moitié de l'extension de la zone plastique d_p. Les contraintes d'ouverture résultantes sont représentées en trait plein.

pour un matériau élastique linéaire, le chargement appliqué loin de la fissure crée, au voisinage de l'extrémité de celle-ci, des contraintes d'ouverture σ_{yy} représentées en trait pointillé sur la figure. Pour un matériau parfaitement plastique, en première approximation, les contraintes d'ouverture sont bornées par la limite d'écoulement. Le respect des conditions d'équilibre nécessite alors un décalage de la partie élastique du champ, comme si la fissure avait avancé de la longueur r_p égale à la moitié de l'extension de la zone plastique d_p. Les contraintes d'ouverture résultantes sont représentées en trait plein sur la figure. Ce modèle suppose donc que:

$$d_p = \frac{1}{\alpha\pi}\left(\frac{K_I}{R_{p0,2}}\right)^2 \tag{9.13}$$

avec α valant 1 en état de contrainte plane et 3 en état de déformation plane. Une condition de validité d'un essai utilisant la notion de facteur d'intensité de contrainte sera donc du type:

$$\mathrm{Min}\big(B,(w-a)\big) \geq \lambda \cdot \left(\frac{K_I}{R_{p0.2}}\right)^2 \tag{9.14}$$

où λ est un facteur défini par la norme d'essai.

Par exemple, si on souhaite que la rupture ait lieu en état de déformation plane, comme c'est le cas pour la mesure de la ténacité K_{Ic}, il faut s'assurer que l'épaisseur B de l'éprouvette soit grande devant la taille de la zone plastique en contrainte plane. La valeur du facteur λ est fixée par la norme d'essai à 2,5, soit une épaisseur minimale d'éprouvette environ 8 fois plus grande que l'extension de la zone plastique en contrainte plane.

Lorsque l'intégrale J est utilisée, le chargement doit rester en deçà d'une valeur telle que les champs au voisinage de la fissure soient essentiellement décrits par la solution H.R.R.. Cette condition est déterminée de façon numérique en fonction de la géométrie de l'éprouvette et s'exprime également sur les dimensions de celle-ci:

$$\mathrm{Min}\big(B,(w-a)\big) \geq \lambda' \cdot \frac{J}{R_{p0,2}} \tag{9.15}$$

avec λ' un facteur dont la valeur numérique est donnée dans les normes d'essai.

Les conditions de validité des essais de caractérisation à l'amorçage et la propagation des fissures se ramènent donc principalement à la comparaison entre les dimensions de l'éprouvette et une longueur de référence:

$$\left(\frac{K_I}{R_{p0,2}}\right)^2 \quad \text{ou} \quad \frac{J}{R_{p0,2}} \tag{9.16}$$

représentative de la partie singulière des champs mécaniques et de l'extension de la zone plastique au voisinage du front de fissure.

Le choix des dimensions des éprouvettes est donc avant tout fondé sur une estimation a priori de la valeur de la caractéristique à mesurer; les dimensions du produit à tester, les capacités des dispositifs expérimentaux et le coût de fabrication et d'essai des éprouvettes sont bien entendu les autres éléments de ce choix.

9.4.2 Prélèvement des éprouvettes

Le prélèvement des éprouvettes doit être organisé en prenant en compte le procédé de fabrication, les conditions de fonctionnement en service des pièces ou composants, et les défauts et fissures potentiels. Le repérage du sens de prélèvement des éprouvettes est réalisé à l'aide de deux lettres: la première est la normale au plan de la fissure, la seconde est la direction de propagation de la fissure. Par exemple, pour une tôle laminée dont le sens long (sens du fibrage) est repéré X, le sens travers Y et le sens travers-court (épaisseur) Z, il existe 6 possibilités distinctes de prélèvement: X-Y, X-Z, Y-X, Y-Z, Z-X et Z-Y. Ces 6 possibilités existent quel que soit le produit considéré et peuvent conduire, selon le procédé de fabrication, à des propriétés significativement différentes, si le matériau présente une anisotropie de microstructure par exemple. Des caractérisations suivant différents sens de prélèvement sont donc parfois indispensables. Dans des conditions particulières de sollicitation en fonctionnement, il peut être également utile de réaliser des essais pour des prélèvements hors des axes liés à la fabrication.

Après usinage, les dimensions des éprouvettes doivent être mesurées. Le strict respect des géométries et des tolérances telles que définies dans les normes est une composante essentielle de la qualité des mesures ultérieures.

9.4.3 Préfissuration en fatigue

L'objectif de la préfissuration en fatigue est de créer une fissure droite et possédant une extrémité aiguë. Elle doit être réalisée de façon à dégager l'extrémité de la fissure de la zone d'influence de l'entaille mécanique sur laquelle cette dernière s'est amorcée. Elle doit également être réalisée à un niveau de chargement tel que les déformations plastiques et les contraintes résiduelles induites par la préfissuration n'affectent pas les mesures ultérieures durant l'essai proprement dit. Les normes d'essais définissent les conditions de préfissuration spécifiques à chaque type de caractérisation.

9.5 MÉTHODES DE MESURE DE LA PROFONDEUR DES FISSURES

La détermination de la profondeur des fissures est une étape critique des essais de caractérisation de la résistance d'un matériau à l'amorçage et de sa résistance à la propagation des fissures. On distingue deux types de mesures de la profondeur de fissure : les mesures directes et les mesures indirectes pour lesquelles la profondeur de fissure est déduite de la mesure d'une autre grandeur physique. On présente dans la suite les quatre méthodes les plus utilisées, mais il en existe d'autres, en particulier celles faisant appel à une technique de contrôle non destructif comme les ultra-sons (voir [9.6] et chap. 14).

9.5.1 Mesures directes

Méthode optique in situ

Cette méthode consiste à mesurer directement durant l'essai la longueur de la fissure sur les faces de l'éprouvette. Elle est utilisée exclusivement lors des essais de propagation des fissures en fatigue pour lesquels la plasticité est confinée et ne déforme pas significativement la surface d'observation. Il est recommandé au préalable de polir la surface d'observation et de marquer certaines profondeurs de fissures, afin de faciliter les mesures en cours d'essai. Les mesures de profondeur de fissure se font en général lors d'une interruption de l'essai, à l'aide d'un appareil optique à faible grandissement monté sur une platine micrométrique. Durant cette interruption, une charge légèrement inférieure à la charge maximale est maintenue. Mais il est également possible de réduire la fréquence du signal de pilotage du chargement et de mesurer la profondeur de la fissure au voisinage de la charge maximale. Un éclairage indirect ou rasant peut faciliter ces observations. L'utilisation d'un stroboscope réglé sur une fréquence proche de celle de l'essai peut permettre de s'affranchir de l'interruption ; toutefois les observations sont plus difficiles qu'à l'arrêt.

Simple dans son principe et sa mise en œuvre, la méthode optique in situ a pour principal inconvénient de ne pas fournir d'information sur les profondeurs de fissure au cœur de l'éprouvette, celles-ci pouvant être significativement différentes de celles en surface. Il est recommandé d'utiliser cette méthode en complément d'une des méthodes indirectes décrites ci-après.

Méthode fractographique post-essai

Cette méthode consiste à mesurer après essai les traces des fronts de la fissure sur la surface de rupture de l'éprouvette. La méthode la plus utilisée consiste à mesurer en 9 points la profondeur de la fissure. La profondeur de la fissure a, considérée dans le dépouillement de l'essai, est la moyenne pondérée des profondeurs obtenues :

$$a = \frac{1}{8}\left(\frac{a_1 + a_9}{2} + \sum_{i=2}^{8} a_i\right) \qquad (9.17)$$

avec a_1 et a_9 les mesures réalisées à proximité des surfaces latérales de l'éprouvette et a_i une des autres mesures. Le poids plus faible des mesures a_1 et a_9 permet de réduire l'importance éventuelle des effets de bord induits par la présence d'une surface libre sur la propagation de la fissure.

Il est également possible de mesurer la surface de fissuration et de calculer la profondeur de fissure comme la longueur du rectangle de même surface et de largeur égale à l'épaisseur de l'éprouvette.

Lorsque les modes de fissuration d'un matériau rendent difficile l'observation des traces des fronts de fissure, il est possible de recourir à un marquage en cours d'essai. Ce marquage peut être réalisé, par exemple, par oxydation de la surface de rupture en portant l'éprouvette à une température supérieure à celle de l'essai. Il faut alors prendre garde, dans le cas d'un marquage intermédiaire, de ne pas modifier les propriétés du matériau lors de ce traitement (fig. 9.7). En propagation par fatigue et suivant les matériaux, le marquage peut être réalisé par changement du rapport de charge *R* (rapport de la charge minimale sur la charge maximale). Enfin, il est possible de marquer les surfaces de rupture à l'aide d'encres de couleur à faible viscosité.

La méthode fractographique est systématiquement utilisée après l'essai afin de vérifier la régularité de la géométrie des fronts de fissures, définir la profondeur de la fissure au début et à la fin de l'essai, et valider ainsi les mesures faites par les méthodes indirectes.

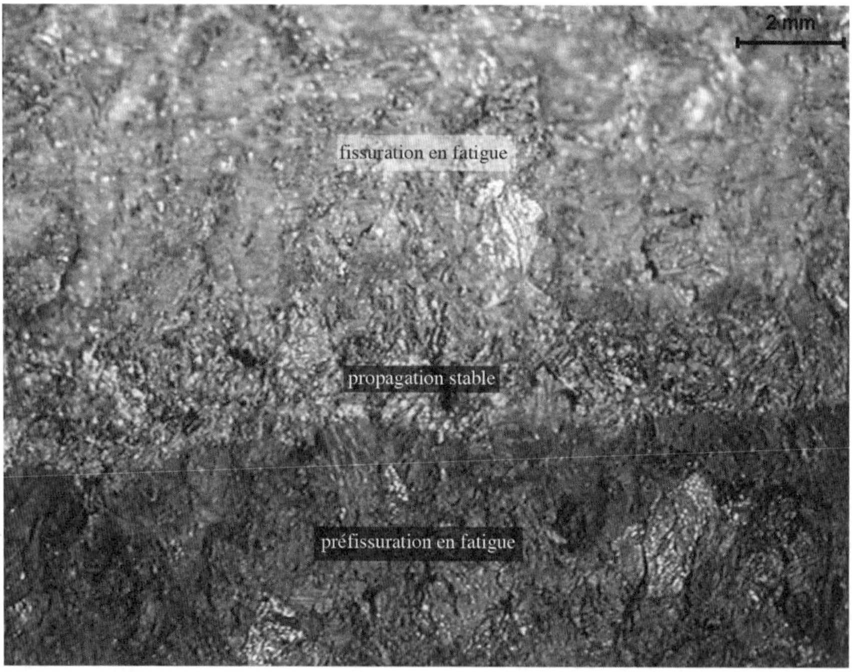

Fig. 9.7 Surface de rupture d'une éprouvette CT en acier inoxydable austéno-ferritique moulé, obtenue lors d'un essai de mesure de la résistance à la propagation stable. Deux oxydations successives ont permis de marquer le front de préfissuration en fatigue puis le front de propagation stable. En l'absence de ces marquages, il est très difficile de définir les fronts des fissures et donc de mesurer les longueurs de propagation.

9.5.2 Mesures indirectes

Les méthodes de mesure indirecte fournissent en cours d'essai la profondeur de fissure pour l'ensemble du front de fissure. Une validation après essai par la méthode fractographique est indispensable.

Méthode de la complaisance

La complaisance d'un corps élastique linéaire fissuré est le rapport du déplacement du point d'application de la charge à la variation de charge correspondante. Ce rapport est une fonction de la surface A de la fissure, qui se ramène pour une éprouvette d'épaisseur connue à la profondeur de la fissure a. La mesure de la complaisance permet donc la détermination de la profondeur de la fissure, si l'expression de la complaisance en fonction de A ou de a est connue.

Dans les normes d'essai et pour des raisons pratiques, la complaisance n'est pas toujours directement utilisée, et le suivi de la profondeur de fissure est réalisé souvent à l'aide du rapport de la variation d'ouverture de la fissure $\Delta\delta$ à la variation de charge correspondante ΔF. Ce rapport est égal à la complaisance dans le cas des éprouvettes type CT pour lesquelles la mesure d'ouverture est réalisée sur la ligne de charge (fig. 9.8). Dans le cas des éprouvettes de flexion pour lesquelles l'ouverture de la fissure est mesurée en fonction de la charge appliquée, le rapport $\Delta\delta/\Delta F$ ne correspond pas à la complaisance associée à la force F.

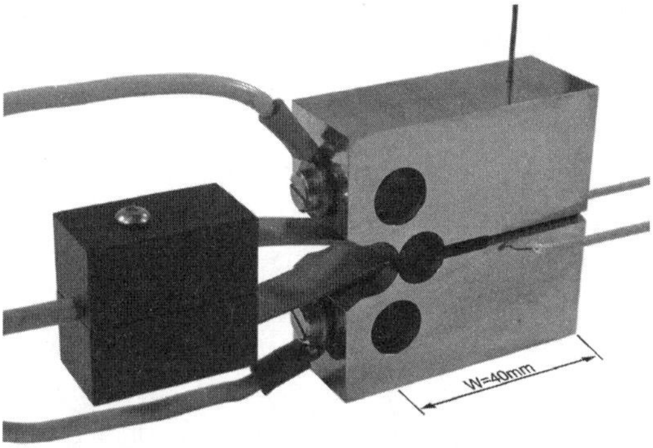

Fig. 9.8 Eprouvette type CT avec rainures latérales, instrumentée d'un extensomètre d'ouverture sur la ligne de charge, d'un thermocouple, d'arrivées de courant et de prises de potentiel sur deux faces opposées de l'éprouvette (photo CEA/SRMA, G. Perez).

Le rapport $\Delta\delta/\Delta F$ est souvent présenté multiplié par la largeur B de l'éprouvette et par le module d'élasticité E'. Pour une géométrie d'éprouvette donnée, ce produit adimensionnel est uniquement fonction de la profondeur relative de la fissure, a/w:

$$E' \cdot B \cdot \frac{\Delta\delta}{\Delta F} = V\left(\frac{a}{w}\right) \tag{9.18}$$

La détermination de la fonction V nécessite en général l'utilisation d'approximations et de méthodes numériques. Son expression est donc obtenue par ajustement d'une fonction ad hoc. Elle peut également être présentée sous forme d'un tableau.

La connaissance préalable du module d'élasticité E' est requise pour l'utilisation de la méthode de la complaisance. Pratiquement, et lorsqu'on ne dispose que d'une estimation de ce module, on le détermine après l'essai, à partir de la profondeur initiale de la fissure obtenue par la méthode fractographique. On peut noter que cette solution empirique permet de s'affranchir de la délicate question du choix entre l'hypothèse de déformation plane et celle de contrainte plane.

Méthode de la chute de potentiel

Le principe de la méthode de la chute de potentiel consiste à faire passer un courant électrique régulé en intensité dans l'éprouvette, et à mesurer l'évolution de la différence de potentiel de part et d'autre de la fissure lorsque celle-ci avance. Cette évolution doit être étalonnée à l'aide d'une méthode directe. Le résultat de cet étalonnage peut s'exprimer sous forme d'une relation entre la variation relative de différence de potentiel et la longueur de fissure :

$$\frac{\Delta U}{\Delta U_0} = f\left(\frac{a}{a_0}\right) \tag{9.19}$$

où ΔU et ΔU_0 sont les différences de potentiel respectivement pour les longueurs de fissure a et a_0, où a_0 est la profondeur de la fissure en début d'essai.

Le courant utilisé peut être continu ou alternatif. La technique la plus éprouvée utilise un courant continu haché. Elle permet de réduire les dérives dues à des variations de température, les effets thermo-électriques et les bruits électriques liés au réseau d'alimentation électrique. Le signal en intensité est rectangulaire et la tension qui est enregistrée en cours d'essai est la différence entre la tension maximale et la tension minimale durant une impulsion. La figure 9.8 présente une éprouvette CT avec entailles latérales, équipée pour le suivi de fissure par chute de potentiel. Dans ce cas, les prises de potentiel ont été soudées par point sur deux faces opposées; celle visible sur la photo en dessous du plan de la fissure et l'autre au-dessus. Les prises de potentiel sont plus souvent fixées en face avant, de part et d'autre de la fissure. L'introduction du courant peut être également réalisée par les faces supérieure et inférieure de l'éprouvette, ou bien par la face arrière.

9.6 MESURE DE LA RÉSISTANCE À LA PROPAGATION DES FISSURES EN FATIGUE

9.6.1 Propagation des fissures en fatigue

La fatigue est le phénomène physique produisant l'endommagement d'un matériau sous l'action répétée d'une sollicitation mécanique et/ou thermique (chap. 8). Pour un solide préalablement fissuré, la fatigue se traduit par une augmentation de la dimension de la fissure à une vitesse qui est en relation directe avec la fréquence et l'intensité de la sollicitation. C'est un mode de défaillance redoutable, car les fonctionnalités des pièces concernées par le phénomène de fissuration par fatigue ne sont souvent pas affectées avant la rupture complète. On se prémunit de ce type de ruine en vérifiant que pour un défaut représentatif, les sollicitations ne peuvent pas conduire ce défaut au-delà d'une taille critique pour la durée de vie de la pièce ou du composant. Pour réaliser cette vérification, il faut d'une part procéder à des contrôles non destructifs en service (chap. 14), afin de contrôler l'avancée de fissure, et d'autre part disposer de la loi de fissuration qui relie la vitesse de fissuration au chargement exprimé en terme de facteur d'intensité de contrainte. L'obtention de cette loi est l'objet des essais de mesure de la résistance à la propagation des fissures en fatigue.

En fatigue, la variation de la sollicitation appliquée provoque une variation du facteur d'intensité de contrainte entre une valeur maximale notée K_{max} et une valeur minimale notée K_{min}. La différence K_{max}-K_{min} est la variation du facteur d'intensité de contrainte ΔK. Le rapport K_{min}/K_{max} est appelé rapport de charge et est noté R. La connaissance des valeurs de ΔK et R suffit à caractériser une sollicitation de fréquence connue, le passage d'une valeur extrémale à l'autre devant se faire de façon monotone (fig. 9.9).

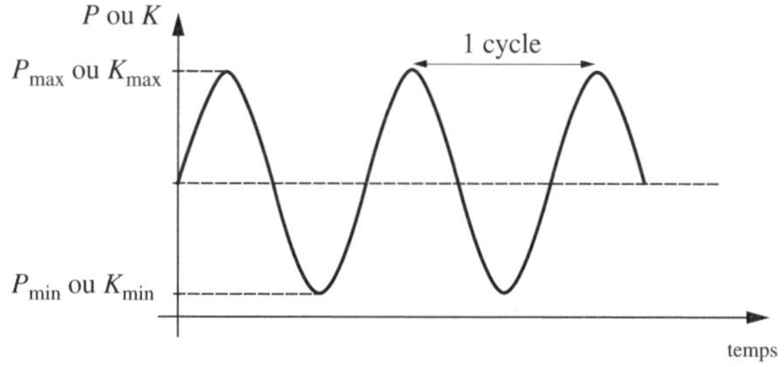

Fig. 9.9 Chargement cyclique entre des valeurs maximale et minimale positives. Le rapport de charge R est le rapport de la valeur minimale sur la valeur maximale du signal de chargement.

La propagation des fissures en fatigue est usuellement décomposée en 3 stades (fig. 9.10).

- Le stade I: la vitesse de fissuration est faible et très sensible à la variation du facteur d'intensité de contrainte. En dessous d'une certaine valeur seuil ΔK_s, l'avancée de la fissure n'est plus mesurable.
- Le stade II: la vitesse de fissuration est en première approximation une fonction puissance de la variation du facteur d'intensité de contrainte. Cette relation est connue sous le nom de ***loi de Paris***:

$$\frac{da}{dN} = C \cdot \Delta K^m \tag{9.20}$$

où C et m sont deux constantes qui dépendent du matériau et du rapport R généralement.

- Le stade III correspond à une propagation très rapide de la fissure et une grande sensibilité à la variation du facteur d'intensité de contrainte. Au-dessus d'une certaine valeur fonction de la ténacité du matériau, la rupture se produit.

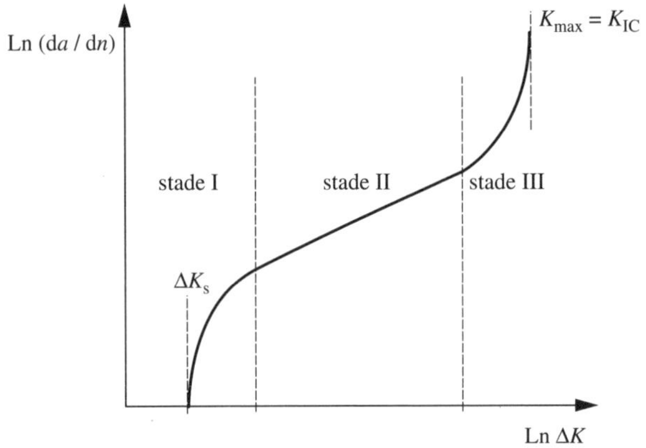

Fig. 9.10 Représentation schématique des trois stades de propagation d'une fissure longue en fatigue.

Expérimentalement, on peut montrer que la vitesse de propagation en fatigue varie en sens contraire du module de Young E: plus le module de Young est élevé, plus la fissure se propage lentement. C'est le principal effet «matériau» en stade II; la microstructure des matériaux métalliques a peu d'effet sur la vitesse de propagation en stade II. La valeur du seuil de propagation ΔK_s est en revanche plus sensible à la microstructure et en général croît avec la taille de grain (contrairement à la limite d'endurance à grand nombre de cycles, voir chapitre 8).

Les trois stades de propagation sont observables pour des fissures dites «longues», c'est-à-dire dont la longueur est grande devant les dimensions caractéristiques de la microstructure du matériau, et grande également devant la zone où la singularité des champs décrits par le facteur d'intensité de contrainte K_I prévaut. Si ces conditions ne sont pas satisfaites, la fissure est dite «courte» et les concepts issus de la mécanique linéaire de la rupture et présentés précédemment ne peuvent être appliqués. Les essais de vitesse de fissuration en fatigue présentés ici ne s'appliquent donc qu'aux fissures longues.

9.6.2 Conduite de l'essai

La conduite d'un essai de fissuration par fatigue fait l'objet de la norme AFNOR A 03-404.

Préparation des éprouvettes

Le choix des dimensions de l'éprouvette est, bien sûr, fonction des possibilités offertes par les dimensions du produit à évaluer, mais également de la valeur maximale du facteur d'intensité de contrainte que l'on souhaite appliquer; plus l'éprouvette sera grande, plus la vitesse de fissuration mesurable sera élevée (§ «Interprétation de l'essai»).

Préfissuration en fatigue

La préfissuration des éprouvettes est réalisée de façon à ce que le facteur d'intensité de contrainte maximal atteint en fin de préfissuration soit inférieur à celui de l'essai proprement dit, pour éviter que la zone plastique de préfissuration ne soit supérieure à celle durant l'essai. En fin de préfissuration, une estimation de la profondeur de la fissure doit être réalisée par mesure optique in situ ou par la méthode de la complaisance.

Conduite de l'essai

Les essais peuvent être menés à charge constante (donc le facteur d'intensité de contrainte croît) ou bien à facteur d'intensité de contrainte décroissant. Ils doivent toujours être menés à rapport de charge R et fréquence constants. L'éprouvette est obligatoirement équipée d'un extensomètre de type «clip gage» pour mesurer l'ouverture de la fissure, d'un thermocouple de contrôle de température et, si nécessaire, des dispositifs de suivi de fissure. En cours d'essai, les charges et les ouvertures maximales et minimales sont enregistrées en fonction du nombre de cycles, ainsi que la température et les données relatives au suivi de la propagation de la fissure.

On réalise en général les essais à charge constante pour les vitesses de propagation supérieures à 10^{-5} mm/cycle. La propagation de la fissure ayant pour conséquence d'augmenter le facteur d'intensité de contrainte appliqué, la vitesse de propagation augmente continûment au cours de ce type d'essai. Mais cette augmentation est parfois insuffisante pour décrire une plage importante de vitesses de fissuration, et il est possible d'augmenter la vitesse en augmentant la charge par paliers. Cette augmentation doit être progressive afin de réduire la durée des phases transitoires.

Pour les faibles vitesses de propagation ($<10^{-5}$ mm/cycle), on réalise des essais à charge décroissante telle que le facteur d'intensité de contrainte décroisse malgré l'augmentation de la profondeur de la fissure. La diminution de K s'accompagne d'une diminution de la taille de la zone plastique au voisinage de l'extrémité de la fissure, et donc potentiellement d'un freinage de la fissure par effet de surcharge. Pour éviter cet effet, la diminution de K doit être progressive: selon la norme NF A03-404, le gradient relatif du facteur d'intensité de contrainte C doit vérifier l'inégalité:

$$\frac{1}{K}\frac{\mathrm{d}K}{\mathrm{d}a} \geq -0{,}08\,\mathrm{mm}^{-1} \tag{9.21}$$

Compte tenu des moyens actuels de pilotage des machines d'essais, il est possible de programmer des évolutions quelconques de charge et de facteur d'intensité de contrainte, mais il faut toujours garder à l'esprit que les vitesses de propagation doivent être mesurées dans des conditions de propagation stabilisées.

Enfin, dans la mesure du possible, il est recommandé de ne jamais interrompre un essai de propagation en fatigue, particulièrement pour les essais réalisés en température, pour des matériaux présentant un comportement viscoplastique marqué, et pour des matériaux sensibles aux effets d'environnement.

Interprétation de l'essai

En fin d'essai, l'éprouvette est ouverte et l'examen fractographique permet de mesurer les profondeurs initiale et finale de la fissure ainsi que celle au moment de tout événement ayant conduit en cours d'essai à un marquage du front. A la suite de cet examen, il faut que le front puisse être considéré comme rectiligne et perpendiculaire aux faces latérales de l'éprouvette. En présence d'une microstructure hétérogène ou de contraintes résiduelles, le front de la fissure peut être irrégulier; il est parfois possible de corriger ce comportement, mais il est impératif de rapporter explicitement la correction appliquée et son amplitude dans le procès verbal d'essai.

L'interprétation de l'essai débute par l'établissement de la courbe de la profondeur de fissure en fonction du nombre de cycles (fig. 9.11). La vitesse de propagation

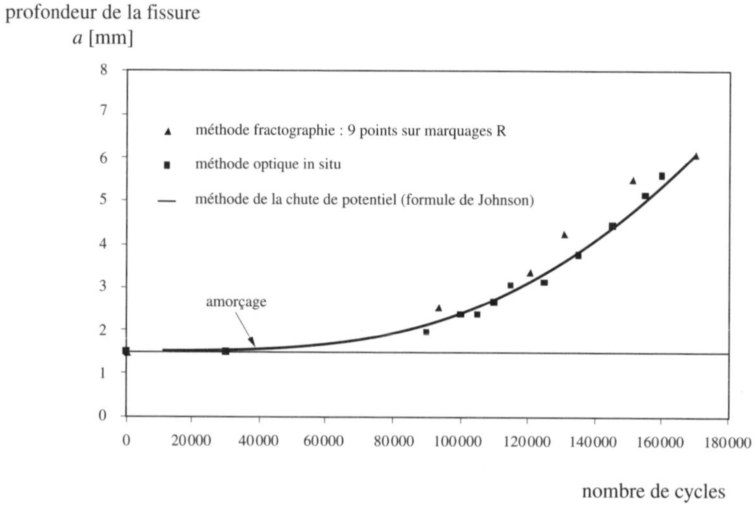

Fig. 9.11 Evolution de la profondeur de fissure en fonction du nombre de cycles lors d'un essai de propagation de fissure en fatigue à température ambiante sur éprouvette de flexion prélevée dans une tôle d'acier type AISI 304L (acier inoxydable austénitique). Comparaison entre la méthode fractographique, la méthode optique in situ et la méthode de la chute de potentiel. Seule la méthode par chute de potentiel permet un suivi continu de la fissuration, permettant une détermination relativement précise de l'amorçage sur l'entaille mécanique.

par cycle da/dN est ensuite calculée, ainsi que la variation correspondante du facteur d'intensité de contrainte. La méthode recommandée est celle de la sécante:

$$\frac{\mathrm{d}a}{\mathrm{d}N}=\frac{a_{\mathrm{i}+1}-a_{\mathrm{i}}}{N_{\mathrm{i}+1}-N_{\mathrm{i}}} \tag{9.22}$$

$$\Delta K=\frac{P}{B\cdot\sqrt{w}}Y\left(\frac{\overline{a}}{w}\right) \tag{9.23}$$

avec $\overline{a}=1/2\cdot\left(a_{\mathrm{i}}+a_{\mathrm{i}+1}\right)$ et $Y\left(\overline{a}/w\right)$ une fonction propre à chaque type d'éprouvette.

Le résultat d'un essai est un ensemble de couples (da/dN, ΔK). Le domaine de validité de cet essai est défini à partir des dimensions du ligament non fissuré, du chargement et de la limite d'écoulement du matériau, de telle façon que l'éprouvette reste sollicitée dans le domaine d'élasticité. Par exemple pour une éprouvette CT et durant tout l'essai, la taille du ligament non fissuré doit respecter la relation suivante:

$$w-a\geq\frac{4}{\pi}\left(\frac{K_{\max}}{R_{\mathrm{e}}}\right)^{2} \tag{9.24}$$

9.6.3 Quelques remarques complémentaires

Prise en compte de la fermeture

Au cours d'un cycle et après le passage par le maximum de charge, les lèvres d'une fissure réelle rentrent en contact pour des charges appliquées supérieures à zéro. De même lors de la recharge au cycle suivant, les lèvres de la fissure se séparent à une charge également positive. Ceci peut être dû à la rugosité de la surface de propagation, aux déformations résiduelles induites par la plasticité en pointe de fissure ou éventuellement aux contraintes résiduelles d'élaboration ou de fabrication. Expérimentalement, ce phénomène s'observe à chaque cycle, sur les courbes charge -ouverture, par un changement de pente. La charge correspondant à ce changement de pente lors de la charge est la charge d'ouverture.

Pour dépouiller les essais dans une telle situation, on remplace la variation du facteur d'intensité de contrainte par celle du *facteur d'intensité de contrainte effectif*:

$$\Delta K_{\mathrm{eff}}=K_{\max}-K_{\mathrm{ouv}} \tag{9.25}$$

où K_{ouv} est la valeur du facteur d'intensité de contrainte correspondant à la charge d'ouverture. La notion de facteur d'intensité de contrainte effectif peut également être utilisée lorsque le champ des contraintes résiduelles est connu. On remplace simplement K_{ouv} par K_{res}, le facteur d'intensité de contrainte calculé à partir des contraintes résiduelles normales au plan de fissuration.

Effet du rapport R

Le rapport de charge R a un effet notable sur la vitesse de propagation: plus le rapport R est élevé, plus la vitesse de propagation est grande. Ceci peut être pris en compte en partie dans la loi de Paris à l'aide de la notion de ΔK_{eff}. Mais il est également possible et parfois nécessaire de modifier la loi de Paris pour rendre compte de cet effet. Une modification courante est celle proposée par Walker:

$$\frac{\mathrm{d}a}{\mathrm{d}N} = \frac{C}{(1-R)^{\mathrm{n}}} \cdot \Delta K^{\mathrm{m}} = C \cdot \Delta K^{\mathrm{m}} \cdot K_{\mathrm{max}}^{\mathrm{n}} \tag{9.26}$$

L'expression de Forman est également utilisée pour décrire l'effet du rapport R. Elle permet d'introduire également l'effet de la ténacité K_{Ic} sur la vitesse de propagation:

$$\frac{\mathrm{d}a}{\mathrm{d}N} = \frac{C}{(1-R) \cdot K_{\mathrm{Ic}} - \Delta K} \cdot \Delta K^{\mathrm{m}} \tag{9.27}$$

Cette expression rend compte du fait qu'un matériau tenace et ductile résiste mieux à la propagation des fissures en fatigue.

Mesure du facteur d'intensité de contrainte seuil

Pour les fissures longues, pour des valeurs de facteur d'intensité de contrainte faibles mais non nulles, typiquement quelques $\mathrm{MPa}\sqrt{\mathrm{m}}$ pour les matériaux métalliques, la vitesse de propagation est très faible et devient non mesurable. Ce phénomène dépend du rapport de charge R, le facteur d'intensité de contrainte seuil ΔK_{s} diminuant quand R augmente. La détermination de cette valeur seuil revêt parfois une grande importance puisqu'elle permet de garantir la non-propagation ou l'arrêt de fissure en service. Il faut bien souligner que cette caractéristique est très sensible aux effets de l'environnement, et en particulier à l'hygrométrie.

Comme pour la limite d'endurance, la détermination du ΔK_{s} est conventionnelle: la vitesse de propagation maximale pour le seuil de propagation dépend de l'usage ultérieur de cette caractéristique. Usuellement, une vitesse de propagation de 10^{-7} mm/cycle est utilisée.

9.7 MESURE DE LA RÉSISTANCE À L'AMORÇAGE DE LA RUPTURE BRUTALE

On dit qu'une rupture est brutale lorsque la fissure se propage rapidement, c'est-à-dire, à l'échelle des pièces et des composants industriels, en une fraction de seconde. Pour les aciers, le mécanisme de rupture généralement associé est le *clivage*, qui permet à la fissure d'atteindre des vitesses de l'ordre de 1500 m/s. Mais si les conditions mécaniques le permettent, la *rupture ductile* peut également être brutale, bien que la vitesse de fissuration soit alors plutôt de l'ordre de quelques centaines de mètres par seconde. Il n'y a donc pas de relation bi-univoque entre la brutalité de la rupture et le mécanisme d'endommagement. Quel que soit le mécanisme d'endommagement, une *rupture fragile*, c'est-à-dire accompagnée de peu de déformation plastique, conduit facilement à une rupture brutale.

La résistance à l'amorçage de la rupture brutale sous chargement quasi-statique croissant est mesurée par la valeur du facteur d'intensité de contrainte à l'instant critique de la rupture de l'éprouvette. Cette valeur est également appelée la ténacité K_{Ic} du matériau lorsque la plasticité dans l'éprouvette reste confinée (§ 9.3.3). Lorsque la plasticité est limitée (§ 9.3.3), c'est la valeur de K calculée à partir de l'intégrale J à l'instant critique de la rupture de l'éprouvette qui est la mesure de la ténacité notée alors K_{Jc}.

9.7.1 Mesure de la ténacité K_{Ic}

La détermination de cette valeur fait l'objet de normes internationales comme l'ISO 12737. Cette norme est reprise intégralement dans la norme européenne EN ISO 12737.

Deux types d'éprouvettes sont préférentiellement utilisées: l'éprouvette de flexion SENB et l'éprouvette CT (fig. 9.4 et 9.5). D'autres types d'éprouvettes peuvent être utilisés, sous réserve qu'ils soient approuvés dans le cadre des normes nationales.

La mesure de la ténacité K_{Ic} est obtenue par la réalisation des 4 étapes décrites ci-dessous.

Préparation des éprouvettes

Le choix des dimensions de l'éprouvette est bien sûr fonction des possibilités offertes par les dimensions du produit à évaluer, mais également de la valeur de la ténacité attendue. En effet, la validité de l'essai dépend de la taille de la zone plastique par rapport aux dimensions de l'éprouvette (voir plus loin «Interprétation de l'essai»). Les éprouvettes de mesure de la ténacité K_{Ic} n'ont pas d'entailles latérales, contrairement aux éprouvettes pour la mesure de la résistance à la propagation stable.

Préfissuration en fatigue

Les dispositifs de l'essai de mesure de la ténacité peuvent être également utilisés pour la préfissuration en fatigue. La zone plastique générée par la préfissuration et les contraintes résiduelles qui lui sont associées ne doivent pas perturber la mesure de ténacité. Pour cela, le rapport de chargement cyclique R ne doit pas dépasser 0,1, et la valeur maximale du facteur d'intensité de contrainte en fin de pré-fissuration doit être limitée. La préfissuration est généralement réalisée à température ambiante, en revanche l'essai de mesure de la ténacité peut être réalisé à une autre température. Il faut alors s'assurer que la valeur maximale du facteur d'intensité de contrainte en fin de préfissuration est inférieure à 60% de la ténacité corrigée du rapport des limites d'élasticité pour les deux températures considérées.

La longueur finale de la préfissure doit être comprise entre 0,45 et 0,55 fois la largeur w de l'éprouvette.

Conduite de l'essai

Au cours de l'essai, les évolutions de la charge appliquée et de l'ouverture de la fissure sont enregistrées en continu. Le chargement peut être réalisé à vitesse constante d'ouverture de la fissure ou du déplacement de la partie mobile de la machine d'essai. Afin de rester dans des conditions de chargement quasi statique, la vitesse d'accroissement du facteur d'intensité de contrainte doit être de l'ordre de quelques $\mathrm{MPa}\sqrt{\mathrm{m}} \cdot \mathrm{s}^{-1}$. Selon la norme EN ISO 12737, cette vitesse doit être comprise entre 0,5 et 3 $\mathrm{MPa}\sqrt{\mathrm{m}} \cdot \mathrm{s}^{-1}$. La fin de l'essai correspond à la rupture brutale de l'éprouvette. Généralement on considère que l'éprouvette est rompue lorsque la charge résiduelle est inférieure à 20% de la charge maximale obtenue en cours d'essai. En effet, la rupture en deux parties au moins de l'éprouvette n'est pas toujours réalisée. Si c'est le cas, l'ouverture finale ne doit pas introduire de déformation pastique significative au niveau de la fissuration obtenue en cours d'essai.

Interprétation de l'essai

La figure 9.12 présente, dans des cas réels, les trois types de courbes qui peuvent être obtenues. On détermine d'abord la valeur de la charge F_Q à partir de l'intersection de la courbe d'essai avec une droite passant par l'origine et de pente inférieure de 5% à la pente de la partie parfaitement linéaire de la courbe d'essai. Il faut noter que c'est uniquement pour une courbe de type 3 que la charge F_Q correspond à la charge maximale atteinte durant l'essai. On calcule alors K_Q à partir de F_Q:

$$K_Q = \frac{F_Q}{g(B, w, ...)} Y\left(\frac{a}{w}\right) \tag{9.28}$$

où g est une fonction des dimensions de l'éprouvette et Y est une fonction de la longueur relative de fissure a/w dépendant de la géométrie de l'éprouvette. Par exemple pour une éprouvette de type CT:

$$K_Q = \frac{F_Q}{B \cdot \sqrt{w}} \cdot \left(2 + \frac{a}{w}\right) \cdot \frac{\left[0{,}866 + 4{,}64 \cdot \left(\frac{a}{w}\right) - 13{,}32 \cdot \left(\frac{a}{w}\right)^2 + 14{,}72 \cdot \left(\frac{a}{w}\right)^3 - 5{,}6 \cdot \left(\frac{a}{w}\right)^4\right]}{\left(1 - \left(\frac{a}{w}\right)\right)^{\frac{3}{2}}} \tag{9.29}$$

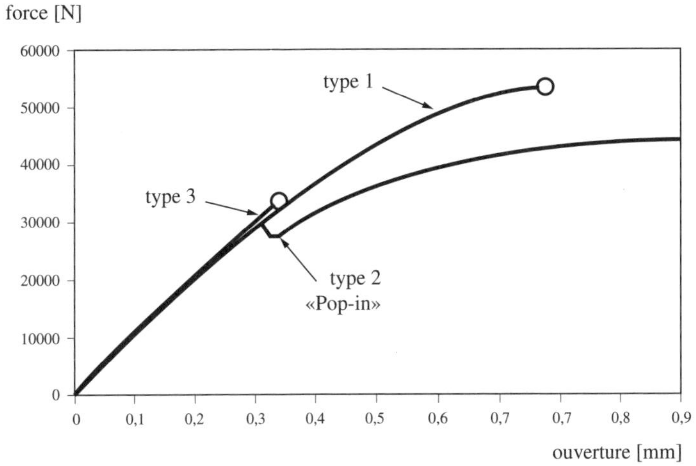

Fig. 9.12 Courbes force-ouverture enregistrées lors de trois essais de ténacité sur un acier faiblement allié. Les cercles à l'extrémité des courbes de types 1 et 3 représentent la rupture brutale de l'éprouvette CT.

La profondeur de la fissure a est mesurée à l'aide de la méthode fractographique des 9 points.

Pour que l'essai soit considéré comme valide, il faut que les deux conditions suivantes soient vérifiées:

$$\frac{F_{\max}}{F_Q} < 1{,}1 \tag{9.30}$$

et

$$\mathrm{Min}\left(B, a, w-a\right) > 2{,}5 \cdot \left(\frac{K_q}{R_{p0.2}}\right)^2 \tag{9.31}$$

Si ces deux conditions sont vérifiées, K_Q est la valeur de ténacité K_{Ic}.

9.7.2 Mesure de la ténacité K_{Jc}

S'il est impossible de respecter les deux conditions précédentes et si la propagation stable de la fissure est négligeable (par exemple inférieure à 0,2 mm), la ténacité du matériau peut être exprimée par la valeur critique du *facteur d'intensité de contrainte élasto-plastique* K_{Jc}. Les conditions de mesure sont semblables à celles de mesure de la ténacité K_{Ic} bien qu'il soit préférable d'utiliser des éprouvettes entaillées pour garantir au mieux les conditions de déformation plane. La ténacité K_{Jc} se calcule à partir de la valeur J_c de l'intégrale J au moment de la rupture:

$$K_{\mathrm{Jc}} = \sqrt{E \cdot J_{\mathrm{c}}} \quad \text{et} \quad J_{\mathrm{c}} = \eta\left(\frac{a}{w}\right) \cdot \frac{U_{\mathrm{c}}}{S} = \frac{\eta\left(\frac{a}{w}\right)}{S} \cdot \int_0^{\delta_{\mathrm{c}}} F \cdot \mathrm{d}\delta \tag{9.32}$$

avec δ_{c} la valeur de l'ouverture de la fissure au moment de la rupture.

Pour une éprouvette de type CT, la fonction $\eta(a/w)$ est donnée par l'expression:

$$\eta\left(\frac{a}{w}\right) = 2 + 0{,}522 \cdot \left(1 - \frac{a}{w}\right) \tag{9.33}$$

Il est également proposé de calculer J_{c} en décomposant l'intégrale J en une partie élastique et une partie plastique (norme ISO/FDIS 12135, 2002):

$$J_{\mathrm{c}} = J_{\mathrm{e}} + J_{\mathrm{p}} = \frac{K_{\mathrm{I}}^2}{E'} + \eta\left(\frac{a}{w}\right) \cdot \frac{U_{\mathrm{c}}^{\mathrm{p}}}{S} \tag{9.34}$$

avec $U_{\mathrm{c}}^{\mathrm{p}}$ l'aire sous la courbe force-déplacement plastique au moment de la rupture.

La capacité des éprouvettes pour la mesure de la ténacité K_{Jc} est plus importante que celle des mêmes éprouvettes pour la mesure de la ténacité K_{Ic}. Pour la norme ASTM E1921-97, la capacité maximale des éprouvettes type CT est donnée par:

$$K_{\mathrm{Jc}} \leq \sqrt{\frac{E \cdot (w - a) \cdot R_{\mathrm{p}0,2}}{30}} \tag{9.35}$$

Ainsi, pour un acier ferritique ayant une limité d'élasticité de l'ordre de 500 MPa, une éprouvette type CT d'épaisseur 25 mm permettra de mesurer les ténacités K_{Ic} jusqu'à 50 MPa$\sqrt{\mathrm{m}}$ et les ténacités K_{Jc} jusqu'à 300 MPa$\sqrt{\mathrm{m}}$ environ. C'est pour cette raison que dans le domaine de la transition fragile-ductile, les ténacités sont le plus souvent exprimées en terme de K_{Jc}. Toutefois, il est important de noter que contrairement à K_{I}, ce facteur K_{J} n'est pas directement représentatif de l'état des contraintes au voisinage de l'extrémité de la fissure, bien qu'il hérite, par construction du sens «énergétique», de l'intégrale J vis-à-vis de la rupture.

9.7.3 Quelques remarques sur la mesure de la ténacité

Pop-in

Dans le cas où la courbe au cours de l'essai est de type 2 (fig. 9.12), on est en présence d'un *pop-in*. Cet événement correspond à une avancée brutale mais limitée de la fissure, due à la présence d'une zone fragile au voisinage de l'extrémité de la fissure. La prise en compte d'un pop-in pour le calcul de la ténacité est conventionnelle, puisqu'il s'agit de comparer la variation charge-ouverture avec une droite de pente inférieure de 5 % à la pente de la droite de chargement initiale. Si lors d'une campagne d'essais plusieurs pop-ins sont enregistrés, le matériau peut être considéré comme hétérogène, et il convient d'une part d'identifier l'origine métallurgique des pop-ins, et d'autre part de procéder à un nombre d'essais suffisant pour définir la dispersion de la ténacité.

Dispersion et effet d'échelle

Même en dehors de la présence de pop-ins, plusieurs mesures de ténacité réalisées dans des conditions strictement identiques sur un même matériau ne vont pas conduire à la même valeur de K_{Ic} ou de K_{Jc}. La ténacité d'un matériau est en effet une propriété qui présente une importante dispersion intrinsèque induite par la distribution des défauts à l'origine de la rupture. Cette dispersion est habituellement décrite par une loi de Weibull. La distribution hétérogène des défauts a également pour conséquence de rendre la ténacité dépendante de la taille des éprouvettes qui servent à la mesurer : plus le volume sollicité est petit, plus la probabilité de trouver un défaut de taille importante est faible, et donc plus la ténacité moyenne est élevée (principe du maillon le plus faible).

Dans le cadre d'une analyse d'intégrité d'une pièce ou d'un composant, cette dispersion et cet effet d'échelle nécessitent un traitement des valeurs de ténacité déterminées par un laboratoire d'essais. C'est à la suite de ce traitement que sont définies, de façon déterministe ou probabiliste, les courbes enveloppes inférieures de ténacité des codes de dimensionnement.

Courbe maîtresse de ténacité

L'expérience montre que l'évolution de la ténacité avec la température est assez semblable pour l'ensemble des aciers ferritiques. Une courbe maîtresse (ou *Master Curve*) de ténacité décrivant la partie fragile et la transition fragile-ductile a été proposée par K. Wallin et a fait l'objet de la norme américaine ASTM E1921-97. Pour une probabilité de rupture de x %, l'évolution de la ténacité avec la température T ne dépend que de la température de référence T_0 (fig. 9.13) :

$$K_J^{x\%} = D_1 + D_2 \cdot \exp\left(0{,}019 \cdot \left(T - T_0\right)\right) \tag{9.36}$$

où les coefficients D_1 et D_2 sont des fonctions de la probabilité de rupture considérée, valant respectivement 30 et 70 $\text{MPa}\sqrt{\text{m}}$ pour la valeur médiane de la ténacité.

L'intérêt de cette approche est de permettre d'appréhender rapidement la dispersion et l'évolution de la ténacité en fonction de la température avec un nombre réduit d'essais, 6 selon la norme ASTM E1921-97. Il est néanmoins recommandé de réaliser au moins une douzaine d'essais de préférence à différentes températures.

Cette approche ne peut pas être appliquée à des matériaux présentant des hétérogénéités microstructurales marquées pouvant conduire à une bi-modalité de la rupture et parfois à des pop-ins. Par ailleurs, il semble que quelques réserves

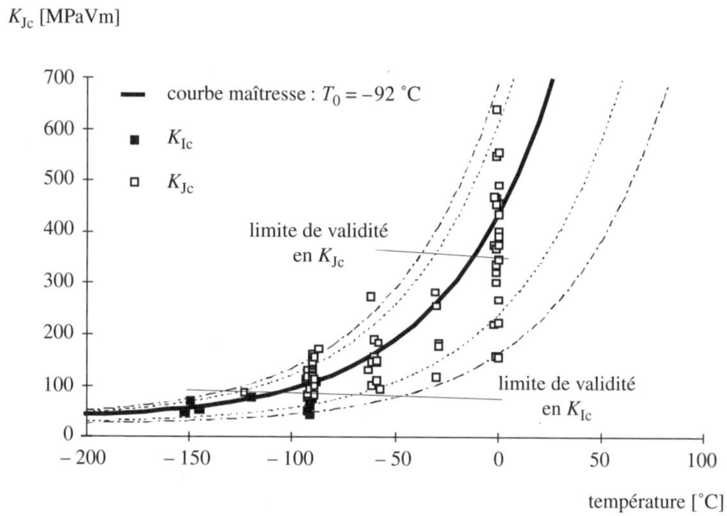

Fig. 9.13 Courbe maîtresse (*Master Curve*) établie à partir de 30 résultats d'essais de types K_{Ic} et K_{Jc} réalisés à –92°C sur éprouvettes type CT25 prélevées dans un acier 16MND5 (courbe en trait plein). La prévision dans le domaine de la transition fragile-ductile à 0°C est satisfaisante. Les courbes en traits pointillés correspondent respectivement de bas en haut aux fractiles à 1, 5, 95 et 99%.

doivent être faites sur l'application de la «courbe maîtresse» dans le cas de matériaux fortement dégradés, en particulier ceux qui présentent une faible valeur du «plateau haut» de ténacité.

9.7.4 Essai de résistance au choc

On ne peut pas aborder le problème de la résistance des matériaux fissurés sans rappeler le rôle essentiel que joue, en la matière, les essais de résistance au choc dont le plus commun est sans doute l'essai Charpy. Ces essais qui utilisent une éprouvette entaillée et non fissurée permettent une détermination qualitative de la fragilité d'un matériau par la mesure de l'énergie absorbée lors de la rupture. Le dispositif utilisé pour rompre les éprouvettes est un mouton pendule. L'éprouvette est posée sur une enclume permettant, lors de l'impact du marteau sur la face opposée à l'entaille, d'appliquer une flexion à l'éprouvette qui se fissure à partir de l'entaille. Cette fissuration absorbe une énergie qui dépend de la nature du matériau et de la température d'essai, et qui est mesurée par la hauteur de remontée du marteau. La géométrie la plus utilisée est présentée en figure 9.14: il s'agit de l'éprouvette dite «Charpy V» à cause de la géométrie de son entaille en forme de V (norme NF EN ISO 14556, 2001).

Les essais de recette de produits en acier requièrent souvent la démonstration que l'énergie de rupture à une température fixée soit supérieure à une valeur également fixée par l'utilisation du produit. Pour les matériaux présentant une transition fragile-ductile comme les aciers ferritiques (i.e. de structure cubique centrée), la réalisation d'une série d'essais à différentes températures permet la détermination

Fig. 9.14 Eprouvettes Charpy V et «mini-Charpy» en acier ferritique faiblement allié de type 16MND5. En fonction de la température d'essai, la rupture s'accompagne d'une déformation et donc d'une énergie absorbée pendant le choc plus ou moins importante.

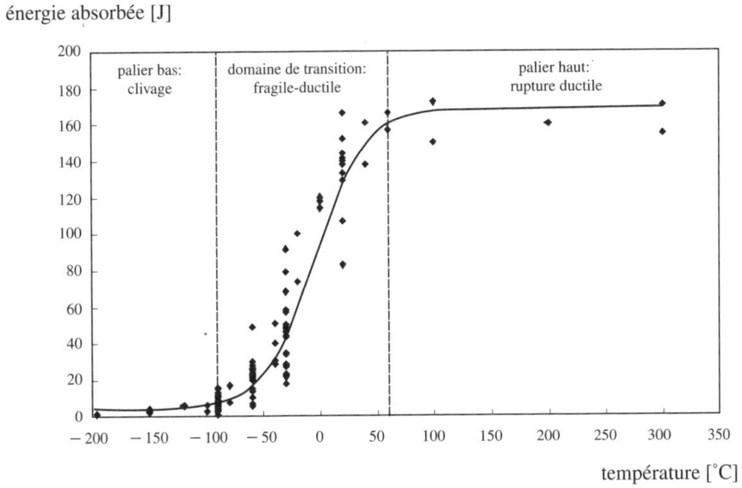

Fig. 9.15 Courbe de transition fragile-ductile d'un acier ferritique faiblement allié mettant en évidence les trois domaines de rupture en fonction de la température.

d'une *température de transition fragile-ductile*. Cette température est conventionnelle: elle est fixée, soit par un niveau d'énergie de référence (typiquement 28, 41, 56 ou 58 J), soit par le niveau d'énergie égal à la moyenne des énergies des paliers haut et bas de la courbe de transition (fig. 9.15).

L'«instrumentation» du mouton pendule permet la mesure de l'évolution de la force appliquée à l'éprouvette en fonction du déplacement du marteau. L'exploitation de cette courbe permet une évaluation de caractéristiques comme la *cristallinité* qui est une détermination indirecte de la part de la rupture due à un mode intrinsèquement fragile comme le clivage, et qui peut être mesurée directement sur le faciès de rupture à l'aide d'une loupe binoculaire.

9.8 MESURE DE LA RÉSISTANCE À LA PROPAGATION STABLE

Les matériaux dits ductiles sont par nature résistants à la propagation des fissures, et celle-ci se produit sous sollicitation croissante de façon régulière à l'échelle macroscopique. Ce type de propagation est dit *stable,* car si la sollicitation est maintenue constante, la fissure ne progresse plus, contrairement au cas de la rupture brutale. Pour les matériaux métalliques, le mécanisme de rupture généralement associé à ce type de propagation est la *rupture ductile à cupules*. Mais, comme mentionné plus haut, il est toujours possible de trouver des conditions mécaniques telles que, même pour ce type de mécanisme d'endommagement, la rupture ait un caractère brutal.

La résistance à la propagation stable des fissures se mesure en établissant une courbe qui relie l'avancée stable de la fissure notée Δa à la valeur de l'intégrale J qu'il a fallu atteindre pour obtenir cette propagation. On définit également une valeur critique de l'intégrale J pour laquelle la propagation stable devient significative. Cette valeur s'appelle, suivant les usages et les normes d'essai, la ténacité J_{1c}, J_i, J_0 ou bien $J_{0,2}$.

Détermination de la courbe de résistance à la propagation stable, $J - \Delta a$

Il existe deux méthodes pour établir une courbe $J - \Delta a$. La première est la méthode *multi-éprouvettes* qui n'utilise que la méthode fractographique pour déterminer l'avancée de la fissure, sur au moins six éprouvettes sollicitées à des niveaux de charge différents. Ces essais doivent être répartis judicieusement sur l'ensemble du domaine de propagation. La seconde méthode peut utiliser en principe une seule éprouvette pour laquelle la propagation est suivie par une méthode indirecte. En pratique, il est recommandé d'utiliser environ trois éprouvettes.

La conduite des essais de mesure de la résistance d'un matériau métallique à la propagation stable était définie par la norme AFNOR A03-183 et actuellement par la norme internationale ISO/DIS 12135, 2002.

Préparation des éprouvettes

Le choix des dimensions de l'éprouvette est bien sûr fonction des possibilités offertes par les dimensions du produit à évaluer, mais également de la valeur de la ténacité attendue. En effet comme pour les caractérisations précédentes, la validité de l'essai dépend de la taille de la zone plastique par rapport aux dimensions de l'éprouvette. Les types d'éprouvettes à utiliser sont les éprouvettes de flexion SENB et les éprouvettes type CT. Les éprouvettes de type SENT ou CCT ne doivent être utilisées que dans le cas d'une intention particulière et spécifique. Ces géométries d'éprouvettes, dont le ligament non fissuré est entièrement en traction, conduisent à des valeurs de résistance à la propagation stable supérieures à celles obtenues à l'aide d'éprouvettes de flexion ou de type CT (effet de la contrainte Q). Les éprouvettes SENT ou CCT ne sont donc pas aptes à la définition des propriétés minimales de rupture d'un matériau.

Les éprouvettes de mesure de résistance à la propagation stable possèdent des entailles latérales (fig. 9.8). Ces entailles permettent d'assurer un meilleur confinement de la plasticité et une propagation stable dans le même plan que celui de la fissure de fatigue. L'épaisseur de l'éprouvette dans le plan des entailles est appelée *épaisseur nette*, est notée B_N, et vaut 80% de l'épaisseur B.

Préfissuration en fatigue

Les conditions de préfissuration sont semblables à celles définies au paragraphe précédent pour la mesure de la ténacité K_{Ic}. Toutefois la profondeur finale de la fissure est plus importante et doit être comprise entre 0,55 et 0,65 fois la largeur w de l'éprouvette. Pour permettre une pré-fissuration dans le plan des entailles, il peut être utile, avant la préfissuration, d'usiner des entailles profondes de B/20 et de les ré-usiner à B/10 avant l'essai proprement dit pour éliminer les «cornes» éventuelles du front de préfissuration.

Conduite de l'essai

L'essai est conduit à vitesse d'ouverture contrôlée. La charge et l'ouverture de la fissure sont enregistrées en continu pour permettre ultérieurement, ou instantanément avec certains logiciels de pilotage, le calcul de l'intégrale J.

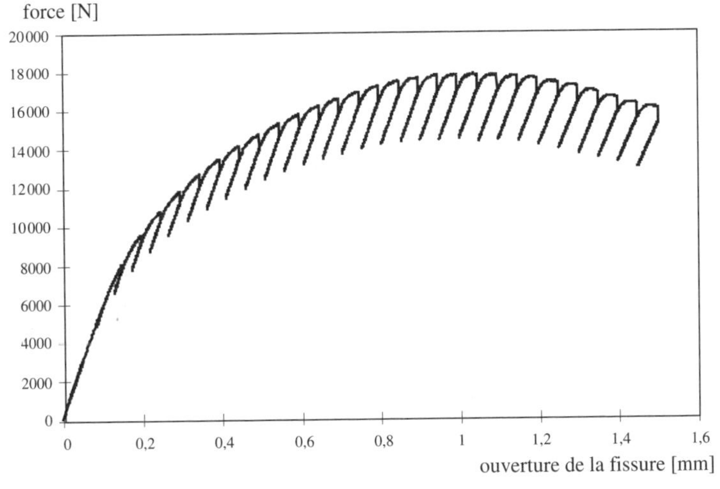

Fig. 9.16 Courbe charge-ouverture obtenue lors d'un essai de résistance à la propagation stable sur éprouvette type CT prélevée dans un acier inoxydable austéno-ferritique moulé vieilli. Les décharges ont permis de mesurer l'évolution de la complaisance de l'éprouvette et donc de la profondeur de la fissure durant tout l'essai.

Si nécessaire, afin de mesurer l'avancée de la fissure au cours de tout l'essai, la méthode de la chute de potentiel ou de la complaisance est utilisée. Cette dernière méthode nécessite de décharger l'éprouvette régulièrement (fig. 9.16). La décharge doit rester inférieure à 15% de la charge courante, afin de ne pas modifier significativement la plasticité en pointe de fissure. Les décharges permettent de mesurer l'évolution de la complaisance de l'éprouvette et donc celle de la profondeur de la fissure durant tout l'essai. L'essai peut être interrompu à tout moment, en fonction de la propagation maximale visée.

L'essai ne doit pas conduire à la rupture complète de l'éprouvette. Celle-ci doit être obtenue après l'essai, sans déformation excessive de l'éprouvette, pour permettre la mesure des profondeurs de fissure. Une fissuration finale en fatigue avec un rapport R de 0,3 environ et une charge maximale n'excédant pas 60% de la charge finale de l'essai peut être utilisée.

Interprétation de l'essai

Si la méthode multi-éprouvettes est employée, après mesure par la méthode fractographique des neuf points de l'avancée Δa en cours d'essai, la valeur de l'intégrale J correspondant à cette avancée est calculée par:

$$J = J_{\mathrm{el}} + J_{\mathrm{p}} = \frac{1}{E'} \cdot \left(\frac{F}{\sqrt{B \cdot B_{\mathrm{N}} . w}} \cdot Y\left(\frac{a}{w}\right) \right)^2 + \eta_{\mathrm{p}}\left(\frac{a}{w}\right) \cdot \frac{U_{\mathrm{p}}}{B_{\mathrm{N}} \cdot (w - a_0)} \cdot \left(1 - Z\left(\frac{a}{w}\right) \frac{\Delta a}{w - a_0}\right) \tag{9.37}$$

où Z est une fonction de la géométrie de l'éprouvette et a_0 est la profondeur initiale de la fissure.

Si la méthode de la complaisance ou celle de la chute de potentiel a été employée, il faut vérifier que la longueur finale est correctement prédite, typiquement à mieux que 2% de la valeur initiale de la profondeur de fissure. Si ce n'est pas le cas, la méthode indirecte retenue ne peut être appliquée.

Pour chaque point de mesure de la profondeur de fissure, l'intégrale J est calculée avec la même formule que précédemment. La figure 9.17 donne un exemple de courbe de résistance à la propagation stable pour un acier austéno-ferritique vieilli, la propagation a été mesurée par complaisance lors des décharges présentées à la figure précédente. On distingue deux phases successives lors d'un essai de détermination de la courbe J-Δa:

- la phase d'émoussement de la fissure entre 0 et la valeur de J correspondant à l'amorçage (ou début de la propagation stable);
- la phase de propagation stable entre la valeur de J à l'amorçage et la valeur finale de l'essai.

Dans la majorité des cas, l'amorçage de la propagation stable peut être mis en évidence par une variation de l'évolution de la complaisance (fig. 9.18) ou de la

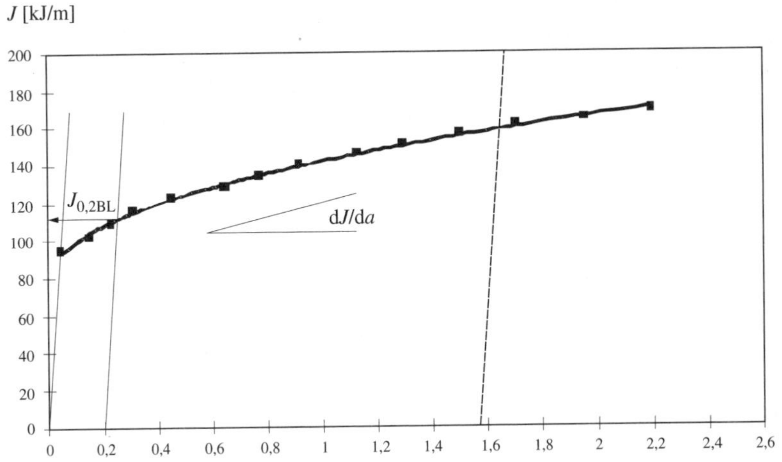

Fig. 9.17 Courbe J-Δa de résistance à la propagation stable d'une fissure, obtenue avec une éprouvette type CT prélevée dans un acier inoxydable austéno-ferritique moulé vieilli. Chaque point correspond à un déchargement sur la courbe de la figure précédente.

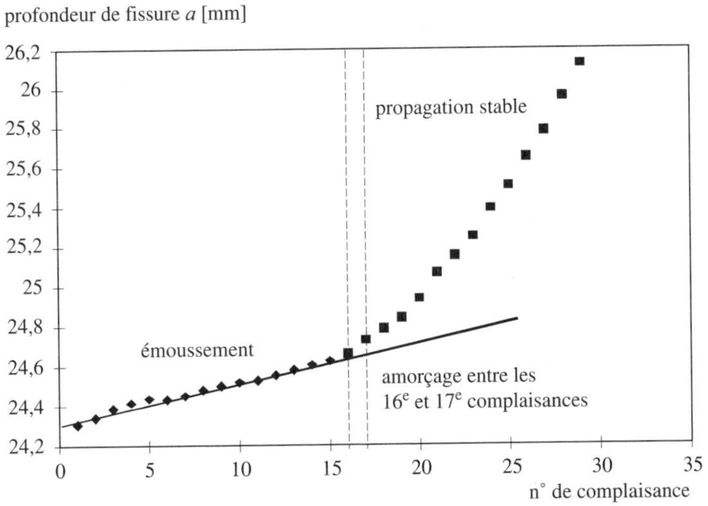

Fig. 9.18 Evolution de la longueur de fissure mesurée par complaisance en fonction du numéro de la complaisance lors de l'essai présenté sur les deux figures précédentes. L'amorçage de la propagation stable de la fissure est détecté par l'accélération de l'évolution de la profondeur de la fissure entre les 16e et 17e complaisances de l'essai.

différence de potentiel. On peut également, en réalisant des essais au voisinage de l'amorçage et en procédant à des examens fractographiques par microscopie électronique à balayage, déterminer plus précisément la valeur de la ténacité J_{1c}.

Il est maintenant plus usuel de définir la tenacité en propagation stable comme la valeur de J correspondant à une avancée moyenne de fissure de 0,2 mm (fig. 9.17). Cette valeur, notée souvent $J_{0,2BL}$, est déterminée par l'intersection d'une loi puissance ajustée sur les points J-Δa avec la droite d'émoussement (droite de forte pente correspondant à la phase d'émoussement) décalée de 0,2 mm. La pente moyenne $\mathrm{d}J/\mathrm{d}a$ lors de la phase de propagation permet de calculer le module de déchirement, qui est utilisé pour étudier la stabilité de la propagation des fissures dans les composants.

9.9 RÉSUMÉ ET PERSPECTIVES

Les méthodes de caractérisation de la résistance des matériaux métalliques à l'amorçage et à la propagation des fissures sont actuellement suffisamment bien établies pour qu'elles fassent l'objet de normes internationales. Comme il se doit, ces normes d'essais résument ce qui est communément admis, souvent codifié, et qui est donc le reflet de connaissances techniques et scientifiques relativement anciennes. Dans le cas de la mécanique de la rupture, les principes utilisés ont été établis pour l'essentiel durant les années 1950 et 1960. Bien entendu les méthodes de caractérisation ont progressé et se sont affinées, ce qui a permis d'en unifier certaines. Elles n'ont sans doute pas fini d'évoluer. En particulier, il est probable que l'*effet du confinement* (ou *constraint effect*, *Q-stress*, *T-stress*...) sera introduit explicitement dans les normes d'essais. Il est également assuré que les traitements statistiques et probabilistes des propriétés des matériaux continueront à se développer, en particulier au travers de l'approche de la *Master Curve*.

Parallèlement aux développements de la mécanique de la rupture conventionnelle, il est apparu, depuis le début des années 1980, d'autres méthodes fondées sur une connaissance physique approfondie du comportement et de l'endommagement des matériaux. Ces méthodes alternatives, appelées *méthodes d'approche locale de la rupture,* cherchent à déterminer des propriétés de rupture intrinsèques aux matériaux, c'est-à-dire indépendantes des dimensions et de la géométrie des éprouvettes de caractérisation, comme cela est le cas pour la mesure de la ténacité. La difficulté de mise en œuvre de ces méthodes est plus grande que pour les méthodes traditionnelles, car il faut systématiquement employer des simulations numériques par éléments finis pour déterminer ces propriétés intrinsèques. Il faut également s'assurer par les examens adéquats que les mécanismes d'endommagement postulés sont bien ceux qui sont en action pendant les essais. Mais les avantages principaux de ces nouvelles méthodes sont que le transfert des propriétés déterminées en laboratoire aux cas des structures est relativement immédiat, et que le domaine d'application est beaucoup plus large; par exemple, la dimension de la zone plastique par rapport aux dimensions de l'éprouvette ne constitue plus une limitation à la validité de la mesure. Une des potentialités des méthodes d'approche locale est l'établissement de relations non empiriques entre les différentes propriétés de rupture et de comportement des matériaux, par exemple entre la ténacité et la résilience. Une autre potentialité est l'utilisation d'éprouvettes de taille réduite; les propriétés conventionnelles pourraient alors être calculées par simulation numérique. Bien qu'étant toujours essentiellement du domaine de la R&D, des applications industrielles ont déjà été réalisées et une procédure européenne pour la détermination des paramètres de modèles d'approche locale pour la *rupture par clivage* et la *rupture ductile* des aciers est en cours de publication [9.7].

9.10 BIBLIOGRAPHIE

9.10.1 Normes

NF A 03-404 (1991): *Pratique des essais de vitesse de propagation de fissure en fatigue.*

NF/EN/ISO 12737 (1999): *Détermination du facteur d'intensité de contrainte critique.*

NF/ISO/FDIS 12135 (2002): *Méthode unifiée pour la détermination de la ténacité quasi-statique.*

ASTM E1921-02 (2002): *Standard test method for determination of reference temperature, T_0, for ferritic steels in the transition range.*

NF/EN/ISO 14556 (2001): *Essai de flexion par choc sur éprouvette Charpy à entaille en V.*

NF A 03-183 (1987): *Détermination à partir de la courbe J-Δa des valeurs conventionnelles J_0 et dJ/da caractéristiques de la résistance à la déchirure ductile.*

9.10.2 Ouvrages de référence

[9.1] *Encyclopedia of Materials*, J. Burschow et al. (Eds.), Elsevier, 2001.

[9.2] J.W. Hutchinson, Singular behaviour at the end of a tensile crack in a hardening material, *J. Mech. Phys. Sol., Vol. 16*, pp. 13-31, 1968.

[9.3] Y. Murakami, *Stress Intensity Factor Handbook*, Pergamon press, 1-3, 1987.

[9.4] J.R. Rice, A path-independent integral and the approximation analysis of strain concentration by notches and cracks, *J. Appl. Mech., Trans. ASME*, 35, pp. 379-386, 1968.

[9.5] J.R. Rice and G.F. Rosengreen, Plane strain deformation near crack tip in a power-law hardening material, *J. Mech. Phys. Sol., Vol. 16*, pp. 1-12, 1968.

[9.6] D. De Vadder, Y. Park et D. Francois, Apparatus for ultrasonic in situ accurate crack size measurement on laboratory test specimen? *Special Applications and Advanced Techniques for Crack Size Determination, ASTM STP 1251*, pp. 114-129, 1995.

[9.7] Procedure to measure and calculate material parameters for the local approach to fracture using notched tensile specimen, *ESIS Technical Report*, à paraître.

CHAPITRE 10

RÉSISTANCE ET DUCTILITÉ À MOYENNES ET HAUTES VITESSES DE DÉFORMATION

10.1 INTRODUCTION

Des composants de structure, par exemple en construction automobile, en aéronautique, en technique d'usinage ou d'armement, ou encore dans le monde du sport sont souvent soumis en service à des sollicitations rapides du type choc. En conséquence, les matériaux de ces composants obéissent à des lois de comportement qui peuvent s'éloigner fortement de celles du régime quasi statique conventionnel. L'étude du comportement mécanique des matériaux à haute vitesse de sollicitation constitue en fait un domaine spécifique, avec des théories se rapprochant de la physique du solide, et avec des moyens d'essai peu usuels et recourant parfois à des techniques de mesure sophistiquées, en particulier au niveau de l'électronique.

10.2 NOTIONS FONDAMENTALES

A moyenne et surtout haute vitesse de déformation, correspondant aux niveaux de sollicitation imposés par un choc, le comportement du matériau change radicalement, et son étude ne peut plus être simplement faite par extension des lois élasto-plastiques conventionnelles. En effet, la résistance du matériau, qui dépend alors surtout de la vitesse de déformation et moins de la déformation, s'accroît fortement jusqu'à atteindre plusieurs fois l'ordre de grandeur de la valeur en quasi statique. A la notion d'écrouissage, se substitue celle de la réponse du matériau à une ***onde de contrainte***, respectivement de choc, avec une partie dominante élastique précédant celle plastique, et obéissant aux principes relatifs à la propagation et à la réflexion des ondes. De même, la ductilité du matériau ne se mesure plus seulement en fonction d'un taux de déformation plastique, celle-ci ayant moins le temps suffisant pour se faire correctement (par le mouvement des dislocations), mais plutôt par sa capacité de ***cisaillement visqueux*** (en mode de déformation purement géométrique). Parallèlement, on assiste à une élévation adiabatique de la température interne du matériau, qui, du fait là aussi du peu de temps disponible, se concentre très localement le long de bandes, appelées ***bandes de cisaillement adiabatiques***, et délimitées par la position et le niveau des ondes de contrainte citées plus haut. L'instant critique correspondant à la rupture du matériau a idéalement lieu quand la contrainte (locale) atteint la limite d'élasticité à l'impact ou ***limite de Hugoniot*** du matériau [10.1]. Il a souvent lieu quand la température (locale) atteinte a rendu le matériau instable, provoquant par exemple sa fusion, ou avant cela un éventuel changement de phase dans sa structure, lequel phénomène est appelé ***changement de phase sous choc*** [10.2]. Ces instabilités mécanique et thermique réduisent la ductilité que peut avoir un matériau en dynamique.

Ce préambule permet de relever quelques points importants relatifs à un essai mécanique en dynamique:

- Les ondes de choc se propagent à la vitesse du son dans le matériau, qui est beaucoup plus grande que la vitesse d'impact elle-même.
- En raison de cette réponse rapide du matériau, les dimensions de l'éprouvette d'essai en dynamique doivent être réduites pour pouvoir considérer qu'il y a équilibre des forces entre deux points.
- Celles-ci doivent cependant être aussi grandes que possible pour pouvoir négliger toute ***propagation non uniaxiale*** d'onde de contrainte et toute ***réflexion d'onde*** sur les bords de l'éprouvette d'essai.
- Dans un essai à haute vitesse de déformation, le chargement de l'éprouvette peut être ***asymétrique***, c'est-à-dire s'appliquer, sans contre-réaction, d'un seul côté ou en un seul point de l'éprouvette.

10.3 MÉTHODES EXPÉRIMENTALES POUR ESSAIS DYNAMIQUES

Les méthodes d'essai les plus communément utilisées, dans l'étude du comportement mécanique des matériaux sous hautes vitesses de sollicitation, sont données dans le tableau 10.1. Les détails les concernant peuvent être trouvés dans la littérature, en particulier dans [10.3]. Quelques exemples seulement sont donnés dans les paragraphes qui suivent. On fera la distinction entre la gamme des vitesses *moyennes* de sollicitation (jusqu'à environ 10^2 s^{-1}), qui correspond au domaine du choc conventionnel (dont les applications sont essentiellement civiles), celle des *hautes* vitesses de sollicitation (entre 10^2 et 10^5 s^{-1}), qui correspond au domaine plus marqué de l'impact, et enfin celle des *très hautes* vitesses de sollicitation (supérieures à 10^5 s^{-1}) du domaine particulier du comportement hydrodynamique des matériaux (dont les applications sont surtout militaires ou spatiales).

Ces installations d'essai se différencient de celles des essais quasi statiques, plus conventionnelles, par le fait qu'elles sont en général des *modèles uniques*. Elles sont en effet développées spécifiquement et différemment d'un laboratoire à l'autre, avec l'électronique de mesure la plus moderne qui existe. Néanmoins les principes d'essai auxquels elles obéissent sont identiques et suivent d'ailleurs des théories relativement anciennes.

Tableau 10.1 Principales méthodes expérimentales d'essais mécaniques en dynamique.

Mode de sollicitation	Gamme de vitesses de déformation [s^{-1}]	Technique d'essai	Moyen de sollicitation
Compression + Impact	0,1-100	Machines servo-hydrauliques renforcées	mécanique
	0,1-10^3	Mouton de choc (accéléré par ressorts)	mécanique
	200-10^4	Barres de pression d'Hopkinson en compression	canon à air/gaz
	10^4-10^5	Ecrasement de cylindre (test de Taylor)	canon à air/gaz
Traction + Flexion	0,1-100	Machines servo-hydrauliques renforcées	mécanique
	0,1-400	Mouton pendule avec mordache pour traction	mécanique
	0,1-10^3	Roue volante (*Flying-wheel*)	mécanique
	10^2-10^3	Traction par impact	canon à air/gaz
	10^2-10^4	Barres de pression d'Hopkinson en traction	canon à air/gaz
	10^3-10^5	Expansion d'anneau	explosif
	> 10^5	Impact plan de plaque (*Flyer plate*)	canon à 2 étages

10.4 ESSAIS DE TRACTION DYNAMIQUE PAR MODIFICATION D'AUTRES DISPOSITIFS D'ESSAI

Pour pouvoir solliciter une éprouvette en traction par choc ou impact, on a souvent recours à des modifications de dispositifs d'essai existants. Deux exemples en sont donnés ici pour des vitesses *moyennes* de traction dynamique.

Le premier dispositif (fig. 10.1), relativement simple et pouvant idéalement servir à des exercices pratiques pour étudiants, utilise un mouton-pendule instrumenté conventionnel (de type «Charpy») avec, serrant une éprouvette cylindrique de révolution, une *mordache* spécialement conçue pour transformer la charge par flexion trois points en une charge de traction. La tête d'impact (ou couteau) demeure la même que pour les essais Charpy, tout comme l'électronique de mesure de la vitesse d'impact et de la force en fonction du temps. L'équation d'équilibre des moments, en tenant compte des différentes excentricités géométriques de la mordache, permet alors de calculer les valeurs instantanées de contrainte, de déformation et de vitesse de déformation [10.4].

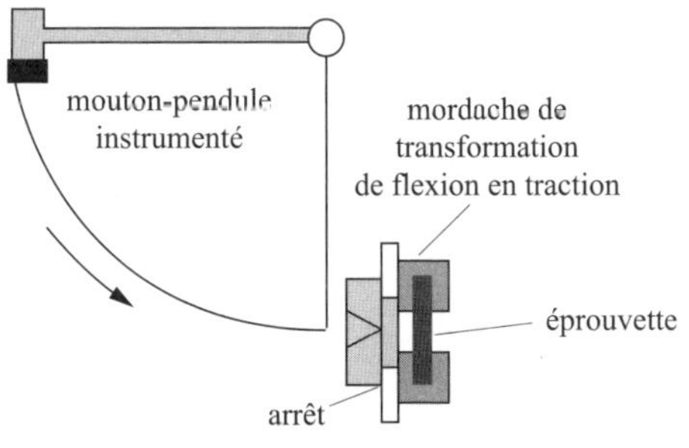

Fig. 10.1 Essai de traction dynamique par mouton-pendule modifié.

Dans l'exemple de la figure 10.2, un ***arrêt en bouche*** d'un canon à gaz ou à air comprimé permet de transférer la charge d'impact vers l'arrière de l'éprouvette et ainsi de l'étirer (à une seule extrémité, suivant un mode asymétrique typique en dynamique).

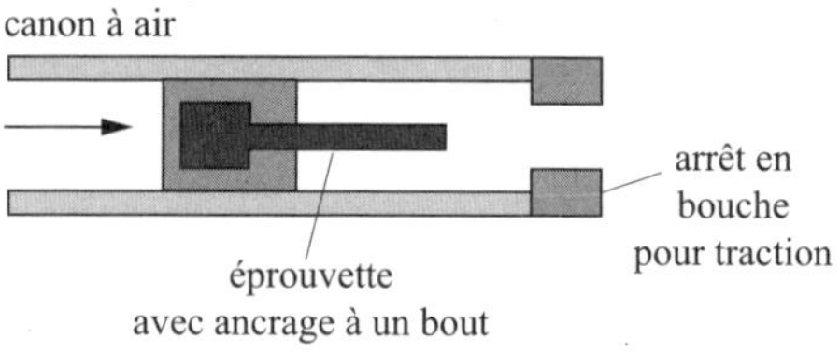

Fig. 10.2 Essai de traction dynamique par impact arrêté.

10.5 ESSAI D'IMPACT AU MOUTON DE CHOC INSTRUMENTÉ

L'essai d'impact au mouton de choc est un essai *normalisé* depuis longtemps, en général pour des éprouvettes de forme plaquette ou tube, en matériau plastique ou composite. Comme le montre la figure 10.3, l'installation se compose en premier lieu d'un *poinçon* d'impact instrumenté, de tête plus ou moins semi-sphérique et tombant d'une certaine hauteur en chute libre sur l'éprouvette. Le réglage de la profondeur d'impact se fait en tenant compte d'un amortisseur de choc et de la position des plaques de *serrage* de l'éprouvette. Une *chambre climatique*, avec serpentins d'azote liquide et résistances, peut aussi être conçue pour respectivement refroidir ou chauffer l'éprouvette. Pour pouvoir atteindre des vitesses d'impact élevées (avec

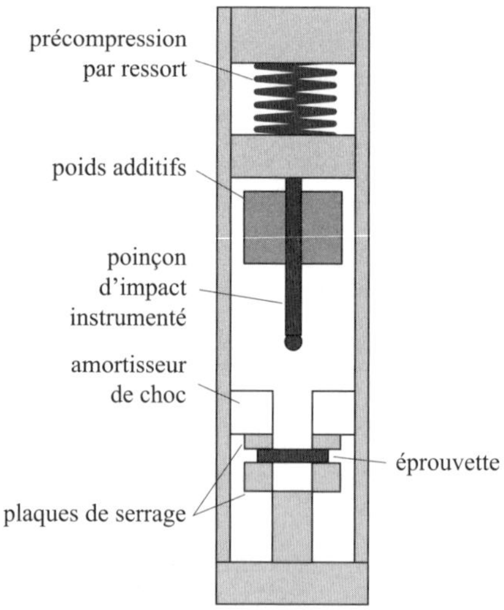

Fig. 10.3 Impact au mouton de choc (accéléré).

une hauteur de chute libre restant limitée), des systèmes d'énergie additionnelle peuvent être apportés, comme suspendre au poinçon des *poids additifs* ou/et l'accélérer dès le début de la chute, par *précompression de ressorts*. En mesurant la vitesse d'impact et la force en fonction du temps et connaissant le poids de la surcharge et/ou la force de précompression des ressorts, un système informatique permet de calculer les valeurs instantanées de la profondeur de pénétration au travers de l'éprouvette, de la vitesse de pénétration et de l'énergie d'impact. Le résultat essentiel de l'essai est la valeur critique de l'énergie d'impact correspondant à l'amorçage *de la rupture* de l'éprouvette.

10.6 ESSAI DE COMPRESSION DYNAMIQUE AUX BARRES D'HOPKINSON

L'essai de compression dynamique aux *barres d'Hopkinson* (*split Hopkinson pressure bars* en anglais), est le plus connu de tous les essais mécaniques en dynamique; il permet de déterminer les propriétés mécaniques (résistance, déformation à rupture, vitesse de déformation et courbe contrainte-déformation) du matériau jusqu'à des vitesses de déformation de l'ordre de 10^4 s^{-1}.

Les principes de base d'une installation d'essais aux barres d'Hopkinson [10.5; 10.6] sont montrés à la figure 10.4. Une telle installation consiste en deux *barres* cylindriques en acier à haute résistance (acier maraging), entre lesquelles est serrée l'éprouvette du matériau à étudier. Deux systèmes de mesure par *jauges de déformation* étalonnées en force sont collés sur ces barres élastiques, à égale distance des deux faces de l'éprouvette, distance légèrement inférieure à la moitié de la longueur des barres. Une barre d'impact, également en acier maraging, et de longueur égale à la distance entre systèmes de jauges, est projetée sur la barre d'entrée, au moyen d'un *canon* à gaz ou à air comprimé, qui comporte un système à rayons lumineux pour la mesure de la vitesse d'impact (jusqu'à 50 m/s). Un autre système lumineux est placé au point d'impact et sert de *déclencheur* pour la mesure à l'aide des deux systèmes de jauges. A l'impact, une onde élastique de compression est générée dans la barre d'entrée, et la même onde est générée en arrière, dans la barre d'impact. Cette onde *incidente*, qui est ensuite annulée par une autre onde de traction, après réflexion à l'extrémité de la barre d'impact, donne lieu au signal incident εi mesuré en premier lieu par les jauges 1.

A l'interface barre d'entrée/éprouvette, l'onde incidente de compression est partiellement réfléchie en retour dans la barre d'entrée sous forme d'une onde *réfléchie* de traction, donnant lieu à la déformation ε_r mesurée également par les jauges 1. La seconde partie de l'onde est *transmise*, par l'intermédiaire de l'éprouvette, dans la barre de sortie, donnant lieu à la déformation de compression ε_t maintenant mesurée par les jauges 2.

Les valeurs instantanées de la contrainte de compression $\sigma(t)$, de la déformation $\varepsilon(t)$ et de la vitesse de déformation $\varepsilon'(t)$, sont respectivement *proportionnelles à*

$\varepsilon_t(t)$, $\int \varepsilon_r(t)\,dt$ et $\varepsilon_r(t)$ conformément aux expressions ci-dessous, d'où la courbe contrainte-déformation peut être tirée :

$$\sigma(t) = \left(\frac{A_0}{A_s}\right) E \cdot \varepsilon_t(t) \tag{10.1}$$

$$\varepsilon(t) = -\frac{2c_0}{L_s} \int \varepsilon_r(t)\,dt \tag{10.2}$$

$$\varepsilon'(t) = -\frac{2c_0}{L_s} \varepsilon_r(t) \tag{10.3}$$

où A_s et L_s sont respectivement la section et la longueur de l'éprouvette ; A_0 la section des barres, E le module d'élasticité de l'acier des barres et c_0 la vitesse du son dans l'acier.

Outre l'obtention avec précision des caractéristiques mécaniques en dynamique du matériau, cette méthode d'essai permet encore, par l'observation de la forme

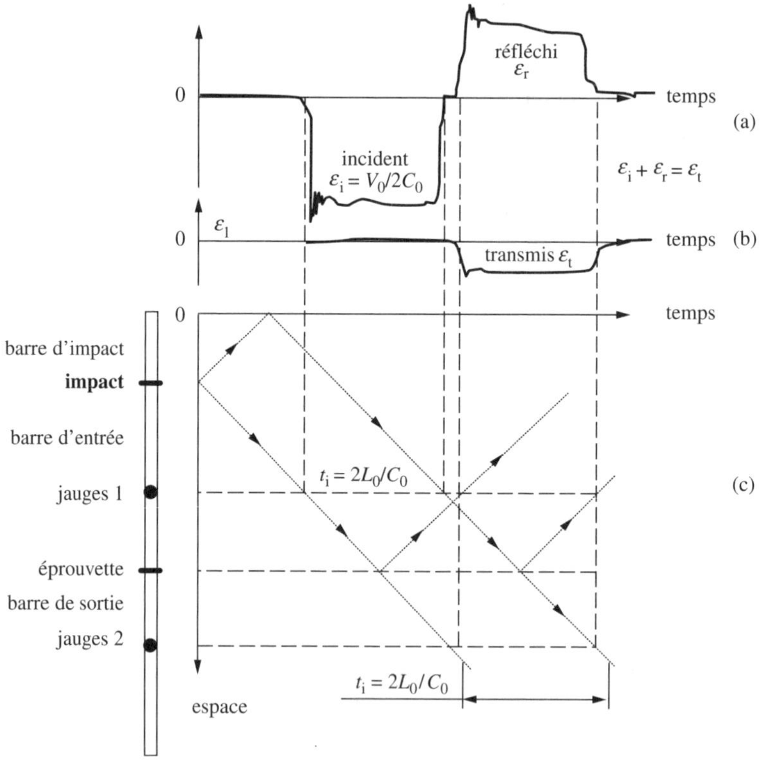

Fig. 10.4 Principes de base des barres d'Hopkinson : (a) réponse jauges 1, (b) réponse jauges 2, (c) diagramme espace-temps de la propagation des ondes. t_i, la durée de sollicitation sous choc, est le temps mis par l'onde pour effectuer un aller-retour dans la barre d'impact.

des signaux des jauges (fig. 10.4), d'évaluer la ductilité du matériau testé [10.7] et de détecter un éventuel changement de phase, par exemple pour le titane et les aciers [10.8].

10.7 ESSAI D'ÉCRASEMENT DE CYLINDRE (TEST DE TAYLOR)

Comme le montre la figure 10.5, le *test de Taylor* consiste à écraser une éprouvette du matériau à tester, de forme allongée et cylindrique, contre une paroi en matériau rigide, en la projetant à *très grande vitesse* (200 à 400 m/s) au moyen d'un canon à gaz ou à air comprimé. La simple mesure de la longueur finale de l'éprouvette permet de déterminer la contrainte d'écoulement en dynamique par l'expression suivante:

$$\sigma_{\text{dyn}} = -\frac{\rho_0 v_0^2}{2\ln\left(\dfrac{\ell_f}{\ell_0}\right)} \tag{10.4}$$

où ρ_0 est la masse volumique initiale du matériau, ℓ_0 et ℓ_f sont respectivement les longueurs initiale et finale de l'éprouvette, et v_0 est la vitesse d'impact. Ce résultat d'essai varie donc fortement avec la vitesse d'impact. Il est en principe indépendant de la longueur initiale de l'éprouvette, quoique pouvant dépendre de son diamètre [10.9]. L'installation d'essai servant à effectuer le test de Taylor peut encore facilement être adaptée pour tout autre type d'essai d'impact, par exemple par projection d'un projectile contre un matériau *composite* (étude du comportement de l'interface fibre/matrice dans les conditions extrêmes). D'autres résultats concernant le niveau

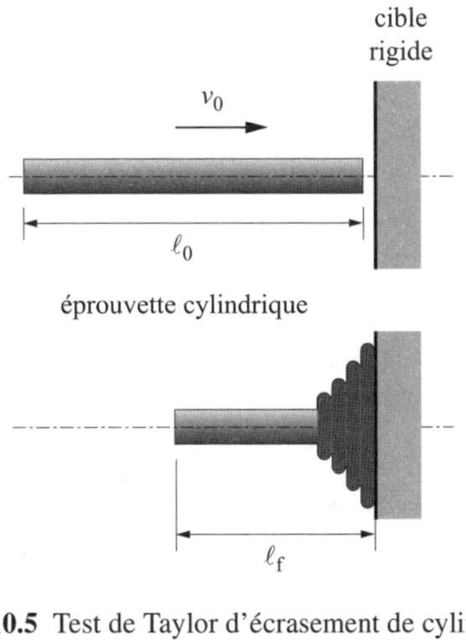

Fig. 10.5 Test de Taylor d'écrasement de cylindre.

de pression exercé graduellement sur l'éprouvette peuvent être obtenus en collant, sur certaines sections de l'éprouvette, des *jauges de pression* (piézo-résistives ou piézo-électriques). La déformation de l'éprouvette peut également être soit mesurée en utilisant un *interféromètre* (de vitesse ou de déplacement), soit filmée au moyen d'une *caméra ultra-rapide*.

10.8 RÉSUMÉ

A moyenne et surtout haute vitesse de déformation, le comportement du matériau change radicalement et ne peut plus être étudié par simple extension des lois élasto-plastiques. Aux notions conventionnelles d'écrouissage et de ductilité du matériau se substituent celles d'onde de contrainte et de cisaillement visqueux ou adiabatique. Par ordre de vitesse de sollicitation croissante, les principales méthodes expérimentales d'essais mécaniques en dynamique sont: le mouton de choc accéléré, les barres de pression d'Hopkinson (en compression ou traction), le test de Taylor ou d'écrasement de cylindre, et d'expansion d'anneau. Comme moyens de sollicitation correspondants, on a surtout recours à des canons à air ou à gaz, qui sont spécifiquemenet conçus. L'électronique de mesure doit aussi pouvoir enregistrer à très haute fréquence.

10.9 BIBLIOGRAPHIE

10.9.1 Normes

Normes pour essai d'impact au mouton de choc:
- DIN EN 744, DIN EN ISO 6603/1, DIN EN ISO 6603/2
- ANSI/ASTM D 2444

10.9.2 Ouvrages de référence

[10.1] J.A. Zukas, Th. Nicholas, H.F. Swift, L.B. Greszczuk et D.R. Curran, *Impact Dynamics*, John Wiley & Sons, New York, 1982.

[10.2] G. Naulin, J.P. Ansart, Changements de phase sous choc d'un acier Z2 CN 18-10, DYMAT 88, Ajaccio, *J. de Physique C3*, pp. 363-369, Sept. 19-23, 1988.

[10.3] ASM, High Strain Rate Testing, *Metals Handbook 8*, 9th ed., pp. 186-239, 1985.

[10.4] H.J. Schindler, M. Veidt, Low-cost dynamic testing, DYMAT 94, *J. de Physique C8*, 135, Sept. 26-30, 1994.

[10.5] R.M. Davies, A Critical Study of the Hopkinson Pressure Bar. *Trans. Roy. Soc. 240*, pp. 375-457, 1948.

[10.6] A. Lichtenberger, Recommendations d'essais – Compression dynamique par barres d'Hopkinson, Ass. DYMAT Nr. RE/002/87, Arcueil, 1987.

[10.7] C.H. Nguyen, *Mechanical properties under impact of metallic materials with effects on strain hardening and structure phase transformation,* ICM 7, The Hague, Delft Univ. Press, p. 355, May 28-June 2, 1995.

[10.8] C.H. Nguyen, *Evaluation of the elastic response to impact for high-strength steels*, EXPLOMET'95, El Paso TX, Elsevier, 129, Aug. 6-10, 1995.

[10.9] C.H. Nguyen, *Influence of specimen dimensions and metal density in Taylor impact tests*, 9th DYMAT Tech. Conf., Munich, Oct. 10-11, 1995.

CHAPITRE 11

ESSAIS MÉCANIQUES À HAUTE TEMPÉRATURE

11.1 INTRODUCTION

11.1.1 Importance technique et scientifique

La résistance mécanique à température élevée est le critère principal du choix de matériaux pour de nombreuses applications. A titre d'exemple, mentionnons les tuyauteries de chaudières pour la génération de vapeur surchauffée à haute pression, les ailettes de turbocompresseurs sujettes à la caléfaction par compression adiabatique, les cylindres et pistons des moteurs à essence ou de type Diesel, les chambres de combustion, rotors, et aubes de turbines à gaz pour les turboréacteurs d'avions, ou encore les systèmes de propulsion de véhicules spatiaux, les outillages de mise en forme à chaud et les installations de l'industrie pétrochimique.

Les exemples donnés ci-dessus montrent l'étendue et la diversité des sollicitations à considérer ici: les deux paramètres essentiels, que sont la température et la charge mécanique, peuvent être soit constants, soit variables dans le temps. Très souvent, une sollicitation chimique (corrosion) est superposée. Il est donc impératif de disposer de méthodes de caractérisation quantitative de la résistance mécanique à haute température, afin de dimensionner, mettre en œuvre et contrôler les composants et installations.

Par ailleurs, l'étude scientifique de la déformation plastique à température élevée apporte de très importantes contributions à la connaissance de base du comportement des corps solides. Les résultats de ces études sont indispensables pour comprendre la nature de l'activation thermique et pour développer les *lois de comportement* (vol. 9 du Traité des matériaux). Celles-ci permettent la modélisation de la déformation en fonction des paramètres de charge, de composition chimique et de microstructure des matériaux.

11.1.2 Définition du terme «haute température»

Une «haute température» signifie un niveau de température pour lequel l'*activation thermique* – provoquée par l'intensité des vibrations thermiques de la maille atomique – commence à influencer de façon notable le comportement mécanique. Nous nous efforcerons de quantifier ce critère. Utilisant la thermodynamique statistique, la probabilité P d'un événement élémentaire d'activation thermique est définie par l'expression de *Boltzmann*:

$$P(T) \cong \exp\left(-\Delta H^{*}/RT\right) \tag{11.1}$$

Elle est caractérisée par la température T (en K) ou ϑ (en °C) et l'énergie d'activation, ΔH^* [kJ/mol]. En tenant compte de la proportionnalité entre ΔH^* et la température de fusion T_f, la relation (11.1) se transforme en:

$$\log P = \text{cste} \cdot (T/T_f) \tag{11.2}$$

L'expérience montre (et la théorie le vérifie) que la température limite d'apparition de l'activation thermique, souvent appelée *température homologue*, T_{hom}, peut être définie approximativement comme:

$$T_{hom}/T_f \approx 0{,}5 \tag{11.3}$$

Quelques valeurs typiques de cette température sont indiquées dans le tableau 11.1.

Tableau 11.1 Températures homologues arrondies, et, entre parenthèses, températures de fusion [°C].

I) Eléments à température de fusion <1000°C		
Ag (961) – *390*	Ge (937) – *380*	Pu (640) – *230*
Al (660) – *240*	Li (180) – *0*	Sn (232) – *25*
Bi (271) – *45*	Mg (650) – *235*	Zn (420) – *120*
Cd (321 – *70*	Pb (328) – *75*	
II) Eléments à température de fusion 1000°C < ϑ°C < 2000°C		
Au (1063) – *440*	Ni (1453) – *635*	Ti (1670) – *745*
Be (1280) – *550*	Pd (1550) – *685*	U (1132) – *475*
Cu (1082) – *450*	Pt (1770) – *795*	V (1900) – *860*
Co (1495) – *660*	Rh (1965) – *890*	Zr (1850) – *835*
Fe (1536) – *680*	Si (1411) – *615*	
III) Eléments à température de fusion > 2000°C		
Hf (2220) – *1100*	Nb (2470) – *1145*	W(3400) – *1610*
Ir (2455) – *1135*	Os (3025) – *1420*	
Mo (2620) – *1220*	Mg (2980) – *1400*	
IV) Composés à haute température de fusion		
β- AlNi (1638) – *730*	ThO2 (3500) – *1660*	UO2 (3151) – *1485*
Al2O3 (2320) – *1070*	TiC (3430) – *1625*	WC (2900) – *1360*
BeO (2570) – *1195*	TiO2 (2115) – *970*	ZrO2 (3120) – *1470*
MgO (3100) – *1460*	SiC (2970) – *1400*	
NbC (3770) – *1795*	Si3N4 (1870) – *845*	

Le tableau 11.1 fournit des valeurs pour les éléments métalliques; la formation d'alliages est naturellement susceptible de modifier ces valeurs, ainsi que l'*échelle du temps* envisagée; par exemple, pour que l'activation thermique se manifeste lors des phénomènes de durée géologique, 0,3 T_f peut s'avérer suffisant. En revanche, lors d'un essai de traction d'une durée de 20 minutes, une température supérieure à 0,5 T_f est nécessaire pour provoquer l'activation thermique.

11.1.3 Principaux paramètres

Les essais mécaniques à *haute* température se distinguent de ceux à *basse* température, en premier lieu par le rôle primordial du *temps, t.*

A basse température, l'application d'une contrainte provoque une déformation d'abord purement élastique, puis élasto-plastique. Dès que la contrainte de consigne est atteinte, la déformation s'arrête. Ceci est évident, car la déformation procède par le glissement et la multiplication des dislocations – jusqu'à ce qu'elles soient bloquées par interaction avec leurs propres champs de contrainte ou avec d'autres obstacles (joints de grain, particules en dispersion, etc.). Dès que la force de résistance offerte par la microstructure est égale à la force appliquée extérieurement, aucune déformation supplémentaire ne se produit.

Le processus s'avère notablement différent à haute température [11.1 et 11.2]. Dans ce cas, le blocage des dislocations ci-dessus mentionné peut être surmonté, au rythme des événements thermiquement activés à l'échelle atomique. La *diffusion* des lacunes ou des atomes étant proportionnelle à la fréquence des vibrations de la maille et à la probabilité d'activation selon *Boltzmann,* la relation (11.1) a pour conséquence que les dislocations sont capables de franchir les obstacles pas à pas. La déformation peut se poursuivre, même si son avancée reste lente (par exemple 10^{-10} par heure). On parle alors de *fluage* [11.2]. Les termes *Kriechen* en allemand et *creep* en anglais, expriment linguistiquement plus clairement cet aspect de la déformation lente par déblocage statistique.

En d'autres termes, à haute température l'activation thermique permet de compenser au moins partiellement le durcissement structural dû à la déformation (*écrouissage,* $+\partial\sigma/\partial\varepsilon$), par l'adoucissement dû au déblocage thermique (*restauration,* $-\partial\sigma/\partial t$). L'aspect théorique de ce phénomène est traité en détail dans le volume 9 du Traité des matériaux. On peut donc juxtaposer les variables contrainte σ et déformation ε et leurs dérivées, comme indiqué dans le tableau 11.2.

Tableau 11.2 Variables σ et ε et leurs dérivées, utilisées en déformation à basse et à haute température.

Déformation à basse température	Déformation à haute température
$\varepsilon - f(\sigma)$	$\dot{\varepsilon} = f(\sigma, \varepsilon, T)$
	$\varepsilon = f(t)$ pour σ, T = cste
$\partial\sigma/\partial\varepsilon \equiv h > 0$ (écrouissage)	$\partial\sigma/\partial\varepsilon \equiv h > 0$ (écrouissage)
	$\partial\sigma/\partial t \equiv r < 0$ (restauration)
allongement à la rupture	allongement et temps à la rupture («durée de vie»)

En conséquence, le diagramme contrainte/déformation, à savoir la représentation graphique des résultats d'un essai de traction, doit être remplacé, dans le cas des essais à température élevée, par des représentations qui tiennent compte du temps. Nous montrerons ces représentations pour les cas spécifiques d'essais auxquels elles se réfèrent.

11.2 ESSAI DE TRACTION À TEMPÉRATURE ÉLEVÉE

L'essai de traction uniaxiale (chap. 6) est la méthode de base pour caractériser la résistance mécanique d'un matériau à température ambiante. Il peut être mené également à haute température, par exemple en équipant la machine d'essai d'un four électrique. Le but de tels essais est de déterminer les valeurs du module de Young, E, de la limite d'élasticité, $R_{p0,2\%}$, de la résistance à la traction, R_m, de l'allongement et de la striction à la rupture, en fonction de la température T [K]. Dans un effort remarquable de synthèse de résultats d'une dizaine de laboratoires, Loveday *et al.* [11.3] ont montré que des valeurs fiables peuvent être obtenues. De cette façon, une «fiche signalétique» du matériau testé peut être établie en l'espace de quelques heures.

On peut néanmoins émettre deux critiques:

• Si la déformation à haute température est contrôlée par des processus thermiquement activés (c'est le cas d'une déformation variable dans le temps), l'essai de traction n'est pas adapté pour révéler cette particularité, puisqu'il mesure σ en fonction de ε. On s'attend plutôt à ce que l'essai de traction à température intermédiaire mesure tout d'abord les effets (modestes) résultant de la diminution de la rigidité de la maille atomique (à savoir $(E/T) < 0$). Ceci est le cas jusqu'à une température ϑ^* à laquelle la vitesse de déformation imposée par la machine (ou «*extrinsèque*») correspond à la vitesse de déformation thermiquement activée (ou «*intrinsèque*») du matériau pour la contrainte appliquée. Au-dessous de ϑ^*, l'essai de traction révèle essentiellement les effets «non thermiques», c'est-à-dire ceux dus plutôt à $E(T)$. En revanche, pour des températures $\vartheta > \vartheta^*$ $(T > T^*)$, on mesure les véritables effets de l'activation thermique. D'un point de vue expérimental, il est important d'utiliser une machine très rigide, dont la vitesse de déplacement est aussi faible et aussi constante que possible. C'est pourquoi la littérature de langue anglaise appelle très justement cet essai *constant strain rate test* (CSR-test).

• La seconde critique est fondée sur des considérations pratiques. Dans la plupart des applications mentionnées dans l'introduction (sect. 11.1), on vise des *durées de vie à haute température* qui sont très longues (10^4 à 10^5 heures). Or, lors d'une si longue exposition à température élevée, une dégradation (ou «endommagement») du matériau se produit, qui n'est pas directement liée à la déformation plastique. Il peut s'agir de la croissance des grains, des transformations de phase, du grossissement de la microstructure en général, et bien sûr des interactions avec l'environnement, c'est-à-dire de la corrosion. De plus, on observe la formation de cavités intergranulaires. Toutes ces modifications se produisent simultanément à la déformation, et sont hautement responsables de la dégradation de la résistance mécanique des composants et de la réduction de leur durée de vie.

Pour caractériser un matériau en vue de son application structurale à haute température, l'essai de traction n'est donc pas le meilleur essai. Il convient plutôt d'étudier le comportement du matériau sous chargement mécanique à haute température, pour une durée aussi longue que possible. Ceci est le but de deux autres types d'essai très importants: l'*essai de fluage* et l'*essai de relaxation*.

11.3 ESSAI DE FLUAGE

11.3.1 Définition. Généralités

Soit un corps solide (ici une éprouvette) porté à haute température et chargé en traction jusqu'au point $(\sigma_0, \varepsilon_0)$ de sa courbe contrainte-déformation. A partir de là, deux types d'essais peuvent être envisagés dans l'objectif de caractériser son comportement mécanique (comportement *élasto-visco-plastique*) en fonction du temps:

- Essai à *contrainte constante;* on observe et mesure la déformation, $\varepsilon(t)$: on constate que $\partial\varepsilon/\partial t > 0$. C'est l'*essai de fluage*, objet de cette section 11.3.
- Essai à *déformation constante;* on observe et mesure la contrainte, $\sigma(t)$: on constate que $\partial\sigma/\partial t < 0$. C'est l'*essai de relaxation de contrainte*, objet du paragraphe 11.4.

Par l'essai de fluage, on mesure la déformation plastique en fonction du temps sous une contrainte constante, pour une température donnée [11.4].

La sollicitation appliquée peut être de traction, de compression, de flexion ou de torsion. La simplicité géométrique des éprouvettes est un argument en faveur des essais de compression ou de flexion, surtout pour les matériaux fragiles et difficiles à usiner (céramiques, intermétalliques, composites). L'essai de torsion, en revanche, a l'avantage de permettre d'atteindre de très grandes déformations avant rupture, jusqu'à des déformations logarithmiques (vraies) $\varphi = 5$ (pour comparaison, $\varphi \cong 1$ en compression et $\varphi \cong 0{,}2$ en traction). De plus, cette déformation peut s'effectuer à grande vitesse ($> 10^{-1}$ [s^{-1}]). De tels essais présentent un intérêt non seulement pour l'évaluation de la résistance et de la ductilité d'un matériau pour composant de structure mécanique, mais également pour l'étude des procédés de mise en forme. On examinera en détail ici l'*essai de fluage en traction.*

Pour traiter les aspects expérimentaux, il s'avérera utile de connaître deux relations importantes qui régissent la vitesse de fluage en fonction de la température et de la contrainte:

- la *relation de Norton:*

$$\dot{\varepsilon} \cong A(T)\left(\frac{\sigma}{E}\right)^{n} \quad [s^{-1}] \text{ avec } n = 4 - 5 \text{ pour les métaux purs} \qquad (11.4a)$$

- la *relation d'Arrhenius:*

$$\dot{\varepsilon} \cong D(T) \cong \varepsilon_{0p} \exp\left(-\frac{Q}{RT}\right) \quad [s^{-1}] \tag{11.4b}$$

Le module de Young, E, a été introduit dans l'équation (11.4a) pour normaliser les dimensions.

11.3.2 Machines et éprouvettes

La forme de l'éprouvette pour l'essai de fluage en traction se base sur celle de l'éprouvette cylindrique normalisée pour l'essai de traction à température ambiante (chap. 6). Le diamètre est couramment choisi entre 5 et 10 mm, et le rapport entre la longueur utile de l'éprouvette et son diamètre doit être supérieur à 5 (fig. 11.1).

Pour fixer les têtes des éprouvettes dans les mors d'amarrage du système de charge, on utilise souvent des filetages qui sont protégés contre les risques de grippage au moyen de lubrifiants solides comme le graphite, le verre ou le bisulfure de molybdène (MoS_2). Pour des essais à très haute température ou sur des matériaux difficiles à usiner (céramiques), des amarrages pour têtes lisses sont utilisés. L'utilisation d'un *extensomètre* monté sur l'éprouvette est indispensable. En effet, dans le cas des matériaux les plus souvent utilisés à haute température et ayant une bonne résistance au fluage, la déformation de la ligne d'amarrage peut être du même ordre de grandeur que celle de l'éprouvette. De plus, afin de ne pas former des sillons profonds par fluage local, on ne doit pas serrer les couteaux des extensomètres sur la surface de l'éprouvette. En conséquence, les couteaux des extensomètres sont positionnés de telle sorte que l'on puisse utiliser des collerettes directement usinées sur les éprouvettes (fig. 11.1).

Les machines de fluage commerciales sont beaucoup plus simples que les machines de traction habituelles qui, elles, ont un entraînement à vis ou servohydraulique. La raison en est simple: si on vise des applications pratiques, il convient de prévoir des longues, voire des très longues durées d'essai (plusieurs années !). Et afin d'obtenir suffisamment de résultats pour une évaluation statistiquement valable, il faut exécuter un grand nombre d'essais en parallèle. Il existe de grands

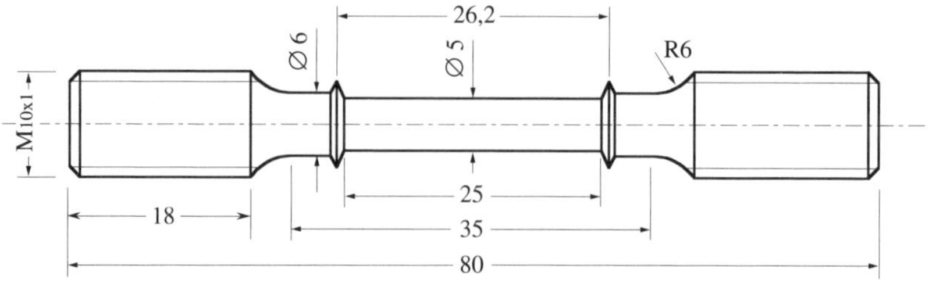

Fig. 11.1 Géométrie d'une éprouvette d'essai de fluage.

centres d'essais, par exemple à Tokyo, à St. Pétersbourg, à Stockholm, qui possèdent 200, voire 2000 machines d'essai ! Il est donc évident que les machines doivent rester de conception simple. Le mode d'application de la force le meilleur marché est tout naturellement le poids d'une masse suspendue (en fonte ou en plomb). Or, un calcul simple montre qu'un échantillon ayant une section utile d'environ 1 cm^2 supporte facilement des poids de plusieurs dizaines de kN, même en fluage. Cela impose l'utilisation d'un système de levier de rapport 1:5 à 1:15 (fig. 11.2). Il va sans dire que la partie des tiges de la ligne de charge qui se trouve à l'intérieur du four doit être en acier allié résistant à haute température, voire en superalliage. Le diamètre de ces tiges doit bien sûr être supérieur à celui de l'éprouvette.

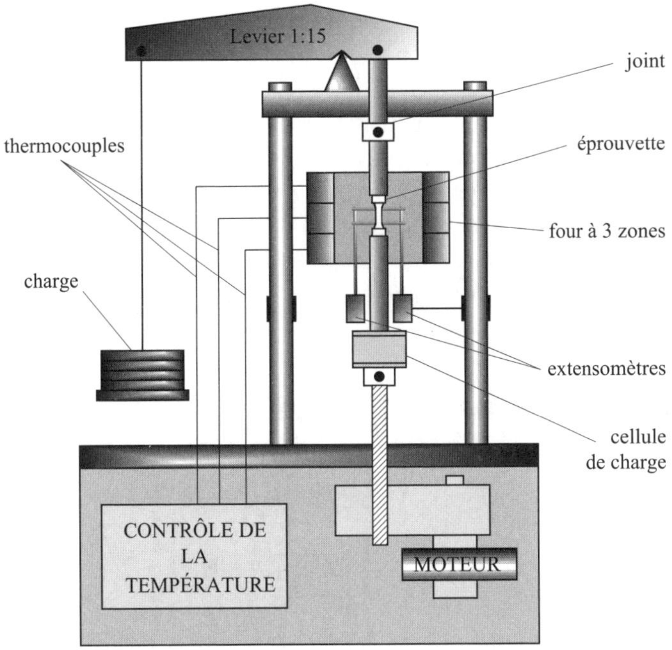

Fig. 11.2 Machine d'essai de fluage à force constante.

Une autre solution relativement simple est également disponible sur le marché : elle consiste à appliquer la charge de traction au moyen d'un puissant ressort ancré sur le bâti de la machine. Chaque allongement de l'éprouvette par fluage détend le ressort, et la contrainte initiale doit être maintenue constante grâce à un moteur piloté par un capteur de force.

Sous l'aspect mécanique, les machines simples du type de celle de la figure 11.2 ont un gros désavantage : lorsque l'éprouvette se déforme de ε, sa section A diminue (son volume restant constant). Par conséquent, en considérant que la force F transmise par le levier reste constante, la contrainte agissant sur la pièce augmente :

$$\sigma(\varepsilon) = F / A(\varepsilon) = \sigma_0(1+\varepsilon) \qquad [\mathrm{N \cdot mm^{-2}}] \tag{11.5}$$

L'application de la *relation de Norton* (11.4a) donne alors :

$$\dot{\varepsilon} = (\sigma_0 / E)^n \cdot (1+\varepsilon)^n \qquad [\mathrm{s^{-1}}] \tag{11.6}$$

La vitesse de fluage réelle est donc supérieure à la valeur obtenue sous une contrainte constante. Pour les déformations inférieures à 1% (importantes d'un point de vue application pratique), la différence est négligeable. En revanche, pour une déformation d'environ 20%, le facteur de correction à appliquer vaut déjà 2,07, pour $n = 4$.

L'essai à *charge* constante (au lieu de *contrainte* constante) surestime donc largement la déformation en fluage, et ce d'autant plus que certains aciers alliés et alliages à base de Ni conçus pour une utilisation à haute température possèdent des valeurs n allant de 7 à 12. Dès lors, on a cherché à introduire des servomécanismes susceptibles de compenser l'augmentation de la contrainte selon l'expression (11.5), en réduisant la longueur effective du levier côté poids. Une méthode pour y parvenir est de suspendre le poids à un palan roulant, dont le mouvement le long du levier est piloté par un capteur de force installé dans la ligne d'amarrage (fig. 11.3).

Une alternative très astucieuse d'un point de vue mécanique, publiée en 1932, est due à deux pionniers de la recherche sur le fluage, E.N. Andrade et B. Chalmers

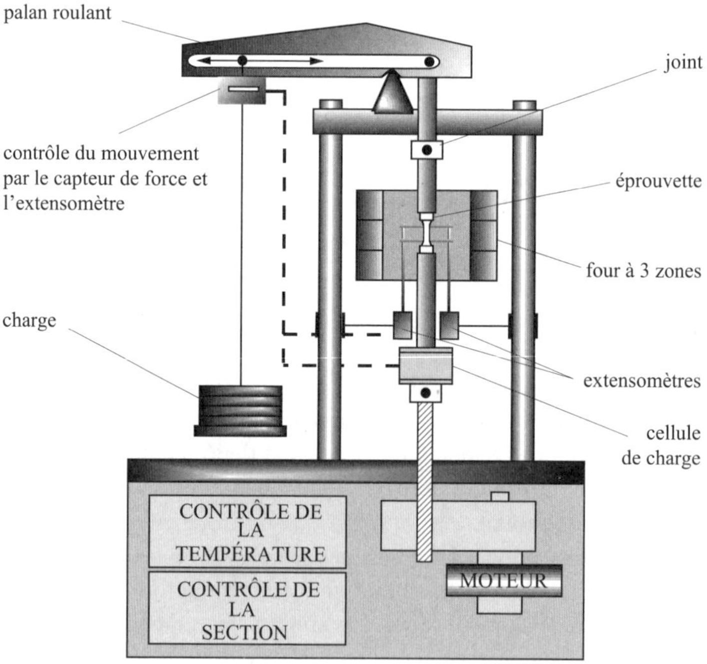

Fig. 11.3 Machine d'essai de fluage à contrainte constante.

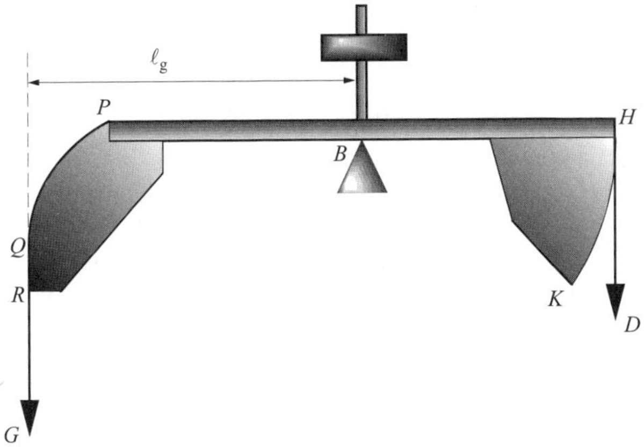

Fig. 11.4 Principe de l'essai de fluage développé par Andrade et Chalmers [11.5].

[11.5] (fig. 11.4). Ces auteurs ont proposé de transmettre les forces, entre levier et pièce d'un côté, et entre levier et poids de l'autre, au moyen de chaînes flexibles en lieu et place de tiges rigides. Ces chaînes sont alors guidées suivant l'inclinaison du levier par deux *cames,* de telle sorte que, quelle que soit la déformation ε, le bras de levier est effectivement corrigé par le facteur $(1 + \varepsilon)$ de l'équation (11.5).

Pour déterminer les relations $\varepsilon(t)$, des machines d'essai de fluage sous $\sigma = c^{ste}$ sont indispensables (problématiques des laboratoires de recherche). En revanche, pour les besoins des laboratoires de contrôle de qualité, habitués aux demandes de contrôles par centaines, voire par milliers d'éprouvettes, de tels efforts ne se justifient pas. Un autre argument mérite d'être mentionné: dans la réalité des structures, ce sont plus souvent les charges, que les contraintes, qui sont constantes. C'est pourquoi pour ce type de contrôles, on se borne aujourd'hui préférentiellement à utiliser des machines peu sophistiquées, de construction fiable, ne permettant que la sollicitation à charge constante pour de très longues durées, sans extensomètre. En général, ce type de machine ne fournit que le temps à rupture pour une *charge initiale* et une température données, $t_r(F, T)$. Il est néanmoins possible et même habituel d'arrêter l'essai à des intervalles de temps prédéterminés, et de prélever les éprouvettes afin de déterminer leur déformation à l'instant t, $\varepsilon(t)$, en utilisant des équipements optiques de haute précision, pour ensuite poursuivre l'essai de fluage sur la même éprouvette. Pour des petites déformations ($\varepsilon < 1\,\%$) et de très longues durées ($t > 10^4$ h), cette méthode de mesure s'avère nettement moins coûteuse et plus précise que celle utilisant un extensomètre, sujette à plusieurs sources d'erreur.

En résumé, il existe deux niveaux de complexité pour l'essai de fluage:

- pour déterminer t_r et ε_r à une température et une charge initiale données:

$$\text{essai à } F = \text{cste}$$

(équipement simple, grand nombre d'éprouvettes; but: essais de longue durée pour contrôle de qualité et dimensionnement approximatif);

- pour déterminer la fonction $\varepsilon(t)$ et la vitesse de fluage $\dot{\varepsilon}$ en fonction de T et t:

  essai à σ = cste

  (équipement sophistiqué, réglage nécessaire de σ, extensomètre obligatoire, système d'acquisition de données; but: caractérisation précise et fine, détermination des lois de comportement, recherche scientifique).

Mentionnons encore les *essais sous atmosphère contrôlée*, dont l'importance grandit. Ceux-ci exigent des installations où éprouvette et extensomètre sont placés sous enceinte étanche, et telles qu'il n'y ait pas de frottement parasite entre les éléments mobiles (tiges de traction, extensomètres) et l'enceinte. Une solution recommandée est l'utilisation de soufflets mécaniques en acier inoxydable, très souples.

11.3.3 Présentation et évaluation des résultats

Au paragraphe 11.3.2, nous avons montré que l'on peut réaliser l'essai de fluage de deux façons, dont la terminologie mérite d'être donnée dans les différentes langues:

	Objectif: déterminer	Désignation française	Désignation anglaise	Désignation allemande
I	t_r ou $t_{1\%}$ pour T et charge constante	essai de fluage (à long terme)	*stress-rupture test*	*Zeitstand-Versuch*
II	$\varepsilon(t)$ pour σ, $T = c^{ste}$	essai de fluage	*creep test*	*Kriechversuch*

Dans l'essai du type I, l'expérimentateur souhaite acquérir les valeurs des temps à la rupture, ou celles des temps jusqu'à une déformation prédéfinie (le plus souvent 1%), pour une contrainte nominale (force divisée par la section initiale) et une température données. En revanche, l'ingénieur en tant que responsable de projet est intéressé par la contrainte nominale admissible pour une durée de vie donnée, par exemple 10000 h ou 200000 h. Pour une durée de vie définie comme temps jusqu'à la rupture, on utilise la désignation suivante:

$$\sigma_{r\ 10\,000\ h}\,(\vartheta°C) \text{ ou } \sigma_{r\ 200\,000\ h}\,(\vartheta°C) \tag{11.7a}$$

Pour une durée de vie définie comme temps jusqu'à une déformation de 1%, on utilise la désignation suivante:

$$\sigma_{1\%\ 10\,000\ h}\,(\vartheta°C) \text{ ou } \sigma_{1\%\ 200\,000\ h}\,(\vartheta°C) \tag{11.7b}$$

La seconde forme s'applique évidemment au cas d'une limite supérieure tolérable de la déformation. La présentation graphique habituelle de ces résultats est le *diagramme de fluage* (en anglais: *stress-rupture diagram*, en allemand: *Zeitstandschaubild*). Ce diagramme regroupe les valeurs $\sigma_r(t)$ ou $\sigma_{1\%}(t)$ en courbes interpolées

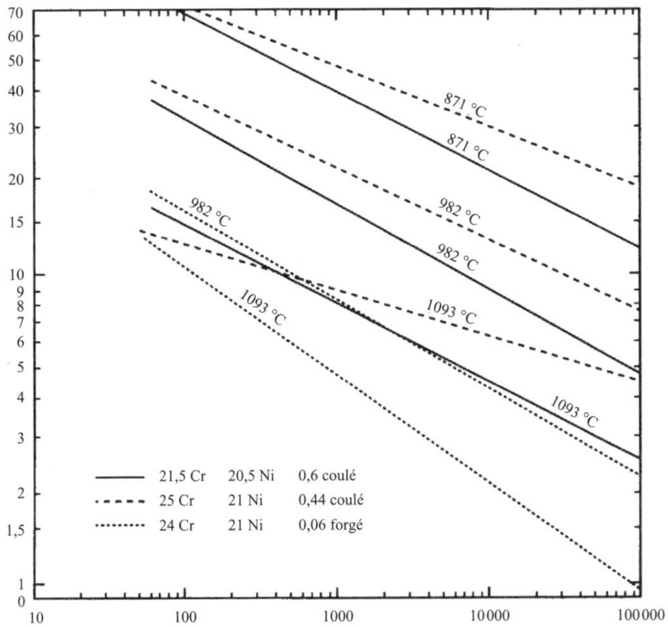

Fig. 11.5 Courbes contrainte [MPa]-temps à rupture [h] pour trois aciers inoxydables austénitiques à différentes températures [11.6].

sur une échelle logarithmique du temps, proposant une courbe pour chaque température. Un exemple typique est donné en figure 11.5 pour trois aciers inoxydables [11.6].

La *relation de Monkman-Grant* (vol. 9 du Traité des matériaux) entre le temps jusqu'à la rupture et la vitesse minimale de fluage ($\dot{\varepsilon}_{\min}$):

$$t_r = \text{cste}/\dot{\varepsilon}_{\min} \quad [\text{s}] \tag{11.8a}$$

permet un calcul semi-théorique du temps jusqu'à la rupture, en utilisant pour $\dot{\varepsilon}_{\min}$ la relation de Norton (11.4a):

$$t_r = \text{cste}/\sigma^n \quad [\text{s}]$$

Dès lors:

$$\log t_r = B - n \log \sigma \tag{11.8b}$$

Cette dernière forme suggère qu'il est intéressant de présenter les résultats de l'essai de fluage dans un diagramme bi-logarithmique ($\log\sigma$ en fonction de $\log t_r$) afin d'obtenir une droite de pente ($-n$). Malheureusement, l'exposant n est en règle générale lui-même une fonction de la contrainte appliquée, en raison de l'activation de différents mécanismes à différents régimes de σ (vol. 9 du Traité des matériaux). Il a tendance à prendre des valeurs supérieures à 4 pour les fortes contraintes (courtes durées de vie), mais tend vers 1 pour les essais à faible contrainte (très longues durées de vie). C'est pourquoi on se borne dans la pratique à utiliser des diagrammes qui présentent σ (et non pas log σ) en fonction de log t_r, en acceptant la non-linéarité caractéristique des courbes. Remarquons par ailleurs la concision de l'information obtenue par les essais de fluage du type I sous forme de contraintes caractéristiques (éq. (11.7)), que l'on peut appeler *résistances au fluage.*

Les essais du type II (réalisés avec extensomètre) fournissent d'autres informations, que l'on présente alors de façon différente. La plus directe est la *courbe de fluage* $\varepsilon(t)$ classique. Le cas idéal, objet d'enseignement introductif au fluage sur le plan mondial, présente trois régimes que l'on appelle respectivement *fluage primaire, fluage secondaire et fluage tertiaire* (fig. 11.6). Mais ce type de courbe ne se rencontre que pour des métaux purs et des alliages monophasés. Pour la plupart des alliages industriels, le fluage primaire (ou *de transition*) est à peine visible, étant limité à des déformations très faibles (de l'ordre de 0,1 %). Quant aux influences assez semblables de la contrainte et de la température sur la courbe de fluage, la figure 11.7 les montre schématiquement. Si la déformation totale est portée en ordonnée, elle comprend évidemment une composante élastique, égale à $\varepsilon_e = \sigma / E$. Certains auteurs la soustraient, reportant alors en ordonnée ε_p au lieu de ε_e.

Bien que les courbes $\log \sigma - \log t_r$ et $\sigma - \log t_r$, et la courbe de fluage $\varepsilon(t)$ soient directement liées à ce qu'on observe, il existe des arguments, tant pratiques que scientifiques, qui penchent en faveur d'une *présentation différentielle* des résultats, soit en termes de $\dot{\varepsilon}$ au lieu de ε (pour σ = cste, T = cste).

Le premier argument est pratique: le durcissement par écrouissage provoque dans beaucoup de matériaux de construction une chute de la vitesse de fluage de

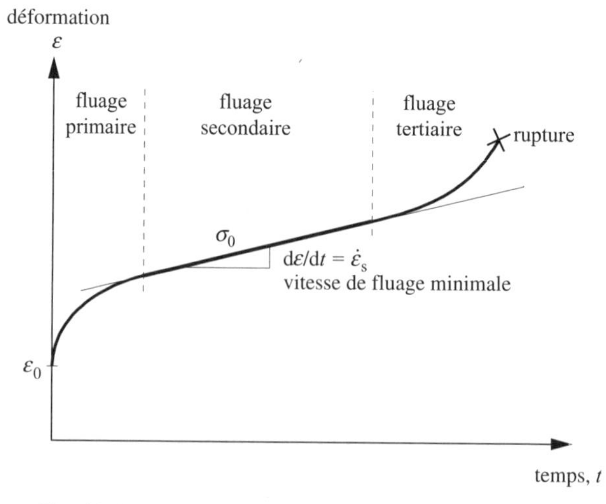

Fig. 11.6 Allure schématique d'une courbe de fluage $\varepsilon(t)$.

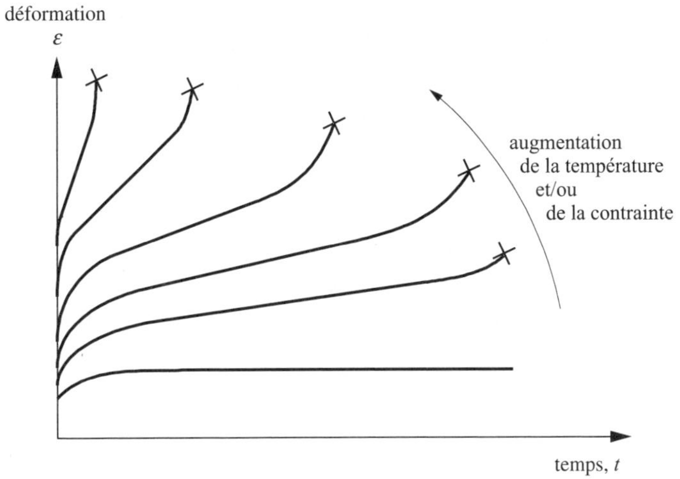

Fig. 11.7 Illustration schématique de l'effet d'une température et/ou d'une contrainte croissante sur la forme des courbes de fluage.

2 ou 3 ordres de grandeur lors des premiers 0,1 à 1 % de déformation de fluage transitoire. De telles valeurs sont très difficiles à visualiser sur une échelle autre que logarithmique. Un argument analogue est valable pour l'accélération du fluage tertiaire, dû à l'endommagement et à la dégradation microstructurale.

Le second argument se base sur la physique. Du point de vue des micromécanismes et des lois physiques, c'est la vitesse de déformation en chaque instant (et non pas la déformation cumulée au cours du temps) qui est contrôlée par les paramètres «contrainte» et «température», selon les équations (11.4a, b). Soulignons le fait que, pour la déformation à haute température, le temps entre en jeu sous forme de phénomènes thermiquement activés, c'est-à-dire par des déplacements à l'échelle atomique, se traduisant par un $\dot{\varepsilon}$ macroscopique.

D'autre part, la déformation ε s'impose comme choix de référence pour l'abscisse, parce qu'elle permet une meilleure comparaison entre les résultats des essais menés à différentes contraintes et différentes températures. En effet, les expériences montrent que l'état structural, après par exemple 1, 10 ou 20% de déformation en fluage, n'est pas vraiment influencé par la contrainte et la température responsables de telle ou telle déformation. Les influences de σ et T sur la déformation à la rupture ne sont pas très marquées non plus. En revanche, les temps nécessaires pour atteindre x% de déformation de fluage ou la rupture varient fortement avec σ et T (éq. (11.8)).

La présentation log $\dot{\varepsilon}$ en fonction de ε permet aussi de focaliser l'attention sur la vitesse *secondaire* (dite encore *stationnaire*) de fluage $\dot{\varepsilon}_s(\sigma,T)$ (fig. 11.6). Celle-ci caractérise le comportement du matériau sous conditions de fluage à haute température de manière succincte, de même que $\sigma_{r\,200\,000\,h}$, (relation (11.7a)). Or, les relations (11.4a et b), bien que «simplificatrices», sont utilisées dans les milieux scientifiques et industriels pour déterminer la vitesse de fluage. Dans les cas où une vitesse stationnaire n'est pas atteinte (en raison de modifications structurales concomitantes de la déformation), ces formules sont appliquées à la *vitesse minimale de fluage,* $\dot{\varepsilon}_{min}$. Cette vitesse semble correspondre à une situation très «temporaire» dans le processus de fluage, si on ne regarde que les diagrammes $\log\dot{\varepsilon}-\varepsilon$. En réalité, $\dot{\varepsilon}_{min}$ peut s'avérer dominante sur un grand laps du *temps de fluage*, en raison de sa faible valeur, qui a pour conséquence que l'éprouvette reste longtemps dans le même état.

Pour donner les résultats d'un essai de fluage de manière concise, il est donc important de déterminer l'exposant de contrainte de la relation de Norton, n, et l'énergie d'activation effective de la relation d'Arrhenius, Q_{eff}. Soulignons qu'il s'agit d'une description «phénoménologique» du comportement du matériau étudié. Toute interprétation micromécanique nécessiterait en revanche une modélisation détaillée. La marche à suivre pour déterminer n et Q_{eff} est simple; elle résulte des relations (11.4a et b):

$$\text{a) } n=\frac{\partial\log\dot{\varepsilon}}{\partial\log(\sigma/E)} \qquad \text{b) } Q_{eff}=\frac{\partial\log\dot{\varepsilon}}{\partial(1/RT)} \text{ [kJ/mol]} \tag{11.9}$$

On reporte graphiquement les valeurs mesurées du logarithme de la vitesse de fluage (stationnaire ou minimale) en ordonnée, en fonction de $\log(\sigma/E)$ et de $(1/RT)$ respectivement, les pentes de ces courbes définissant n et Q_{eff} respectivement. Cette procédure nécessite cependant la réalisation d'un nombre relativement important d'essais à différentes contraintes et températures. Pour simplifier, avec toutefois un certain risque de perte de précision, il est recommandé de réaliser sur la même éprouvette des *sauts de contrainte*, en mesurant la vitesse de fluage avant et (par extrapolation) après le saut. En principe, on peut également appliquer des *sauts de température* afin de déterminer Q_{eff}, mais un changement rapide de la température est beaucoup plus difficile à réaliser en pratique.

Attirons enfin l'attention sur le fait que le «plateau» de la vitesse de fluage dans le régime secondaire correspond au plateau de la contrainte dans un essai à vitesse de déformation constante (*constant strain rate test* ou *essai CSR,* sect. 11.2). Ceci signifie que les essais CSR peuvent également être utilisés pour déterminer n et Q_{eff}.

11.3.4 Résumé

En résumé[1], pour déterminer les valeurs caractéristiques n et Q_{eff} du fluage, où n est l'exposant de contrainte de la relation de Norton (relation (11.4a)), Q_{eff} est l'énergie d'activation effective de la relation d'Arrhenius (relation (11.4b)), il convient de:

- déterminer $\dot{\varepsilon}_s$ par différentiation des courbes $\varepsilon(t)$,
- reporter les valeurs de $\dot{\varepsilon}_s$ en fonction de $\log(\sigma/E)$ et de $(1/RT)$ respectivement,
- déterminer les pentes, qui représentent n et Q_{eff}.

[1] Les descriptions suivantes concernent la vitesse stationnaire (secondaire) de fluage. Si celle-ci se ne manifeste pas, elles s'appliquent à la vitesse minimale.

Il existe une alternative pour déterminer n, qui permet d'économiser des éprouvettes et du temps ; elle consiste à appliquer des sauts de contrainte lors d'un même essai.

Enfin, il convient de ne jamais oublier l'influence de changements microstructuraux éventuels lors du fluage.

11.4 ESSAI DE RELAXATION DE CONTRAINTE

11.4.1 Généralités

Dans un essai de relaxation, c'est la déformation ε qui est maintenue constante, et la réponse en contrainte $\sigma(t)$ qui est étudiée [11.1].

Durant la relaxation, les processus irréversibles et thermiquement activés déplacent des atomes dans le corps solide sous contrainte, de telle sorte que leur nombre par unité de longueur de l'axe de contrainte augmente (en conséquence, le nombre moyen d'atomes par unité de diamètre diminue). Le résultat de ces déplacements à l'échelle atomique, qui constituent une déformation inélastique, est une diminution de la contrainte à longueur constante. Outre les déplacements des atomes individuels, différents processus peuvent contribuer à la déformation inélastique de relaxation : glissement de dislocations, glissement de joints de grain, transformation de phases (martensitique et/ou autre). Plusieurs de ces processus peuvent se succéder lors d'un essai de relaxation. Ainsi, de manière évidente, la relaxation de contrainte est un phénomène de même nature physique que le fluage [11.2].

L'importance de l'essai de relaxation pour l'ingénierie des matériaux, et donc la raison de l'introduction d'essais de relaxation normalisés, résident dans l'utilisation de ces matériaux pour réaliser des éléments de construction exigeant le maintien fiable d'une force entre deux composants sur une longue durée (et particulièrement à température élevée). Citons quelques exemples : assemblages par vissage ou rivetage, brides, garnitures et étoupages, systèmes à forte pression intérieure, fils et treillis d'acier pour le béton précontraint. En raison des durées de vie très longues attendues pour quelques-unes de ces installations, le terme « température élevée » doit être entendu, dans ce contexte, comme « permettant des processus d'activation thermique », même à des vitesses extrêmement lentes. Cela signifie qu'une température de 100°C est déjà une température élevée pour des assemblages en aluminium ou en cuivre. Et bien sûr, la relaxation des contraintes est un problème crucial pour la plupart des matériaux polymères.

11.4.2 Mise en œuvre expérimentale. Présentation des résultats

L'essai de relaxation de contrainte est réalisé, en principe, en chargeant sur une machine d'essai, électromécanique en général, une éprouvette en traction jusqu'à la déformation ε_0 donnée. La machine est alors arrêtée (à l'instant noté t_0) et on commence à mesurer, en fonction du temps, la contrainte, $\sigma(t)$, à l'aide d'un capteur de force.

L'éprouvette est similaire à celle utilisée pour l'essai de traction (chap. 6); la partie utile est néanmoins plus longue, afin d'augmenter la précision de contrôle de la déformation (par exemple, longueur de référence de 150 mm, pour un diamètre de 10 mm).

Sur la courbe d'évolution de la contrainte enregistrée, on peut déterminer le *taux de relaxation,* $\partial\sigma/\partial t$, à un instant donné, $t = t_0 + \Delta t$. Une autre présentation possible consiste à reporter la contrainte en fonction de $\log t$. En règle générale, ce diagramme présente une partie pratiquement *linéaire* que l'on peut décrire analytiquement par la relation:

$$\sigma(t) = \sigma_0 - b \cdot \ln(1 + t/t_0) \tag{11.10}$$

On peut démontrer qu'une telle relation découle d'une loi de comportement de la vitesse de déformation inélastique responsable de la relaxation de contrainte de type:

$$\partial\varepsilon/\partial t = B \cdot \sinh\left[\left(\sigma - \sigma_\mathrm{f}\right)/b\right] \tag{11.11}$$

où σ_f désigne la contrainte vers laquelle tend asymptotiquement σ après une longue durée de la relaxation. Les paramètres B et b peuvent être associés à la théorie des processus microstructuraux (vol. 9 du Traité des matériaux).

Le problème crucial de l'essai de relaxation de contrainte est évident: comment respecter la condition ε = cste pendant que la contrainte diminue? Il ne suffit pas d'arrêter l'entraînement de la machine, car: a) aucune machine d'essai n'est infiniment rigide, et b) les capteurs de force sont eux aussi, le plus souvent, des composants élastiques qui se déforment au fur et à mesure que la contrainte diminue. Pour des mesures de haute précision, il s'avère donc indispensable de mesurer séparément les constantes de rigidité du bâti et du système de transmission de force de la machine, ainsi que celle du capteur de force. On peut traiter l'ensemble machine-capteur-éprouvette comme un système constitué de deux éléments élastiques plus un élément élasto-visco-plastique. Ceci permet d'estimer, par le calcul, l'erreur introduite par ces différents facteurs, et de les corriger activement par de très petits mouvements de la machine.

Pour terminer, se pose la question stratégique de «comment effectuer des essais de relaxation de très longue durée, sur un grand nombre d'éprouvettes, à température élevée, sans utiliser un nombre déraisonnable de machines d'essai universelles coûteuses». Plusieurs types de dispositifs simples, robustes et fiables ont été proposés et donnent de bons résultats. La relaxation du matériau y est étudiée au cours d'intervalles Δt dans un four régulé en température; après chaque intervalle Δt, la contrainte relaxée est déterminée, puis la même valeur de déformation ε de l'éprouvette est rétablie au besoin. La courbe de relaxation est obtenue par interpolation entre les points $\Delta\sigma - \Delta t$. Cette méthode est approximative, mais elle donne facilement des résultats pour un grand nombre d'éprouvettes.

11.5 ESSAI DE FATIGUE À HAUTE TEMPÉRATURE

11.5.1 Introduction. Définitions

Dans les sections 11.2, 11.3 et 11.4, nous avons abordé les essais sous charge statique (avec $\dot{\varepsilon}_t$, F, σ constantes respectivement). Dans les paragraphes suivants, nous traiterons de la résistance des matériaux soumis à des sollicitations *périodiques*, qui provoquent un endommagement microstructural suivi de la rupture par amorçage et propagation de fissures. Ce phénomène de dégradation est connu sous le nom de ***fatigue***.

Pour des utilisations à des températures proches de la température ambiante, les règles de construction établies pour les aciers de construction classiques prévoient une limite supérieure des charges admissibles à chaque cycle nettement inférieure à la limite d'élasticité du matériau. C'est donc uniquement par l'accumulation de processus microstructuraux associés à un très grand nombre de cycles (>> 10^4) qu'un effet de fatigue se manifeste. On parle alors de *fatigue-endurance* (ou *HCF* pour *High Cycle Fatigue* en anglais), qui résulte de très nombreux *cycles de contrainte* ($\pm\ \Delta\sigma/2$). Certains matériaux à faible limite d'élasticité peuvent être soumis à température ambiante, au moins localement, à des chargements cycliques dont le niveau dépasse la limite d'élasticité. Ils sont alors susceptibles de subir un phénomène d'endommagement par accumulation de déformation plastique. On parle alors de *fatigue plastique oligocyclique* (ou *LCF* pour *Low Cycle Fatigue* en anglais), qui résulte d'un nombre relativement limité ($\leq 10^5$) de *cycles de déformation* ($\pm\ \Delta\varepsilon_t/2$). Le chapitre 8 du présent volume traite de la caractérisation des matériaux à la fatigue à température ambiante. On s'y réfèrera pour les notations adoptées dans cette section. On ne reprendra ici que quelques éléments, en particulier ceux spécifiques à la fatigue à haute température.

A haute température, les sollicitations périodiques subies par les matériaux sont plutôt des *cycles de déformation* ($\pm\ \Delta\varepsilon_t/2$), ceci dû aux gradients transitoires de température à l'intérieur du matériau, et donc à la dilatation thermique. La limite d'élasticité d'un matériau diminuant lorsque sa température augmente, l'amplitude de ces cycles de déformation est souvent bien plus importante que celles conduisant à de la fatigue-endurance. A titre d'exemple, pour l'alliage Inconel 617 à 800°C qui a un coefficient de dilatation thermique $\alpha = 20\ \mu\text{m/m} \cdot \text{K}$, une différence de température de 200°C provoque une variation de déformation totale $\Delta\varepsilon_t = 0{,}8\,\%$. Les déformations cycliques résultantes provoquent alors une déformation plastique à chaque cycle. Par suite, la rupture par fatigue se produit pour un nombre de cycles relativement faible; le comportement est ainsi plutôt du domaine de la fatigue plastique oligocyclique. Typiquement, le nombre de cycles à rupture, N, se situe entre 100 et 10 000 cycles. La période de tels cycles, par exemple liée au rythme de démarrage/arrêt des machines et installations thermiques, est généralement faible (1 seconde à 1 heure, voire 1 semaine), assurant ainsi une durée de vie des composants acceptable, malgré le nombre peu élevé de cycles jusqu'à la rupture.

Afin de limiter les variables à considérer, une première étape d'étude est l'essai de fatigue oligocyclique *isotherme*, réalisé à différentes températures [11.7 et 11.8].

11.5.2 Essai de fatigue oligocyclique isotherme à haute température : mise en œuvre

Afin d'obtenir les informations souhaitées, la méthode d'essai presque exclusive est celle en traction/compression uniaxiale sur éprouvette cylindrique. Une amplitude de déformation totale $\pm \Delta\varepsilon_t/2$ est imposée à l'éprouvette, généralement en cycle purement alterné (niveau moyen de déformation imposée nul). La variation de la déformation totale ε_t avec le temps t est généralement linéaire, donc la vitesse de déformation $\dot{\varepsilon}_t$ est imposée, par ex. 10^{-3} ou 10^{-4} s^{-1}. Elle est pilotée par une machine servohydraulique asservie en boucle fermée (sect. 8.4). On peut appliquer la même vitesse de déformation rapide en traction et en compression. On peut aussi programmer des cycles *slow-fast* (vitesse de déformation $\dot{\varepsilon}$ en traction inférieure à celle en compression) ou *fast-slow* (l'inverse). Cette distinction s'avère importante : par un choix judicieux des deux vitesses de déformation, fonction du matériau et de la température, la vitesse plus rapide peut être considérée comme typique d'une déformation athermique (sans contribution importante de l'activation thermique). En revanche, la vitesse plus lente permettra l'intervention des processus thermiquement activés (fluage). Si ces derniers sont associés à la traction, un endommagement structural caractéristique du fluage (par cavitation intergranulaire le plus souvent) risque de se produire. Ce type d'endommagement n'a en revanche pas lieu lors du fluage provoqué par le demi-cycle de compression. Au lieu d'opérer avec deux vitesses, on peut aussi prévoir des *temps de maintien* sous charge (en anglais : *dwell time* ou *hold time*, en allemand : *Haltezeit*) dans les cycles.

En ce qui concerne la forme des éprouvettes, le risque de flambage lors du demi-cycle de compression pose un sérieux problème. Les dimensions habituelles des éprouvettes pour l'essai de traction (rapport longueur/diamètre de 5 ou 10) ne sont pas acceptables pour l'essai de fatigue oligocyclique : si l'on utilise des éprouvettes cylindriques de révolution, il faut limiter ledit rapport à 2 (fig. 11.8(a)), voire 1. De nombreux auteurs (surtout aux U.S.A.) sont allés plus loin en proposant des éprouvettes de forme « sablier » (*hour-glass specimen* en anglais). Leur diamètre varie continûment, et présente un minimum à mi-longueur (fig. 11.8(b)). Un essai de fatigue plastique oligocyclique exige par ailleurs un alignement très précis des tiges transmettant la force, des têtes d'amarrage et de l'éprouvette, afin d'éviter le moindre moment de flexion lors de la phase de compression. Un traitement détaillé des problèmes et des solutions techniques peut être trouvé dans la référence [11.7]. Citons en particulier l'utilisation du métal de Wood, déjà mentionné au chapitre 8.

La forme des éprouvettes est étroitement liée au problème des extensomètres adaptés aux exigences spécifiques de ce genre d'essai. A la différence de l'essai de fluage, la longueur de base cylindrique de l'éprouvette de fatigue est insuffisante pour y inclure des « collerettes » ; de plus leur présence entraînerait localement une distribution inhomogène des contraintes. On tolère plus facilement, bien que l'usinage en soit délicat, des petits points ou creux (« divots ») permettant d'y positionner les bras d'un extensomètre. De bons résultats ont également été obtenus en

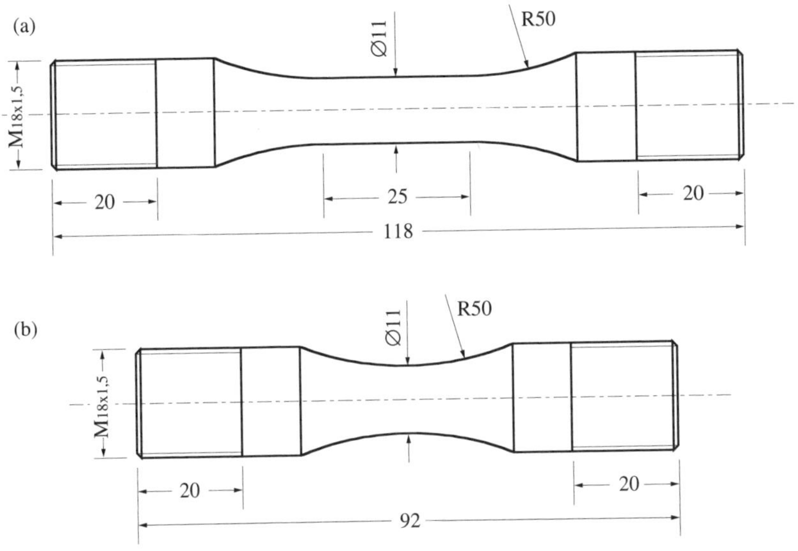

Fig. 11.8 Géométrie d'éprouvettes pour essais de fatigue à haute température: (a) éprouvette cylindrique de révolution, (b) éprouvette de forme dite «sablier».

positionnant les bras d'un extensomètre (en quartz ou en céramique) directement sur la surface lisse de la partie cylindrique de l'éprouvette, grâce à des tranchants ou des pointes. Un tel extensomètre doit être capable de mesurer en continu et avec une grande précision l'écartement $\Delta\ell$ entre les deux points de repère, puisque $\varepsilon_t = \Delta\ell/\ell_0$ pilote l'asservissement de la machine. Comme nous l'avons vu ci-dessus, les amplitudes des cycles, $\Delta\varepsilon_t/2$, sont d'environ 0,1 à 1%; ceci correspond, pour une longueur de base ℓ_0 = 10 mm, à un déplacement $\Delta\ell$ de 10 à 100 µm. La sensibilité de l'extensomètre doit donc être d'environ ± 0,1 µm, et ceci pour des températures de l'éprouvette pouvant aller jusqu'à 1200°C. Une stabilisation de la température du système, et surtout du capteur d'allongement, par un courant d'air ou par une circulation d'eau, est donc impérative. Aussi, un dispositif qui laisse passer les tiges de l'extensomètre parallèlement à l'éprouvette jusqu'à l'extérieur du four (comme c'est le cas pour les essais de fluage) n'est pas recommandé pour les essais de fatigue. Les tiges en céramique sont plutôt tenues dans une position radiale (horizontale donc, d'où le terme de «bras»), profitant de la fente d'ouverture d'un four ouvrant ou d'un perçage des parois du four. Un chauffage de l'éprouvette par induction s'avère particulièrement adapté.

On imagine aisément qu'il s'agit d'installations assez délicates et sophistiquées.

L'utilisation d'éprouvettes de forme géométrique dite «sablier» (fig. 11.8) a été mentionnée plus haut. Pour ce type d'éprouvette, il est nécessaire d'utiliser un extensomètre diamétral mesurant l'extension/contraction du diamètre de l'éprouvette au rythme de sa sollicitation axiale (fig. 11.9). Les exigences de sensibilité de mesure sont encore plus sévères pour un extensomètre diamétral que pour les extensomètres axiaux. Pour piloter $\varepsilon(t)$, il faut tenir compte du coefficient de contraction latérale ou coefficient de Poisson, ν, qui doit être déterminé séparément pour le régime élastique, et que l'on estime égal à 0,5 dans le régime plastique. La conversion numérique entre les amplitudes des déformations axiale et diamétrale s'avère particulièrement difficile dans le cas des matériaux anisotropes; l'anisotropie concerne pourtant de nombreux composants industriels (aubes de turbines monocristallines, pièces coulées par solidification directionnelle, alliages renforcés par des fibres, etc.). De plus, en raison de la formation de couche d'oxydes par corrosion en surface lors d'essais de longue durée, l'extensomètre fournira, au degré de précision près, un signal supplémentaire difficile à séparer du signal purement mécanique.

Fig. 11.9 Photo d'une installation d'essai de fatigue à haute température utilisant un four ouvrant à rayonnement thermique et une éprouvette de forme «sablier» équipée d'un extensomètre diamétral (ALSTOM power energy).

11.5.3 Présentation des résultats

Le résultat le plus simple à obtenir par l'essai de fatigue plastique oligocyclique est le nombre de cycles à rupture complète, N, en fonction de l'amplitude de la déformation appliquée (notons que la littérature anglo-saxonne utilise N_f avec l'indice f pour *fracture* ou *failure*). L'expérience montre qu'une relation simple mais précise peut être établie entre N et la variation de déformation plastique:

$$\Delta\varepsilon_p / 2 = \Delta\varepsilon_t / 2 - \sigma / 2E \tag{11.12}$$

Cette relation, appelée ***relation de Manson-Coffin*** [11.8], et qui s'écrit sous forme de loi puissance, a déjà été introduite dans le chapitre 8 pour les essais à température ambiante:

$$\Delta\varepsilon_p = \varepsilon_f' N^{-c} \qquad (11.13)$$

Elle est représentée par une droite en diagramme bi-logarithmique, $N - \Delta\varepsilon_p$. Rappelons que ε_f' (correspondant approximativement à la déformation à la rupture pour $N = 1/4$) est appelé *coefficient de ductilité en fatigue* et *c exposant de ductilité en fatigue*. A haute température, pour beaucoup de métaux et alliages, $0{,}5 < c < 0{,}7$. Remarquons que la température n'apparaît pas explicitement dans la relation (11.13), qui ne donne, par ailleurs, aucun renseignement concernant le comportement du matériau au cours de l'essai (entre $n = 1$ et N).

Etant donné que la machine d'essai est équipée d'une cellule de charge et l'éprouvette d'un extensomètre, il convient d'exploiter davantage la réponse en contrainte du matériau au cours du cyclage, $\Delta\varepsilon_t$ et $\dot{\varepsilon}_t$ étant des valeurs de consigne. La variation de contrainte, $\Delta\sigma$, représente la résistance opposée par le matériau à la déformation imposée. A haute température, comme à température ambiante (chap. 8), la variation $\Delta\sigma(n)$ ne reste pas constante au cours de l'essai, dans un régime où le matériau se déforme plastiquement. Suivant les micromécanismes de déformation mis en jeu, le matériau manifestera soit un durcissement, soit un adoucissement cyclique, et la fonction $\Delta\sigma(n)$ contient bon nombre d'informations sur la nature physique de l'endommagement en fatigue des matériaux à haute température. Précisons encore que malgré la symétrie imposée des déformations en traction et en compression, il faut s'attendre à une asymétrie des contraintes de réponse. Ceci est d'autant plus vrai si le cycle de déformation imposé est un cycle *fast-slow* ou un cycle *slow-fast* (§ 11.4.2). Rappelons de plus que $\Delta\sigma$ chute lorsque n tend vers N, cette perte de résistance est due à l'amorçage et la propagation de fissures, caractéristiques de la fatigue. Comme en fatigue oligocyclique à température ambiante, de nombreux auteurs utilisent ce phénomène pour définir un nombre de cycles à l'amorçage $N_{X\%}$, pour lequel la résistance (σ_{max} le plus souvent) est de X% inférieure à la valeur stabilisée (critère de résistance à l'amorçage).

Une mise en garde est néanmoins nécessaire: dans la plupart des aciers et des alliages de construction, surtout à haute température, $\Delta\sigma(n)$ ne dépend pas uniquement des processus liés à la déformation (arrangement des dislocations, endommagement, amorçage de fissures). Des phénomènes d'adoucissement (moins souvent de durcissement) peuvent également apparaître, dus à des transformations microstructurales (par exemple par précipitation des carbures dans un acier). Il n'est malheureusement pas possible de séparer les effets «mécaniques» des effets «métallurgiques» par les seuls essais mécaniques. Des études métallographiques (chap. 2) et/ou des contrôles non destructifs (chap. 14) complémentaires sont souvent nécessaires.

Pour terminer, les essais de fatigue oligocyclique fournissent simultanément $\sigma(t)$ et $\varepsilon(t)$ pour chaque cycle. Ils permettent donc la construction graphique des boucles d'hystérésis contrainte-déformation à chaque cycle, dont la forme peut être analysée théoriquement. Rappelons que l'aire de la boucle fermée représente l'énergie dissipée par cycle en raison des processus irréversibles accompagnant la déformation. On se reportera au chapitre 8 du présent volume pour les illustrations à l'appui de ce paragraphe.

11.6 ESSAI DE FATIGUE ANISOTHERME

11.6.1 Définition. Généralités

L'*essai de fatigue anisotherme*, appelé encore *essai de fatigue thermomécanique (FTM,* en anglais *thermomechanical fatigue, TMF)*, est une extension de l'essai de fatigue oligocyclique au sens où, non seulement un cyclage en *déformation* est imposé à l'éprouvette, mais un cyclage en *température* lui est superposé. Les deux grandeurs σ et T varient avec la même période ou fréquence, mais elles sont programmées indépendamment, *en phase* (*in-phase* en anglais), *en opposition de phase* ou *hors phase* (*out-of-phase*), en *forme diamant* (*diamond-shape* en anglais) (fig. 11.10),

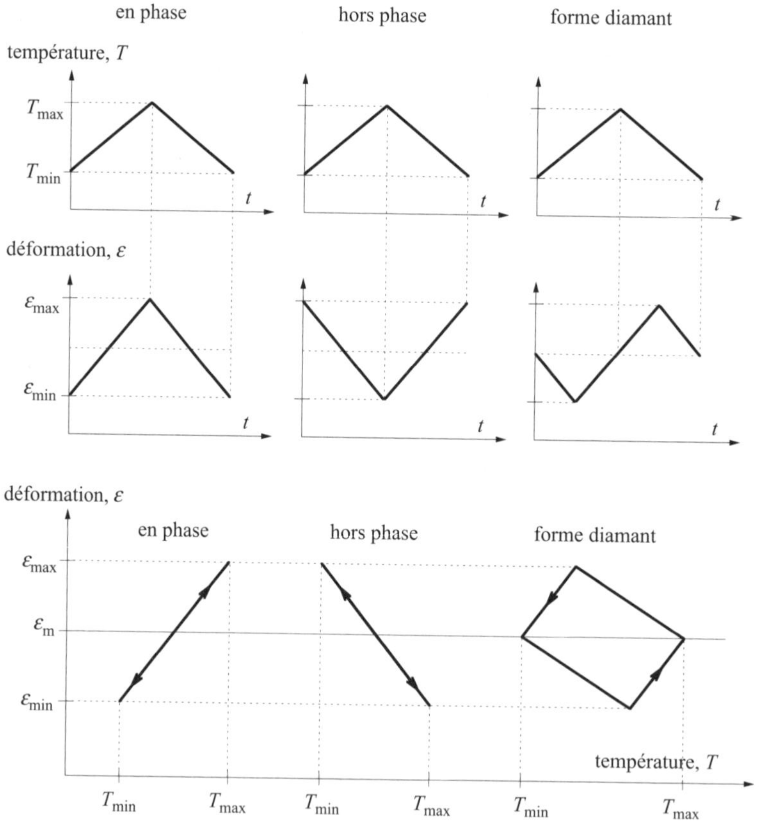

Fig. 11.10 Allure schématique des cycles types de fatigue thermomécanique, «en phase», «hors phase» ou «forme diamant».

voire une combinaison plus complexe cherchant à reproduire les sollicitations subies par le composant en service. Comme l'essai de fatigue oligocyclique, l'essai de fatigue thermomécanique doit être exécuté sur une machine d'essai servohydraulique (ou électromécanique) asservie en boucle fermée.

11.6.2 Conditions expérimentales

Les déformations sont mesurées au moyen d'extensomètres équipés de capteurs d'allongement, et les températures au moyen de thermocouples. Un système d'acquisition de données et de pilotage par micro-ordinateur doit continuellement comparer les valeurs instantanées de ε et de T avec les valeurs de consigne, dans le but d'activer le système d'application des forces et le système de chauffage et/ou de refroidissement de l'éprouvette. Des fours à rayonnement thermique (fours à lampes à quartz), ou de plus en plus souvent un chauffage par induction, sont utilisés dans de nombreux laboratoires. Il est essentiel que le changement de température de l'éprouvette soit suffisamment rapide pour que la durée du cycle reste brève, ceci afin qu'un grand nombre de cycles puisse être réalisé.

On utilise en conséquence le plus souvent des éprouvettes cylindriques de révolution creuses à paroi mince (fig. 11.11), le fluide de refroidissement (souvent de l'eau froide) passant alors par l'alésage axial. Notons que pour d'autres types d'éprouvettes, le refroidissement est produit par jet d'air, voire de gaz inerte pour l'étude d'un matériau oxydable à l'air. Etant donné la faible épaisseur de paroi d'une éprouvette cylindrique creuse, il est impératif d'usiner celle-ci avec une très grande précision, pour éviter le flambage durant la compression, problème majeur de cet essai ; en revanche, le gradient radial de température n'est pas significatif, éliminant ainsi le problème d'éventuelles contraintes résiduelles multiaxiales qui pourraient se superposer de manière imprévisible. La déformation de l'éprouvette lors de l'essai de fatigue thermomécanique est donc exclusivement due au chargement externe imposé (et mesuré) par la machine.

Il faut encore souligner la nécessité de supprimer – dans la mesure du possible – le gradient axial de température, et ceci malgré les inversions cycliques, ce qui n'est pas évident non plus.

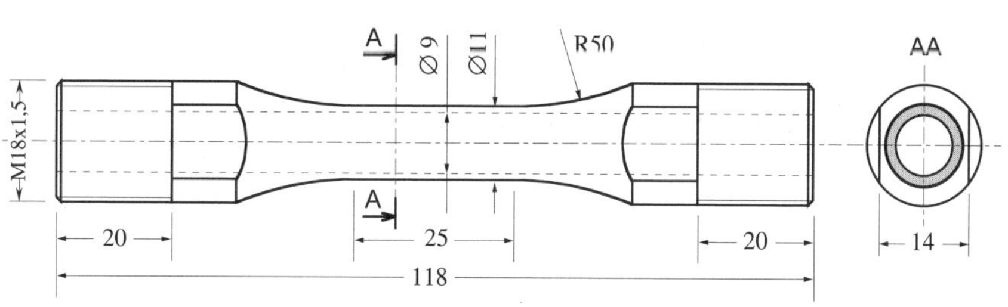

Fig. 11.11 Géométrie d'une éprouvette tubulaire utilisée pour les essais de fatigue thermomécanique.

11.6.3 Présentation des résultats. Exemple pratique

La présentation des résultats d'un essai de fatigue anisotherme typique est illustrée ci-dessous à partir des résultats d'une étude particulière [11.9]. Le matériau étudié est l'alliage industriel à base nickel IN 738 LC. Il s'agit d'un «superalliage» typique (vol. 11 du Traité des matériaux). Les résultats reportés ici concernent des essais effectués avec des *cycles thermiques* entre 400 et 900°C sur une installation d'essai développée à l'Ecole polytechnique fédérale de Lausanne, dont le schéma est donné en figure 11.12 et la photo en figure 11.13. Les cycles mécaniques imposés par la machine servohydraulique sont, comme on l'a expliqué dans le paragraphe 11.5.1, pilotés et contrôlés par l'extensomètre. Celui-ci mesure une déformation totale, ε_t, somme de la déformation mécanique, ε_{mec}, définie par une relation contrainte-déformation, et de la dilatation thermique, ε_{th}:

$$\varepsilon_t = \varepsilon_{mec} + \varepsilon_{th} \quad \text{avec} \quad \varepsilon_{th} = \alpha(T - T_0) \tag{11.14a}$$

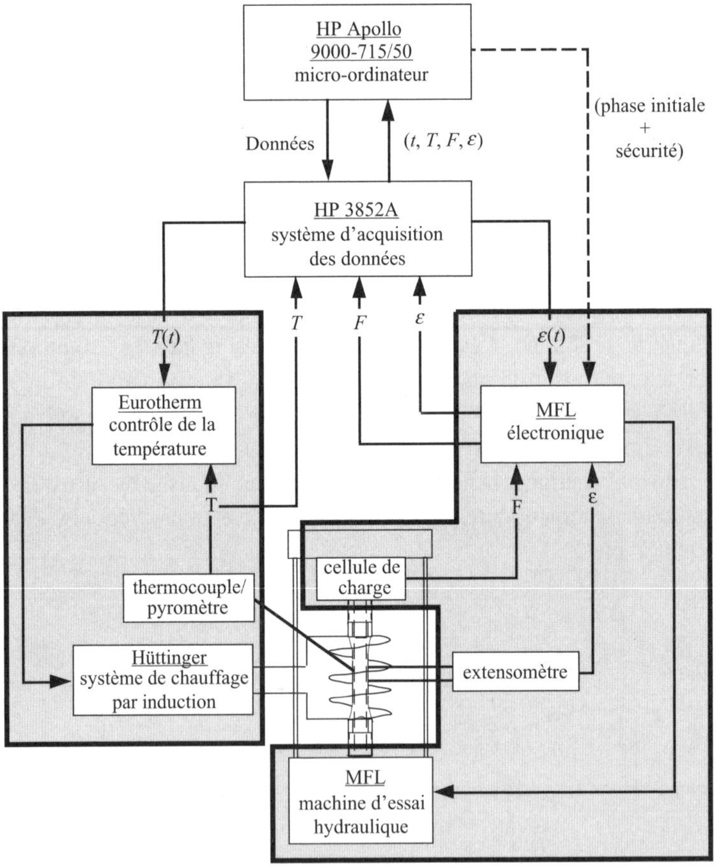

Fig. 11.12 Schéma d'une installation d'essai de fatigue thermomécanique: éprouvette cylindrique creuse chauffée par induction et équipée d'un extensomètre longitudinal à tiges de céramique (EPFL).

où T est la température à un instant donné, et T_0 la température de référence. La déformation mécanique, elle, se décompose en une composante élastique (loi de Hooke) et une composante *inélastique* responsable de l'irréversibilité de la déformation, et donc du phénomène d'hystérésis:

$$\varepsilon_{\text{mec}} = \varepsilon_{\text{e}} + \varepsilon_{\text{in}} \quad \text{avec} \quad \varepsilon_{\text{e}} = \sigma / E(T) \tag{11.14b}$$

L'essai est piloté par un système qui impose simultanément le cycle thermique $T(t)$ et le cycle mécanique $\varepsilon_{\text{mec}}(t)$. Pour réaliser ce dernier, la fonction $\alpha(T)$ – mesurée séparément – doit être introduite dans le logiciel, et le système doit être programmé de façon à appliquer la relation (11.14a). De plus, le capteur de force intégré à la ligne d'amarrage permet de connaître, à chaque instant t, et donc pour chaque déformation ε_{mec}, la contrainte σ agissant sur l'éprouvette. Cette contrainte résulte de la résistance du matériau à la déformation imposée, et correspond à une *loi de comportement* que nous symbolisons par $\sigma = f(T, \varepsilon, \partial\varepsilon/\partial t, n)$. La mention du nombre de cycles, n, dans cette loi, sert à souligner l'essentiel du phénomène de fatigue, à savoir la modification (voire la dégradation) de la microstructure du matériau produite par la répétition multiple d'une sollicitation à faible amplitude.

Fig. 11.13 Photo d'une éprouvette d'essai de fatigue thermomécanique: éprouvette cylindrique creuse chauffée par induction et équipée d'un extensomètre longitudinal à tiges de céramique (EPFL).

D'un point de vue pratique, l'essai de fatigue thermomécanique débute par l'application d'un certain nombre de cycles thermiques (sans chargement mécanique) jusqu'à stabilisation; puis on applique les cycles mécaniques superposés aux cycles thermiques, et on enregistre $\sigma(t)$ et $\varepsilon(t)$. L'analyse s'effectue alors de deux façons:

- analyse des boucles d'hystérésis, donc de la relation $\sigma(\varepsilon)$, pour des valeurs choisies du nombre de cycles, n;
- analyse du durcissement/adoucissement cyclique, donc des variations de contrainte au cours des cycles, $\Delta\sigma(n)$, ceci pour une variation constante de déformation mécanique, $\Delta\varepsilon_{mec}$.

La figure 11.14 montre les résultats $\sigma - \varepsilon$ pour n = 1 et 2 (fig. 11.14(b) et (c)), pour des cycles de déformation et température en phase ou hors phase (fig. 11.14(a)). Les enregistrements commencent au centre des figures ($\sigma = \varepsilon = 0$). Sur la figure 11.14(b) vers la gauche on reconnaît – conformément à la partie inférieure de la figure 11.14(a) – le résultat de la compression imposée «*hors phase*». Cette déformation est d'abord de nature élastique (linéaire), puis à partir d'environ 700°C, elle devient de plus en plus plastique. Pour réaliser un même taux de déformation ($-\partial\varepsilon/\partial t$), la contrainte nécessaire diminue quand T approche 900°C (loi

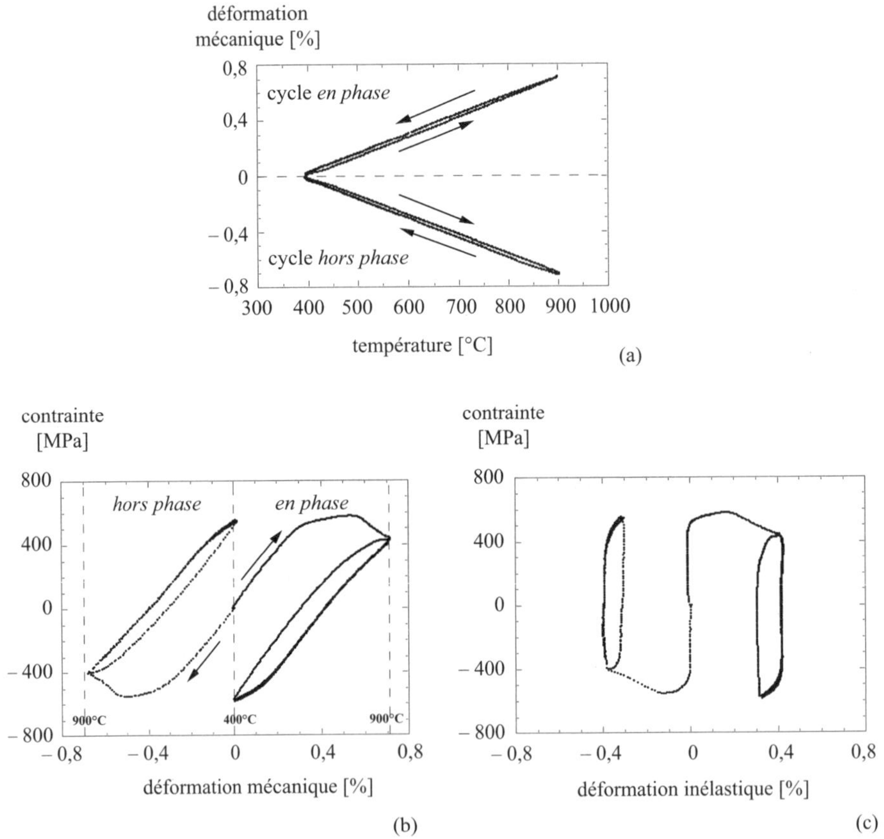

Fig. 11.14 Résultats d'essais de fatigue thermomécanique sur un alliage IN 738 LC: (a) cycles déformation-température «en phase» et «hors phase», (b) boucles d'hystérésis σ-ε_{mec} et (c) boucles d'hystérésis σ-ε_{in} correspondant aux deux premiers cycles [11.9].

d'Arrhenius). La partie droite de la figure montre le phénomène analogue pour une sollicitation «*en phase*». La pente $\partial\sigma/\partial\varepsilon$ au voisinage de l'origine représente le module d'élasticité longitudinale E. En chaque point, par soustraction de la déformation élastique, $\sigma/E(T)$, on obtient les boucles $\sigma - \varepsilon_{in}$; le résultat en est montré à la figure 11.14(c). Le caractère particulier des trois premiers quarts de cycle est clairement visible. Les valeurs de σ_{max} (en traction) et de σ_{min} (en compression) sont légèrement différentes.

En augmentant $\Delta\varepsilon_{mec}$ de 0,2 %, 0,3 %... jusqu'à 1,1 %, on s'attend à un rôle de plus en plus important de la déformation inélastique. Celle-ci est négligeable pour les faibles variations (même à des températures élevées), en revanche, elle devient très importante à partir de $\Delta\varepsilon_{mec} > 0{,}6\,\%$. La séquence de boucles d'hystérésis présentée en figure 11.15, correspondant à des variations $\Delta\varepsilon_{in} \approx 0$ pour les boucles A, B, C, 0,087 % pour la boucle G, jusqu'à 0,261 % pour la boucle J, le montre clairement.

Par intégration numérique, on obtient l'aire de la boucle d'hystérésis:

$$W_{in} = \int \sigma(\varepsilon)\,\mathrm{d}\varepsilon_{in} \qquad [\mathrm{J \cdot m^{-3}}] \tag{11.15}$$

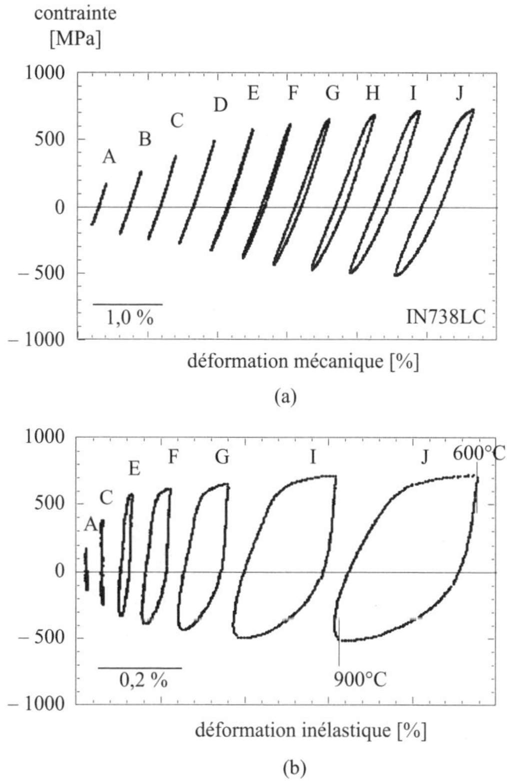

Fig. 11.15 Résultats d'essais de fatigue thermomécanique sur un alliage IN 738 LC: (a) boucles d'hystérésis σ-ε_{mec} et (b) boucles d'hystérésis σ-ε_{in} pour différents niveaux de déformation mécanique appliquée [11.9].

où W_{in} est l'énergie dissipée lors de la déformation inélastique durant le cycle et par unité de volume (de l'ordre de 0,1 MJ/m^3). La relation (11.15) peut être regardée comme une mesure de l'irréversibilité de la déformation, et on suppose qu'une relation existe entre W_{in} et le risque d'endommagement, donc la durée de vie du composant sollicité en fatigue anisotherme. Une modification importante a été apportée à cette définition par W. J. Ostergreen [11.10], en raisonnant sur le fait que seule la déformation inélastique *en traction* est vraiment endommageante et donc dangereuse pour la survie du composant; dans cette optique, plusieurs auteurs préconisent l'évaluation de l'aire de la seule partie $\sigma > 0$ des boucles d'hystérésis (fig. 11.16).

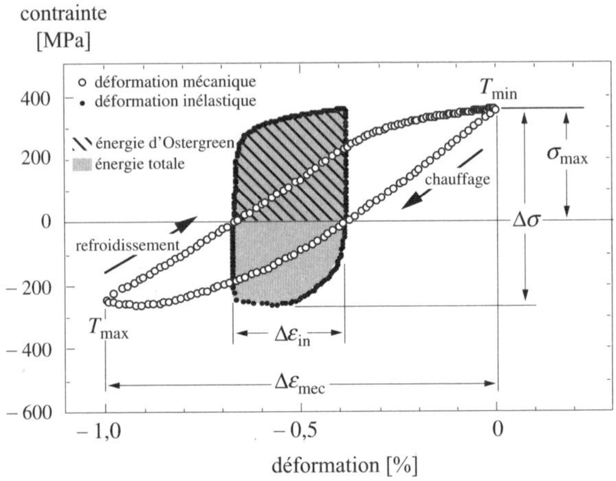

Fig. 11.16 Définition de l'énergie de déformation totale et de l'énergie «endommageante» selon Ostergreen [11.10].

Comme en fatigue oligocyclique isotherme (§ 11.4.2 et chap. 8), on définit un critère de «durée de vie» en fatigue thermomécanique. Grâce à des observations microscopiques (par microscopie optique ou par microscopie électronique à balayage) nécessitant des essais interrompus le plus souvent, on peut fixer une taille de fissures *juste détectable* à la surface de l'éprouvette, par exemple 100 µm. Le nombre de cycles à l'atteinte de ce critère, N_a, est appelé *durée de vie à l'amorçage*. Sans observation microscopique, avec les seules mesures mécaniques, on peut considérer comme critère de défaillance une diminution de σ_{max} de X% par rapport à la contrainte maximale à mi-durée de vie. Le nombre de cycles correspondant, $N_{X\%}$ exige alors le remplacement du composant dont la défaillance pourrait compromettre l'intégrité de la structure.

11.6.4 Conclusion

L'essai de fatigue thermomécanique, durant lequel on mesure la déformation, la charge axiale, et la température de l'éprouvette en fonction du temps, permet de simuler de manière assez réaliste les sollicitations subies par des composants en service sous des températures élevées variables. En raison de la somme des investissements nécessaires, du coût de fabrication des éprouvettes, de la durée d'un essai jusqu'à rupture et des besoins de surveillance et de dépouillement, l'essai de fatigue thermomécanique est un essai très coûteux. Néanmoins il existe également, dans quelques rares laboratoires de recherche, des installations de fatigue thermomécanique bi-axiale (sollicitations de traction-compression/torsion). La sophistication de l'installation est bien sûr encore plus grande que sous sollicitations de traction/compression (fig. 11.17 et 11.18).

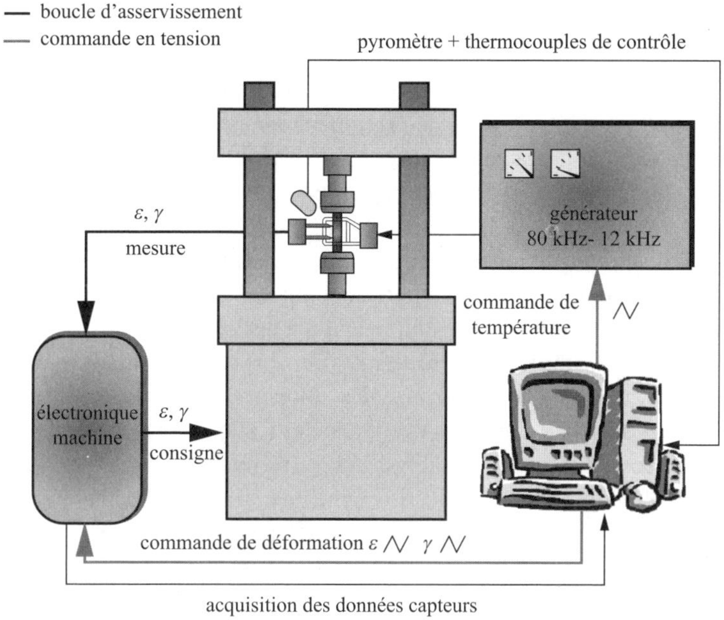

Fig. 11.17 Schéma d'une installation d'essai de fatigue thermomécanique biaxiale (traction/torsion): éprouvette cylindrique creuse chauffée par induction et équipée d'un extensomètre biaxial à tiges (bras) de céramique (avec l'aimable autorisation de DESM, ONERA-Chatillon).

Fig. 11.18 Photo d'un essai de fatigue thermomécanique biaxiale (traction/torsion): éprouvette cylindrique creuse chauffée par induction et équipée d'un extensomètre biaxial à tiges (bras) de céramique (avec l'aimable autorisation de DESM, ONERA-Chatillon).

La complexité d'une installation de fatigue thermomécanique pose la question de son utilisation, si un essai plus simple est susceptible de fournir des résultats d'utilité comparable.

11.7 ESSAI DE FATIGUE THERMIQUE

11.7.1 Définition. Généralités

L'essai de fatigue thermomécanique (sect. 11.6) est un essai mécanique cyclique auquel une variation cyclique de la température est superposée. La déformation cyclique imposée par la machine entrave au moins partiellement la dilatation due au cyclage en température. La dilatation n'est donc pas libre, elle est entravée par des *contraintes externes.*

La justification technique à l'introduction de l'essai de *fatigue thermique (FT)* est de nature différente. Dans de nombreux composants travaillant à haute température, sans vouloir exclure l'effet additionnel dû à des contraintes externes éventuelles, des contraintes internes peuvent résulter de l'existence de gradients internes de température, variables dans le temps. La dilatation est alors entravée par des *contraintes internes*. C'est le cas par exemple des sollicitations des aubes de turbine à gaz. Les contraintes responsables des déformations cycliques provoquant l'endommagement et la fissuration à l'origine de la limitation de la durée de vie de ces composants ne résultent pas des forces extérieures appliquées, mais sont produites à l'intérieur du composant, suite à un flux de chaleur.

Pour cette raison, un autre type d'essai a été conçu, simulant la sollicitation thermique rencontrée en service en exposant des éprouvettes à des cycles $T(t)$ de température uniquement. Cette sollicitation provoque une dilatation thermique $\varepsilon_{th} = \alpha \, \Delta T$, où α est le coefficient de dilatation thermique du matériau et ΔT la variation de température imposée. La conductibilité thermique du matériau étant limitée, les variations périodiques de température imposées à l'éprouvette par le milieu extérieur sont toujours accompagnées d'un flux de chaleur interne, et donc de gradients de température. Si la géométrie de l'éprouvette empêche la libre dilatation thermique par cohésion de zones à différentes températures, le développement de *contraintes internes* est inévitable. Elles assurent la compatibilité géométrique des déformations des différentes zones, en dépit des différences locales de température.

Le flux de chaleur qui frappe la surface de l'éprouvette lors du chauffage (ou est extrait de la surface lors du refroidissement) est transféré vers l'intérieur de l'éprouvette par conduction thermique, établissant un gradient de température proportionnel à $(1/\lambda)$, où λ est le coefficient de conductibilité thermique du matériau. En fonction de la température locale, le phénomène de dilatation thermique cherche à développer un champ de déformation (dilatation virtuelle), mais ces déformations sont empêchées (et la cohésion géométrique de la pièce est maintenue) par des contraintes élastiques, voire élasto-plastiques. Il est évident que l'inversion périodique du signe de

$\partial T/\partial t$ provoque une inversion du signe de $\partial\sigma/\partial t$, entraînant à son tour des déformations variant cycliquement. Une sollicitation en fatigue va alors apparaître. Symboliquement, on a:

$$\boldsymbol{j}\,[\mathrm{J}\cdot\mathrm{m}^{-2}\cdot\mathrm{s}^{-1}] \;\rightarrow \mathbf{grad}\,T=\boldsymbol{j}/\lambda \;\rightarrow \varepsilon(x,y,z)=\boldsymbol{j}\,\alpha/\lambda \;\rightarrow \sigma(x,y,z)\approx\boldsymbol{j}\,E\alpha/\lambda$$

flux de chaleur — conduction thermique — dilatation virtuelle — champ de contrainte

Le but de l'*essai de fatigue thermique, FT,* (en anglais: *thermal fatigue, TF*) est d'évaluer la résistance d'un matériau à une sollicitation thermomécanique cyclique la plus proche possible de la réalité technique du composant industriel. En ce sens, on dit parfois que l'on utilise, pour l'essai de fatigue thermique, une éprouvette de type «éprouvette-élément de structure», par comparaison avec les éprouvettes utilisées dans les autres types d'essais mécaniques, que l'on appelle parfois «éprouvettes-matériau». Une éprouvette-matériau est généralement de forme normalisée, ainsi que l'essai mécanique pour lequel elle est utilisée. Aucun essai de fatigue thermique et l'éprouvette qu'il utilise ne sont normalisés à ce jour. En chauffant rapidement une éprouvette par un vecteur de transport d'une forte chaleur puis en la refroidissant, on établit en son sein un champ de contrainte fonction de sa géométrie et variable au rythme des cycles chaud/froid. Cette technique permet de déterminer le nombre de cycles thermiques jusqu'à l'amorçage de fissures, N_a. On arrive ainsi à une simulation à l'échelle macroscopique du comportement des différents alliages candidats à une sollicitation en fatigue d'origine thermique, et ceci sans utiliser de machine d'essai mécanique.

Le point faible de cette technique, aussi simple soit-elle, est son caractère «global». Les distributions inhomogènes des températures, des déformations et des contraintes restent inaccessibles à l'expérience. Seules les températures peuvent être mesurées en quelques points particuliers, par thermocouples ou thermographie infrarouge par exemple. L'analyse scientifique du phénomène nécessite d'effectuer des essais FTM ou des essais FPO en parallèle des essais FT, afin d'accéder aux lois de comportement du matériau. Les champs de température, de déformation et de contrainte dans l'éprouvette de fatigue thermique sont obtenus par simulation numérique, par la méthode des éléments finis par exemple. La stratégie complète d'étude du phénomène de fatigue thermique nécessite de plus de réaliser des examens micrographiques.

11.7.2 Conditions expérimentales

Dans le contexte des essais de fatigue thermique, il y a lieu de discuter de deux points expérimentaux: (a) la forme des éprouvettes et (b) la manière d'effectuer les changements brutaux de température. Ces deux points se discutent sous l'aspect d'un dispositif générateur de flux de chaleur intense et, par conséquent, de forts gradients de température et de fortes contraintes internes dans l'éprouvette.

Parmi les pionniers des études en fatigue thermique des alliages industriels, les noms de Manson [11.11], Coffin [11.12], Glenny [11.13-11.14] et Spera

[11.15-11.16], et leurs publications sont très souvent cités. C'est E. Glenny [11.13] qui a proposé le premier la géométrie d'un disque à périphérie chanfreinée (en anglais *tapered disk specimen*), fig. 11.19(a). Il est évident que suite à l'immersion d'un tel corps dans un bain fluide chaud, la périphérie se réchauffe d'abord, avant que la chaleur ne se dirige vers l'intérieur de l'éprouvette, créant le gradient de température, **grad** T, souhaité (et vice-versa pour le refroidissement). Ces éprouvettes axisymétriques, de diamètre compris entre 15 et 60 mm, se prêtent facilement à la modélisation numérique; de plus elles sont faciles à fabriquer.

L'alternative la plus courante est l'*éprouvette prismatique de section rectangulaire, «à coin»*, fig. 11.19(b). L'utilisation d'un tel type d'éprouvette se justifie parfaitement d'un point de vue technique: son arête rectiligne est bien adaptée par exemple à l'anisotropie structurale des superalliages monocristallins modernes utilisés pour les aubes de turbines. Le flux de chaleur caractéristique de l'essai de fatigue thermique est orienté perpendiculairement à l'arête. De cette façon, il peut être aligné avec les différentes directions cristallographiques du matériau étudié. Notons que le module de cisaillement, G, des superalliages est fortement anisotrope, ainsi que l'arrangement des dislocations, vecteurs de la déformation par fluage et donc facteur essentiel gouvernant la durée de vie de tels composants.

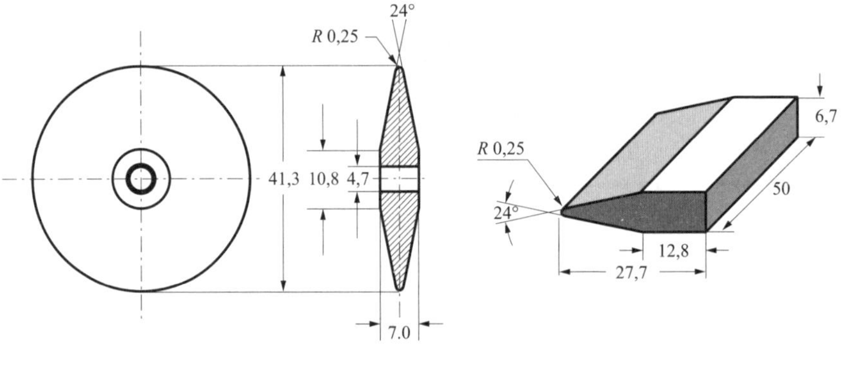

Fig. 11.19 Géométries d'éprouvettes utilisées pour les essais de fatigue thermique: (a) éprouvette en forme de «disque à périphérie chanfreinée» (*tapered disk specimen*) proposée par Glenny [11.13]; (b) éprouvette prismatique de section rectangulaire «à coin».

Pour les éprouvettes de type *disque* (fig. 11.19(a)), le meilleur moyen d'effectuer le chauffage et le refroidissement rapides est l'immersion des éprouvettes dans un fluide bien agité, de manière à assurer l'homogénéité de la température et l'efficacité du transfert de chaleur à l'interface fluide/éprouvette. Or les applications les plus importantes se situent dans la gamme de températures 700-1200°C, rendant impossible l'utilisation des bains d'huile. Aussi l'utilisation des bains inertes *«à lit fluidisé»,* bien connus dans le domaine du génie chimique, a été préconisée et utilisée. Le terme *«à lit fluidisé»,* désigne la mise à l'état quasi fluide d'un volume de poudre inorganique (par exemple du sable), moyennant la circulation verticale d'un courant d'air ou d'un gaz inerte, contrôlée avec précision. Il s'établit alors un équilibre dynamique entre la force ascensionnelle imposée par le jet de gaz et la force de gravité due au poids des particules de poudre. Le bain peut être chauffé à la température de consigne, soit en préchauffant le gaz porteur, soit par des éléments de chauffage installés dans la cuve de traitement. Avec deux lits fluidisés maintenus aux températures T_1 et T_2 respectivement, Glenny [11.13] a ainsi réalisé des essais de fatigue thermique en assurant le transfert automatique et périodique des éprouvettes entre les deux bains.

L'application de cycles thermiques aux éprouvettes de type prismatique (fig. 11.19(b)) nécessite d'autres installations permettant de focaliser l'entrée/sortie du flux de chaleur sur l'arête caractéristique. Dès les travaux de Holmes et McClintock [11.17], le *chauffage par induction* est considéré comme une méthode élégante et fiable pour atteindre rapidement la température souhaitée (fig. 11.20). Dans cette méthode, l'énergie d'un champ électromagnétique à haute fréquence, produite par un générateur commercial, est complètement absorbée et transformée en chaleur dans une

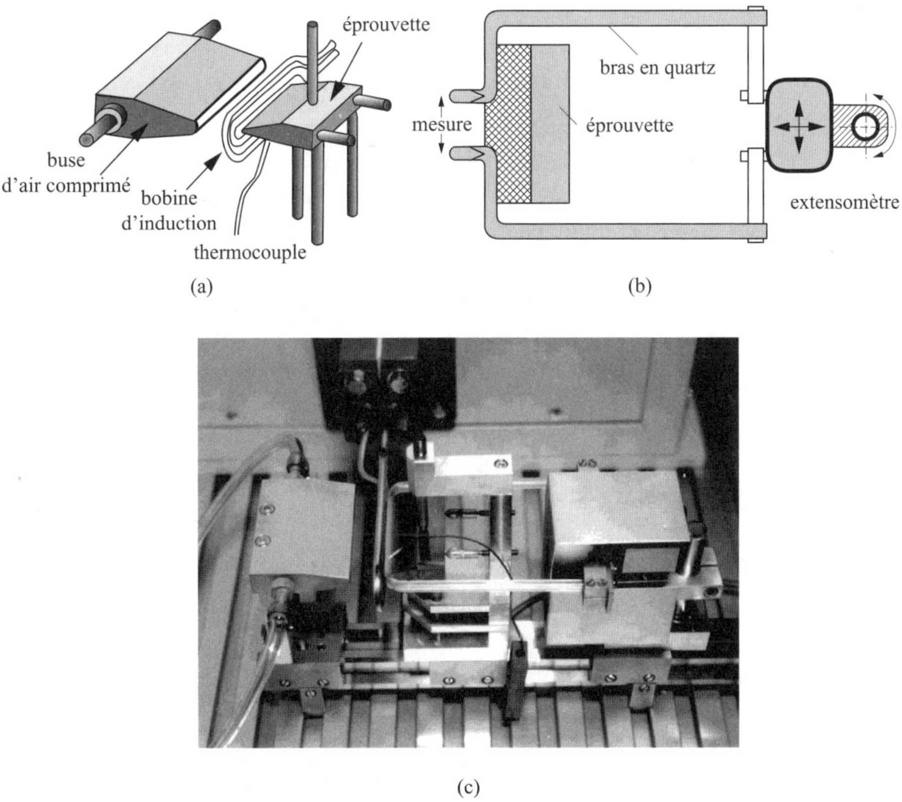

Fig. 11.20 Dispositif d'essai de fatigue thermique sur éprouvette «à coin»: (a) schéma du dispositif de chauffage par induction (bobine alimentée à la fréquence de 3 MHz) et refroidissement à l'air, (b) schéma du dispositif d'extensométrie, (c) photo de l'installation [11.18-11.19].

couche proche de la surface (*effet pelliculaire* ou *effet de peau*, en anglais *skin effect*). La profondeur δ de cette couche dépend d'une part de la résistivité spécifique et de la perméabilité de l'alliage, d'autre part de la fréquence f ($\delta \propto \sqrt{1/f}$). Par exemple pour une fréquence de 3 MHz, dans une éprouvette en alliage à base de Ni, $\delta \approx 0{,}3$ mm. Le refroidissement à des taux ($-\partial T/\partial t$) proches des conditions réelles observées en service se fait par jet d'air comprimé dirigé vers l'arête de l'éprouvette. Le défi pour l'expérimentateur se trouve dans la technique de mesure de température locale et dans les systèmes de réglage du générateur d'induction et du jet d'air comprimé. Notons encore que l'éprouvette prismatique permet l'utilisation, avec le dispositif de fatigue thermique, d'un *capteur de déformation* (tiges de quartz fixées sur l'arête de l'éprouvette); les tiges sont couplées à un dispositif permettant d'enregistrer la déformation au cours des cycles de chauffage/refroidissement (jauge de déformation, capteur LVDT, etc.). Grâce à cette instrumentation d'un essai FT, on peut également obtenir un signal capable de renseigner d'une part sur les transformations microstructurales éventuellement subies par le matériau exposé aux cycles thermiques, d'autre part sur l'amorçage des fissures. De plus, la mesure de la variation de déformation au cours du cyclage ou du temps, $\varepsilon(n)$ ou $\varepsilon(t)$, peut servir de moyen de contrôle des calculs des déformations.

11.7.3 Présentation des résultats. Exemple pratique

La présentation des résultats d'un essai de fatigue thermique est illustrée ci-dessous à partir des résultats d'une étude portant sur des superalliages pour aubes de turbines à gaz destinées à l'aéronautique ou à la génération d'énergie électrique, donc soumises à des conditions extrêmes de température et d'environnement [11.18-11.19]. Les superalliages étudiés sont des alliages de fonderie à base de nickel (environ 63% poids) comprenant une dizaine d'éléments d'alliage tels que Co, Cr, W, Mo pour le renforcement de la matrice (CFC) et Al, Ti, Ta pour former la phase γ', qui occupe jusqu'à 60% en volume du matériau (vol. 2 du Traité des

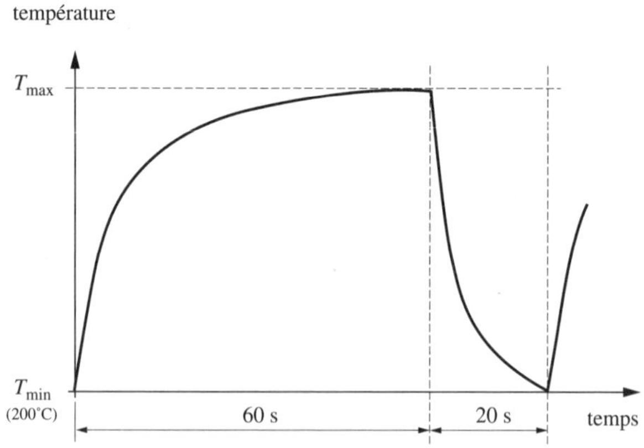

Fig. 11.21 Cycle standard de chauffage/refroidissement (entre 200 et 950 à 1175°C) utilisé pour les essais FT [11.18-11.19].

matériaux). Cette seconde phase est le facteur principal de la résistance au fluage de ces alliages. De plus, la composition chimique assure la protection de ces composants contre la corrosion à haute température dans un environnement gazeux très agressif. Les résultats présentés ont été obtenus sur deux superalliages dont un est monocristallin (le CMSX-4). Les éprouvettes utilisées étaient de type «à coin» (fig. 11.19(b)) et l'installation était celle de la figure 11.20(c). Le cycle standard de chauffage/refroidissement entre 200°C et une température variant entre 950 et 1175°C est défini à la figure 11.21. La température atteinte à la surface, pour les

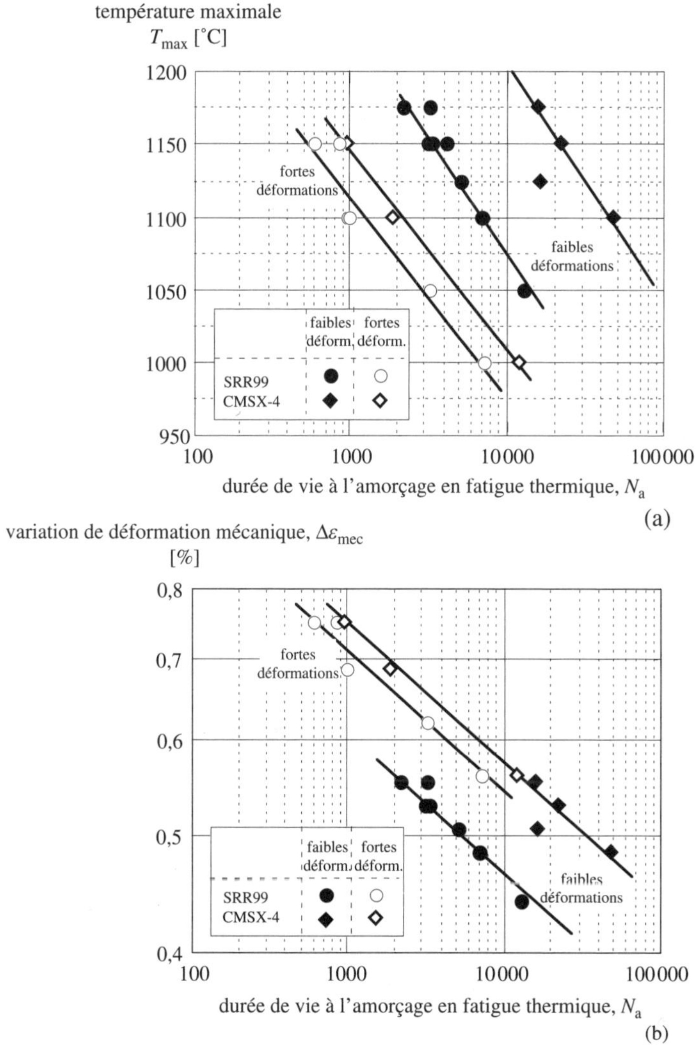

Fig. 11.22 Fatigue thermique. Nombre de cycles à l'amorçage en fonction: (a) de la température maximale des cycles de fatigue thermique mesurée sur l'arête de l'éprouvette, (b) de la variation de la déformation mécanique de l'arête, $\Delta\varepsilon_{mec}$ [11.18-11.19].

mêmes paramètres du champ électromagnétique, dépend fortement de la fréquence utilisée (de 200 kHz à 3 MHz ici). La durée minimale nécessaire pour réaliser le refroidissement par air comprimé est de 10 s.

La figure 11.22 montre les résultats obtenus en termes de résistance à la fatigue thermique FT. La durée de vie à l'amorçage, N_a – numéro du cycle auquel on détecte une fissure de 0,1 mm de longueur en surface de l'arête – est exprimée en fonction de la température maximale des cycles mesurée sur l'arête de l'éprouvette (fig. 11.22(a)). Notons que pour une valeur donnée T_{max}, la valeur de N_a dépend fortement de la fréquence appliquée au niveau de l'inducteur. La raison en est la différence de répartition de température à l'intérieur de l'éprouvette, due à l'effet de peau.

Grâce à l'utilisation de l'extensomètre décrit plus haut (fig. 11.20(b)), on obtient la relation entre la variation maximale de déformation mécanique de l'arête et N_a (fig. 11.22(b)). De plus, il est possible d'enregistrer la déformation totale de l'arête, ε_t, en fonction de T durant le chauffage et le refroidissement (fig. 11.23(a)). Le phénomène d'hystérésis qui se manifeste est la conséquence de la déformation plastique subie par les parties plus chaudes en contact avec les parties plus froides de l'éprouvette. Sur la même figure, on a reporté également la courbe de dilatation thermique «pure», mesurée indépendamment; par différence entre les branches de la boucle d'hystérésis et la courbe de dilatation thermique, on obtient l'évolution de la déformation mécanique, ε_{mec}, au cours d'un cycle thermique (fig. 11.23(b)). Son analyse permettra l'identification des origines de l'endommagement.

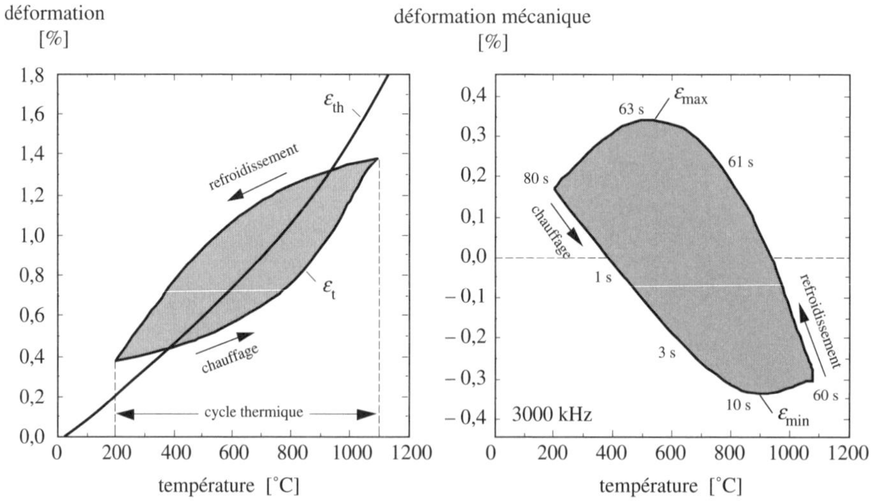

(a) (b)

Fig. 11.23 Evolution de la déformation de l'arête en fonction de la température, au cours des phases de chauffage et de refroidissement: (a) déformation totale et dilatation thermique, (b) déformation mécanique.

11.8 RÉSUMÉ

Il existe trois types d'essais de fatigue à haute température:

- l'essai de fatigue plastique oligocyclique (FPO),
- l'essai de fatigue thermomécanique (FTM),
- l'essai de fatigue thermique (FT).

Les deux premiers essais sont à proprement parler des essais de caractérisation «matériau», ils utilisent des éprouvettes normalisées; le troisième essai est un essai de caractérisation de «structure», il utilise une éprouvette non normalisée appelée parfois éprouvette-élément de structure. Ces trois types d'essais ont en commun les points suivants: l'éprouvette y est soumise à des sollicitations cycliques à variation de déformation $\Delta\varepsilon_t$ constante, et on étudie la réponse de l'éprouvette au cours des cycles, en termes d'évolution de la variation de contrainte, $\Delta\sigma$, et en termes de durée de vie ou nombre de cycles à la défaillance. Les essais FPO sont menés à température constante, et sont contrôlés en déformation cyclique imposée $\Delta\varepsilon_t$. Les essais FTM sont contrôlés à déformation et à température cycliques imposées simultanément mais contrôlées individuellement ($\Delta\varepsilon_t$ = cste, ΔT = cste). Les essais FPO et FTM sont menés sur une machine d'essai servocontrôlée. Dans les essais FT, une température variable cycliquement est imposée localement en surface de l'éprouvette. Ces cycles primaires engendrent des flux de chaleur et en conséquence des gradients thermiques dans l'éprouvette; des déformations thermiques cycliques en résultent, d'intensité différente en chaque point. Aucune machine n'est nécessaire pour ce type d'essai.

11.9 BIBLIOGRAPHIE

11.9.1 Normes

ASTM: *Annual Book of ASTM Standards*, 1987, Vol. 3.01 :

E 139-83 «Standard practice for conducting creep, creep-rupture and stress-rupture tests of metallic materials», pp. 441-455.

E 328-86 «Standard methods for stress relaxation tests for materials and structures», pp. 595-612.

11.9.2 Ouvrages de références

[11.1] M. S. Loveday et T. B. Gibbons, eds., *Harmonisation of Testing, Practice for High Temperature Materials*, Elsevier Applied Science, Londres/New York, 1992.

[11.2] B. Ilschner, *Hochtemperatur-Plastizität*, Springer, Berlin, chap. 2, «Meßgrössen und Meßverfahren», pp. 6-69, 1973.

[11.3] J. Philibert, A. Vignes, Y. Brechet, P. Combrade, *Métallurgie*, Masson, Paris, en particulier chap. 3 «Déformation à chaud», pp. 787-796, 1998.

[11.4] R. W. Evans et B. Wilshire, *Creep of Metals and Alloys*, The Institute of Metals, Londres, en particulier chap. 2 «Uniaxial creep testing», pp. 37-68, et chap. 3 «Curve fitting, presentation of creep data», pp. 69-97, 1985.

[11.5] E. N. da C. Andrade et B. Chalmers, *Proc. Roy. Soc.* A 138, pp. 348-374, 1932.
[11.6] *Materials Selection*, Elsevier, Londres, 1991.
[11.7] G. Summer et V. B. Livesey, eds., *Techniques for High Temperature Fatigue Testing*, Elsevier Applied Science, Londres, New York, 1985.
[11.8] S. S. Manson et L. F. Coffin, *Thermal Stress and Low Cycle Fatigue*, New York, McGraw Hill, 1960.
[11.9] C. C. Engler-Pinto, *Etude de l'endommagement en fatigue thermo-mécanique de superalliages à base de nickel,* Thèse de doctorat n°1496, EPFL, Lausanne, 1996.
[11.10] W. J. Ostergreen, *J. Testing Evaluation*, 4, pp. 327-339, 1976.
[11.11] S. S. Manson, *NACA Techn. Report* n°. 2933, juillet 1953.
[11.12] L. F. Coffin, *Trans. ASME A* 76, pp. 931-950, 1954.
[11.13] E. Glenny, J. E. Northwood, S. Show et T. Taylor, *J. Inst. Met.* 87, pp. 294-302, 1958.
[11.14] E. Glenny et T. A.Taylor, *J. Inst. Met.* 88, pp. 449-467, 1959/60.
[11.15] D. A. Spera, «Comparison of experimental and theoretical thermal for five Nickel base alloys», *ASTM STP 520*, 1973.
[11.16] D. A. Spera, «What is thermal fatigue?» Thermal fatigue of materials and structures, *ASTM STP 612*, 1976.
[11.17] J. W. Holmes et F. A. McClintock, *Scripta Met.* 17, pp. 1365-1370, 1983.
[11.18] M. R. Blumm, *Einfluss der Anisotropie auf das thermische Ermüdungs-verhalten von Nickelbasis-Legierungen*, Thèse de doctorat n°1460, EPFL, Lausanne, 1996.
[11.19] F. Meyer-Olbersleben, *Thermische Ermüdung einkristalliner Nickelbasis-Legierunge*, Thèse de doctorat n°1255, EPFL, Lausanne, 1994.
[11.20] ASM: *Metals Handbook, 9th edition.* (Metals Park, Ohio, 1985), vol. 8, en particulier «Creep, stress rupture and stress relaxation testing», pp. 298-360.

CHAPITRE 12

CARACTÉRISATION DES POLYMÈRES

12.1 OBJECTIFS

L'objectif de ce chapitre est de donner une vue d'ensemble, forcément limitée, des méthodes de caractérisation des polymères à mettre en œuvre dans un laboratoire non spécialisé.

L'analyse des polymères est un outil industriel important qui nécessite non seulement des équipements analytiques, mais aussi une bonne connaissance du comportement des matériaux polymériques.

12.2 INTRODUCTION AUX POLYMÈRES

Pour son analyse, il est tout d'abord important de déterminer quelle est la partie polymérique du matériau. Souvent les plastiques sont faits de polymères avec différentes charges comme le TiO_2 ou des fibres (10-30%) ou/et d'autres additifs en quantités mineures (stabilisants, ignifuges, agents de réticulation, etc.). Des polymères de types différents auront des comportements différents. Normalement, les polymères sont considérés comme étant constitués de molécules linéaires de fortes masses molaires.

12.2.1 Polymères vitreux et cristallins

Ils possèdent une température de transition vitreuse (T_g) à laquelle la partie amorphe du matériau passe, au refroidissement, de l'état caoutchoutique à l'état vitreux, et une température de fusion de la phase cristalline (T_m) lorsque le matériau est semi-cristallin. Tous les polymères ne sont pas cristallisables et restent alors transparents à toute température. Les polymères qui cristallisent deviennent opaques au moment de la cristallisation; ils ne redeviennent transparents que lorsqu'on les chauffe au-dessus de leur point de fusion (s'ils ne sont pas mélangés avec des charges inorganiques).

12.2.2 Polymères réticulés

Au-dessus de leur température de transition vitreuse, ces matériaux sont caoutchoutiques. En effet, les caoutchoucs sont des polymères légèrement réticulés possédant une température de transition vitreuse généralement largement au-dessous de la température ambiante. Beaucoup de polymères réticulés ont une température de transition vitreuse supérieure à la température d'utilisation, et sont donc vitreux ; c'est le cas par exemple de l'époxyde. La différence la plus significative entre les polymères réticulés, les *thermodurcissables*, et ceux qui ne le sont pas, les *thermoplastiques*, est leur capacité à fondre et à couler. Les thermodurcis ne fondent pas et ne peuvent pas être dissous, alors que les thermoplastiques se caractérisent par leur formabilité, permettant de leur donner la forme désirée à haute température, et le fait qu'ils peuvent être dissous.

Les températures de transition T_g et T_m sont de la plus grande importance pour l'analyse des matériaux polymériques.

Les thermoplastiques semicristallins se caractérisent par les deux températures T_g et T_m, en revanche les thermoplastiques amorphes n'ont pas de température T_g.

Les thermodurcissables vitreux sont utilisés en dessous de leur température T_g, les thermodurcissables caoutchoutiques sont utilisés au dessus de leur température T_g.

Les polymères se caractérisent et se distinguent par leur *complaisance* et leur *ténacité*. Ces propriétés résultent de la structure polymérique faite de longues molécules linéaires formant un matériau homogène par enchevêtrements comme de longs spaghettis dans un bol. La taille des molécules est caractérisée par la *masse molaire moyenne* du matériau (généralement allant de 20 000 à plusieurs millions de grammes/mole) qui permet, en partie, de déterminer si le matériau présente les propriétés de complaisance et de ténacité désirées. Une masse molaire trop faible entraîne une détérioration de ces propriétés, qui peut se produire par dégradation thermique par exemple, alors que les matériaux de masse molaire trop élevée sont difficiles à mettre en œuvre.

Par ailleurs, chaque classe de polymère est caractérisée par sa structure chimique. La plupart des polymères commerciaux ont des structures carbonées. Néanmoins, beaucoup de polymères possèdent de l'oxygène, de l'hydrogène ou du silicone dans la chaîne principale. Certains polymères sont totalement aliphatiques, comme le polyéthylène (PE), alors que d'autres plus particuliers sont complètement aromatiques, par exemple le polyétheréthercétone (PEEK). Les variétés structurales sont très nombreuses et donnent à chaque matériau ses propriétés spécifiques. Pour les plastiques techniques, les polymères utilisés ont une structure régulière composée d'une unité répétée, le *mère*. Le polypropylène (PP) est un exemple typique de polymère avec un mère comprenant trois carbones :

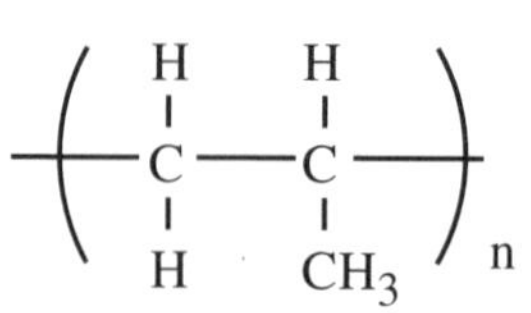

En fonction de la configuration, le deuxième atome de carbone dans la chaîne principale peut avoir quatre atomes de substitution, ce qui en fait un atome pseudo-asymétrique, donnant lieu à une infinité de variations structurales.

12.3 CARACTÉRISATION DE LA STRUCTURE ET DU COMPORTEMENT D'UN POLYMÈRE

Il n'existe pas de méthode unique donnant une réponse à toutes les questions structurales qu'on peut se poser concernant les polymères. Prenons le cas d'un polymère de type semicristallin: il possède une composition chimique, une structure particulière de la chaîne moléculaire, une masse molaire moyenne, une distribution des masses molaires, des zones amorphes et des zones cristallines avec des distributions propres, une orientation des molécules et une structure cristalline. C'est l'ensemble de ces facteurs qui détermine les caractéristiques des polymères, et lorsqu'on en change un, on modifie les propriétés finales de manière prévisible.

De plus, beaucoup d'applications nécessitent une connaissance du comportement dynamique d'un polymère. Les déformations des polymères sont liées aux mouvements des chaînes, des segments et des groupes latéraux, aux mouvements dans les cristallites – phonons, excitations électroniques, excitons – et aux *formations complexes* entre les molécules.

Le tableau 12.1 offre un récapitulatif des différentes méthodes de caractérisation des polymères et de leurs propriétés.

Dans ce chapitre, nous traiterons de quelques techniques courantes, représentatives et complémentaires pour l'analyse de la structure et des propriétés dynamiques des polymères.

12.4 SPECTROSCOPIE INFRAROUGE (IR)

La spectroscopie infrarouge (IR) est une méthode utilisant un rayonnement dont la longueur d'onde λ varie entre 0,1 cm et 1 µm. Sur la figure 12.1, cette technique est située parmi d'autres techniques en fonction de la longueur d'onde du rayonnement qu'elles utilisent:

- ESCA : utile pour l'analyse des surfaces (sur une épaisseur de 50Å),
- UV : absorption de l'ultraviolet,
- RSE : résonance du spin électronique, détecte les électrons non appariés,
- RMN : résonance magnétique nucléaire (sect. 12.5).

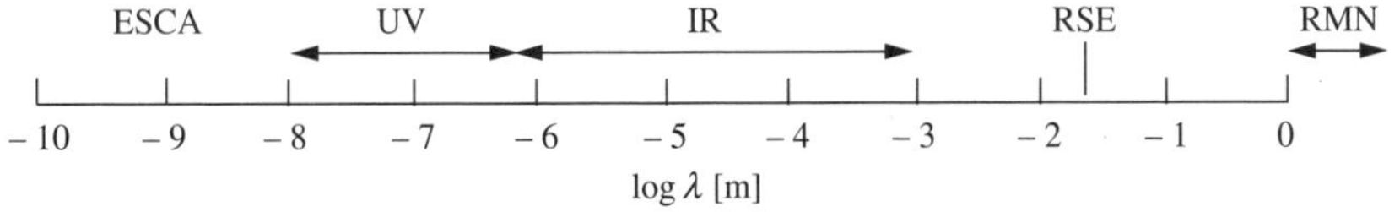

Fig. 12.1 Domaine spectral des méthodes spectroscopiques utilisées dans l'analyse des polymères.

Tableau 12.1 Méthodes de caractérisation des polymères.

Méthode	Propriétés
Mesures des propriétés colligatives	Masse molaire moyenne en nombre
Diffraction de la lumière et des rayons X	Masses molaires, dimensions, formes, etc.
Diffraction des neutrons	Conformations à l'état solide
Spectroscopie de corrélation photonique	Structure et propriétés dynamiques des macromolécules
Viscosité d'une solution	Masse moléculaire et volume hydrodynamique
Sédimentation et diffusion	Masse moléculaire, volume hydrodynamique, forme du soluté, densité, association de molécules en solution, ramification, etc.
Chromatographie à exclusion de tailles ou par pénétration de gel	Masses molaires: distribution et moyennes
Chromatographie hydrodynamique	Taille et distribution de tailles de particules (émulsions et latex)
Field-flow fractionnement	Masses molaires ou séparation de tailles de particules
Fractionnement chromatographique croisé	Analyse des copolymères
Spectroscopie RMN en solution	Propriétés dynamiques et composition chimique
Spectroscopie RMN à l'état solide	Mobilité moléculaire
Spectroscopie infrarouge (IR)	Composition chimique, orientation et propriétés dynamiques
Spectroscopie Raman	Composition chimique, orientation et propriétés dynamiques
Spectroscopie d'émission	Propriétés photophysiques et photochimiques
Spectroscopie ESR	Composition et concentration des électrons inappariés
Analyse XPS	Composition chimique de la surface (couche jusqu'à 50Å)
TOF-SIMS	Composition chimique de la surface (premières couches)
Activité optique	Activités optiques et molécules chirales
Spectrométrie de masse	Composition chimique
Diffraction des rayons X	Structure cristalline
Diffraction des électrons	Structure cristalline
SAX	Distribution de la taille des cristallites, des craquelures ou autres éléments morphologiques de petite taille
Microscopie électronique	Données morphologiques des polymères
Analyse thermique (DSC) (Calorimétrie différentielle à balayage)	Variation des propriétés statiques avec la température (ex. mesures de T_g, T_m), ou réactions impliquant un flux de chaleur
Analyse thermogravimétrique	Poids en fonction du temps (ex. stabilité thermique)
Essais mécaniques dynamiques	Variation des propriétés dynamiques avec la température
Essais mécaniques	Propriétés mécaniques

Les spectrophotomètres IR actuels sont très simples d'utilisation et sont relativement bon marché. L'enregistrement d'un spectre ne nécessite que quelques secondes et le traitement graphique est entièrement informatisé. Les échantillons utilisés couramment incluent les films minces, les solutions, les poudres, les poudres dans des pastilles de KBr et les surfaces planes. Ce type d'échantillon ne nécessite qu'une préparation limitée et très simple. Des techniques infrarouges plus sophistiquées permettent une microscopie de surface IR.

Etant donné que les techniques d'absorption IR sont particulièrement bien adaptées aux polymères, une grande quantité de spectres de polymères a été collectée et publiée. Certains de ces spectres sont même utilisés pour calibrer les spectrophotomètres IR.

On divise couramment le domaine IR en trois sous-domaines:

- l'IR proche, (*near* IR, nIR); 0,75-2,5 mm (13 300-4000 cm^{-1});
- l'IR moyen, (*mid* IR, mIR); 2,5-50 mm (4000-200 cm^{-1});
- l'IR lointain, (*far* IR, fIR); 50-1000 mm (200-10 cm^{-1}).

Le sous-domaine le plus utilisé en analyse des polymères est le mIR.

12.4.1 Absorption du rayonnement infrarouge

Le rayonnement IR est absorbé par le matériau polymère grâce à l'excitation des mouvements vibratoires. L'absorption d'un photon par un groupe dipolaire dans le polymère est accompagnée d'un changement de moment dipolaire d'énergie égale à celle du photon. Les groupes non polaires n'absorbent pas le rayonnement IR et ne peuvent donc pas être détectés (ces groupes sont en revanche très actifs en spectroscopie Raman).

Considérons un des groupes les plus communément détectés, le ***groupe carbonyle***:

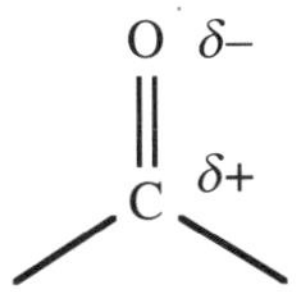

Il a un moment dipolaire très fort, avec le pôle positif sur l'atome de carbone et le pôle négatif sur l'oxygène. Ainsi, il se produit une forte absorption IR provoquant la vibration du groupe (fig. 12.2).

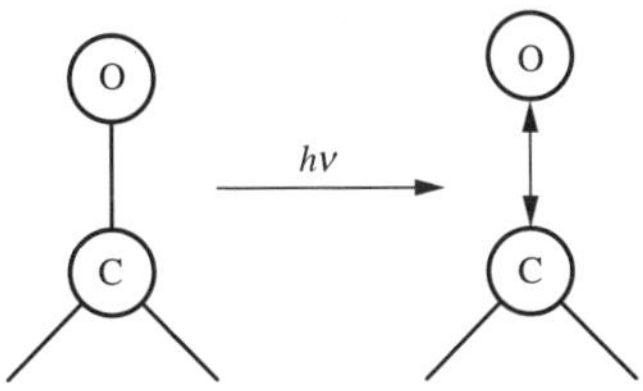

Fig. 12.2 L'absorption d'un photon provoque la vibration du groupe en mode étirement (streching, st).

La longueur d'onde du rayonnement excitant la vibration du groupe carbonyle dépend légèrement des groupes voisins. Les esters, par exemple, se distinguent des carbonates ou des cétones α, β insaturées par leur shift unique.

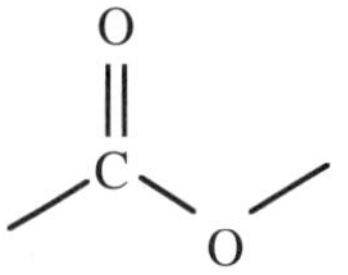

Ester
1,1 · cm^{-1}

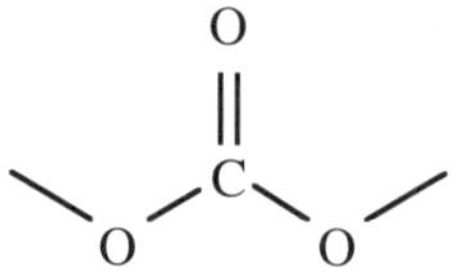

Carbonate
1710 cm^{-1}

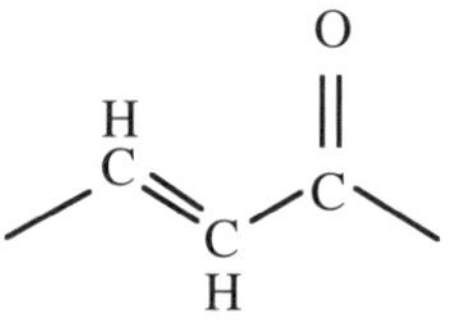

Cétones α, β insaturées
1730 cm^{-1}

D'autres exemples de vibrations seront donnés plus loin dans ce texte.

Le mouvement vibratoire sera rapidement transmis alentour par émission non rayonnante ou par des émissions distinctes de longueurs d'onde plus grandes, ce qui permettra au groupe carbonyle de retrouver son état fondamental, et donc de se réexciter par irradiation IR.

C'est la différence entre l'intensité du spectre du rayonnement IR de référence et celle du spectre de rayonnement traversant l'échantillon qui est enregistrée. S'il y a une absorption IR de la part de l'échantillon à une certaine longueur d'onde, cette différence se révélera sous la forme d'un «pic». Chaque pic est caractérisé par sa position (longueur d'onde λ ou fréquence v) et par son coefficient d'absorption (ε ou DO):

$$\varepsilon = \frac{DO}{c \cdot d} \tag{12.1}$$

où DO est la densité optique à la longueur d'onde considérée, c la concentration en mol/l et d l'épaisseur de l'échantillon en cm.

Généralement, ε n'est pas donné avec les spectres publiés; la dénomination des pics suit l'échelle suivante, allant des pics les plus faibles aux pics les plus intenses: très faibles (ou *vw* pour *very weak*), faibles (ou *w* pour *weak*), moyens (ou *m* pour *medium*), intenses (ou *s* pour *strong*) et très intenses (ou *vs* pour *very strong*).

12.4.2 Techniques expérimentales

On distingue généralement trois modes d'acquisition des spectres:

- le mode par transmission,
- le mode par réflexion,
- le mode par émission.

Mode par transmission

C'est de loin le mode le plus utilisé (fig. 12.3). Les échantillons sont des films minces de 5 à 50 µm d'épaisseur suivant le type de matériau à étudier. Les polymères

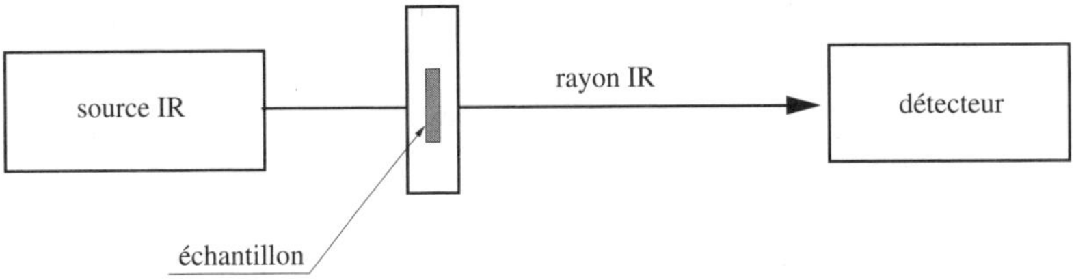

Fig. 12.3 Principe de l'installation de spectroscopie IR en mode transmission.

peuvent être analysés en solution s'ils sont solubles, dans un solvant dont l'absorption propre n'interfère pas avec celle du polymère à analyser. Généralement, on augmente l'épaisseur ou la concentration de l'échantillon si les groupes polaires à analyser sont peu nombreux. La surface d'échantillon nécessaire à l'analyse dépasse les 10 mm^2; on utilise alors des films maintenus par des cadres ou déposés sur des substrats transparents au rayonnement infrarouge (par exemple les cristaux de NaCl ou de Si). Ce type d'échantillon est rapidement préparé par compression de fondu. Dans le cas des échantillons en solution, on utilise généralement une cuvette d'épaisseur 1 cm. Pour obtenir le spectre de la substance seule, sans le solvant, on enregistre au préalable le spectre de celui-ci, que l'on soustrait au spectre de la solution.

Pour obtenir une plus grande sensibilité, un changeur d'échantillons automatique peut être utilisé pour échanger les échantillons de référence et ceux à analyser, lors d'acquisitions répétées de spectres.

Mode par réflexion

Ce mode d'analyse s'est révélé particulièrement bien adapté à l'étude des changements de composition de la surface des polymères sur des épaisseurs de l'ordre de $\lambda/10$ en utilisant la technique de la réflexion totale atténuée (ATR, pour *Attenuated Total Reflection*). Cette technique utilise la réflexion totale des rayons IR par les cristaux. Les échantillons sont donc des cristaux recouverts par un film de polymère ou en contact avec un polymère massif. Une faible épaisseur du polymère en contact avec le cristal est pénétrée par le rayon et l'acquisition du spectre d'absorption se fait en utilisant des réflexions multiples, comme le montre la figure 12.4.

La profondeur de pénétration dans le polymère dépend de l'indice de réfraction du cristal et de l'échantillon, ainsi que de l'angle du rayon incident. La position

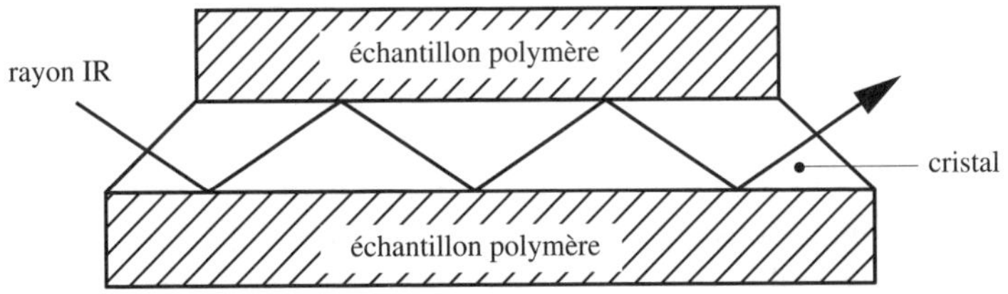

Fig. 12.4 Principe de l'installation de spectroscopie IR en mode par réflexion (ATR).

des pics est la même qu'en mode par transmission, mais les tailles ou les intensités respectives changent à cause des conditions optiques différentes.

Cette méthode est très utile pour l'étude des changements de composition à la surface des polymères (1 µm), dus à des attaques chimiques, à des rayures, à des traitements par plasma... ou dus à des réactions de dégradation telles que l'oxydation ou l'hydrolyse. Généralement, il convient d'utiliser des échantillons très lisses ou flexibles pour obtenir un bon contact interfacial entre le polymère et le cristal.

Mode par émission

L'analyse de l'émission de rayonnement IR d'un échantillon émetteur peut être effectuée grâce à ce mode. Comme pour l'absorption du rayonnement IR, l'émission produite par des états excités est quantifiée. L'émission est un phénomène qui agit parallèlement au transfert d'énergie non rayonnante, que nous décrivons plus loin dans ce chapitre.

L'énergie thermique moyenne à température ambiante correspond à des longueurs d'onde entre le moyen IR (mIR) et le lointain IR (fIR). Les énergies de vibration plus élevées sont fortement dépendantes de la température. Une analyse significative de la chaleur d'extraction n'est bien sûr possible que si l'échantillon n'agit pas comme un corps noir. Les polymères remplissent parfaitement cette condition.

12.4.3 Interprétation des spectres

La vibration des groupes est la base de la plus grande partie de la spectroscopie IR. Ces vibrations proviennent de l'interaction entre la lumière IR et des parties isolées des molécules. Cette approche empirique, appliquée efficacement, peut être justifiée par le mauvais couplage entre les différentes vibrations des dipôles singuliers. On trouve dans la littérature un grand nombre de spectres qui ont été interprétés sur la base de cette supposition. Pour les polymères plus particulièrement, une quantité énorme de spectres est tabulée.

La nomenclature des vibrations des groupes couramment employée en spectroscopie IR empirique est explicitée à la figure 12.5. Il apparaît qu'il existe plusieurs modes de vibrations pour un même groupe.

12.5 RÉSONANCE MAGNÉTIQUE NUCLÉAIRE DES POLYMÈRES (RMN)

Comme son nom l'indique, ce type d'analyse se base sur la résonance des noyaux des atomes obtenue par l'application d'un champ magnétique extérieur. La RMN est une technique très puissante pour la caractérisation des propriétés structurales et dynamiques des polymères. La gamme d'analyses que permet la RMN est très large.

Dénomination	Exemple
Ciseaux *Scissor s*	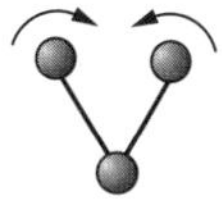 (dans le plan)
Dandinement *Rocking r*	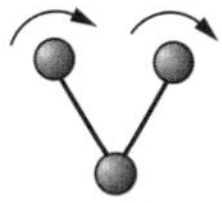 (dans le plan)
Balancement *Wagging w*	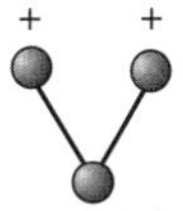 (hors du plan)
Rotation *Twisting t*	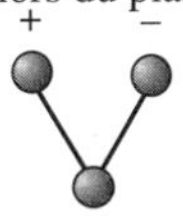 (hors du plan)
Flexion hors plan *Out-of plane bending* γ	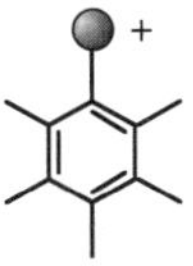
Flexion dans le plan *In-plane bending* β	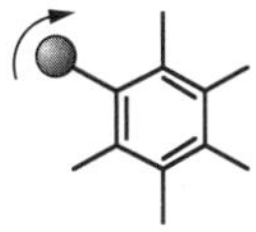
Torsion τ	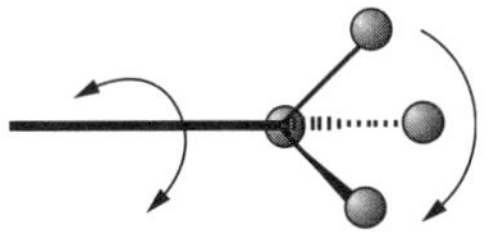
Elongation *Stretching st*	 (sym. ν_s) (asym. ν_a)
Respiration *Breathing br*	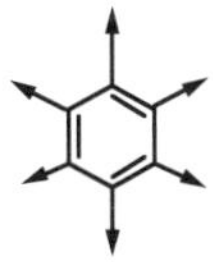

Fig. 12.5 Principaux modes de vibration des groupes moléculaires rencontrés.

Si malgré tout, la RMN n'est pas utilisée fréquemment dans l'industrie pour l'analyse des polymères, c'est en raison du prix des équipements, de la nécessité d'un opérateur, des temps longs nécessaires à l'interprétation des spectres, et du manque d'expertises RMN. Ces facteurs limitent l'essor de cette technique, en tant qu'analyse de routine en tout cas.

12.5.1 Origine de la spectroscopie RMN

Dans les noyaux atomiques, les protons et les neutrons possèdent un moment de spin (1/2) qui est magnétiquement actif. Cependant, chaque spin peut être contrebalancé par le spin de sens opposé d'un noyau voisin, ce qui résulte en un moment magnétique total nul, comme le montre la figure 12.6.

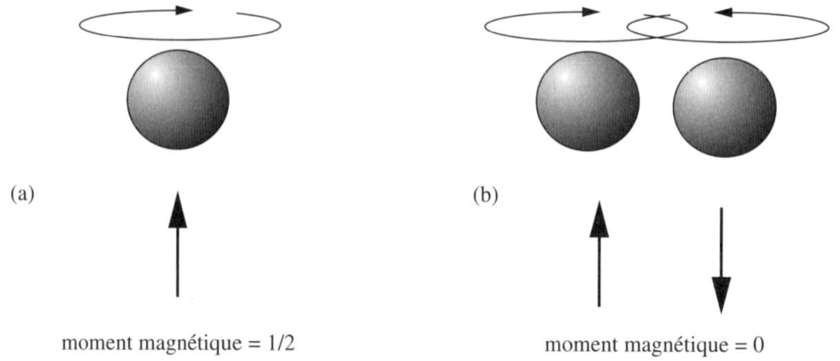

Fig. 12.6 Représentation schématique des spins pour un noyau isolé (a) et pour une paire de noyaux de spins opposés (b).

Le spin des protons et des neutrons (1/2) vient s'ajouter au spin total du noyau (0, 1/2, 3/2...) qui, lorsqu'il n'égale pas zéro, produit le moment magnétique de l'isotope considéré. L'utilité de la RMN comme outil d'analyse des polymères organiques provient de la présence de noyaux importants (^{1}H, ^{13}C, ^{19}F...) et de l'absence de moment magnétique de l'isotope ^{12}C, isotope principal du carbone. Les noyaux couramment utilisés sont donnés dans le tableau 12.2 avec leurs spins nucléaires.

Tableau 12.2 Principaux isotopes possédant un spin nucléaire non nul, présents dans les polymères.

Isotope	Spin nucléaire	Abondance naturelle [%]
^{1}**H**	1/2	99,98
^{12}**C**	0	98,9
^{13}**C**	1/2	1,11
^{14}N	1	99,4
^{15}N	1/2	0,36
^{19}F	1/2	100
^{29}Si	1/2	4,7
^{31}P	1/2	100
^{33}S	3/2	0,74

Les éléments structuraux dans les polymères sont le plus souvent basés sur le carbone, l'hydrogène, l'azote et l'oxygène. On trouve aussi du silicium, du phosphore, du soufre, du fluor ainsi que d'autres atomes. Il est donc possible de détecter et déterminer l'état de liaison pour presque tous les atomes composant les polymères courants. Un moment de spin égal à 1/2 (($m_s = \pm 1/2$) provoque un éclatement en deux niveaux d'énergie. Ainsi, l'absorption du rayonnement peut exciter le noyau et le faire passer du niveau d'énergie inférieur au niveau supérieur, comme le décrit l'équation :

$$\Delta E = h\upsilon = g_N \mu_N B \tag{12.2}$$

avec g_N facteur g nucléaire ($g_p = 5{,}5857$ dans le cas d'un proton) et μ_N magnéton ou moment magnétique nucléaire.

Aujourd'hui, les instruments de mesure courants utilisent des fréquences allant de 200 à 400 MHz, alors que les instruments spéciaux à fort champ peuvent aller jusqu'à 600 MHz. Des champs plus élevés permettent d'obtenir à la fois une meilleure sensibilité et une meilleure résolution ; ceci est particulièrement important lorsque de faibles concentrations doivent être déterminées, dans le cas des groupements terminaux des polymères par exemple, ou lorsqu'on doit travailler avec des spectres compliqués, avec de très nombreux pics, comme ceux des protéines.

12.5.2 Effets de la RMN

Les phénomènes utiles pour l'analyse RMN des polymères sont les suivants :
- l'interaction entre les dipôles magnétiques,
- le shift chimique,
- le couplage entre les spins nucléaires.

Interaction entre les dipôles magnétiques

Chaque noyau, qui fait partie du solvant ou du polymère dissous, possède un moment magnétique et peut être considéré comme un micro-aimant qui modifie légèrement le champ magnétique subi par les noyaux voisins. Ainsi, le champ de résonance est quelque peu différent pour chacun des noyaux, même si ces derniers sont chimiquement équivalents. Il s'ensuit un élargissement des pics. La RMN à large raie donne donc de précieuses informations concernant les mouvements moléculaires, mais ne permet pas de faire une analyse structurale.

Shift chimique

La position de chaque pic dépend du champ magnétique local autour du noyau en résonance. Ce n'est donc pas seulement le champ magnétique extérieur qui influence cette position, mais aussi les spins nucléaires causant un petit moment magnétique.

Pour le proton (^1H), ce champ magnétique additionnel diminue légèrement l'intensité du champ, provoquant un décalage vers les valeurs de champs moins intenses. Les protons sont dits découverts. Il est connu que plus la densité d'électrons est grande autour du proton, plus il est découvert, c'est-à-dire plus il demande un champ intense pour entrer en résonance. Un excellent exemple de ce phénomène est le spectre RMN du proton dans l'éthanol:

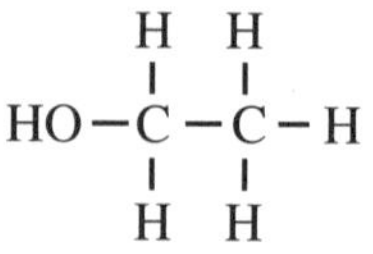

où l'oxygène, électronégatif, retire des électrons d'hydrogène de l'hydroxyle, provoquant un plus grand découvrement de la molécule. Le groupe méthine (CH_2) adjacent est quelque peu déficient en électrons et est donc légèrement découvert. Les protons les plus couverts sont ceux du groupe méthyle (CH_3) qui est aussi le plus riche en électrons. Ceci donne un spectre avec trois groupes de pics dont les aires correspondent aux nombres de protons 1:2:3. Dans la pratique, les shifts chimiques (υ_i) sont calculés par rapport à une substance étalon interne:

$$\upsilon_i = \left(\delta_{\text{réf}} - \sigma_i\right) \times 10^6 \quad \text{[ppm]} \tag{12.3}$$

Le tétraméthylsilane (TMS) est couramment utilisé comme étalon interne, en raison de ses protons à zéro ppm. Il existe des règles empiriques simples basées sur un grand nombre de composés modèles, qui permettent de calculer les shifts chimiques de nouveaux composés.

Couplage entre les spins nucléaires

Le couplage entre les spins, dû à l'effet quantique de la direction des spins, permet de déterminer la position relative des protons.

Les variations locales du champ, induites par ces spins, résultent en l'éclatement du pic RMN caractérisé par la constante de couplage spin-spin, *J* (fig. 12.7). L'ampleur de l'éclatement ne dépend pas du champ magnétique externe, mais dépend de la distance et de l'orientation relative des protons.

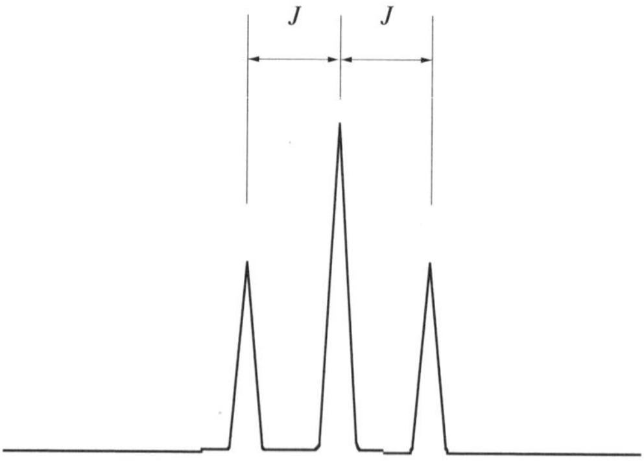

Fig. 12.7 Représentation schématique avec *J* de l'éclatement d'un pic RMN. L'intensité relative des trois pics est 1:2:1.

12.5.3 Aspects expérimentaux

Les échantillons pour la RMN sont contenus dans des tubes cylindriques (couramment de diamètre 5mm) pour permettre la rotation du porte-échantillon, nécessaire pour obtenir une meilleure homogénéité du champ magnétique (fig. 12.8).

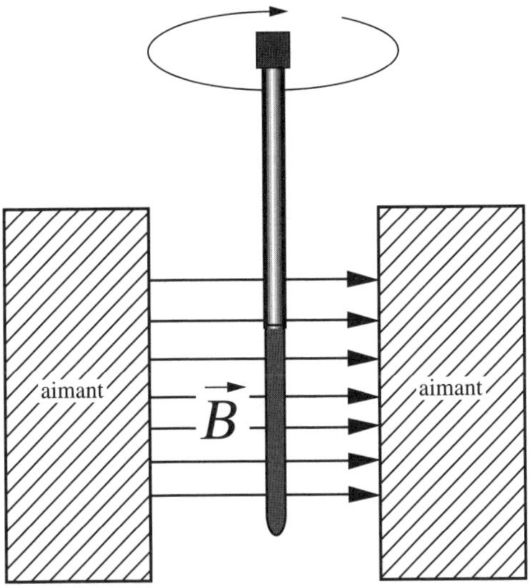

Fig. 12.8 Schéma général d'un tube RMN tournant dans un champ magnétique ***B***.

Les deux analyses ^{1}H et ^{13}C sont effectuées couramment.

Pour la RMN du ^{1}H à haute résolution, les échantillons de polymère sont dissous dans des solvants au deutérium (^{2}D) comme le chloroforme ($CDCl_3$) entre autres, ou dans des solvants sans hydrogène tels que le tétrachlorure de carbone (CCl_4). Une grande dilution est souvent nécessaire pour réduire la viscosité et obtenir une mobilité suffisante pour avoir des raies étroites. Dans le cas des polymères rigides, on augmente la température pour augmenter la mobilité moléculaire.

Pour l'analyse du ^{13}C, le choix du solvant n'est dicté que par le paramètre de solubilité et la superposition possible des pics. L'élargissement des raies est moins grand, et des concentrations plus fortes peuvent être utilisées pour compenser la faible quantité de l'isotope ^{13}C.

L'échantillon est normalement dissous, filtré et versé dans le tube propre qui est ensuite scellé et placé dans la sonde pour être mis en rotation. Les échantillons de polymères insolubles (cristallins, réticulés, etc.), cylindriques, sont directement placés dans l'appareil équipé pour l'analyse à l'état solide. Après avoir choisi le type d'analyse, l'enregistrement du signal peut commencer. L'acquisition du spectre complet peut alors durer de quelques secondes à plusieurs jours, suivant le type d'échantillon. Les spectres courants du ^{1}H sont enregistrés et traités en 10 à 30 minutes.

12.5.4 Exemple d'application aux polymères: analyse de la tacticité

L'arrangement stérique (la conformation) d'un polymère est déterminé par sa configuration ou tacticité. Les polymères avec des centres chiraux (asymétriques) dans la chaîne principale, créés lors de la polymérisation, peuvent montrer des tacticités différentes conduisant à des propriétés du matériau totalement différentes. Le contrôle et la mesure de la tacticité sont donc très importants (voir vol. 13 du Traité des matériaux) et ne peuvent être obtenus que par analyse RMN.

Les polymères ayant la même configuration à tous les carbones asymétriques (ou «pseudo-asymétriques») C* sont appelés polymères vinyliques ***isotactiques***:

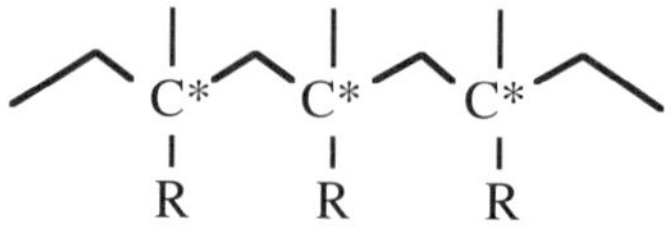

Mais un grand nombre de polymères ne possèdent pas une telle régularité; ils sont dits ***atactiques***. La figure 12.9 illustre ces deux configurations.

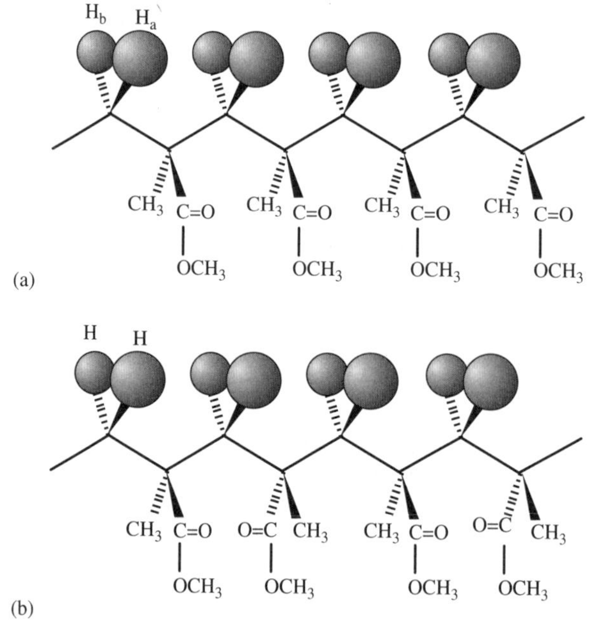

Fig. 12.9 Poly(methylméthacrylates) ou PMMA, isotactique (a) et syndiotactique (b).

A partir de cette information, les concentrations relatives de chaque type de structure ainsi que leurs séquences peuvent être déterminées.

La microtacticité joue un rôle important pour beaucoup de polymères, parmi lesquels on compte le polypropylène (PP), le polychlorure de vinyle et le poly(éthylène-co-polypropylène). Pour le PP, les propriétés peuvent changer énormément en fonction de la tacticité. Le PP atactique est visqueux, les PP isotactique et syndiotactique sont tenaces, résistants, et peuvent cristalliser partiellement. La tacticité voulue peut être obtenue grâce à l'utilisation d'un catalyseur adéquat durant la polymérisation.

12.5.5 Terminaison des chaînes et branchements

Dans l'analyse RMN, l'aire située sous les pics est directement proportionnelle (sauf lorsqu'il y a saturation) au nombre d'atomes. Prenons l'exemple de l'éthanol. Le rapport des aires, sous les pics correspondant aux groupes –OH, $-CH_2-$ et $-CH_3$ dans l'analyse RMN du ^1H, est exactement 1:2:3. Ainsi, l'intégration de la courbe des pics est un outil fréquemment utilisé pour déterminer la terminaison des chaînes des polymères linéaires, les branchements, etc.

12.5.6 RMN de l'état solide

Les interactions magnétiques entre dipôles sont une cause de l'élargissement des pics en spectroscopie RMN de l'état solide. Cette interaction est proportionnelle au cube de la distance entre les noyaux qui interagissent.

$$\Delta B \propto \frac{1}{R^3} \tag{12.4}$$

Quoi qu'il en soit, la raie intense s'affine lorsque le mouvement des segments de chaîne devient notable. Il est donc possible de détecter le seuil des mouvements moléculaires (fig. 12.10). La similitude avec l'analyse mécanique dynamique (AMD) est évidente. Néanmoins il est également possible, grâce à la RMN, de savoir quel est le groupe responsable des mouvements. Il faut cependant pour cela des groupes protonés. La RMN a par exemple donné la température minimale d'activation de la rotation du groupe CH_3 dans de nombreux polymères (–180 °C), ainsi que celle de la rotation des cycles dans l'axe de la chaîne (*ring flip motion*) des polymères contenant des groupes para-phénylène (–110 °C), températures qui correspondent bien aux transitions observées en AMD.

Pour les polymères insolubles ou hautement réticulés, la RMN à l'état solide peut parfois s'avérer être la seule méthode d'analyse structurale.

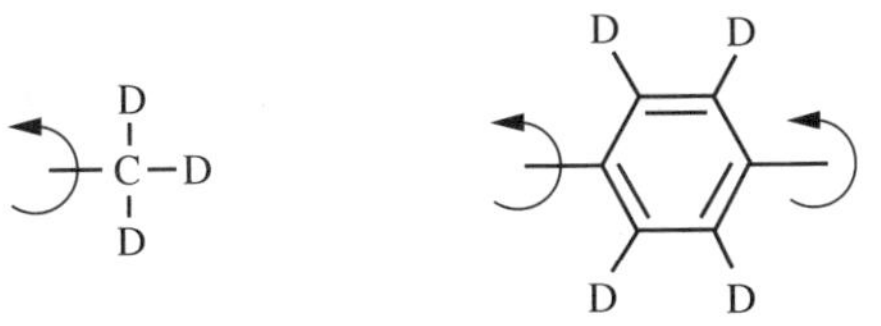

Fig. 12.10 Les groupes méthyle et phényle deutérés ont été utilisés en RMN à l'état solide pour déterminer les températures minimales d'activation des mouvements moléculaires.

12.6 ANALYSE MÉCANIQUE

12.6.1 Propriétés mécaniques statiques

La grande majorité des polymères sont utilisés pour supporter des charges, c'est-à-dire qu'ils ont une fonction mécanique (matériaux dits « structuraux »). Pour assurer cette fonction souvent critique, il convient de correctement dimensionner les pièces de structures, afin d'assurer leur résistance mécanique et leur durée de vie en service. Ceci nécessite la caractérisation mécanique des polymères, à partir d'essais mécaniques normalisés. On trouvera plus de détails dans les volumes 9 et 14 du Traité des matériaux.

Ce paragraphe a pour but de passer brièvement en revue les caractéristiques du comportement mécanique des matériaux polymériques et de décrire quelques techniques expérimentales courantes.

Il convient tout d'abord de retenir que les propriétés mécaniques des polymères sont fortement influencées par la température et la vitesse de déformation. Ceci est mis en évidence par les courbes de traction schématiques données à la figure 12.11.

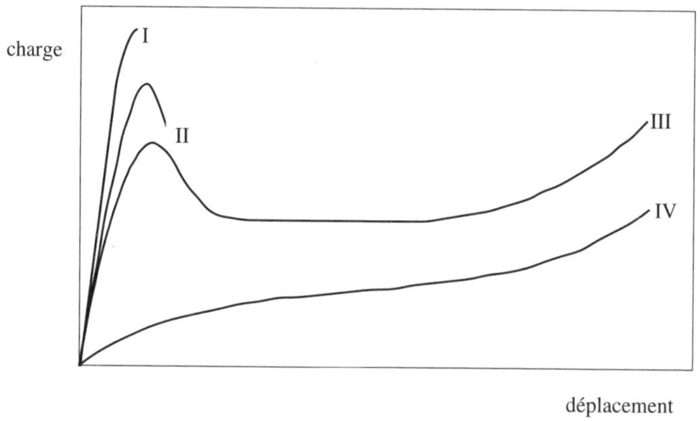

Fig. 12.11 Courbes charge-déplacement pour quatre polymères de comportements mécaniques différents : (I) matériau présentant une rupture fragile, (II) matériau présentant une rupture ductile, (III) matériau présentant une striction et un écoulement à froid et (IV) matériau présentant une déformation homogène.

Pour un même matériau, une augmentation de la température conduit à un comportement évoluant de fragile à ductile de même qu'une décroissance de la vitesse de déformation (fig. 12.11). Les différences entre comportements ductile et fragile se manifestent par des différences entre les énergies dissipées par la rupture et les faciès de rupture.

La résistance à la rupture fragile d'un matériau, sous sollicitation à vitesse faible ou modérée, est caractérisée par sa ténacité, exprimée en termes de contrainte ou en termes d'énergie. Les essais utilisés sont décrits dans le volume 9 du Traité des matériaux et dans le chapitre 9 du présent volume.

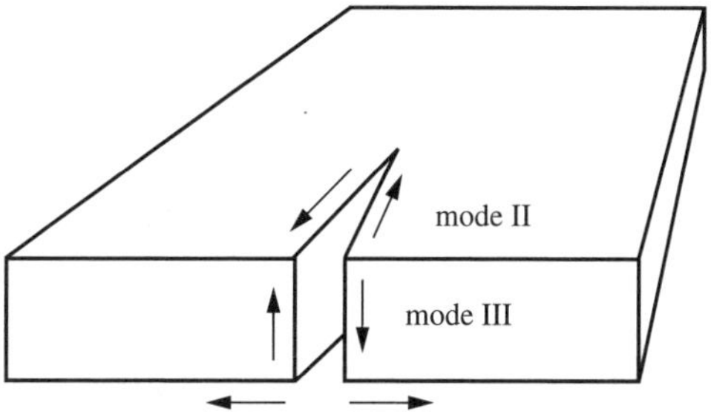

Fig. 12.12 Modes de sollicitation d'une fissure.

Rappelons simplement les 3 modes élémentaires de rupture schématisés sur la figure 12.12: mode I dit *par ouverture*, mode II dit *par glissement perpendiculaire*, et mode III dit *par glissement parallèle*.

En termes de contrainte, la résistance à la rupture d'un matériau à comportement fragile sollicité en mode I est caractérisée par le *facteur d'intensité de contrainte critique* K_{Ic}. Pour une fissure de longueur 2a, selon le modèle de fissure de Griffith, la contrainte critique à rupture σ_c est reliée à K_{Ic} par:

$$K_{Ic} = \sigma_c \sqrt{\pi \cdot a} \quad [\text{MN} \cdot \text{m}^{-3/2}] \tag{12.5}$$

pourvu que les conditions de déformations planes soient remplies, à savoir que l'épaisseur B de l'éprouvette vérifie:

$$B \geq 2{,}5 \cdot \left(\frac{K_{IC}}{R_{p0,2}} \right)^2 \tag{12.6}$$

avec $R_{p0,2}$ la limite d'élasticité du matériau.

En termes d'énergie, la résistance à la rupture d'un matériau à comportement fragile sollicité en mode I est caractérisée par le *taux critique de restitution d'énergie de déformation élastique*, G_{Ic}. Pour un matériau purement fragile, il existe entre les grandeurs K_{Ic} et G_{Ic} les relations:

$$G_{IC} = K_{IC}^2 / E \qquad \text{en contraintes planes} \tag{12.7a}$$

$$G_{IC} = K_{IC}^2 / E(1 - \nu^2) \qquad \text{en déformations planes} \tag{12.7b}$$

où E est le module de Young et ν le coefficient de Poisson.

Il est bien connu que la présence d'une entaille aiguë peut modifier le mode de rupture d'un matériau, de ductile à fragile. En conséquence, lors d'un essai de rupture sur éprouvette entaillée d'un matériau polymérique, la fissure est initiée par entaillage fin de l'échantillon (par petits coups exercés par une lame de rasoir), et la longueur initiale de fissure résultante est mesurée avant essai. Habituellement un certain nombre d'éprouvettes sont préparées de manière identique et testées, de manière à éliminer les erreurs dues à la dispersion. Bien que les polymères soient des matériaux relativement fragiles, il a été montré que l'énergie de rupture d'un matériau polymérique est de deux ordres de grandeur plus élevée que l'énergie de surface des deux nouvelles surfaces créées, appelée *énergie d'adhésion*. La plus grande contribution à l'énergie absorbée vient en effet dans les polymères des processus visqueux mis en jeu en fond de fissure. Souvent une zone étroite de matériau poreux apparaît en fond de fissure. Elle est appelée *crazing zone*, ou *zone craquelée*. Une importance pratique du craquelage (*crazing*) est qu'il peut être induit à plus faible niveau de sollicitation en présence de solvants susceptibles de fragiliser le matériau polymère. On parle alors de *craquelage environnemental*. Le solvant pénètre en effet dans le matériau et facilite les mouvements moléculaires et le phénomène de craquelage. L'effet est beaucoup moins prononcé dans les polymères cristallins. Un exemple classique est le PMMA, dans lequel les contraintes résiduelles résultant des processus d'élaboration sont suffisantes pour entraîner de la fissuration au contact de l'acétone.

12.6.2 Résistance à l'impact des polymères

Pour les plus hautes vitesses de déformation, les essais d'impact Izod ou Charpy sont utilisés (fig. 12.13). Le principe de ces essais est de rompre un petit

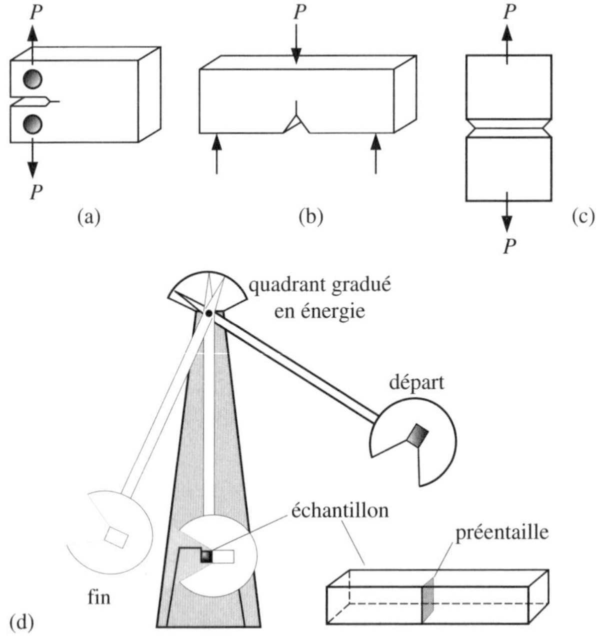

Fig. 12.13 Eprouvettes CT (a), Charpy (b) et Izod (c) utilisées pour mesurer la résistance à l'impact des polymères. Principe de l'essai Charpy (d).

barreau de polymère à l'aide d'un lourd pendule oscillant. Les valeurs de l'énergie de rupture sont déterminées à partir de la perte d'énergie cinétique de la masse pendulaire. Dans l'essai Izod, le barreau est maintenu verticalement par un mors à une extrémité et l'extrémité libre est impactée par le pendule. Dans l'essai Charpy, le barreau est supporté par un plan horizontal, au voisinage de ses extrémités, et impacté par le marteau pendulaire en flexion trois points.

12.7 ANALYSE MÉCANIQUE DYNAMIQUE (AMD)

L'analyse mécanique dynamique (AMD) est une spectroscopie mécanique permettant, pour les polymères, d'étudier les mouvements moléculaires et leurs influences sur les propriétés mécaniques. Les modules de traction (E) et de cisaillement (G) des polymères varient avec la température comme l'indique la figure 12.14, qui montre une courbe thermomécanique schématique susceptible d'être obtenue à partir d'essais de déformation statique ou d'essais dynamiques, par exemple en torsion.

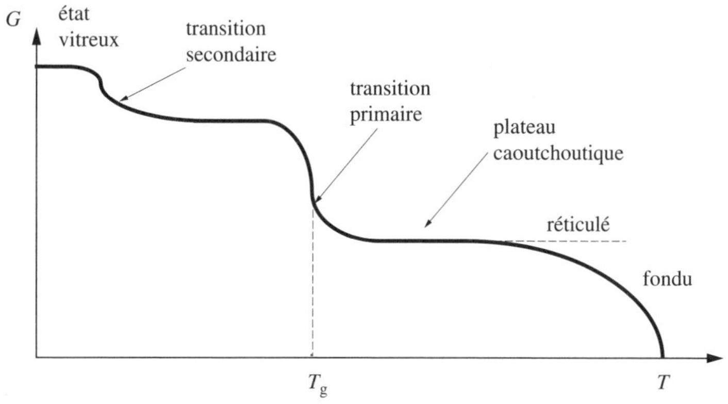

Fig. 12.14 Courbe module-température pour un polymère amorphe. T_g est la température de transition vitreuse.

Les effets des différents modes de mouvements moléculaires se manifestent au travers des propriétés mécaniques elles-mêmes. Si un polymère amorphe rigide est chauffé à partir de son état vitreux, une transition secondaire est observée dans un premier temps, liée à l'apparition d'un mouvement moléculaire local tel qu'une rotation du groupe méthyl ou un mouvement de «flip» du groupe phényl. Après une région plateau, la région de transition primaire est atteinte, et de plus larges mouvements de segments de la chaîne principale commencent. Ce seuil est caractérisé par la température T_g, ou température de transition vitreuse; cette transition est suivie, pour les polymères de haute masse molaire, par un second plateau appelé *plateau caoutchoutique*. La limite supérieure de cette région est la fusion complète sous forme liquide pour les polymères linéaires, et la dégradation thermique pour les matériaux à liaisons croisées.

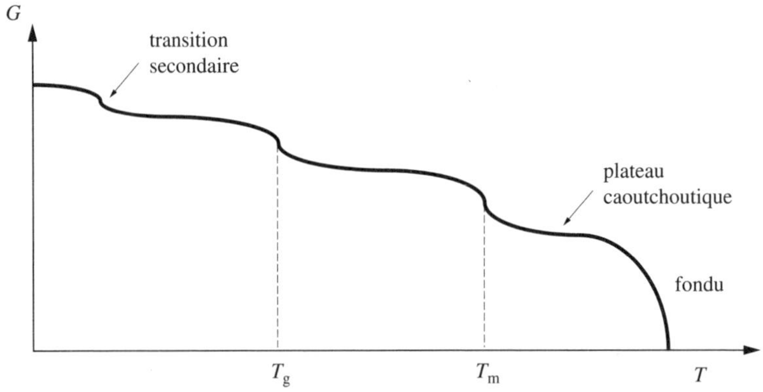

Fig. 12.15 Courbe module-température pour un polymère semicristallin. T_g est la température de transition vitreuse. T_m est la température de fusion de la phase cristalline.

La forme générale de la courbe thermomécanique des polymères semicristallins est montrée en figure 12.15.

La spectrométrie mécanique n'appartient pas aux branches classiques de la spectrométrie, qui dépendent des interactions avec les radiations électromagnétiques. Les courbes thermomécaniques montrent que la dépendance en température des propriétés mécaniques est étroitement reliée à la mobilité moléculaire.

La déformation des polymères résulte d'un comportement à la fois élastique et visqueux. Cette propriété est appelée *viscoélasticité*. Si le comportement élastique est décrit par la loi de Hooke et si le comportement visqueux est newtonien, alors le matériau est dit viscoélastique linéaire. Les relations contrainte normale (σ) ou de cisaillement (τ) – déformation longitudinale (ε) ou distorsion (γ)[1], et contrainte de cisaillement (τ) – vitesse de déformation de cisaillement ($d\gamma/dt$) sont:

- $\sigma = \varepsilon E$ loi de Hooke pour la déformation longitudinale d'un solide,
- $\tau = \gamma G$ loi de Hooke pour la déformation de cisaillement d'un solide,
- $\tau = \eta(d\gamma/dt)$ pour un fluide newtonien,

où E est le module de Young, G le module de Coulomb et η est le coefficient de viscosité. La viscoélasticité linéaire des polymères ne peut en général être admise qu'en première approximation; elle n'est souvent valable que pour des petites déformations.

Après une petite déformation, le polymère peut recouvrer son état d'équilibre original, selon un processus de relaxation. Les dépendances en temps et en température de ce processus sont des caractéristiques essentielles des matériaux polymères.

Dans les essais de relaxation de contrainte, la contrainte décroît au cours du temps. L'énergie élastique se transforme de manière irréversible en énergie

[1] Noter que la déformation γ, appelée distorsion, est égale à deux fois la déformation de cisaillement ε_{12}.

visqueuse. Si le niveau de déformation reste constant, le processus peut être décrit par l'expression différentielle :

$$\dot{\gamma} = \frac{1}{G}\frac{d\tau}{dt} + \frac{\tau}{\eta} = 0 \tag{12.8}$$

où $d\gamma/dt$ est la dérivée par rapport au temps de la distorsion. En résolvant cette équation avec $\tau = \tau_0$ à $t = 0$ on obtient :

$$\tau = \tau_0 \exp(-Gt/\eta) \tag{12.9}$$

Notons que l'exposant η/G, qui combine les effets élastiques et visqueux, est appelé *constante de temps de relaxation*, et l'expression précédente devient :

$$\tau = \tau_0 \exp(-t/\Theta) \tag{12.10}$$

La spectroscopie mécanique est l'étude de la distribution des temps de relaxation sous l'action de divers stimuli statiques et dynamiques. Quand on étudie la dépendance contrainte-temps, le module de relaxation de la contrainte normale, $E(t)$, peut être exprimé par :

$$E(t) = \frac{\sigma(t)}{\varepsilon_0} \tag{12.11}$$

avec σ, la composante de contrainte dépendant du temps dans la direction de la déformation, et ε_0, la déformation initiale.

Le module de relaxation de la contrainte de cisaillement devient :

$$G(t) = \frac{\tau(t)}{\gamma_0} \tag{12.12}$$

où $\tau(t)$ et γ_0 sont la composante de contrainte de cisaillement dépendant du temps et la distorsion initiale respectivement. Le processus de relaxation peut être décrit par le module de relaxation lui-même :

$$\sigma(t) = E(t) \cdot \varepsilon \tag{12.13}$$

et/ou :

$$\tau(t) = G(t) \cdot \gamma \tag{12.14}$$

En réalité, plusieurs processus de relaxation interviennent, dont les modules de relaxation se superposent. Si n processus de relaxation interviennent, en intégrant l'équation (12.10) dans l'équation (12.12), on obtient :

$$G(t) = \sum_{i=1}^{n} G_i e^{-\frac{t}{\Theta_i}} \tag{12.15}$$

Expérimentalement, on applique une contrainte périodique et on mesure la déformation correspondante. La réponse en amplitude diminue, et apparaît avec un décalage dans le temps δ, dû aux propriétés visqueuses des polymères, sur la figure 12.16.

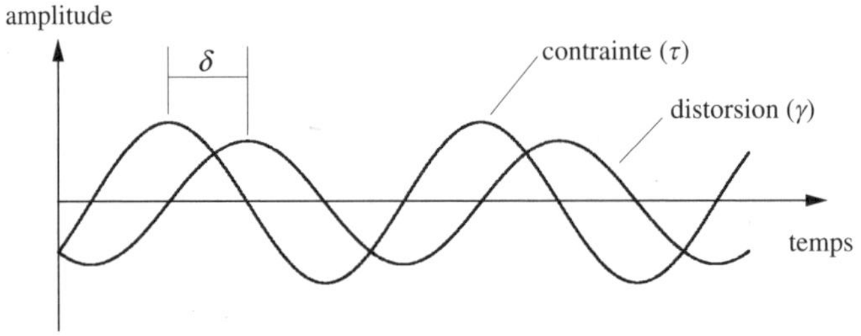

Fig. 12.16 Courbes des contrainte et déformation en fonction du temps lors d'essais mécaniques dynamiques.

Il en résulte un module de cisaillement dynamique G qui peut être divisé en deux composantes d'un module complexe :

$$G = G' + iG'' \tag{12.16}$$

où

$$|G| = \sqrt{G'^2 + G''^2} \tag{12.17}$$

Le rapport entre les deux composantes est désigné par tanδ (facteur de perte) :

$$\tan\delta = \frac{G''}{G'} \tag{12.18}$$

où δ est l'angle de déphasage entre la composante de contrainte et celle de déformation.

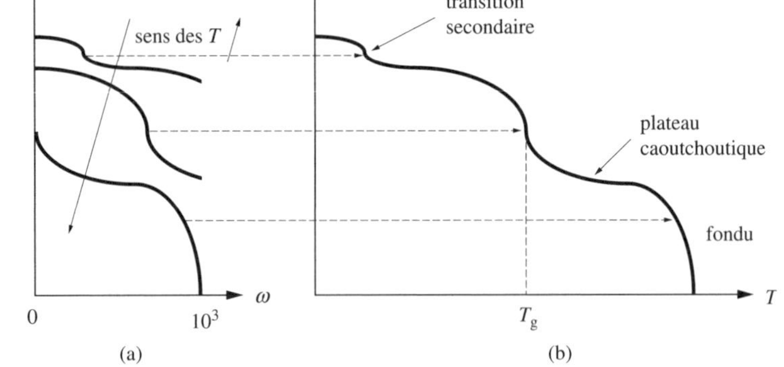

Fig. 12.17 Application du principe d'équivalence temps-température : (a) module de cisaillement en fonction de la pulsation ω, à différentes températures ; (b) module de cisaillement en fonction de la température (« courbe maîtresse » obtenue à partir des précédentes).

Dans les mesures mécaniques dynamiques, l'application du principe d'équivalence temps-température est fondamentale. Ce principe dit qu'une augmentation de la fréquence a le même effet qu'une diminution de la température. Si on fait varier la température au cours de l'essai, une série de courbes peut être obtenue, comme montré sur la figure 12.17(a), avec en exemple une variation de fréquence ω sur une plage de facteur 10^3. Le principe suggère alors que les courbes peuvent être translatées horizontalement pour obtenir une seule courbe appelée ***courbe maîtresse*** (fig. 12.17(b)).

Par l'utilisation de cette technique, la courbe du module en fonction du temps peut être étendue au-delà du domaine mesurable dans la pratique.

12.8 DÉTERMINATION DES MASSES MOLAIRES

12.8.1 Masses molaires des polymères

La masse molaire moyenne (M) d'un polymère est le produit du nombre moyen $\bar{n}$ ou $\overline{DP}$ (pour «degré de polymérisation») d'unités (ou mères) répétées, par la masse molaire $\bar{M}$ de l'unité répétée. Pour un groupe de chaînes de formule moyenne $(CH_2\,CH_2)_{100\,000}$ on a alors:

$$\overline{M} = 28 \text{ g/mole}$$

$$M = 2\,800\,000 \text{ g/mole}$$

Les réactions de polymérisation résultent en des polymères de masses molaires hétérogènes, c'est-à-dire en des chaînes polymères de différentes longueurs ou de différents nombres d'unités. Pour la plupart des polymères synthétiques, la distribution des masses molaires est relativement large. Ils sont dits *polydispersés*. Seuls les protéines spécifiques et les acides nucléiques sont composés de molécules ayant une masse molaire spécifique. Ils sont dits *monodispersés*.

Puisque les macromolécules exigent des masses molaires supérieures à une certaine valeur critique pour développer des propriétés dépendant des enchevêtrements, il est évident que ces propriétés sont fonctions de leur masse molaire. Ainsi la viscosité à l'état fondu, la résistance à la traction, le module, la résistance à l'impact, la ténacité, la résistance à la chaleur, etc. dépendent de la masse molaire et de la distribution de masses molaires du polymère.

La viscosité à l'état liquide d'un polymère est une propriété fondamentale relativement à sa mise en forme. Elle est proportionnelle à la masse molaire moyenne à la puissance 3,4 pour des valeurs au-delà de la masse molaire critique nécessaire à l'enchevêtrement des chaînes.

Ainsi, la viscosité à l'état liquide augmente rapidement lorsque la masse molaire moyenne augmente, et une plus grande quantité d'énergie est nécessaire pour l'élaboration et la mise en forme des polymères constitués de grandes molécules.

Cependant, les propriétés dépendant des enchevêtrements, telle que la résistance, tendent à se stabiliser au-delà d'une valeur critique, et une très faible augmentation de propriété est obtenue par une augmentation ultérieure de la masse molaire. Il est par conséquent rarement justifié de payer pour un temps ou une énergie d'élaboration destinés à obtenir d'extrêmement grandes masses molaires. Une (rare) exception est le polyéthylène à ultra haute masse molaire (UHMPE) utilisé comme base pour les skis de descente, en raison de leur ténacité.

Les oligomères et autres polymères de faible masse molaire ne sont pas utilisables pour les applications pour lesquelles une haute résistance est requise. Le niveau de masse molaire critique pour des propriétés visées dépendra de T_g, de l'énergie de cohésion entre les chaînes de polymères amorphes, du taux de cristallinité dans les polymères cristallins, et de l'effet des renforts dans les composites polymériques. Ainsi, tandis qu'un polymère amorphe de faible masse molaire peut être satisfaisant pour une utilisation comme revêtement ou adhésif, un degré de polymérisation (DP) d'au moins 1000 est généralement nécessaire pour une utilisation comme plastique.

12.8.2 Masses molaire moyennes

Les mesures qui conduisent au nombre de molécules dans un échantillon permettent le calcul de la masse molaire moyenne en nombre, $\bar{M}_n$. La masse molaire moyenne en nombre est calculée en divisant la somme des valeurs des masses molaires individuelles par le nombre de molécules. Mathématiquement elle est définie par:

$$\bar{M}_n = \frac{M}{\sum_{i=1}^{\infty} N_i} = \frac{\sum_{i=1}^{\infty} M_i \cdot N_i}{\sum_{i=1}^{\infty} N_i} \tag{12.19}$$

où $\sum_{i=1}^{\infty} N_i$ = nombre de molécules de N_i.

Les propriétés colligatives dépendent du nombre de particules présentes et sont évidemment fonction de $\bar{M}_n$. Les masses $\bar{M}_n$ sont alors déterminées par des techniques dépendant des propriétés colligatives, telles que l'ébulliométrie (élévation du point d'ébullition), la cryométrie (abaissement du point de congélation), l'osmométrie, et l'analyse des groupes terminaux.

La masse molaire moyenne en poids, $\bar{M}_w$, est déterminée par des expériences dans lesquelles chaque molécule contribue au résultat de mesure en fonction de sa dimension. Cette moyenne dépend plus du nombre des molécules les plus lourdes que la masse molaire moyenne en nombre, qui ne dépend que du nombre total de molécules. La masse molaire moyenne en poids $\bar{M}_w$ est le moment second, ou la moyenne à la puissance 2, et est définie mathématiquement par:

$$\bar{M}_w = \frac{\sum_{i=1}^{\infty} M_i^2 \cdot N_i}{\sum_{i=1}^{\infty} M_i \cdot N_i} \tag{12.20}$$

Les propriétés associées aux grandes déformations, telles que la viscosité et la ténacité, sont particulièrement affectées par les valeurs de $\bar{M}_w$. $\bar{M}_w$ est souvent déterminé par des techniques de dispersion de la lumière et d'ultracentrifugation.

Le rapport $\bar{M}_n/\bar{M}_w$ donne une indication sur la largeur de la distribution et est utilisé comme mesure de la polydispersion. Ce rapport est en conséquence appelé *indice de polydispersion* ou *indice de polymolécularité*. En polymérisation-condensation, cet indice est couramment égal à 2, tandis que pour les polymères monodispersés, il est égal à 1.

12.8.3 Chromatographie par pénétration de gel (GPC, pour *Gel Permeation Chromotography*)

Un certain nombre de techniques de détermination de masse molaire donne des valeurs absolues. En revanche, elles donnent généralement une seule des valeurs précédemment définies, et nécessitent d'être complétées par quelques autres techniques. C'est pourquoi pour une analyse de routine, la technique GPC s'est révélée très appropriée. Elle donne en effet la fonction de distribution complète et les masses molaires moyennes en moins d'une heure.

La technique GPC est basée sur la séparation des masses molaires, suivie de leur détection. La pénétration sélective des masses molaires est due au mécanisme qui implique la pénétration des molécules polymères à l'intérieur des particules d'un gel. Les fractions massiques de faibles masses molaires peuvent pénétrer les pores, tandis que celles de fortes masses molaires court-circuitent les particules de gel, dépendant de leur volume hydrodynamique (fig. 12.18).

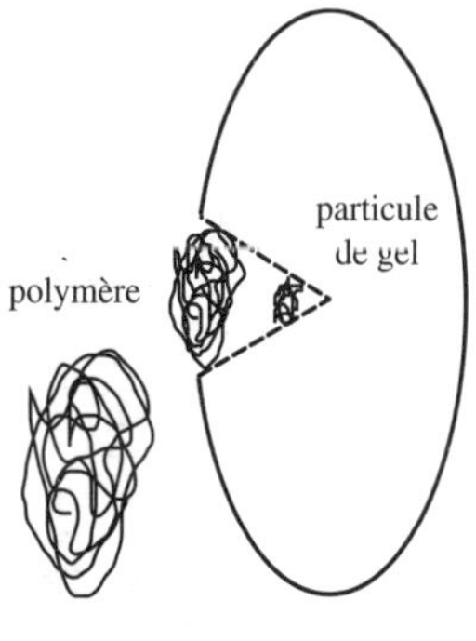

Fig. 12.18 Représentation schématique de la pénétration sélective de polymères de diverses masses molaires dans une particule unique de gel en GPC.

Par conséquent dans une colonne remplie de particules, les plus petites molécules auront un plus long trajet à parcourir, résultant en un retard dans la colonne, tandis que les plus grosses particules s'écouleront les premières. La sélectivité à l'égard des masses molaires sépare ainsi les molécules durant le passage à travers la colonne. Le processus idéalisé est représenté en figure 12.19, où le mélange échantillon dissous est additionné par le haut à la colonne remplie de particules de gel. L'échantillon à étudier est dissous dans le milieu éluant, typiquement en concentration de l'ordre de 0,1 %. Le solvant éluant circule en continu à travers la colonne. En sortie de colonne, la concentration du polymère est détectée et enregistrée.

La détection en sortie de colonne inclut des techniques de mesure telles que celle de l'indice de réfraction, celle de la permittivité, la spectrométrie infrarouge ou de fluorescence, la diffraction de la lumière aux petits angles (SALS pour *Small Angle Light Scattering*, technique permettant la détection en continu de la masse molaire absolue d'une solution polymère fractionnée).

Le détecteur est un équipement moderne connecté à un calculateur qui utilise un logiciel adapté pour l'évaluation des résultats. Le chromatogramme contient les données qui relient le volume d'élution à la concentration relative. Pour en déduire la relation entre le volume d'élution et la dimension moléculaire, la colonne doit

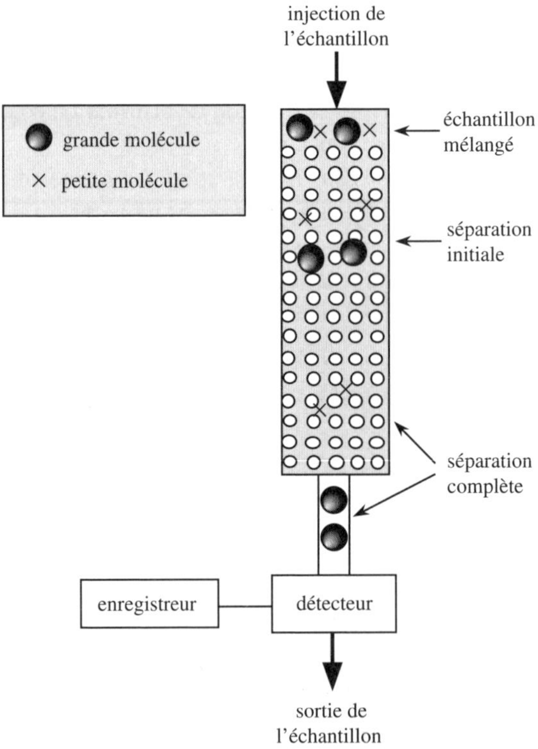

Fig. 12.19 Représentation schématique d'un dispositif de chromatographie par pénétration d'un gel (GPC).

être étalonnée. Quand on parle de dimension moléculaire, on sous-entend la longueur de la chaîne. Mais la technique GPC partitionne les molécules relativement à leur volume hydrodynamique. En conséquence, il est plus approprié de prendre comme référence d'étalonnage le volume hydrodynamique. L'étalonnage est effectué en utilisant des échantillons standard possédant une étroite distribution de masses molaires, et de masse molaire moyenne connue. Des échantillons de polystyrène disponibles commercialement sont communément utilisés. En traçant la masse molaire de ces échantillons standard en fonction du volume d'élution mesuré par GPC, la relation entre le volume d'élution et la masse molaire pour un polymère de composition chimique donnée peut être établie. Si aucun échantillon standard possédant la composition chimique requise n'est disponible, alors l'étalonnage peut être effectué avec des échantillons standard de composition chimique différente, en utilisant le volume hydrodynamique seulement. La relation cherchée entre le volume d'élution et la masse molaire d'un couple polymère/solvant ayant une composition et des interactions similaires est empirique. Pour une colonne donnée, pourtant, le volume d'élution dépend de la masse molaire dans un domaine limité seulement de masses molaires. En dehors de ce domaine, c'est-à-dire pour une trop forte ou une trop faible masse molaire, aucune séparation n'a lieu. Ces limitations sont fonctions de la taille des pores dans les particules du gel, et les masses molaires limites, pour une colonne spécifique, sont données par le fabricant. En conséquence, les colonnes sont interchangeables facilement, de façon à utiliser la colonne adaptée à l'application visée.

Des courbes d'étalonnage «universelles» ont été établies. Comme le volume hydrodynamique est une fonction monotone de la masse molaire, le volume d'élution d'une série de polymères homologues dépend de la masse molaire. Le volume hydrodynamique est proportionnel au produit de la viscosité par la masse molaire ($[\eta] \cdot M$). Ainsi, si les valeurs de log ($[\eta] \cdot M$) pour différents polymères sont tracées en fonction de leur volume d'élution, une courbe d'étalonnage indépendante du polymère est obtenue.

Pour les polymères non solubles à température ambiante, tels que les polyoléfines cristallins, la technique GPC à haute température utilise des solvants à haut point d'ébullition. Le polypropylène dissous dans du trichlorobenzène à 135°C en est un exemple.

12.9 RÉSUMÉ

Les polymères ou matières plastiques se composent de très grosses molécules se présentant sous forme de chaînes moléculaires formées par polymérisation, caractérisées par leur distribution des masses moléculaires. La cohésion de ces chaînes est assurée par des liaisons covalentes. Néanmoins la rigidité des polymères dépend surtout des liaisons secondaires de type van der Waals ou pont hydrogène entre atomes, bien que ces liaisons soient de nettement moindre intensité que les liaisons covalentes. Les propriétés physiques et mécaniques des polymères dépendent à la fois de leur degré de polymérisation et de leur masse moléculaire, d'où l'importance de la caractérisation de ces de ces deux grandeurs. Dans ce chapitre, nous avons exposé les méthodes les plus couramment utilisées pour caractériser la structure et les propriétés dynamiques des polymères. Pour un approfondissement de ces méthodes, on se reportera aux volumes 13 (*Chimie des polymères*) et 14 (*Matériaux polymères: propriétés mécaniques et physiques*) du Traité des matériaux.

12.10 BIBLIOGRAPHIE

[12.1] J. I. Kroschwitz, ed., vol., John Wiley & Sons, New York, 1990.

[12.2] C. Booth et C. Price, eds., *Comprehensive Polymer Science*, vol. 1 (Polymer Characterization), Pergamon Press, New York, 1989.

[12.3] P. J. Hendra et J. K. Agbenyega, *The Raman spectra of polymers*, 1st ed, Whiley, 1993.

[12.4] The Stadtler Standard Spectra sur http://www.lib.utexas.edu/chem/info/sadtler.html.

[12.5] R. J. Abraham, J. Fisher et P. Loftus, *Introduction to NMR Spectroscopy*, John Wiley & Sons, 1988.

[12.6] V. J. McBrierty et D. C. Douglas, *Pol. Sci. Macromol.*, Rev., 16, p. 295, 1981.

[12.7] J.-P. Trotignon, J. Verdu, A. Dobracginsky, M. Piperaud, *Matières Plastiques-Structures-Propriétés, Mise en œuvre, Normalisation*, Précis AFNOR-Nathan, Nathan, 1996.

[12.8] I. M. Ward, *Mechanical Properties of Polymers*, John Wiley & Sons, 1990.

[12.9] H. H. Kausch *et al.*, Matériaux polymères: propriétés mécaniques et physiques, Traité des matériaux, vol. 14, Presses polytechniques et universitaires romandes, Lausanne, 2002.

CHAPITRE 13

CARACTÉRISATION MÉCANIQUE DES CÉRAMIQUES

13.1 OBJECTIFS

L'objectif de ce chapitre est de montrer pourquoi et en quoi les essais mécaniques sur matériaux non métalliques inorganiques se distinguent des essais mécaniques pratiqués sur les métaux (chap. 6 à 11). La raison en est la nature des liaisons atomiques. Les matériaux céramiques se caractérisent en effet par des liaisons atomiques fortes, ioniques ou covalentes (Traité des matériaux, vol. 1, chap. 2, 4 et 5, et vol. 6), qui rendent les déformations plastiques très difficiles, voire quasiment impossibles. Ces liaisons fortes sont à l'origine de la plupart des propriétés spécifiques de ces matériaux, dont certaines jouent un rôle important sur la caractérisation mécanique. En particulier, la concentration de contraintes internes (d'origine mécanique ou thermique) en extrémité de fissure ou de défaut ne peut pas être accommodée par déformation plastique. Si l'on dépasse un seuil donné, elle conduit alors à la propagation brutale des fissures, donc à la rupture. La principale caractéristique des céramiques est ainsi leur *fragilité*.

L'objectif principal de ce chapitre est de présenter les techniques expérimentales développées pour mesurer la réponse des matériaux fragiles à des sollicitations mécaniques. Plusieurs classes importantes de matériaux sont concernées: les oxydes «classiques» tels que l'alumine (Al_2O_3), les oxydes «avancés» tels que les supraconducteurs céramiques complexes (utilisés en électrotechnique, Traité des matériaux, vol. 16), les verres (Traité des matériaux, vol. 16 également), les métaux «durs» (Traité des matériaux, vol. 11), la plupart des intermétalliques, les porcelaines, les briques, les pierres, le béton, et bien d'autres encore.

13.2 PARTICULARITÉS DES ESSAIS MÉCANIQUES SUR LES CÉRAMIQUES

Du point de vue des propriétés mécaniques, deux caractéristiques vont jouer un rôle particulièrement important dans la réalisation des essais: la *fragilité* et la *réfractarité*.

13.2.1 Spécificités induites par la fragilité

Un comportement de type fragile implique que la rupture intervient dans le domaine élastique et, dans le cas des céramiques, pour des déformations très faibles, de l'ordre de quelques pour mille. On imagine aisément que de telles déformations ne sont pas faciles à mesurer, particulièrement à haute température. De ces faibles déformations à la rupture, il découle une sensibilité particulière aux concentrations de contrainte: là où un matériau ductile pourra accommoder une surcontrainte par une déformation plastique localisée, un matériau fragile se rompra.

En premier lieu, la fragilité a des implications sur les montages utilisés dans les caractérisations mécaniques, et sur le coût de celles-ci. Pas question, par exemple, d'amarrer les échantillons par des filetages, car les filets risqueraient de casser les uns après les autres lors d'un serrage ou d'une mise sous contrainte. De même, un montage mal conçu ou mal aligné peut créer une surcontrainte, même très localisée, qui peut induire une rupture parasite de l'éprouvette. Un soin tout particulier est donc nécessaire pour la réalisation de montages d'essais mécaniques sur matériaux céramiques: amarrage des éprouvettes, alignement du chargement, précautions de sollicitation...

Cette sensibilité particulière implique également une grande qualité dans la réalisation des échantillons. Les défauts inhérents au matériau vont jouer un rôle essentiel sur l'amorçage de la rupture, rôle qu'il est important de quantifier puisqu'il constitue une caractéristique intrinsèque au matériau. Mais ici aussi, la moindre strie, le plus petit écaillage accidentel, peuvent provoquer une rupture non significative. On devra donc apporter un grand soin à l'usinage, afin d'obtenir un état de surface résultant de qualité. Compte tenu des difficultés posées par l'usinage des céramiques (utilisation d'un outillage diamanté, rectification longue...), on imagine aisément le coût élevé de l'opération.

13.2.2 Spécificités induites par la réfractarité

La réfractarité est l'aptitude des matériaux à résister à la chaleur. Certaines céramiques conservent ainsi une résistance mécanique appréciable à des températures supérieures à 1000°C. La nécessité de recueillir des données sur le comportement mécanique à très haute température constitue également un point important de la caractérisation mécanique des céramiques (chap. 11).

Exceptés de rares cas où l'éprouvette seule peut être portée à la température d'essai, la réalisation de lignes de charge en céramique apparaît en premier lieu indispensable pour pouvoir atteindre ces températures. Pour les essais sous air, c'est en général de l'alumine de haute pureté qui est utilisée, sur laquelle de coûteux usinages doivent être réalisés pour obtenir les degrés de liberté nécessaires à une sollicitation satisfaisante, si possible isostatique, des éprouvettes. La faible résistance des céramiques aux brusques variations de température oblige à des rampes de montée et de descente en température lentes. Au dessus de 1500°C, les essais sont généralement réalisés sous atmosphère contrôlée (ce qui complique encore le dispositif), à l'aide de lignes d'amarrage en graphite ou en carbure de silicium.

Cette même limite en température (1500°C environ) s'applique à la technologie des fours fonctionnant sous air (résistances et isolants) qui, traversés par les lignes d'amarrage et soumis par les essais successifs à de nombreux cycles thermiques, voient leur température maximale d'utilisation diminuer au cours du temps. Au-dessus de 1500°C, il est donc indispensable de changer de technologie de four, et de travailler sous atmosphère neutre (azote ou gaz neutre) ou sous vide.

A chaud, une mesure correcte de la charge appliquée ne pose généralement pas de problème. En revanche, la complexité (donc le coût de réalisation) des essais augmente considérablement dès lors que l'on souhaite mesurer un déplacement. Pour limiter les erreurs associées aux déformations des lignes de chargement, on doit «aller chercher» la mesure le plus près possible de l'éprouvette, ce qui implique, pour les essais à chaud, l'utilisation de renvois en céramique (bras d'extensomètre, tiges de palpeurs...) ou d'extensomètres optiques. Les dilatations thermiques considérables (souvent plusieurs millimètres) qui accompagnent la montée en température, ainsi que les éventuelles fluctuations de celle-ci, ne facilitent pas la mesure. Ceci est d'autant plus vrai que les faibles déformations des céramiques et réfractaires requièrent une bonne précision dans les mesures de déplacement (une résolution de l'ordre du micromètre est souvent indispensable).

13.3 ESSAIS INTERPRÉTÉS EN TERMES DE MÉCANIQUE DES MILIEUX CONTINUS

Dans cette section, nous nous proposons de traiter le cas d'essais permettant d'instaurer dans les éprouvettes des champs connus de contraintes et de déformations. Ces champs sont le plus souvent déterminés par des relations analytiques, à partir de grandeurs mesurées en cours d'essai: charge appliquée, allongement, flèche de l'éprouvette...

Deux applications principales peuvent être trouvées à ce type d'essais.

La première est l'identification de la loi de comportement mécanique des céramiques. En élasticité linéaire, la connaissance des champs de contraintes et de déformations permet, par application de la loi de Hooke, d'accéder au module d'élasticité des matériaux. De même, à haute température, la mesure de déformation en fonction du temps pour un chargement connu (éventuellement variable) conduit, par des procédures d'identification plus ou moins complexes, aux lois de comportement en fluage du matériau. Enfin, le suivi de la complaisance (rapport de la variation de déplacement sur celle de la charge au cours d'une évolution de celle-ci) permet de détecter (et le cas échéant de quantifier) un endommagement affectant le matériau.

La seconde application concerne l'évaluation de la résistance à la rupture des matériaux. La mesure de la charge à rupture permet de calculer la contrainte maximale associée dans l'éprouvette. On peut alors accéder à des distributions de résistance à la rupture, interprétables par une statistique de type Weibull.

13.3.1 Essais de flexion

L'essai de flexion (trois ou quatre points, fig. 13.1) est particulièrement populaire pour tester les matériaux céramiques. Les éprouvettes sont de géométrie simple (parallélépipède), leur taille dépendant de la microstructure du matériau. Elle peut ainsi aller de quelques millimètres de long pour les céramiques à microstructure fine, jusqu'à quelques décimètres pour les réfractaires ou les bétons à microstructure grossière. Pour que l'on puisse considérer l'état de contrainte comme uniaxial, on admet généralement que la différence entre les entraxes extérieur et intérieur doit être supérieure à dix fois l'épaisseur de l'éprouvette.

La flexion permet de générer des contraintes de traction à partir d'une force de compression. Ce point revêt une importance particulière pour les essais à haute température: les lignes de charge de l'éprouvette, elles-mêmes nécessairement constituées de céramique, travaillent alors en compression, ce qui en limite les risques de rupture. Par ailleurs, en flexion, de faibles niveaux de déformation se traduisent par des flèches importantes, donc plus faciles à mesurer.

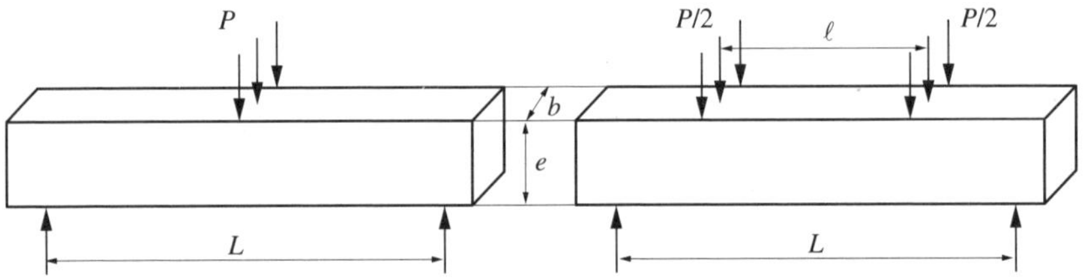

Fig. 13.1 Essais de flexion: (a) essai de flexion trois points; (b) essai de flexion quatre points.

La fragilité du matériau testé implique toutefois quelques précautions afin d'éviter le «gauchissement» de l'éprouvette et l'amorçage de ruptures non significatives à partir des angles en tension. L'usinage des éprouvettes doit être soigné (parallélisme entre faces d'appui, réalisation de chanfreins sur les arêtes en tension, absence de stries et/ou d'écaillages...). On utilise également des systèmes articulés permettant de répartir au mieux la charge sur les éprouvettes, et d'éviter ainsi les concentrations de contrainte. En particulier, en flexion quatre points, des systèmes à palonnier permettent d'assurer une répartition symétrique de la charge. On imagine aisément que ces systèmes sont plus faciles à réaliser en métal pour les essais à basse température, qu'en céramique pour les essais à chaud.

Le revers de la médaille est que l'essai de flexion ne génère pas un champ de contrainte uniforme dans le matériau. L'analyse des résultats se fait en général au point où la contrainte est maximale. En flexion quatre points, pour une éprouvette d'épaisseur e et de largeur b, et des entraxes de sollicitation extérieur et intérieur notés respectivement L et ℓ (en flexion trois points, $\ell = 0$), contrainte et déformation maximales s'expriment respectivement en fonction de la charge appliquée P et de la flèche maximale f_m par les relations (voir [13.12] par exemple):

$$\sigma = \frac{3\,P\,(L-\ell)}{2\,b\,e^2} \tag{13.1}$$

$$\varepsilon = \frac{12\,e\,f_{\mathrm{m}}}{3L^2 - (L-\ell)^2} \tag{13.2}$$

Il est parfois plus simple expérimentalement de mesurer le déplacement f_{a} des points d'appui plutôt que la flèche maximale, et l'expression de la déformation devient alors :

$$\varepsilon = \frac{6\,e\,f_a}{(L-\ell)(L+2\ell)} \tag{13.3}$$

L'interprétation des essais de flexion se complique dès lors que le comportement du matériau n'est plus purement élastique, notamment dans les cas où le matériau flue ou s'endommage. Le comportement devient alors dissymétrique (c'est-à-dire différent en traction et en compression). Il n'existe alors généralement plus d'expression analytique pour le calcul des contraintes et des déformations qui se redistribuent dans la section de l'éprouvette.

13.3.2 Essais de compression

Les essais de compression sont souvent utilisés pour caractériser le comportement et/ou la rupture de céramiques ou de réfractaires (comme celui des matériaux fragiles du génie civil tels que le béton et les roches). Comme pour la flexion, les éprouvettes sont de géométrie simple, généralement cylindrique de révolution ou parallélépipédique. Il est ici aussi important d'assurer une répartition de la charge la plus homogène possible en soignant le parallélisme des faces d'appui et en favorisant le glissement des contacts entre éprouvette et montage. Contraintes et déformations sont calculées à partir de la charge appliquée P, de la section résistante S et de l'allongement $\Delta\ell$ mesuré sur une longueur de référence ℓ par les relations simples :

$$\sigma = \frac{P}{S} \tag{13.4}$$

$$\varepsilon = \frac{\Delta\ell}{\ell} \tag{13.5}$$

Les allongements d'éprouvette sont en général très faibles et donc difficilement mesurables, particulièrement à haute température. Utiliser une longueur de jauge importante facilite cette mesure. Mais un élancement excessif de l'éprouvette peut provoquer son flambement, et fausser ainsi l'estimation de l'allongement : on considère généralement que la longueur de celle-ci ne doit pas dépasser six fois la plus petite des dimensions de la section résistante. Enfin, on utilise parfois des matériaux lubrifiants pour faciliter le glissement aux interfaces montage/éprouvette et éviter une déformation «en tonneau».

Il est toutefois important de noter que les valeurs de résistance à la rupture ainsi déterminées doivent être considérées avec une grande circonspection. En effet, le fait que les céramiques soient beaucoup plus résistantes en compression qu'en traction ou en cisaillement implique que la rupture, lors d'essais de compression, ne s'amorce pratiquement jamais sous le seul effet des contraintes de compression. Les concentrations de contrainte que l'on peut rencontrer au voisinage des défauts peuvent jouer un rôle important sur la rupture, de même que les cisaillements toujours possibles en raison d'un mésalignement de la charge ou d'hétérogénéités du matériau.

13.3.3 Essais de traction

Autrefois peu usités en raison de la difficulté que pose leur application aux matériaux fragiles, les essais de traction sont de plus en plus souvent utilisés pour caractériser le comportement mécanique des céramiques et des réfractaires à haute température. Par rapport à l'essai de flexion, la complexité de mise en œuvre est partiellement compensée par la facilité d'interprétation des résultats. On peut ainsi pratiquer une identification directe de la loi de comportement, sur la base d'une contrainte toujours uniforme dans la section utile, y compris pour des comportements complexes (fluage et/ou endommagement par exemple). Couplés à des essais de compression, les essais de traction permettent de révéler les dissymétries de comportement, beaucoup mieux que ne l'autorise la flexion, qui combine les deux modes de sollicitation.

On peut distinguer deux types d'essai, suivant que l'amarrage de l'éprouvette se fait à chaud, c'est-à-dire par un montage céramique lui-même à la température d'essai, ou à «tiède» par des mors généralement métalliques (seule la partie centrale de l'éprouvette est portée à la température d'essai par un moyen de chauffage localisé). La forme générale de l'éprouvette est très variable, et dépend grandement du mode d'amarrage choisi (épaulements, queues d'aronde, cônes, mors serrants...) [13.2]; l'usinage en est généralement coûteux.

Le bon alignement de la charge avec l'axe de l'éprouvette est un facteur essentiel pour la qualité des résultats obtenus, car flexion et/ou torsion parasites peuvent sérieusement affecter ces derniers. Cet alignement peut être obtenu en soignant l'usinage des éprouvettes et des mors (tolérance faible) et/ou par des systèmes auto-alignants, la charge étant par exemple transmise par un câble ou par des vérins hydrauliques. Etant donné la petitesse des déformations à mesurer, l'extensométrie n'est pas un problème simple à résoudre. La mesure de l'allongement peut être réalisée par un extensomètre à contacts ou par un extensomètre optique (par exemple à ombrage laser).

13.3.4 Essais spécifiques générant des contraintes uniaxiales

L'usinage des matériaux céramiques étant particulièrement long et coûteux, il est parfois intéressant de concevoir des essais spécifiques adaptés à une géométrie

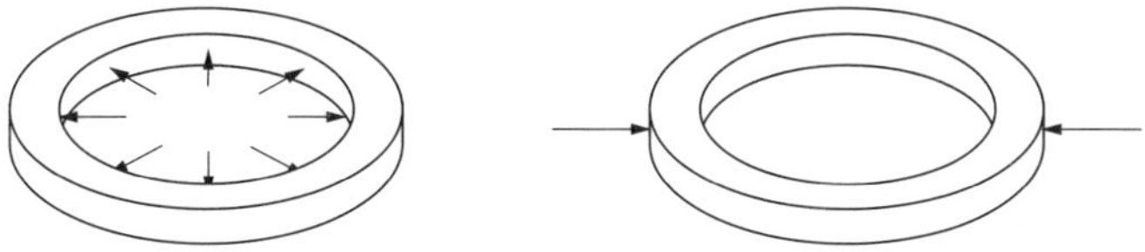

Fig. 13.2 Essais spécifiques générant des contraintes uniaxiales: (a) tube sous pression interne; (b) tube sous compression diamétrale.

particulière de composant. Nous citerons ici l'exemple de tubes minces qui peuvent être sollicités par une pression interne, pour peu que l'on résolve le problème de l'étanchéité et des frottements (fig. 13.2). Avec un bon contrôle de l'effort axial, on peut alors considérer que l'état de contrainte ainsi produit est une simple traction tangentielle.

Sur ce même type d'éprouvette, une compression suivant un diamètre produit, dans l'épaisseur, un champ de contrainte analogue à une flexion.

13.3.5 Essais générant des contraintes multiaxiales

Des essais provoquant des contraintes multiaxiales sont parfois utilisés sur les céramiques pour leur simplicité de mise en œuvre. La grandeur considérée comme significative lors de ces essais est le maximum de la plus grande contrainte principale de traction rencontrée dans le matériau. On considère donc implicitement que c'est celle-ci qui provoque la rupture du matériau, indépendamment des autres contraintes qui peuvent y être associées (traction, compression ou cisaillement).

Les essais de flexion de plaque sont employés dès lors que le matériau se présente sous forme de cylindres ou de disques. L'éprouvette repose sur un anneau circulaire ou sur des appuis ponctuels (au minimum trois) disposés suivant un cercle (fig. 13.3). L'effort est appliqué dans la partie centrale de l'éprouvette par un appui ponctuel (bille) ou par un anneau. La contrainte maximale de traction se situe sur la face opposée, au centre de l'éprouvette. Dans le cas de disques minces d'épaisseur e, on peut considérer que cet essai engendre un état de contraintes planes, et que la contrainte au centre est équibiaxiale. Dans le cas d'un appui supérieur uniforme de diamètre r appliqué sur un disque de rayon R' supporté par un anneau de rayon R, sa valeur maximale de la contrainte peut être calculée par la relation [13.14]:

$$\sigma = \frac{3\,P\,(1+\nu)}{4\,\pi\,e^2}\left[1 + 2\ln\left(\frac{R}{r}\right) + \frac{(1-\nu)}{(1+\nu)}\left(1 - \frac{r^2}{2\,R^2}\right)\frac{r^2}{R'^2}\right] \tag{13.6}$$

où ν est le coefficient de Poisson du matériau. Dans le cas d'un appui supérieur sous forme d'une bille, on considère que le rayon d'appui peut être approché par la relation:

$$r = \frac{e}{3} \tag{13.7}$$

Des éprouvettes de ce type peuvent également être sollicitées par un effort de compression diamétrale : cet essai est parfois appelé *essai brésilien* ou *essai de traction par fendage* [13.13]. Des contraintes de traction sont alors induites dans la direction diamétrale orthogonale à la charge (état biaxial de traction-compression dans le matériau), et sont maximales au centre de l'éprouvette. Dans le cas d'une plaque mince, les contraintes de traction peuvent s'exprimer en fonction de la charge appliquée P, du diamètre D et de l'épaisseur e par la relation :

$$\sigma = \frac{2P}{\pi D e} \tag{13.8a}$$

Les contraintes de compression orthogonales associées valent alors :

$$\sigma = \frac{6\,P}{\pi\;D\;e} \tag{13.8b}$$

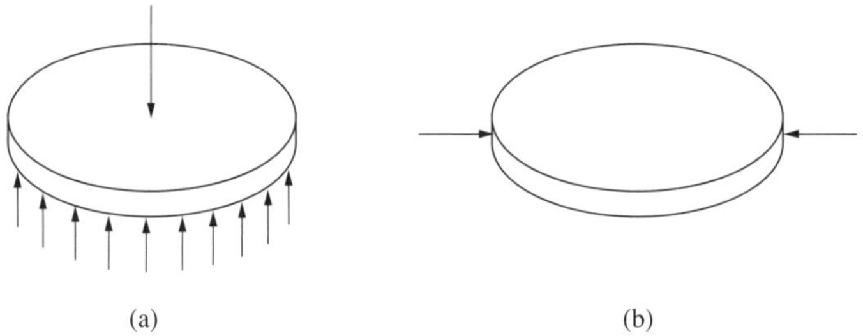

Fig. 13.3 Essais spécifiques générant des contraintes multiaxiales : (a) flexion de plaque ; (b) compression diamétrale.

13.4 ESSAIS INTERPRÉTÉS EN TERMES DE MÉCANIQUE DE LA RUPTURE

Le but de ces essais est de caractériser le matériau vis-à-vis de sa résistance à l'amorçage et à la propagation des fissures. Le paramètre de chargement utilisé est le facteur d'intensité de contrainte en mode I, K_I. Peu de données sont disponibles dans la littérature concernant les modes II et III. Rappelons que les facteurs d'intensité de contrainte relatifs aux modes I, II et III de sollicitation respectivement, sont des facteurs définis en élasticité, qui ne dépendent que de la géométrie de la pièce fissurée et de son mode de chargement (Traité des matériaux, vol. 9). C'est généralement la valeur critique de K_I (la ténacité K_{IC}) que l'on calculera à l'amorçage (ou plus rarement à l'arrêt) de la fissuration, à partir de la mesure de la charge. La fragilité des céramiques, c'est-à-dire la faible valeur de leur ténacité, ne favorise pas une mesure fiable, et de nombreux essais croisés interlaboratoires ont été réalisés [13.5; 13.7], conduisant à la définition de normes [13.10]. Un ouvrage de référence donne les valeurs des facteurs d'intensité de contrainte pour de nombreux types de sollicitation [13.6].

On peut aussi vouloir mesurer des caractéristiques de propagation stable de fissure. La propagation de celle-ci se traduit par une augmentation de la complaisance de l'éprouvette (rapport entre le déplacement et la charge appliquée), qui peut être mesurée expérimentalement. Cette méthode peut même fournir, lorsque la mesure directe de la longueur de fissure est impossible ou difficile (cas des essais à chaud, notamment), une estimation indirecte de la longueur de fissure.

13.4.1 Estimation de la ténacité par indentation Vickers

Celle-ci consiste à estimer la ténacité à partir de la mesure de l'empreinte et des fissures créées par un pénétrateur dans le matériau. Cette méthode est dénommée dans la littérature *IS* pour *Indentation Strength* ou *IST* pour *Indentation Strength Toughness*. On se reportera au chapitre 7 du présent volume pour une description des essais d'indentation.

Ces essais peuvent donner lieu à une plastification très localisée sous un indenteur de type Vickers (les très fortes contraintes hydrostatiques de compression générées par le contact préservant l'intégrité du matériau), mais le potentiel de déformation plastique des céramiques reste très limité. Lors de la pénétration d'un indenteur, après création d'une empreinte plastique de très petite taille, l'accommodation du matériau sous la charge imposée ne peut se faire que par rupture localisée. On assiste alors à l'ouverture de deux fissures semi-circulaires orthogonales, joignant les angles de l'empreinte (fig. 13.4). La ténacité des matériaux peut être estimée à partir de la mesure des fissures et de l'empreinte: mentionnons à ce sujet une excellente étude critique de la littérature [13.10; 13.11].

Une charge excessive peut provoquer des fissures parallèles à la surface (dites latérales) susceptibles de conduire à un écaillage. Une application valide des relations permettant le calcul de la ténacité suppose que la charge appliquée a été suffisante pour provoquer les fissures semi-circulaires, sans toutefois induire de fissuration latérale.

Après application d'une charge P puis déchargement, on procède à la mesure des demi-diagonales a de l'empreinte et du rayon c des fissures (c'est-à-dire leur trace en surface). La dureté Vickers du matériau (chap. 7) s'exprime par:

$$H = \frac{P}{2a^2} \tag{13.9}$$

Une des relations empiriques les plus utilisées pour calculer la ténacité est [13.1]:

$$K_{IC} = 0{,}016 \sqrt{2\,E\,P}\,\frac{a}{c^{1{,}5}} \tag{13.10}$$

où E est le module d'élasticité du matériau.

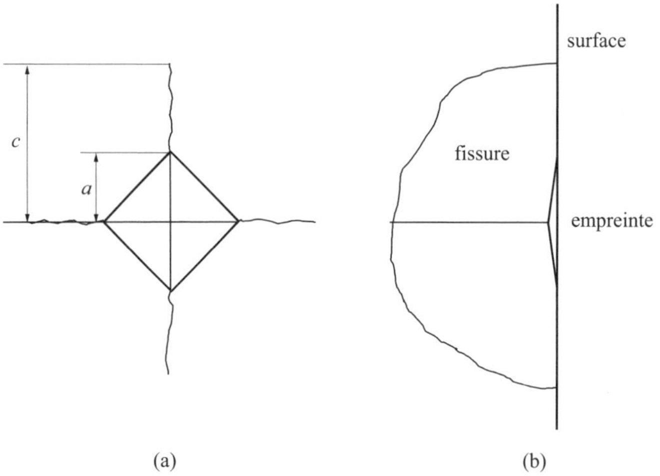

Fig. 13.4 Schéma d'une indentation Vickers dans un matériau fragile: vue du dessus (a) et en coupe (b).

Il est important de noter qu'outre les fissures, l'indentation du matériau génère des contraintes résiduelles. Ces contraintes empêchent généralement l'application directe, à des fissures créées par indentation, des relations établies en mécanique de la rupture pour des petites fissures non précontraintes.

Limites de validité de l'indentation

Les méthodes d'estimation de la ténacité basées sur l'indentation sont de mise en œuvre rapide. Elles requièrent néanmoins, pour donner des résultats valables, la prise d'un certain nombre de précautions.

La première limite d'applicabilité est que la technique d'indentation ne donne des résultats valides que sur des matériaux denses. Sur des matériaux poreux, la densification sous la compression provoquée par l'indenteur affecte les résultats et peut compromettre sérieusement l'applicabilité des relations permettant le calcul de la ténacité.

Le choix judicieux de la charge d'indentation constitue également une condition de validité des essais. Celle-ci doit être suffisante pour provoquer la création de fissures semi-circulaires. Ces fissures doivent être mesurables par microscopie (optique de préférence), cette mesure étant par ailleurs souvent quelque peu subjective. On considère que ces conditions sont généralement vérifiées dès lors que le rapport c/a devient supérieur à deux, la charge appliquée ne devant naturellement pas provoquer de fissurations parasites, voire d'écaillages.

Enfin, la dernière précaution concerne les phénomènes de corrosion sous contrainte qui peuvent affecter certains matériaux céramiques (Traité des matériaux, vol. 16), notamment les oxydes. La corrosion peut induire une propagation parasite des fissures pour des facteurs d'intensité de contrainte inférieurs à la ténacité, non seulement quand une charge (d'indentation ou de flexion) est appliquée, mais également sous l'effet des contraintes résiduelles générées par l'indentation.

13.4.2 Essais d'amorçage basés sur la flexion

Les éprouvettes CT (*Compact Tension*) (chap. 9) et DCB (*Double Cantilever Beam*), très utilisées pour les métaux, sont rarement utilisées pour les céramiques. On leur préfère les simples parallélépipèdes, moins coûteux en usinage et de mise en œuvre plus facile, que constituent les éprouvettes de flexion.

On veut ici caractériser la fissuration et l'on cherche généralement à s'affranchir des défauts naturels du matériau. On introduit donc volontairement un concentrateur de contrainte dans le matériau, à savoir une entaille mécanique ou une fissure réelle à partir de laquelle s'amorcera la rupture. Ce concentrateur de contrainte doit naturellement être reproductible et connu.

Sur ces bases, des essais de mesure de ténacité ont été développés. Il s'agit de déterminer la valeur maximale atteinte par le facteur d'intensité de contrainte, au moment de l'amorçage de la fissuration, à partir de la valeur maximale atteinte par la charge enregistrée au cours de l'essai.

La flexion sur éprouvette entaillée par usinage SENB

Dans ce cas, on usine une entaille fine dans des éprouvettes de flexion à l'aide d'une scie diamantée circulaire ou à fil. L'éprouvette ainsi réalisée est dite SENB (*Single Edge Notched Beam*) (fig. 13.5(a)). Si cette méthode est simple, elle a toutefois comme inconvénient de ne pas être représentative d'un front de fissure réel dans le matériau, généralement beaucoup plus aigu.

En flexion quatre points, pour une éprouvette d'épaisseur e et de largeur b, et des entraxes de sollicitation extérieur et intérieur respectivement L et ℓ (le cas de la flexion trois points est traité en égalant ℓ à 0), le facteur d'intensité de contrainte se déduit de la charge maximale P atteinte au cours de l'essai par la relation [13.8]:

$$K_{\mathrm{I}} = \frac{3P\left(L-\ell\right)}{2be^2} \cdot \sqrt{\pi a} \cdot F_{\mathrm{I}}\left(\alpha\right) \tag{13.11}$$

avec $\alpha = a/e$ où a est la longueur de la fissure, et $F_{\mathrm{I}}(\alpha)$ une fonction de α.

Une amélioration de l'éprouvette SENB consiste à en diminuer le rayon en fond de rainure en pratiquant une fine entaille en V à l'aide d'une lame de rasoir et d'une suspension diamantée, ou d'une meule diamantée très fine: on obtient ainsi l'éprouvette dite SEVNB (*Single Edge V-Notched Beam*). Les relations utilisées pour le calcul de la ténacité à partir d'une éprouvette SEVNB sont identiques à celles employées pour l'éprouvette SENB.

Une des deux fissures semi-circulaires créées par indentation Vickers peut être utilisée pour obtenir l'amorçage de la fissuration. On emploie souvent aussi un indenteur Knoop, en forme de pyramide allongée, qui permet de ne créer qu'une seule fissure [13.3; 13.6]. L'indentation est placée au centre de la face en traction d'une éprouvette de flexion, de telle façon que le plan de la fissure soit orthogonal à la contrainte de traction (sollicitation de la fissure en mode I). Cette éprouvette est dite

SCF pour *Surface Crack in Bending* (fig. 13.5(b)). On utilise généralement comme mode de sollicitation la flexion quatre points, qui autorise une plus grande tolérance dans le positionnement de l'éprouvette (la contrainte est constante sur une surface et non pas seulement sur une ligne comme en flexion trois points). La ténacité est déduite de la contrainte à rupture σ_R, par une relation empirique. Une des plus répandues s'écrit, pour une indentation Vickers [13.1]:

$$K_{IC} = 0,7 \left(\frac{E}{H} \right)^{0,125} \left(\sigma_R \; P^{1/3} \right)^{0,75} \tag{13.12}$$

où E est le module d'élasticité du matériau, H sa dureté et P la charge d'indentation.

Plus récemment est apparue l'idée de créer une authentique préfissure par l'application d'une compression sur une éprouvette de flexion préalablement indentée au centre de la face en traction. L'éprouvette ainsi obtenue est dénommée SEPB (*Single Edge Precracked Beam*). Cette technique pose toutefois le problème de la détection de l'amorçage et du contrôle de cette préfissuration. Qui plus est, la reproductibilité d'une éprouvette à l'autre n'est pas assurée. On se trouve donc obligé de se livrer à des observations fractographiques après rupture complète de l'éprouvette, afin de contrôler la conformité de la préfissure (longueur, inclinaison, planéité...), indispensable à la validation du résultat, et de mesurer sa longueur, nécessaire au calcul de la ténacité. Ce calcul est réalisé par les mêmes relations que celles utilisées pour l'éprouvette SENB. On retiendra que la mise en œuvre de l'essai SEPB est assez lourde.

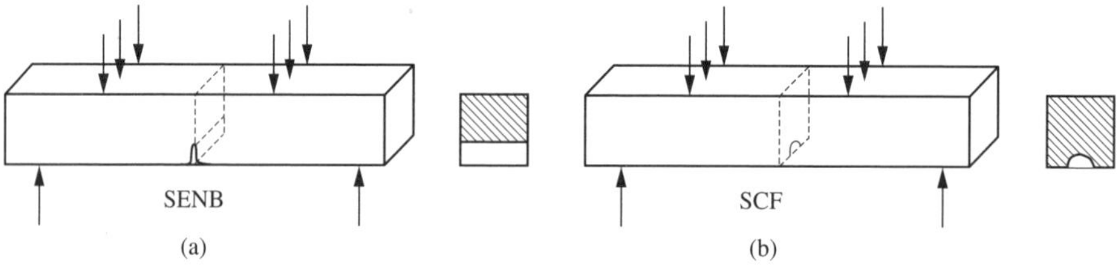

Fig. 13.5 Eprouvettes pour essais d'amorçage de fissuration basés sur la flexion: (a) éprouvette de flexion SENB; (b) éprouvette de flexion indentée SCF.

13.4.3 Essais basés sur la propagation d'une fissure

La fragilité des matériaux céramiques se traduit par une énergie de rupture faible, donc une propension à une fissuration instable. Dans le cas des essais mécaniques, cela signifie que, sans précaution particulière, l'énergie élastique stockée par l'éprouvette et le dispositif d'essai sera généralement supérieure à celle nécessaire pour rompre totalement l'éprouvette. En provoquant la restitution de cette énergie, l'amorçage de la fissure entraînera donc la rupture totale et instable de l'éprouvette. Des machines et montages rigides, ainsi que des modes de sollicitation spécifiques sont indispensables pour pouvoir obtenir une fissuration stable. Nous allons en donner deux exemples ci-après.

La flexion sur éprouvettes à entaille en chevron CNB et de double-torsion DT

La réalisation d'une entaille en forme de chevron dans une éprouvette de flexion permet, si les dimensions en sont judicieusement choisies, d'obtenir un maximum de la courbe de chargement situé après le point d'amorçage de la fissuration: cette éprouvette est dénommée CNB (*Chevron-Notch in Bending*), (fig. 13.6(a). C'est ici la croissance de la longueur de front de fissure en fonction de la progression de celle-ci qui permet la stabilisation. Le facteur d'intensité de contrainte, calculé à partir du maximum de charge relevé expérimentalement, peut alors être associé à une vitesse de propagation de fissure. Il faut d'ailleurs noter qu'en l'absence de phénomène particulier (endommagement ou transformation de phase en avant du front de fissure, corrosion sous contraintes, pontages en arrière de la fissure...), la fragilité des matériaux implique théoriquement une indépendance du facteur d'intensité de contrainte ainsi mesuré vis-à-vis de la vitesse de fissuration. Si la fissuration reste stable jusqu'à la fin, cet essai peut également être interprété en termes d'énergie de rupture. On écrit alors que l'énergie fournie à l'éprouvette a été entièrement consommée par la création des surfaces de rupture:

$$\int P \, df = 2 \, A \, \gamma \tag{13.13}$$

où P est la charge appliquée, f la flèche associée, A l'aire du chevron et γ l'énergie de surface libre du matériau. Le facteur d'intensité de contrainte moyen de propagation de la fissure se déduit alors de l'énergie de surface libre par la relation:

$$K_{\mathrm{I}} = \sqrt{2 \, E \, \gamma} \tag{13.14}$$

Enfin, pour mesurer la ténacité, une entaille chevron est parfois pratiquée dans de courts barreaux parallélépipédiques ou cylindriques.

L'essai dit de double-torsion (fig. 13.6) est également très répandu, car il permet d'obtenir une fissuration stable à partir d'une simple plaque sollicitée en compression. On peut, avec cet essai, réaliser plusieurs mesures successives du facteur d'intensité de contrainte à l'amorçage, sur une seule éprouvette. Outre le fait que cette configuration stocke peu d'énergie élastique, un des grands avantages de cet essai est que le facteur d'intensité de contrainte est indépendant de la longueur de la fissure, pour autant que celle-ci soit comprise entre le quart et les trois quarts de la longueur de l'éprouvette. La mesure de la longueur de fissure, toujours délicate à réaliser à chaud, n'est alors plus nécessaire pour estimer le facteur d'intensité de contrainte. En contrepartie, cet essai se caractérise par un champ de contraintes complexe qui génère un front de fissure curviligne. Pour une éprouvette de faible épaisseur e et de largeur ℓ, reposant sur des appuis externes distants de ℓ', le facteur d'intensité de contrainte s'exprime, en fonction de la charge appliquée P, par la relation:

$$K_{\mathrm{I}} = P \sqrt{\frac{3 \, (1 + \nu) \, \ell'^2}{4 \, e^4 \, \ell}} \tag{13.15}$$

L'essai de double-torsion est très souvent utilisé pour caractériser des fissurations stables lentes, notamment dans le cas de céramiques sensibles à la corrosion sous contraintes. Suivant que l'on maintient sur l'éprouvette une charge appliquée P ou une flèche f constante, la vitesse de fissuration v s'exprime respectivement par les relations suivantes:

$$v = \frac{2\,E\,\ell\,e^3}{3\left(1+\nu\right)\ell'^2}\,\frac{\mathrm{d}f}{\mathrm{d}t} \tag{13.16}$$

$$v = -\frac{2\,E\,\ell^2\,e^3}{3\,(1+\nu)\,P^2\,\ell'^2}\,\frac{\mathrm{d}P}{\mathrm{d}t} \tag{13.17}$$

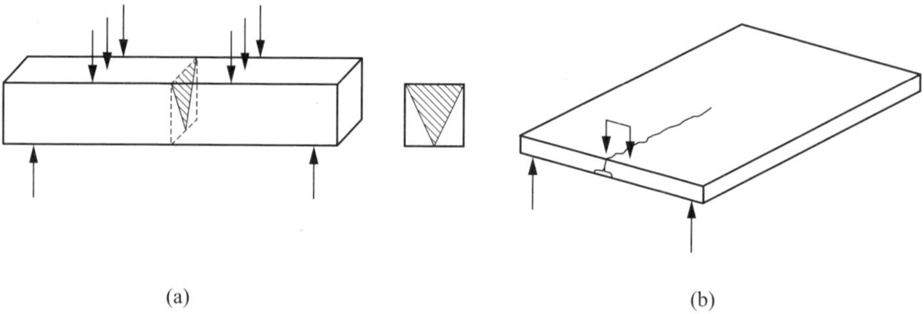

Fig. 13.6 Essais de propagation de fissure: (a) éprouvette de flexion à entaille chevron CNB; (b) éprouvette de double-torsion DT.

13.5 FATIGUE

Comme nous l'avons vu précédemment, les céramiques ont généralement, sauf sollicitation très particulière (indentation par exemple), un comportement fragile, sans déformation plastique avant rupture. Il s'ensuit une absence de plasticité en avant des fissures, plasticité qui est responsable de la propagation des fissures dans le cas de la fatigue cyclique des métaux. Les céramiques présenteront donc une sensibilité à la fatigue cyclique très faible, pour ne pas dire inexistante. L'action de cycler les contraintes n'aura à proprement parler aucun effet aggravant sur le dommage, et c'est la charge maximale atteinte pendant le cyclage qui conditionnera la rupture fragile du matériau. De même, pour l'endommagement et le fluage, il sera le plus souvent possible de remplacer une sollicitation cyclique par un chargement statique équivalent.

Ceci explique le faible nombre d'études qui se sont intéressées à la fatigue cyclique des céramiques. Pour terminer, mentionnons le terme «fatigue statique», parfois employé par les céramistes pour désigner une propagation de fissure sous contrainte appliquée constante (sous l'effet d'une corrosion sous contraintes ou d'un fluage localisé).

13.6 CHOC THERMIQUE

Leur fragilité, leur faible conductivité thermique et leur rigidité confèrent aux céramiques une médiocre résistance aux chocs thermiques. En d'autres termes, ces matériaux ont du mal à subir de forts gradients thermiques ou de brusques variations de température sans s'endommager ou se rompre. La principale caractéristique des sollicitations d'origine thermique est d'être à déformations imposées et non à contraintes imposées, comme c'est généralement le cas des chargements mécaniques. En pratique, cela signifie que, si le matériau est capable d'accommoder ces déformations (par fluage, microfissuration, voire fissuration macroscopique), les contraintes se relaxent, et l'on peut aboutir à un état stable dans lequel le matériau ne continue ni à se déformer, ni à s'endommager.

Les caractéristiques thermiques et élastiques du matériau influenceront sa résistance au choc thermique : une conductivité thermique et une résistance à la rupture élevées, un coefficient de dilatation linéaire et un module d'élasticité faibles favorisent la résistance au choc thermique.

Si de très nombreuses publications témoignent d'essais réalisés pour évaluer la résistance au choc thermique de céramiques, l'ensemble est assez hétéroclite. La plupart des auteurs se placent dans des conditions expérimentales spécifiques, choisies souvent proches des sollicitations rencontrées en service, pour évaluer les résistances au choc thermique respectives de différents matériaux. C'est généralement la résistance à la rupture résiduelle après un choc thermique d'une intensité donnée, qui permet d'évaluer l'endommagement subi par le matériau durant celui-ci.

Deux théories président depuis longtemps aux analyses de l'endommagement des céramiques par chocs thermiques. La première [13.5] considère que le comportement du matériau est purement élastique fragile, c'est-à-dire que sa seule possibilité pour s'adapter aux déformations thermiques qui lui sont imposées est de se déformer élastiquement ou de se rompre par macrofissuration. On a alors une réponse « binaire » du matériau à la sollicitation thermique (« ça passe ou ça casse ») suivant un critère d'amorçage de fissure basé sur la résistance à la rupture du matériau. L'analyse thermoélastique conduit à la définition de deux paramètres caractérisant la résistance d'un matériau au choc thermique :

$$R = \frac{\sigma_R}{E\,\alpha\,f(\nu)} \tag{13.18}$$

$$R' = \frac{\lambda\,\sigma_R}{E\,\alpha\,f(\nu)} \tag{13.19}$$

relations dans lesquelles σ_R est la résistance à la rupture du matériau, E son module d'élasticité, α son coefficient de dilatation linéaire et λ sa conductivité thermique. $f(\nu)$ est une fonction du coefficient de Poisson qui dépend de la géométrie du corps soumis au choc thermique (barreau, plaque mince ou pièce massive). Le premier paramètre R est pertinent pour les chocs thermiques dits «durs», c'est à dire quand le changement de température de la surface du corps est brutal (par exemple, le cas d'une trempe à l'eau), R' pour les chocs thermiques dits «mous».

Dans la deuxième théorie [13.4], c'est la propagation de défauts préexistants dans le matériau qui va être induite par les sollicitations thermiques. Le critère est alors énergétique, l'énergie élastique générée par la sollicitation thermique se dissipant dans l'extension de microfissures. Contrairement à l'analyse thermoélastique, cette analyse énergétique permet de considérer des états stables dans lesquels le matériau est endommagé mais non rompu. Dans le cas de petites fissures, la théorie énergétique conduit à la définition du paramètre de résistance au choc thermique R'''':

$$R'''' = \frac{\gamma E}{\sigma_R^2 \left(1-\nu\right)} \tag{13.20}$$

expression dans laquelle γ est l'énergie de surface libre du matériau, E son module d'élasticité, σ_R sa résistance à la rupture et ν son coefficient de Poisson.

13.7 RÉSUMÉ

A l'issue de ce chapitre, on aura compris que la caractérisation mécanique des céramiques constitue une spécialité à part entière. La dureté et les difficultés d'usinage, la fragilité associée à la difficulté de mesure de faibles ténacités, l'aspect stochastique de la rupture fragile, la réfractarité impliquant la réalisation d'essais à des températures particulièrement élevées, les faibles déformations, la sensibilité aux chocs ou aux gradients thermiques sont autant de facteurs qui compliquent les essais.

Face à cette complexité, plutôt que de rares normes souvent controversées, ce sont plutôt des valeurs traditionnelles comme le bon sens et l'esprit critique que nous recommanderons *in fine* d'appliquer.

13.8 BIBLIOGRAPHIE

[13.1] G. R. Anstis, P. Chantikul, B. R. Lawn et D. B. Marshall, «A critical evaluation of indentation techniques for measuring fracture toughness, part I and II». *J. Amer. Ceram. Soc.*, 64(9), pp. 533-543, 1981.

[13.2] B. F. Dyson, R. D. Lohr et R. Morrell, *Mechanical Testing of Engineering Ceramics at High Temperatures* Elsevier, 1988.

[13.3] T. Fett, «Fracture of ceramics with surface flaws introduced by Knoop indentation». *J. Mater. Sci.*, 19, pp. 672-682, 1984.

[13.4] D. P. H. Hasselman, «Unified Theory of Thermal Shock Fracture Initiation and Crack Propagation of Brittle Ceramics», *J. American Ceramic Society*, 52 (11) pp. 600-604, 1969.

[13.5] W. D. Kingery, «Factors Affecting Thermal Shock, Resistance of Ceramic Materials», *J. American Ceramic Society*, 38 (1) pp. 3-15, 1955.

[13.6] D. B. Marshall, «Controlled flaws in ceramics: a comparison of Knoop and Vickers indentation». *J. Amer. Ceram. Soc.,* 66(2), pp. 127-131, 1983.

[13.7] M. Mizuno et H. Okuda, «VAMAS round robin on fracture toughness of silicon nitride». *J. Amer. Ceram. Soc.,* 78(7), pp. 1793-1801, 1995.

[13.8] Y. Murakami, *Stress Intensity Factors Handbook,* Pergamon press, Y. Murakami, 1-3, 1987.

[13.9] Y. Mutoh, «Evaluation and significance of fracture toughness in ceramic materials», *Fracture mechanics 26,* W. G. Reuter, J. H. Underwood, and J. C. Newman, eds., Amer. Soc. for Test. and Mater., *ASTM STP,* 1256, pp. 447-460, 1995.

[13.10] C. B. Ponton et R. D. Rawlings, «Vickers indentation fracture toughness test. I. Review of literature and formulation of standardised indentation toughness equations», *Mater. Sci. Technol.*, 5(9), pp. 865-872, 1989.

[13.11] C. B. Ponton et R. D. Rawlings, «Vickers indentation fracture toughness test. II. Application and critical evaluation of standardised indentation toughness equations». *Mater. Sci. Technol.*, 5(10), pp. 961-976, 1989.

[13.12] G. D. Quinn, J. A. Salem, I. Bar-On et M. G. Jenkins, «The new ASTM fracture toughness of advanced ceramics standard: PS 070-97». *Ceram. Eng. Sci. Proc.,* 19(3), pp. 565-578, 1998.

[13.13] A. Rudnick et A.R. Hunter, «An analysis of the diametral-compression test», *Mater. Res. Stand.*, 3, pp. 283-289, 1963.

[13.14] D. K. Shetty, A. R. Rosenfield, P. McGuire, G. J. Bansal et W. H. Duckworth, «Biaxial fracture tests for ceramics», *Ceram. Bull.*, 59(12), pp. 1193-1197, 1980.

[13.15] S. P. Timoshenko et J. N. Goodier, *Theory of Elasticity,* Third Edition, Mc Graw-Hill, p. 355, 1970.

CHAPITRE 14

ESSAIS NON DESTRUCTIFS

14.1 INTRODUCTION

Les ***essais non destructifs*** classiques utilisent diverses méthodes pour la détection des défauts de fabrication tels que les défauts de coulée, de forgeage, de soudage, ou des défauts pouvant apparaître en cours d'utilisation, tels que les fissures ou la corrosion. Avec de légères modifications, ces techniques permettent aussi de contrôler d'autres grandeurs telles que la géométrie et l'intégralité des pièces. Elles permettent alors d'obtenir des indications quantitatives ou au moins semi-quantitatives sur certaines propriétés et caractéristiques des matériaux, telles que la microstructure, les conductibilités électrique et thermique, la masse volumique, les tensions résiduelles, etc.

Dans notre vie quotidienne, nous avons très souvent affaire à des appareils et des installations dont les principes de fonctionnement ne diffèrent en rien de ceux décrits dans ce chapitre. Finalement, nous ne nous attendons pas à subir d'effets destructeurs lorsque nous nous soumettons à un contrôle radiographique chez le médecin ou chez le dentiste, ni lors de l'enregistrement d'un bagage à l'aéroport, ni lors du passage sur un capteur enfoui dans le sol avant un feu rouge. Lorsque l'échangeur de chaleur d'une centrale atomique, le gouvernail de direction d'un avion ou le câble porteur d'un téléphérique sont contrôlés, il s'agit là d'éléments de structure réels, dont peut dépendre la sécurité du public. Il est alors important de pouvoir contrôler leur intégrité à tout moment, sans entamer celle-ci.

Ce sont des réflexions de ce genre et d'autres encore qui ont conduit à soumettre les personnes qui travaillent dans le domaine des essais non destructifs à un système de qualification particulièrement sévère. Pour bénéficier d'une certification pour travailler comme contrôleur, il ne faut pas seulement bénéficier d'une formation et d'une expérience professionnelle d'une durée minimale, il faut encore réussir l'examen de qualification et satisfaire des exigences sur le plan physique; de plus la durée de validité de la certification est limitée.

En plus des normes qui régissent la formation, on distingue, dans le domaine des essais non destructifs, quatre autres catégories de normes:

- celles sur le contrôle des appareils d'essais,
- celles sur les éprouvettes d'essai, de contrôle et d'étalonnage,
- celles sur l'exécution des contrôles,
- celles sur les critères d'acceptation auxquels doivent satisfaire les pièces contrôlées.

Souvent, les critères d'acceptation des matériaux distinguent différents niveaux de qualité et différents types de défaut. Les normes courantes dans ce domaine se rapportent à la taille, à la fréquence, à la position ou à l'écartement des signaux des défauts. Le terme «signal» convient en effet, car il est rare que celui-ci permette de tirer des conclusions sur l'étendue réelle du défaut.

Une méthode de contrôle non destructif exploite indirectement la perturbation du signal détecté créé par une hétérogénéité dans le matériau afin de caractériser celle-ci.

Un système de contrôle non destructif comporte généralement trois parties:

- une source d'excitation de l'objet à contrôler,
- un capteur de la grandeur physique à mesurer,
- un système de traitement du signal détecté.

Les diverses méthodes de contrôle non destructif diffèrent essentiellement par la source d'excitation utilisée, dont dépend le reste du système. Elles sont plutôt complémentaires que concurrentes. Toutes les méthodes ne seront pas exposées dans ce chapitre, qui se limitera aux principales méthodes utilisées industriellement.

14.2 CONTRÔLE VISUEL

Le contrôle visuel comprend l'examen visuel des surfaces extérieures et l'examen des pièces entières avec ou sans moyens auxiliaires pour améliorer la résolution (loupe, binoculaire…) et/ou pour atteindre des endroits d'accès difficile (endoscope, fibres optiques, puce CCD...). Un contrôle visuel de la surface est souvent effectué avant le contrôle au moyen d'appareils. Il sert de plus au contrôle des dimensions (comparaison entre cotes réelles et cotes prescrites), au contrôle des caractéristiques superficielles telles que la couleur, l'état de surface, l'état de corrosion, etc., au contrôle de caractéristiques « matériau » ou du traitement, et au contrôle des alésages.

Le résultat d'un contrôle visuel est fortement influencé par des facteurs tels que le climat, l'humidité, les poussières, le bruit, la durée du contrôle, la disposition ergonomiquement correcte des pièces à contrôler, l'éclairage et la personne qui réalise le contrôle.

14.3 RESSUAGE

La méthode de *ressuage* consiste à faire pénétrer un liquide contenant un additif colorant ou fluorescent dans les défauts superficiels d'une pièce par capillarité, pour les rendre ensuite visibles à l'aide d'un procédé adéquat (fig. 14.1). Cette méthode s'utilise pour la détection de défauts tels que des fissures ou des pores

Fig. 14.1 Principe du ressuage: Fine fissure superficielle après nettoyage (a), après application du produit pénétrant (b), après l'élimination de l'excès de pénétrant (c) et le signal de la fissure qui est plus large que la fissure elle-même après développement (d).

débouchant en surface. Elle ne demande qu'un appareillage très restreint et elle peut s'utiliser sur pratiquement tous les matériaux, métalliques et non métalliques, dans la mesure toutefois où leur structure n'est pas trop poreuse.

Pour assurer une bonne pénétration et éviter de salir le bain de produit pénétrant, les surfaces à contrôler doivent être soigneusement nettoyées au préalable. Après ce nettoyage suivi d'un séchage, on procède à l'application du produit pénétrant. Les petites pièces sont immergées complètement; pour les objets de plus grande taille, le produit pénétrant peut être appliqué sur la zone à contrôler, au pinceau ou au pistolet.

Les produits pénétrants, à base d'huiles minérales, doivent présenter un pouvoir mouillant élevé, c'est-à-dire un angle de mouillage aussi faible que possible, et une viscosité modérée pour qu'ils pénètrent rapidement dans les défauts superficiels. La force capillaire σ_c pour remplir un défaut d'un rayon r est donnée par:

$$\sigma_c = 2\frac{\sigma_{sg} - \sigma_{s\ell}}{r} \tag{14.1}$$

où σ_{sg} est la tension superficielle entre le corps solide et l'air et $\sigma_{s\ell}$ est celle entre le corps solide et l'agent de pénétration.

Dans une fissure ou dans un vide, comme dans un capillaire, il se crée entre l'air et l'agent de pénétration un équilibre, fonction des caractéristiques géométriques de la surface.

Pour obtenir un signal limité aux défauts, il faut, dans l'étape suivante, assurer l'élimination du liquide pénétrant en excès. Pour les liquides pénétrants fluorescents, ce nettoyage est contrôlé par éclairage UV. L'adjonction d'un émulsifiant rend le produit pénétrant soluble dans le produit de nettoyage. Soit cet émulsifiant est déjà contenu dans le produit pénétrant, soit il est appliqué séparément. Un exemple simple de produit émulsifiant est le savon, qui permet de laver les substances insolubles dans l'eau.

Le révélateur a deux fonctions. D'une part, il doit assurer un bon contraste visuel pour les agents pénétrants colorés, et d'autre part, il doit absorber par capillarité une partie du produit pénétrant demeuré dans les fissures et les vides, et ainsi augmenter la largeur des signaux. Ce révélateur sera soit une poudre appliquée par saupoudrage, soit une suspension liquide à séchage très rapide appliquée par immersion ou par gicleur. Les révélateurs se caractérisent principalement par la densité et la granulométrie de leur composant pulvérulent.

Suivant les prescriptions, le processus de développement du signal doit être décrit dans le procès verbal d'essai à intervalles donnés; typiquement, ces intervalles varient entre 10 et 30 minutes. Suivant le type de produit pénétrant utilisé, l'évaluation s'effectue en lumière blanche (minimum 500 lx) ou avec une lampe UV(A) (intensité minimale du rayonnement: $10\ \mathrm{W} \cdot \mathrm{m}^{-2}$, maximum 20 lx de lumière résiduelle).

Pour un contrôle en série de petites pièces, le ressuage est relativement aisé à automatiser. La chaîne de contrôle utilisera principalement des bains de liquide pénétrant, et des unités de pulvérisation électrostatique pour l'application du révélateur. L'automatisation du contrôle en lui-même est notablement plus compliquée à réaliser. Néanmoins, outre un gain de temps, un contrôle automatique présente des avantages sur le plan de la reproductibilité. L'examen et l'évaluation des signaux par l'homme présentent une composante subjective et sont influencés par la forme physique du contrôleur au moment du contrôle (degré de fatigue, degré de concentration). Le contrôle automatique ne présente pas ces aléas.

14.4 MÉTHODES ÉLECTROMAGNÉTIQUES, MAGNÉTOSCOPIE ET COURANTS DE FOUCAULT

Ces deux méthodes sont étroitement apparentées par les principes physiques sur lesquels elles se fondent. La détection des défauts par *magnétoscopie* repose sur la détection des lignes de champ magnétique émergentes. La magnétoscopie permet donc le contrôle des pièces en matériau magnétique. La *méthode des courants de Foucault* réagit aux modifications de la conductibilité électrique et de la perméabilité magnétique; elle permet donc le contrôle des pièces en matériau conducteur. Dans les deux cas, la géométrie de l'objet à contrôler joue un rôle important.

14.4.1 Principes physiques

Rappelons qu'un conducteur électrique soumis à une tension continue U est parcouru par un courant continu d'intensité I définie par la loi de Ohm, dans laquelle R est la résistance ohmique et G, son inverse, est la conductance:

$$U = R \cdot I \quad \text{ou} \quad I = G \cdot U \tag{14.2}$$

Dans ces expressions, la résistance R et la conductance G se rapportent à l'ensemble du système; et ces grandeurs sont fonctions de la conductibilité électrique du matériau, ρ, et de la géométrie (section A et longueur ℓ) du conducteur:

$$R = \frac{\rho \cdot \ell}{A} \quad \text{ou} \quad G = \frac{\sigma \cdot A}{\ell} \quad \text{avec} \quad \sigma = \rho^{-1} \tag{14.3}$$

Dans un conducteur traversé par un courant continu, le courant s'écoule régulièrement à travers toute la section du conducteur.

Sous tension alternative de pulsation ω, il faut tenir compte de la nature complexe de l'impédance (on négligera ici les capacités). Pour un enroulement de n spires, de section A et de longueur ℓ, et une inductance L, la réactance sous courant alternatif, X_L, est donnée par:

$$X_L = \omega \cdot L \tag{14.4}$$

avec $\omega = 2\pi f$ et $L = \mu\, n^2\, A/\ell$, où μ désigne la perméabilité ($\mu = \mu_0\, \mu_r$), μ_0 la constante de champ magnétique ($4\,\pi\, 10^{-7}\, V \cdot s \cdot A^{-1} \cdot m^{-1}$) et μ_r la perméabilité relative. Le fer pur et les alliages fer-nickel présentent les valeurs les plus élevées de perméabilité, atteignant jusqu'à $10^5\, V \cdot s \cdot A^{-1} \cdot m^{-1}$.

L'impédance Z a une composante réelle, la résistance équivalente, et une composante imaginaire, la réactance. Ces deux composantes présentent un décalage temporel égal à l'angle de phase $\pi/2$, ce qui signifie que les vecteurs correspondants sont perpendiculaires entre eux dans le plan d'impédance et:

$$|Z| = \sqrt{R^2 + X_L^2} \tag{14.5}$$

Dans un conducteur parcouru par un courant alternatif, le flux de courant est repoussé exponentiellement en fonction de la fréquence vers la périphérie du conducteur; ce phénomène est désigné sous le terme ***effet de peau***. La profondeur δ à laquelle, sous certaines conditions, la densité de courant chute à 1/e (soit 37% de la valeur initiale à la surface) est appelée ***profondeur de pénétration conventionnelle*** et s'utilise comme valeur de référence. Pour les techniques de mesure qui nous intéressent ici, ce qui compte c'est la portée effective δ_{eff} dont la valeur est environ trois fois plus élevée que la profondeur de pénétration conventionnelle.

$$I = I_s \cdot e^{\frac{-z}{\delta}} \tag{14.6}$$

où

$$\delta = \frac{1}{\sqrt{\pi \cdot \sigma \cdot \mu \cdot f}} \tag{14.7}$$

L'intensité H du champ magnétique à l'intérieur du conducteur présente un comportement analogue à celui de l'intensité du courant:

$$H = H_s \cdot e^{\frac{-z}{\delta}} \tag{14.8}$$

Tout courant électrique crée dans son environnement, à une distance r, un champ magnétique circulaire d'intensité:

$$H = \frac{I}{2 \cdot \pi \cdot r} \tag{14.9}$$

Dans les bobines, les champs créés par chaque spire s'additionnent, de manière à créer, à l'intérieur de la bobine de longueur ℓ, un champ linéaire approximativement égal à:

$$H \approx \frac{n \cdot I}{\ell} \tag{14.10}$$

La pratique montre que l'intensité des champs magnétiques calculée avec cette équation est notablement plus élevée que les valeurs expérimentales (fig. 14.2). La raison en est que l'intensité du champ magnétique dépend également du diamètre de l'enroulement, D, et de la distance axiale x par rapport au centre de la bobine. Sur l'axe de la bobine, l'intensité du champ est donnée par:

$$H = \frac{n \cdot I}{\ell} \cdot \left(\frac{\ell/2 + x}{\sqrt{(\ell + 2x)^2 + D^2}} + \frac{\ell/2 - x}{\sqrt{(\ell - 2x)^2 + D^2}} \right) \tag{14.11}$$

Les valeurs au centre (H_c) et à la périphérie (H_p) de la bobine se calculent aisément en $x = 0$ et $x = \ell/2$:

$$H_c = \frac{n \cdot I}{\sqrt{(\ell^2 + D^2)}} \tag{14.12}$$

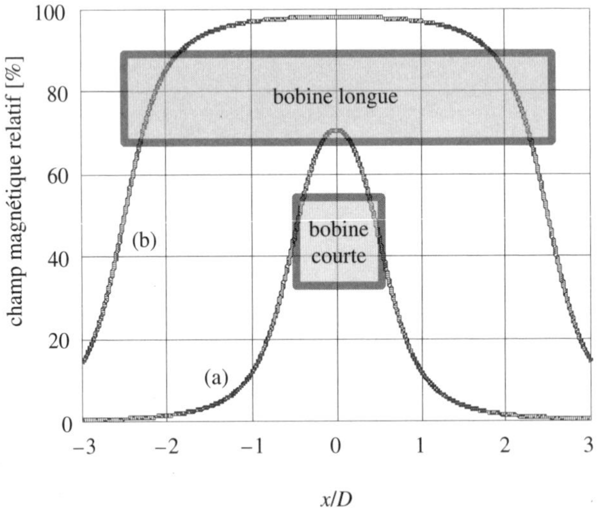

Fig. 14.2 Comparaison entre le champ effectif et le champ calculé par la méthode simplifiée, sur l'axe d'une bobine courte ((a): $\ell/D = 1$) et sur l'axe d'une bobine longue ((b): $\ell/D = 5$).

et

$$H_p = \frac{n \cdot I}{\left(4\ell^2 + D^2\right)} \tag{14.13}$$

L'intensité du champ magnétique engendre à son tour un flux magnétique de densité de flux B, dont les lignes de champ sont par définition toujours orientées du pôle nord vers le pôle sud. Pour les matériaux ferromagnétiques, la valeur de la perméabilité n'est toutefois pas constante; elle dépend de l'histoire du matériau (fig. 14.3). Pour la plupart des matériaux magnétiques, un champ d'une intensité de 2 à 5 $\text{kA} \cdot \text{m}^{-1}$ suffit pour atteindre la saturation magnétique:

$$B = \mu \cdot H \tag{14.14}$$

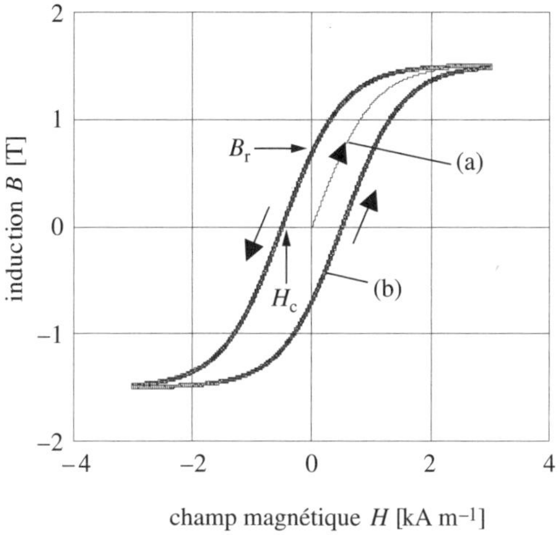

Fig. 14.3 Courbe de magnétisation; courbe de première aimantation (a); courbe saturée (hystérésis magnétique) (b); B_r, induction rémanente; H_c, champ coercitif.

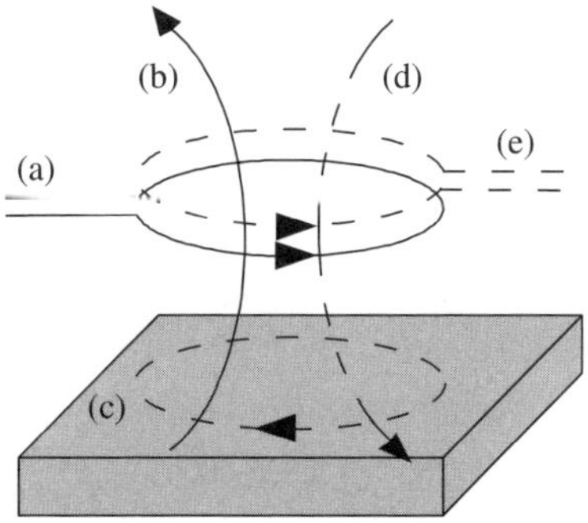

Fig. 14.4 Principe de l'induction: courant d'excitation (a), champ d'excitation (b), courant induit (c), champ de retour (d), courant induit secondaire (e).

Une variation du flux magnétique (dû au courant alternatif, à l'ouverture ou la fermeture du circuit pour un courant continu, ou à des mouvements relatifs) induit une tension électrique de circulation qui, selon la règle de Lenz, est toujours de sens contraire à la tension excitatrice. En présence d'un conducteur électrique, cette tension produit un courant induisant un champ magnétique secondaire (fig. 14.4). Pour un contrôle magnétoscopique, on induit un champ magnétique dans le matériau ferromagnétique; la présence de défauts perturbe les lignes du flux magnétique induit; c'est la détection de leur distorsion qui révèle les défauts.

14.4.2 Méthodes de détection de l'intensité magnétique

En contrôle magnétoscopique, le champ magnétique émergent est le plus souvent mis en évidence à l'aide de poudres. Outre de la poudre magnétique sèche, on l'utilise très fréquemment en suspension dans du pétrole ou de l'eau. Ces poudres sont noires (Fe), rouges (Fe_2O_3) ou fluorescentes en lumière UV(A) (copeaux de fer recouverts d'une matière plastique adéquate). Les particules de poudre s'amassent au point d'émergence du champ magnétique et révèlent ainsi le défaut. On parle alors de ***contrôle par magnétoscopie***.

Pour un contrôle plus fiable, on utilise plutôt un capteur de flux de fuite, et on parle alors de ***contrôle par perte de flux magnétique.*** Les bobines d'induction ne peuvent s'utiliser que lorsqu'il y a variation de l'intensité du champ magnétique. Ceci est principalement le cas pour les courants de Foucault, mais cette méthode peut aussi s'utiliser pour un contrôle continu en série, si l'on a une disposition univoque et constante des défauts; le contrôle magnéto-inductif des câbles constitue un exemple classique d'une telle utilisation.

Avec un élément de Hall, le courant continu dans un semi-conducteur de résistance R_H est dévié par la composante normale B_n d'une induction magnétique externe, de manière à ce qu'une tension de Hall U_H devienne mesurable (fig. 14.5):

$$U_H = \frac{R_H \cdot I \cdot B_n}{b} \tag{14.15}$$

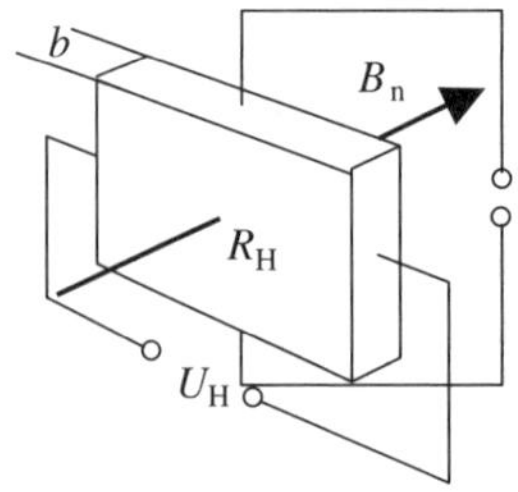

Fig. 14.5 Principe de fonctionnement de la sonde de Hall.

14.4.3 Magnétoscopie

Comparé au ressuage, la magnétoscopie est plus rapide et aussi plus aisée à mettre en œuvre, dans la mesure où les revêtements tels que les couches de peinture ne sont pas gênants. De plus, le composant à contrôler n'a pas besoin d'être nettoyé soigneusement. Le domaine principal d'application de la magnétoscopie est la détection des fissures. La magnétoscopie n'est utilisable que lorsque:

- le matériau présente une perméabilité relative suffisante, soit en approximation: $\mu_r \geq 100$,
- l'induction magnétique est suffisamment élevée,
- les lignes de champ magnétique coupent les défauts (fig. 14.6).

En conséquence, les défauts décelables par magnétoscopie seront des défauts débouchant en surface, ou légèrement en sous-couches.

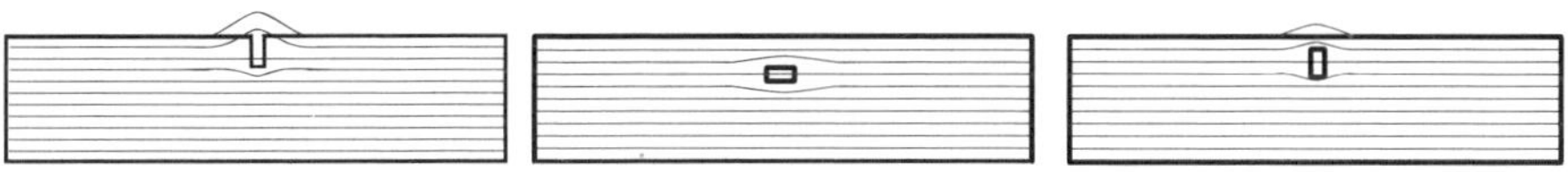

Fig. 14.6 Un flux de fuite n'est décelable que lorsque les lignes de champ coupent le défaut (en haut et au milieu) et si ce dernier n'est pas trop profond.

La magnétisation de l'objet à contrôler peut s'effectuer soit à l'aide d'un courant électrique, soit à l'aide d'un champ magnétique (fig. 14.7); dans la pratique, le champ magnétique est presque toujours produit à l'aide d'un courant électrique pourvu que l'on dispose d'une source d'énergie électrique. Les différentes méthodes de magnétisation peuvent aussi être combinées; dans ce cas, l'une des méthodes de magnétisation doit au moins être une méthode utilisant le courant alternatif. Si on utilise une combinaison de plusieurs méthodes avec courant alternatif, on veillera à ce qu'il y ait un décalage entre les phases.

Lors d'une ***aimantation par passage de flux magnétique***, des pôles apparaissent sur la pièce, ce qui permet alors la détection de fissures perpendiculaires au champ magnétique. Lors d'une magnétisation à l'aide d'électroaimants reliés par une culasse, la pièce à contrôler est placée entre les pôles de l'aimant. Lors d'une magnétisation à l'aide d'une bobine parcourue par un courant électrique, la pièce est disposée à l'intérieur de la bobine. Cette bobine peut aussi être constituée d'un câble isolé flexible à courant fort, enroulé autour de la pièce à contrôler ou adjacent à celle-ci.

Lors d'une magnétisation par flux électrique auxiliaire, un courant de forte intensité (de quelques centaines à quelques milliers d'ampères) et à basse tension parcourt un conducteur placé au centre de la pièce à contrôler, ou posé sur cette dernière.

Lors d'une ***aimantation par passage de courant***, la pièce à contrôler sert elle-même de conducteur électrique. Il faut veiller avec grand soin à ce que l'échauffement important à l'accouplement électrique avec la pièce ne produise pas de réactions indésirables (restes d'huile, traitement thermique).

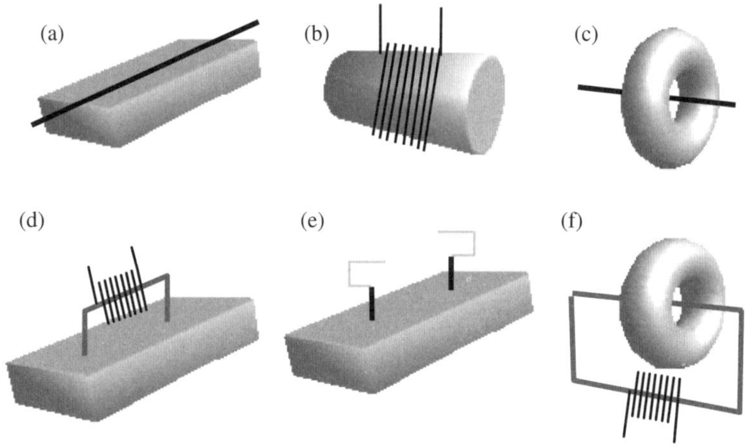

Fig. 14.7 Techniques principales d'aimantation : Méthodes par passage de flux magnétique : conducteur adjacent (a), bobine (b), conducteur traversant (c), électroaimant (« fer à cheval ») (d) ; méthodes par passage de courant : touches (e), passage de courant induit (f).

Lors d'une ***aimantation par passage de courant induit***, un champ magnétique alternatif créé dans une bobine centrale produit un champ magnétique alternatif qui induit des courants de Foucault dans la pièce à contrôler (similaire à un transformateur). Ces derniers conduisent à leur tour à la formation d'un champ magnétique. Cette méthode sans contact n'est utilisable que sur des objets fermés, et nécessite un champ magnétique alternatif.

L'induction magnétique d'excitation nécessaire pour la détection des défauts n'est pas simple à mesurer. Aussi dans la pratique on utilise la puissance du champ magnétique comme signal. Cette dernière ne peut se calculer avec une précision suffisante que dans des cas simples. Dans la majorité des cas, il faut procéder à sa mesure. La puissance du champ magnétique se détermine au moyen d'instruments de mesure adéquats.

La direction du champ magnétique peut se vérifier durant la magnétisation à l'apparition d'un signal de défaut provoquée par l'interposition de minces feuilles de laiton entre des éléments en fer doux. Comme le laiton présente approximativement la même perméabilité magnétique que l'air, cela permet de simuler une fissure naturelle. Les signaux de fissure peuvent se photographier ou, si l'on choisit d'effectuer le contrôle avec une poudre visible, on peut également procéder à leur réplique sur un ruban adhésif (fig. 14.8).

Après un contrôle avec excitation au moyen d'un champ magnétique, il faut procéder à une démagnétisation de la pièce contrôlée, par application d'un champ magnétique alternatif décroissant. Cette démagnétisation est effectuée d'une part pour éviter d'influencer négativement les opérations de transformation ultérieures, telles que l'usinage par enlèvement de copeaux, quelques formes de soudage, et d'autre part pour éviter la formation de champs induits sur les pièces mises en rotation.

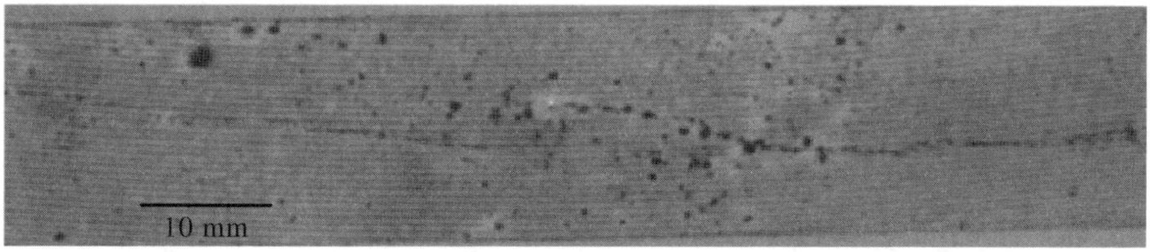

Fig. 14.8 Exemple d'un signal de fissure détectée par magnétoscopie (réplique).

14.4.4 Courants de Foucault

L'apparition de la technique de *contrôle par courants de Foucault* remonte au début des années 1940; l'utilisation à une large échelle des premiers appareils pour la détection des fissures et les essais de tri ou discriminatoires datent des années 1950. Le développement de cette méthode a été fortement marqué par l'esprit inventif de Förster, jusqu'à ce qu'une nouvelle poussée de développement survienne au début des années 1970, provoquée par les exigences de la technique nucléaire.

Les courants de Foucault étant peu pénétrants, la méthode ne permettait-elle aussi de déceler que des défauts de surface ou en sous-couche.

Dans le domaine du contrôle des tuyaux, la technique des courants de Foucault est la technique standard; elle est même la seule méthode disponible pour le contrôle en série des tuyaux en service. Cela est également vrai, quoique dans une moindre mesure, pour les barres et les fils. Cette technique occupe de plus une place bien établie pour la détection des défauts dans l'industrie aéronautique. La technique des courants de Foucault peut aussi s'utiliser pour les contrôles avec tri (alliages, dureté, épaisseurs de couche, contrôles dimensionnels) et finalement pour des applications spécifiques telles que les mesures de conductibilité (spécialement sur les métaux non ferreux), la détermination de la teneur en ferrite, la détermination de la profondeur de trempe ou de la décarburation superficielle, et d'autres mesures d'épaisseurs de couche.

On utilise la technique d'une ***bobine encerclante*** pour le contrôle des barres (fig. 14.10(a)), des fils, des tubes et d'autres profils. Pour ces différents éléments, le calcul de la perméabilité complexe effective μ_{eff} fait intervenir des fonctions de Bessel. Dans le cas où leur argument est égal à 1, on obtient une fréquence caractéristique, f_c. En introduisant le diamètre extérieur D_e, on obtient:

$$f_c = \frac{2}{\sigma \cdot \mu \cdot \pi \cdot D_e^2} \tag{14.16}$$

Le rapport f/f_c conduit à une courbe caractéristique sur le diagramme de perméabilité effective complexe (fig. 14.9). Comme le diamètre extérieur de la pièce à contrôler est inférieur au diamètre D_B de l'enroulement, il existe un anneau d'air entre la pièce et l'enroulement. Le rapport:

$$\eta = \frac{D_e^2}{D_B^2} \tag{14.17}$$

est appelé ***taux de remplissage d'enroulement***. Cette valeur permet alors de calculer, pour n'importe quelle fréquence, le diagramme d'impédance normée et le diagramme de tension. Les composantes imaginaire et réelle de l'enroulement se calculent comme suit :

$$\frac{\Im(U)}{U_0} = \frac{\omega \cdot L}{\omega \cdot L_0} = 1 - \eta + \eta \cdot \mu_r \cdot \Re(\mu_{eff}) \tag{14.18}$$

$$\frac{\Re(U)}{U_0} = \frac{R - R_0}{\omega \cdot L_0} = \eta \cdot \mu_r \cdot \Im(\mu_{eff}) \tag{14.19}$$

Le point ainsi déterminé sur le diagramme d'impédance normée est dénommé ***point de fonctionnement*** et il permet de prévoir qualitativement l'influence, sur le signal de mesure, des variations de la géométrie, de la conductibilité et de la perméabilité magnétique.

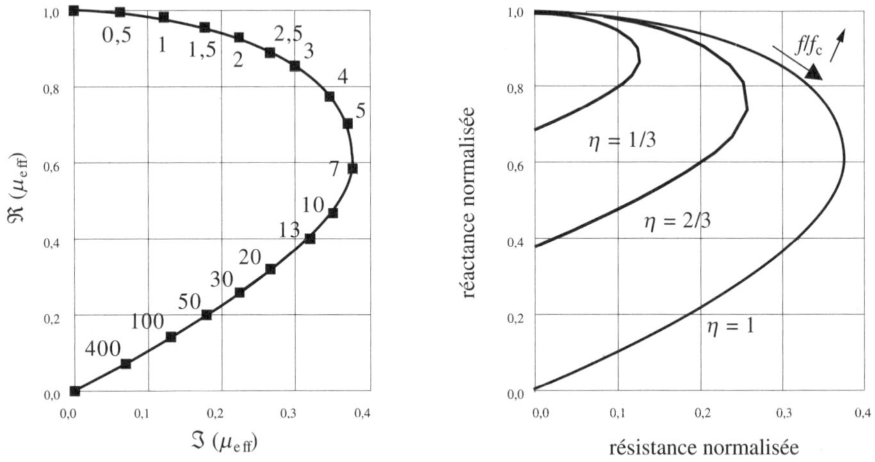

Fig. 14.9 La perméabilité effective complexe pour différents rapports f/f_c pour un matériau non ferromagnétique.

La technique d'une ***sonde axiale*** est utilisée pour le contrôle des tubes à parois minces (fig. 14.10(b)). En introduisant l'épaisseur de paroi p et le diamètre intérieur D_i on obtient :

$$f_c = \frac{2}{\sigma \cdot \mu \cdot \pi \cdot p \cdot D_i} \tag{14.20}$$

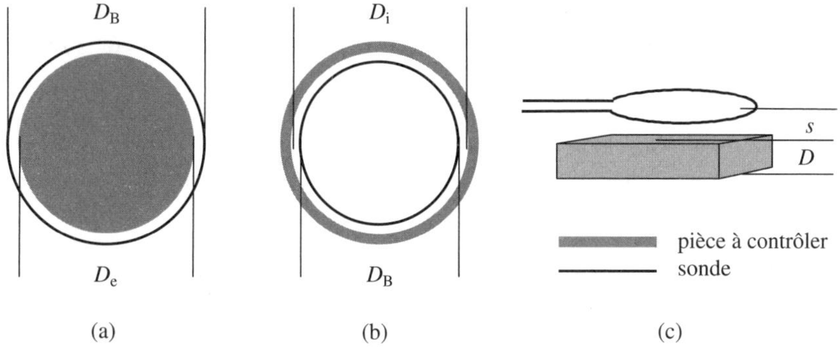

Fig. 14.10 Contrôles par courants de Foucault: principes d'une bobine encerclante (a), d'une sonde axiale (b) et d'un palpeur (c).

Pour un palpeur (fig. 14.10(c)), l'orientation de la bobine est parallèle à la surface. Seuls sont détectables les défauts qui influencent les courants; on ne peut donc pas détecter des délaminations. Le terme spécifique de la bobine A_{eff} et particulièrement l'éloignement s sont importants pour la fréquence caractéristique:

$$f_c = \frac{1}{\sigma \cdot \mu \cdot \pi \cdot D \cdot (A_{eff} + s)} \tag{14.21}$$

où D est la profondeur. Pour le contrôle des forages on utilise des ***sondes tournantes*** (fig. 14.11). La fréquence de rotation correspond normalement à la fréquence réseau.

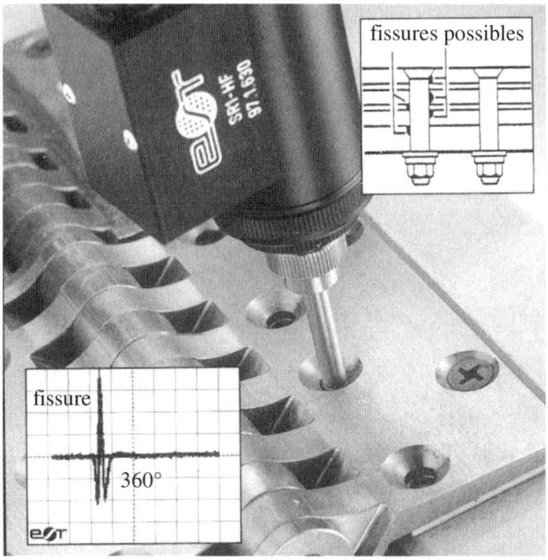

Fig. 14.11 Sonde tournante (reproduit avec la permission de Rohmann).

Au lieu des sondes mobiles, on peut également employer des ***capteurs en réseau*** (fig. 14.12). Les éléments sont activés et détectés par un système multiplex. Ils ont les avantages suivants:

- pas ou peu de parties mobiles,
- palpation rapide et reproductible,
- grande sensibilité (volume réduit par élément),
- grande adaptabilité à différentes formes de surface.

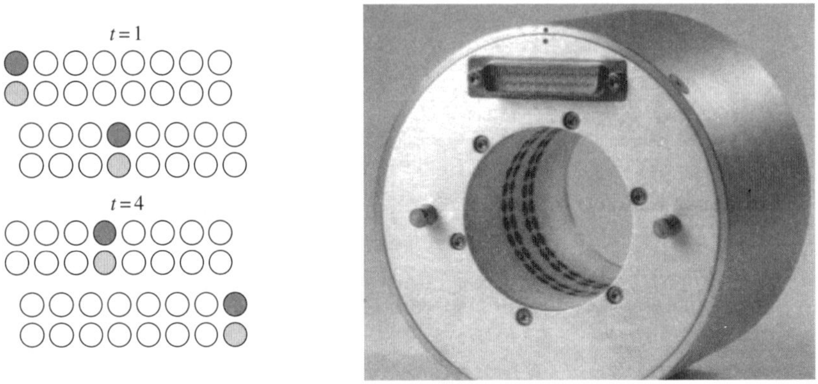

Fig. 14.12 Capteurs en réseau, technique de mesure différentielle (reproduit avec la permission de R/D Tech.). Il y a toujours des paires de capteurs, l'un excite et l'autre mesure. Pour ne pas influencer les résultats, une certaine distance entre les paires est nécessaire à la simultanéité des mesures: par exemple à $t = 1$, correspondent n°s 1 et 4, à $t = 4$, correspondent n°s 4 et 8.).

Outre les mesures absolues, on utilise souvent la technique de mesure différentielle, dans laquelle deux enroulements récepteurs sont montés en opposition.

La représentation des signaux s'effectue sur un écran. Les deux composantes du signal peuvent être décrites par l'amplitude et l'angle de phase. Le temps, troisième composante, fournit une information sur le lieu instantané de mesure. En particulier sur les sondes tournantes, on utilise couramment une représentation amplitude-temps, la déviation verticale ou horizontale de l'écran étant synchronisée avec la vitesse de rotation de la sonde.

14.5 CONTRÔLE RADIOGRAPHIQUE

Le *contrôle radiographique* permet de déceler des différences de densité dans des volumes. Le rayonnement transmis est utilisé pour l'évaluation, et on évite ou on élimine autant que possible la diffraction. C'est ce qui différencie le contrôle radiographique des méthodes d'analyse structurale (Traité des matériaux, vol. 3) et de mesure des contraintes résiduelles. Pour autant que le rayonnement traverse la pièce à contrôler, cette méthode peut s'utiliser pour tous les matériaux. Au contraire de la neutronographie, la radiographie n'induit pas une activation de la pièce à contrôler.

Comme source de rayonnement, on utilise des sources de rayons X (tubes à rayons X ou accélérateurs linaires) ou des sources isotopiques (rayonnement gamma). Les mêmes principes sont applicables aux contrôles par neutrons ou par électrons (microscopie électronique en transmission). Des défauts volumiques en profondeur peuvent être détectés par contrôle radiographique, grâce à la bonne pénétration des rayonnements utilisés.

L'année 1895, date à laquelle Röntgen a découvert les rayons X et effectué les premières radiographies médicales et techniques, est considérée comme l'année de naissance des essais non destructifs classiques. Depuis 1950 environ, avec la possibilité de produire artificiellement des substances radioactives par bombardement neutronique, on dispose de sources de rayonnement gamma bon marché utilisables en contrôle non destructif des matériaux.

14.5.1 Production et comportement des rayonnements ionisants

Dans la méthode usuelle de production des rayons X, des électrons sont émis par émission thermique et par émission de champ par une cathode incandescente à enroulement serré; les électrons sont alors accélérés sous vide par un champ électrique pouvant atteindre jusqu'à 450 kV, pour venir ensuite bombarder une anode métallique, généralement en tungstène (pour son haut point de fusion). La vitesse des électrons est alors réduite, le plus souvent en plusieurs étapes, et l'énergie ainsi libérée produit ce que l'on appelle le ***rayonnement de freinage***. Le rayonnement caractéristique du matériau de l'anode qui est produit simultanément n'est généralement pas utilisé en radiographie (fig. 14.13). Une grande partie du rayonnement de freinage se situe en effet dans un domaine de longueurs d'onde qui n'est pas suffisamment riche en énergie (fig. 14.14(a)), et qui doit être évacué sous forme de chaleur au moyen d'un système de refroidissement adéquat. L'utilisation de courants de chauffage plus élevés pour la cathode conduit à une augmentation du flux énergétique, avec néanmoins une distribution identique de l'énergie (fig. 14.14(b)); une augmentation de la tension d'accélération conduit à une augmentation de l'énergie moyenne du spectre émis, et simultanément du flux quantique utilisable (fig. 14.14(c)).

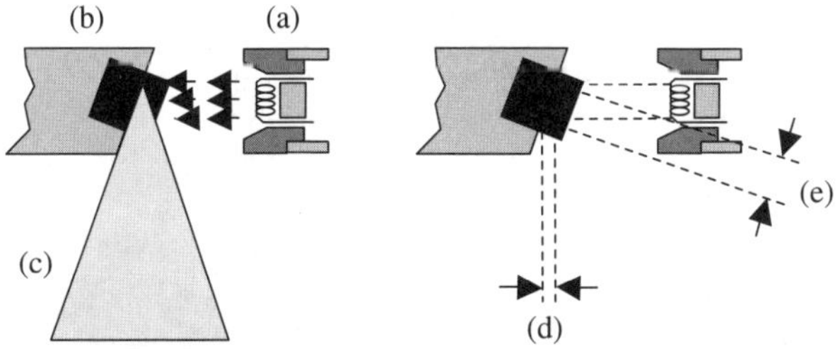

Fig. 14.13 Fonctionnement schématique de tubes à rayons X: Cathode avec filament (a), anode (b), rayons X (c), faisceau optique (d), faisceau efficace (e).

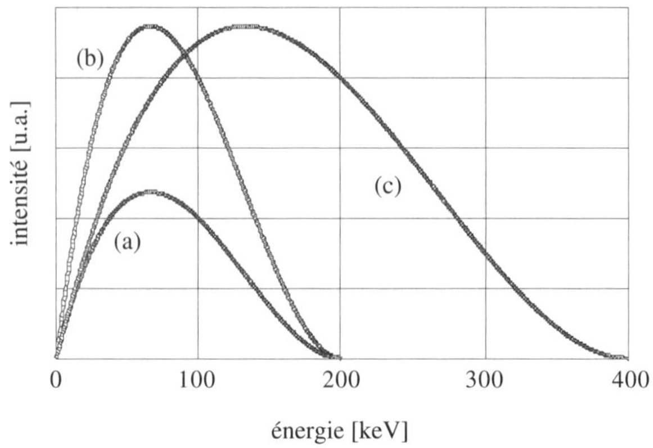

Fig. 14.14 Modifications du spectre d'émission X sous 200 kV (a) pour un doublement du courant (b) et un doublement de la tension (c).

Les types de tubes à rayons X utilisés diffèrent suivant les applications. Le tube standard est le tube à fenêtre latérale (faisceau directionnel). Pour les radiographies prises depuis l'intérieur de cavités, on peut aussi utiliser des tubes à anode longue ou, pour les soudures circulaires sur les tuyaux, des tubes à rayons X circulaires (faisceau panoramique).

En focalisant les électrons sur une surface réduite de typiquement quelques μm^2, il est possible de construire des tubes radiogènes à mini- ou microfoyer avec une résolution élevée. La puissance émissive dépendant des dimensions du foyer, ces tubes fonctionnent avec un courant réduit de typiquement 0,1 mA, permettant l'installation dans un cabinet de protection radiographique (fig. 14.15).

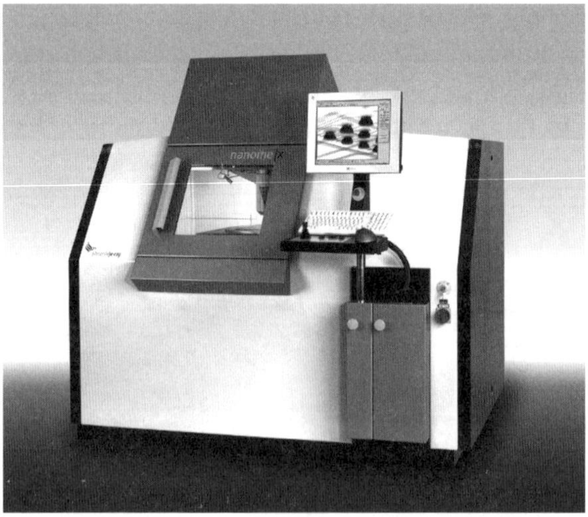

Fig. 14.15 Système microfoyer (reproduit avec la permission de Phoenix X-ray).

L'émission des particules gamma est liée à la notion de radioactivité. Un radio-isotope se désintègre de manière continue, et l'énergie ainsi libérée est émise sous forme d'énergie de rayonnement. Le spectre de l'émission diffère de celui du rayonnement de freinage en ceci qu'il n'est plus continu, mais composé d'une ou plusieurs raies spectrales. Un critère important déterminant si un élément est approprié pour les essais non destructifs est son activité spécifique, c'est-à-dire son activité par unité de masse et de volume. Dans la pratique du contrôle des matériaux, on a recours à des isotopes produits artificiellement (tab. 14.1). Au repos, la source de rayonnement est placée dans un conteneur blindé; elle en est sortie pour être mise en position de travail (fig. 14.16). Le blindage est souvent réalisé en uranium appauvri et présente un poids typique fonction de l'isotope utilisé, comme indiqué dans le tableau 14.1.

Tableau 14.1 Caractéristiques des sources isotopiques.

Isotope	Période radioactive	Spectre [keV]	Blindage [kg]
Co-60	5,2 années	1173, 1333	80-210
Cs-137	30 années	661	50
Ir-192	74 jours	206-612	13-22
Se-75	119 jours	66-401	7
Yb-169	32 jours	63-308	
Tm-170	128 jours	52-84	1

Fig. 14.16 Appareil pour gammamétrie avec Co-60 (reproduit avec la permission de l'EMPA).

Comme les rayons ionisants ne peuvent pas être focalisés, la dimension du foyer optique D_s et le grossissement M fournissent une indication directe de la netteté ou du flou géométrique U_g (fig. 14.17):

$$U_g = D_s \cdot (M - 1) \tag{14.22}$$

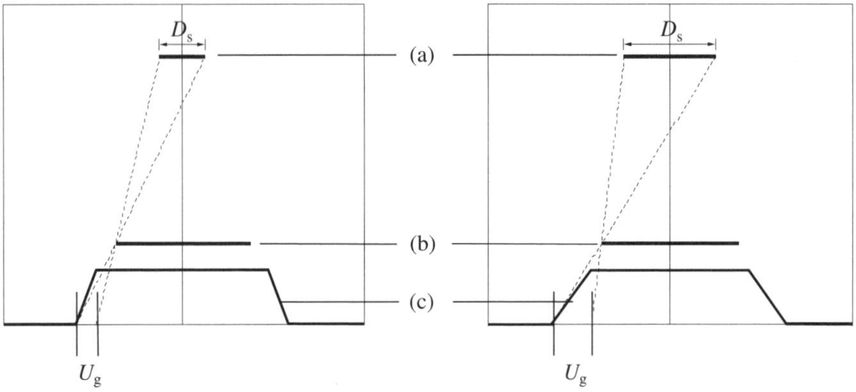

Fig. 14.17 Influence de la taille du foyer optique D (a) sur le flou géométrique U_g ; objet étudié (b) et densité de la radiation (c).

Les rayons X et gamma sont très pénétrants. Ils interagissent avec la matière selon trois phénomènes fonctions de l'énergie incidente. A basse énergie (< 100 keV), l'atténuation du rayonnement est provoquée essentiellement par effet photo-électrique, à moyenne énergie, par effet Compton, et à forte énergie, (10 MeV) par création de paires positron-électron.

L'atténuation d'un faisceau d'intensité initiale I_0 varie exponentiellement avec la profondeur de pénétration x suivant la loi:

$$I = I_0 \cdot e^{-\alpha \cdot x} \tag{14.23}$$

où α est le coefficient d'atténuation linéique, fonction de la masse volumique du matériau, du numéro atomique des éléments en présence et de l'énergie du photon.

14.5.2 Mise en évidence du rayonnement transmis

Au contraire des films photographiques, les films radiographiques industriels sont revêtus sur leurs deux faces de bromure d'argent sensible au rayonnement, afin d'augmenter leur efficacité (accroissement de la densité optique et du contraste). Plus cette couche est épaisse (normalement deux couches de 10 à 15 µm chacune), plus le film est sensible. Les différences de durées d'exposition peuvent varier d'un facteur pouvant atteindre jusqu'à 60. Après l'exposition, une ***image latente*** invisible se trouve sur le film.

L'image obtenue après développement dans le révélateur est appelée ***radiogramme***. Lors du développement du film, le révélateur réduit les atomes d'argent des grains germés et la densité optique D augmente d'un facteur pouvant atteindre jusqu'à 10. Un rinçage intermédiaire à l'eau interrompt le développement et élimine le révélateur en excès. Le bromure d'argent restant est ensuite dissous dans un bain fixateur. Les révélateurs sont sensibles au vieillissement et leur exposition aux températures inférieures à environ 5°C provoque leur endommagement irréversible. Il convient alors de les stocker dans des conditions adéquates.

Les caractéristiques d'un film donné sont généralement décrites au moyen d'une ***courbe sensitométrique*** (fig. 14.18), qui donne la variation de la densité optique en fonction du logarithme décimal de l'exposition K. La densité optique D est définie comme le logarithme décimal de l'opacité O:

$$G = \log_{10} O = \log_{10} \frac{J_0}{J} \tag{14.24}$$

où J_0 et J sont les intensités des signaux du faisceau initial et du faisceau transmis par le film respectivement. La courbe sensitométrique est quasiment linéaire dans sa partie centrale. Cette courbe n'est toutefois exacte que pour un type de rayonnement donné, et pour des conditions données de développement du film.

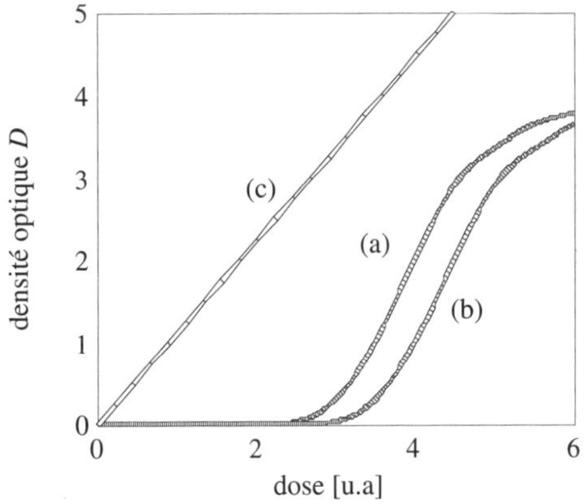

Fig. 14.18 Courbes sensitométriques pour deux types de film de sensibilités différentes (a) et (b) et pour une plaque image (c).

A la place des films, la ***radiographie numérisée*** utilise des plaques images au phosphore réexposables qu'un appareil spécial permet de lire et d'effacer. Le principe de ces plaques repose sur le fait que les rayons X conduisent à la formation de centres colorés sur certains composés. Les substances typiques montrant cette luminescence photo stimulée sont de type BaXF:Eu2+, où X représente Br, Cl, ou I. Lors de sa lecture, la plaque image est balayée selon un réseau défini par un rayon laser qui induit une désexcitation des composés avec une émission simultanée de lumière. Il est absolument nécessaire qu'il y ait une différence suffisante entre la couleur du laser et celle de la lumière émise. Au contraire des films, ici la courbe sensitométrique est linéaire, la dose nécessaire est 10 à 20 fois moindre et le résultat est digitalisé.

Sur les appareils utilisant les systèmes radioscopiques d'amplification d'image, les rayons X provoquent l'émission d'électrons lors de leur impact sur une

Fig. 14.19 Détecteur radioscopique avec 2400 × 2400 pixels (reproduit avec la permission de l'EMPA).

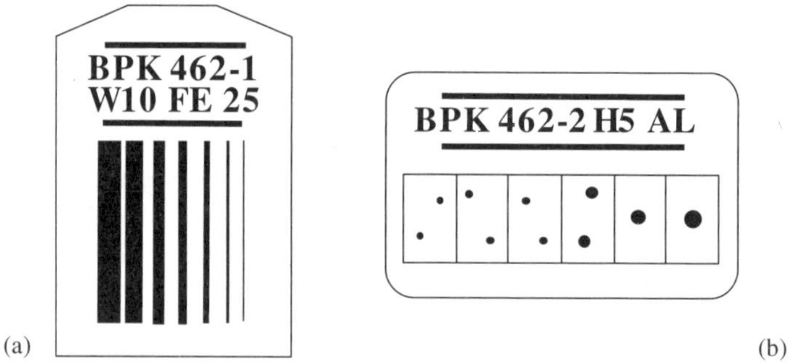

Fig. 14.20 Indicateurs de qualité d'image à fils (a) et à trous et à paliers (b).

couche d'iodure de césium (CsI) ou autres substances. Ces électrons sont ensuite accélérés dans un champ électrique, éventuellement focalisés, puis activent une couche de phosphore dont l'image est enregistrée par une puce CCD. Cette méthode permet des prises de vue en temps réel, et le signal vidéo peut être ensuite traité numériquement.

Le même principe de la ***radiographie digitale directe*** est aussi appliqué avec des panneaux de détection contenant des milliers de pixels (fig. 14.19). Souvent la détection est également réalisée par une conversion des rayons X en lumière avec différentes techniques; il existe aussi des concepts d'une conversion directe à l'aide d'une détection CMOS (*Complemetary Metal Oxide Silicon*).

Le contrôle de la qualité de l'image (netteté, en combinaison avec les rapports de contraste) s'effectue par le biais de radiographies d'objets qualités (indicateur de qualité) réalisés en un matériau semblable (fig. 14.20). En général, cet indicateur de qualité est placé sur l'objet du côté de la source de rayons X. L'indicateur de qualité se compose d'une succession de fils de diamètres différents noyés dans une matière plastique. La qualité de l'image obtenue par radiographie est définie par le fil le plus fin encore distingué sur la radiographie. D'autres indicateurs de qualité sont composés d'une pièce de métal présentant plusieurs paliers de diverses épaisseurs sur lesquels sont percés des trous de différents diamètres. Ces indicateurs de qualité d'image sont réalisés en cuivre, en acier, en titane ou en aluminium.

14.5.3 Techniques radiographiques

Les défauts ne peuvent se détecter par radiographie que s'ils présentent une certaine étendue parallèlement au rayonnement, car sinon, les différences de contraste sont trop faibles. C'est aussi la raison pour laquelle il faut parfois procéder à des prises de vue sous différents angles. Si une source omnidirectionnelle est utilisée pour la radiographie simultanée de plusieurs objets, on parle d'une ***exposition panoramique***.

En ***stéréographie***, on procède à deux prises de vue sous deux angles différents, que l'on observe au stéréoscope. L'observateur a ainsi l'impression d'une image tridimensionnelle. Cette méthode se prête particulièrement bien au contrôle des pièces compliquées, pour vérifier qu'elles sont complètes et que leur montage est correct.

En ***radiographie par électrons***, tout comme avec les feuilles amplificatrices au plomb, des électrons sont expulsés de l'objet à examiner et viennent noircir le film radiographique s'il est suffisamment proche. Il faut toutefois veiller à ce que l'exposition ne soit pas provoquée majoritairement par les rayons X. Cette technique est très souvent utilisée pour l'investigation des filigranes.

La technique du ***flash aux rayons X*** permet d'examiner par radiographie des phénomènes très rapides tels que l'explosion d'un obus. Ce qui est important ici, c'est de pouvoir produire, en un temps très bref, un rayonnement suffisant pour noircir le film.

14.5.4 Tomographie informatisée

La *tomographie* permet la représentation de plans coupes définis. L'information ainsi recueillie est identique à celle que l'on récolterait si l'on découpait dans la pièce à examiner une tranche que l'on radiographierait perpendiculairement.

Dans le cas le plus simple, un tomographe comprend une source, un manipulateur d'objet et un unique détecteur. Pour la prise de vue, la pièce est déplacée sous différents angles et mouvements de va-et-vient devant le détecteur, l'axe de rotation étant perpendiculaire à la direction du rayonnement. On obtient ainsi un nombre de projections correspondant au nombre d'angles. Les profils d'atténuation ainsi obtenus ne peuvent pas se projeter directement, mais ils doivent être auparavant déployés. Afin de réduire la durée de saisie des données, on utilise plusieurs détecteurs (fig. 14.21).

Les tomographes médicaux (aux rayons X) fonctionnent selon le même principe que les tomographes industriels (fig. 14.22), à la différence près que ce n'est

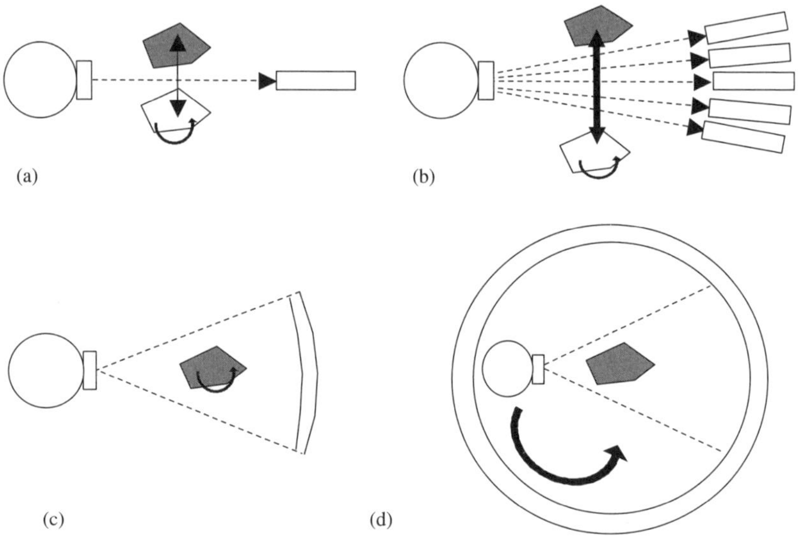

Fig. 14.21 Différentes générations de tomographes. 1re génération, 1 seul détecteur (a); 2e génération, plusieurs détecteurs (b); 3e génération, détecteur linéaire sans mouvement transversal (c); 4e génération, tube et anneau de détecteurs mis en rotation, seulement utilisé en médecine (d).

Fig. 14.22 Tomographe industriel (reproduit avec la permission de l'EMPA).

pas le patient (la pièce) mais le tube et les détecteurs qui se déplacent. Les tomographes médicaux peuvent s'utiliser pour l'examen d'objets en matière plastique ou en métal léger.

14.5.5 Détermination des contraintes résiduelles

Impactés par une radiation de longueur d'onde similaire à une de leurs distances interréticulaires, les matériaux cristallins diffractent cette radiation selon la loi de diffraction de Bragg :

$$2d_{\mathrm{hk}\ell} \cdot \sin\theta_{\mathrm{hk}\ell} = \lambda \tag{14.25}$$

où λ est la longueur d'onde de la radiation, $d_{\mathrm{hk}\ell}$ la distance entre les plans hkℓ responsables de la diffraction et $\theta_{\mathrm{hk}\ell}$ l'angle d'incidence correspondant. Le rayonnement diffracté sera observé avec une déviation d'angle 2 $\theta_{\mathrm{hk}\ell}$ par rapport au rayonnement incident (fig. 14.23).

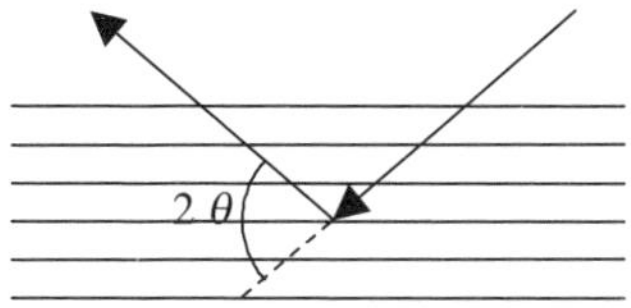

Fig. 14.23 Rayon incident et rayonnement diffracté selon l'angle de Bragg.

La déformation dans une certaine direction est définie par:

$$\varepsilon_{\mathrm{hk}\ell} = \frac{\sin\theta_{0,\mathrm{hk}\ell}}{\sin\theta_{\mathrm{hk}\ell}} \tag{14.26}$$

où l'indice 0 correspond à l'angle de Bragg sous un état libre de contraintes résiduelles. Connaissant les constantes élastiques du matériau, on peut en déduire les *contraintes résiduelles*, appelées encore *contraintes internes*.

Cette technique est utilisée avec des rayons X pour des mesures de contraintes résiduelles en surface, ou avec des neutrons pour des mesures de contraintes résiduelles dans le volume. La loi de Bragg faisant apparaître la longueur d'onde, il est nécessaire d'employer une radiation monochromatique, ou d'utiliser une raie discrète du spectre du tube à rayons X.

14.6 CONTRÔLE PAR ULTRASONS

Le contrôle par ultrasons s'utilise pour détecter des défauts plans internes et externes, et des défauts d'homogénéité, sur les matériaux acoustiquement conducteurs (métaux, céramiques, matières plastiques, etc.). Ses possibilités d'utilisation en construction métallique vont du contrôle des pièces forgées ou coulées, des produits et des semi-produits laminés, jusqu'au contrôle des soudures et des tuyaux. Dans le domaine aérospatial, le contrôle par ultrasons est employé pour la détection des délaminations, des décollements sur les pièces en matières plastiques renforcées de fibres (composites stratifiés en particulier), et sur les constructions sandwichs. La méthode des ultrasons peut aussi s'utiliser pour le contrôle des épaisseurs, ainsi que pour la détermination de la vitesse du son et de l'amortissement sonore.

On appelle ***ultrasons*** une vibration acoustique dont la fréquence est suffisamment haute pour ne plus être perçue par l'oreille humaine (> 20 kHz environ). Pour le contrôle par ultrasons des matériaux métalliques, on a généralement recours à des fréquences situées entre 0,5 et 20 MHz ; pour le contrôle des matières plastiques, les fréquences utilisées sont plus basses du fait de l'amortissement, et, sur les céramiques, elles sont plus élevées du fait de la plus grande résolution nécessaire. Les vibrations sont créées par ***effet piézoélectrique*** dans un traducteur, ou dans l'élément à contrôler lui-même, par ***magnéto-induction*** ou ***magnétostriction***.

La technique de contrôle par ultrasons utilise les modifications d'un faisceau d'ultrasons après interactions avec diverses interfaces.

14.6.1 Propagation des ondes acoustiques

Si des particules voisines (ou des milieux voisins) sont reliées par une liaison élastique, la vibration d'une particule se transmet à sa voisine, et il se crée ainsi une onde. Le type de liaison est déterminant pour la formation et la propagation de cette onde. Lors de la propagation d'une onde, on considère deux directions (fig. 14.24) : la direction de la vibration des différentes particules et la direction de propagation de l'onde. Pour les ***ondes longitudinales***, ces deux directions coïncident et il se produit des différences de pression ; on parle encore d'***ondes de compression***. Pour les ***ondes transversales***, la direction de vibration des particules est perpendiculaire à la direction de propagation ; on parle encore d'***ondes de cisaillement***.

La propagation des ondes acoustiques est liée à la matière, c'est-à-dire qu'il faut qu'il y ait présence d'un milieu solide, liquide ou gazeux pour que cette propagation ait lieu. Comme les gaz et la plupart des liquides n'opposent pas de résistance aux sollicitations de cisaillement, les ondes transversales ne peuvent s'y propager. Par contre, dans les matières solides, la propagation des ondes longitudinales et transversales, et de toute combinaison de ces deux types d'ondes, est possible.

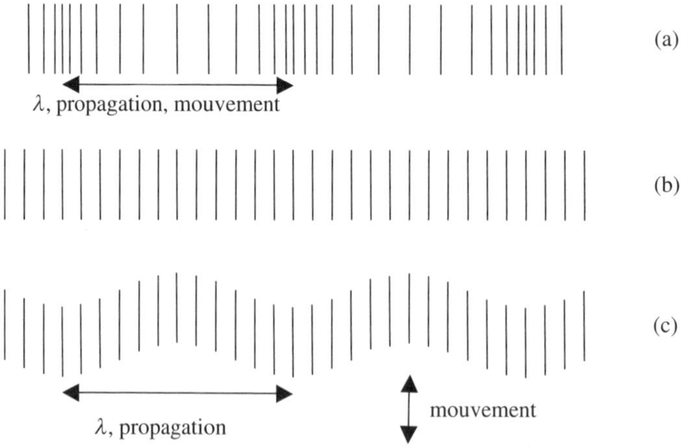

Fig. 14.24 (a) Onde longitudinale ; (b) matériau au repos ; (c) onde transversale.

Des ondes purement longitudinales ou purement transversales ne se forment toutefois que si la dimension de la pièce perpendiculaire à la direction de propagation est notablement plus grande que la longueur d'onde.

On distingue également les ondes de surface, qui se propagent à la surface des matériaux, sur une épaisseur égale à la longueur d'onde. Les ***ondes de Rayleigh*** et les ***ondes rampantes*** en sont deux exemples. Si l'épaisseur de matériau est faible, les ondes de surface deviennent des ondes de Lamb, qui se propagent dans toute l'épaisseur de la plaque. A la différence des types d'ondes cités, plusieurs types d'ondes sont dits disperses, c'est-à-dire que leur vitesse de propagation est fonction de leur fréquence.

Les vitesses de propagation des ondes ultrasonores sont des constantes des matériaux; pour les matériaux isotropes, elles sont fonctions du module d'élasticité, ou ***module de Young***, E, du module de cisaillement, ou ***module de Coulomb***, G, et du coefficient de contraction latérale, ou ***coefficient de Poisson***, ν, selon les formules:

$$c_L^2 = \frac{E}{\rho} \cdot \frac{1-\nu}{\left((1+\nu)\cdot(1-2\nu)\right)} \tag{14.27}$$

$$c_T^2 = \frac{E}{\rho} \cdot \frac{1}{2\cdot(1+\nu)} = \frac{G}{\rho} \tag{14.28}$$

où ρ est la masse volumique du matériau. De plus, les vitesses de propagation des ondes ultrasonores sont faiblement dépendantes de la présence des contraintes. Dans des cas simples, une mesure des contraintes résiduelles est alors possible.

14.6.2 Comportement des ondes acoustiques au passage d'une interface

Lorsqu'une onde acoustique vient frapper perpendiculairement l'interface entre deux milieux, une partie de la pression acoustique est transmise au second milieu, alors qu'une autre partie est réfléchie sur l'interface; les proportions des pressions acoustiques transmises et réfléchies dépendent des impédances acoustiques des deux milieux concernés.

L'***impédance acoustique*** Z caractérise en effet la capacité du matériau à transmettre les ondes acoustiques, et elle est définie par:

$$Z = \rho \cdot u \tag{14.29}$$

où u la vitesse de la propagation de l'onde. Z s'exprime en kg · m^{-2} s^{-1}.

Si des ondes acoustiques se propageant à travers un matériau d'impédance acoustique Z_1 arrivent perpendiculairement à la surface de séparation d'avec un autre matériau d'impédance acoustique Z_2, les facteurs de réflexion R, et de transmission T, sont donnés par les équations suivantes:

$$R = \frac{Z_2 - Z_1}{Z_1 + Z_2} \qquad T = \frac{2\cdot Z_2}{Z_1 + Z_2} \tag{14.30}$$

Ainsi, le facteur de transmission est toujours positif, tandis que le facteur de réflexion peut très bien prendre une valeur négative, ce qui signifie que l'écho a subi un renversement de phase. Pour plusieurs transmissions et réflexions successives, les facteurs respectifs doivent être multipliés entre eux. Si par exemple une onde longitudinale passe de l'eau à l'acier, est ensuite réfléchie sur la paroi postérieure de l'acier et pénètre à nouveau dans l'eau, ces facteurs sont: $T(H_20\text{-}Fe)$ = 1,94, R(Fe-Fe) = 0,91, $T(Fe\text{-}H_20)$ = 0,06, soit le pourcentage total de la pression acoustique réfléchie représente 11 % de la valeur initiale (fig. 14.25).

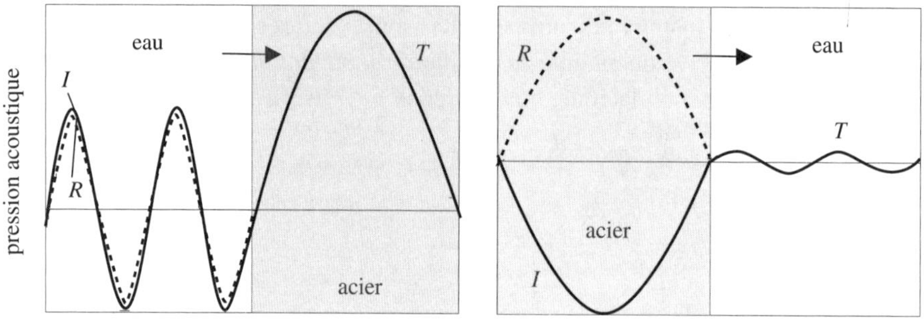

Fig. 14.25 Comportement d'ondes longitudinales aux surfaces limites eau/acier; la pression acoustique de l'onde incidente (*I*) est supposée égale à 100 %, l'onde réfléchie (*R*) et l'onde transmise (*T*).

Supposons maintenant qu'une onde acoustique tombe de manière oblique sur l'interface entre deux matériaux. Il se produit alors une réflexion et une transmission, mais qui sont toutefois en partie associées à un changement de mode (longitudinal → transversal ou inversement) (fig. 14.26). Ainsi une onde incidente oblique donne naissance à:

- une onde longitudinale et une onde transversale obliques réfléchies,
- une onde longitudinale et une onde transversale transmises ou réfractées.

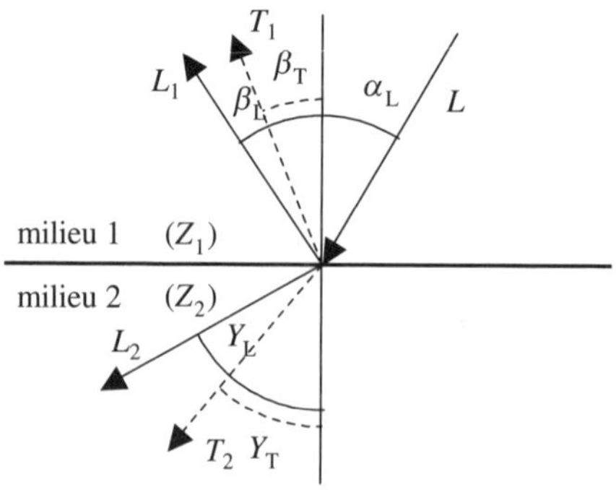

Fig. 14.26 Comportement d'une onde d'incidence oblique L_0: L_1 et T_1 sont les ondes réfléchies, L_2 et T_2 sont les ondes réfractées.

Les angles d'incidence et de réfraction et les vitesses du son se calculent selon la loi générale de la réfraction, ou ***loi de Snell:***

$$\frac{\sin\alpha_1}{\sin\alpha_2} = \frac{c_1}{c_2} \tag{14.31}$$

Pour les ondes d'incidence oblique, les facteurs de réflexion et de transmission dépendent de l'angle d'incidence. Il existe deux angles d'incidence caractéristiques, appelés ***angles critiques***. Avant le premier angle critique, on observe des ondes longitudinales et transversales réfractées. Entre le premier et le deuxième angle critique, on n'observe plus que des ondes réfractées transversales. Dans le contrôle par ultrasons avec des ondes incidentes obliques, on cherche souvent à se situer au-dessus du premier angle critique, car l'interprétation des ondes réfléchies est alors notablement plus simple. Au-delà du second angle critique, la réflexion est totale, aucune onde réfractée ne subsiste, seules subsistent des ondes de surface.

14.6.3 Caractéristiques du champ acoustique

Plus une onde acoustique s'éloigne de sa source, plus la pression acoustique diminue. Cette diminution de pression a deux causes: l'atténuation acoustique et la divergence.

L'atténuation acoustique est provoquée par la diffusion et par l'absorption. Les petits obstacles de l'ordre de grandeur de la longueur d'onde soustraient de l'énergie à l'onde acoustique en diffusant une onde sphérique qui s'étend dans toutes les directions; on parle alors de diffusion (ou dispersion). Dans l'absorption, une partie de l'énergie acoustique est dissipée par frottement. L'absorption croît avec l'augmentation de la fréquence de l'onde, et elle dépend du matériau. En revanche, elle est indépendante du type d'onde (longitudinale ou transversale).

Dans le cas d'une onde plane, la pression acoustique décroît de façon exponentielle en fonction du trajet parcouru par l'onde:

$$p = p_0 \cdot e^{-\alpha x} \tag{14.32}$$

où p_0 et p sont les pressions acoustiques initiale et à la distance x, et α est le coefficient d'atténuation. On définit généralement un autre coefficient d'atténuation, α', exprimé en $\text{dB} \cdot \text{m}^{-1}$:

$$\alpha' = \frac{20 \cdot \log(p_0/p)}{x} \tag{14.33}$$

Une troisième source d'atténuation acoustique résulte de la forme divergente du faisceau acoustique. Une source sonore ne rayonne pas dans une direction unique, mais dans un angle solide. La section du faisceau acoustique s'accroît avec l'éloignement de la source, et l'énergie acoustique par unité de surface diminue donc progressivement. Ce phénomène est appelé ***divergence***. L'angle d'ouverture du faisceau acoustique est, entre autres, fonction de la taille de l'émetteur et du matériau.

Le champ acoustique joue un rôle important pour l'estimation de la taille des défauts. Il se subdivise en une zone proche du capteur, le ***champ proche*** (ou ***zone de Fresnel***), et une zone plus éloignée, le ***champ éloigné*** (ou ***zone de Fraunhofer***), (fig. 14.27). La longueur du champ proche N, pour un traducteur circulaire de diamètre D et une longueur d'onde λ, se calcule par la formule:

$$N = \frac{D^2}{4 \cdot \lambda} \tag{14.34}$$

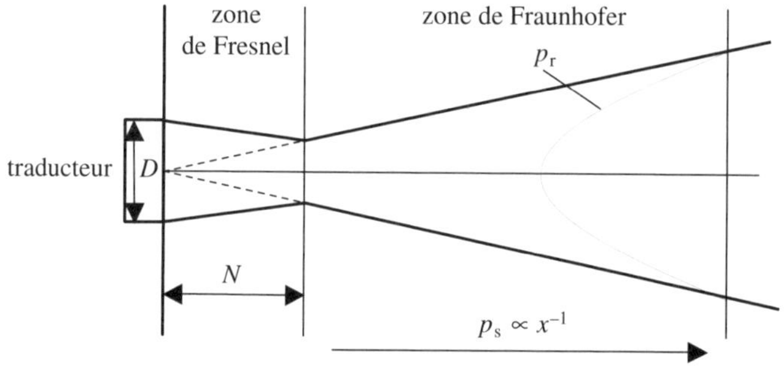

Fig. 14.27 Champ acoustique d'un traducteur (représentation schématique).

Du fait des interférences, la pression acoustique dans le champ proche varie fortement d'un point à l'autre, de sorte qu'une estimation de la taille des défauts y est difficile. Dans le champ éloigné, le faisceau acoustique s'ouvre à la manière du faisceau d'un phare, la pression acoustique la plus élevée étant toujours sur l'axe de symétrie. La pression acoustique p_s sur l'axe de symétrie du champ éloigné (fig. 14.28) se calcule par la formule:

$$p_s = p_0 \cdot \frac{\pi \cdot D^2}{4 \cdot \lambda \cdot x} = p_0 \cdot \frac{\pi \cdot N}{x} \tag{14.35}$$

où x est la distance jusqu'à l'émetteur et p_0 la pression initiale. Cette formule est exacte pour une onde sphérique et elle ne correspond à celle d'un capteur qu'à partir d'une distance de la source égale à environ $3 \cdot \mathrm{N}$.

Dans la pratique du contrôle par ultrasons, on ne connaît toutefois pas la pression acoustique, mais on peut lire sur l'écran de l'appareil à ultrasons la hauteur H (correspondant à l'amplitude maximale) des échos pour lesquels on a la relation:

$$\frac{p_0}{p} = \frac{H_0}{H} \tag{14.36}$$

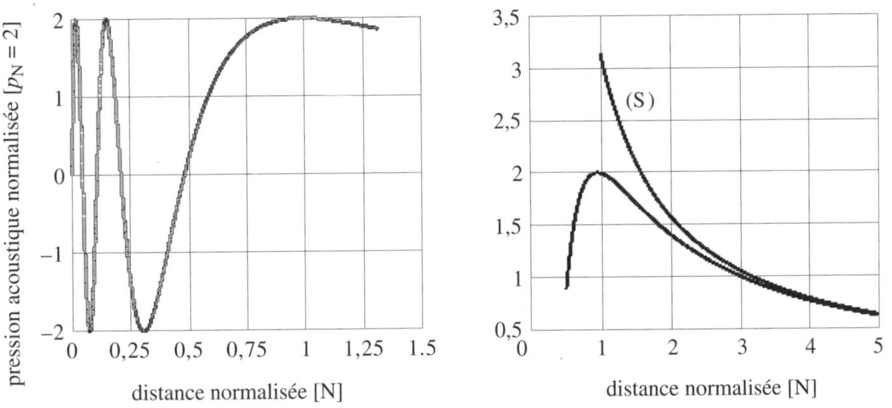

Fig. 14.28 Répartition de la pression acoustique sur l'axe du faisceau acoustique ; comparaison avec une onde sphérique (S).

Avec un étalonnage de l'appareil sur une échelle en dB, il faut déterminer V de manière à amplifier le deuxième écho à la hauteur H_0, soit :

$$V = 20 \cdot \log_{10} \frac{H_0}{H} \tag{14.37}$$

Ainsi pour chaque doublement de la distance à la paroi postérieure (paroi postérieure plus grande que le diamètre du faisceau acoustique), V augmente de 6 dB.

14.6.4 Appareils et accessoires

La figure 14.29 donne un appareil de contrôle par ultrasons.

Un ***traducteur ultrasonore*** doit permettre d'émettre et/ou de recevoir des ultrasons. L'oscillateur, partie essentielle d'un traducteur, est également appelé ***transducteur***.

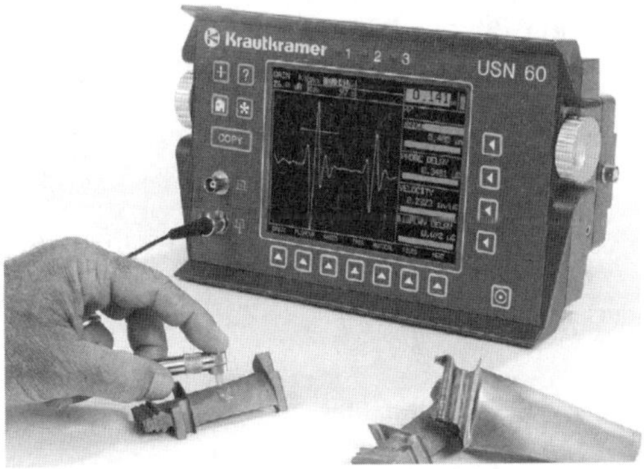

Fig. 14.29 Appareil de contrôle par ultrasons (reproduit avec la permission de GE Inspection Technologies).

La plupart des oscillateurs utilisés en contrôle par ultrasons ont un fonctionnement basé sur l'effet piézo-électrique. Comme cristal, on a souvent utilisé le zirconate-titanate de plomb (PZT), le métaniobate de plomb ($PbNb_2O_6$, PMN) ou le polyvinylidene fluoride (PVDF). Le cristal est excité par une brève impulsion électrique, puis est amorti. Avec un amortissement faible, on obtient une puissance élevée, mais du fait de l'impulsion large à bande étroite, la résolution reste faible. Avec un fort amortissement, la largeur de l'impulsion est réduite, la résolution et la largeur de bande augmentent, mais la puissance est diminuée (fig. 14.30). Les impulsions se répètent en général avec une fréquence de l'ordre du Hz au kHz, nommée ***fréquence de récurrence***.

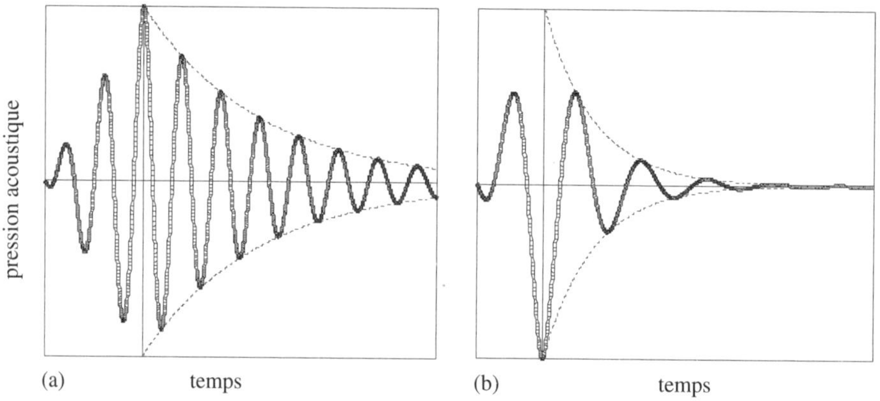

Fig. 14.30 Impulsions d'ultrasons à bande étroite (a) et à large bande (b), la pression maximale peut être positive ou négative.

Il existe des traducteurs droits et des traducteurs d'angle (fig. 14.31). Les traducteurs droits se composent d'un transducteur et d'un amortisseur. Certains possèdent une plaque de protection plate dure ou une couche intermédiaire d'huile, ou encore une feuille de protection amovible remplaçable. Il existe par ailleurs des traducteurs fonctionnant en immersion, dont certains équipés de lentilles de focalisation. Il existe

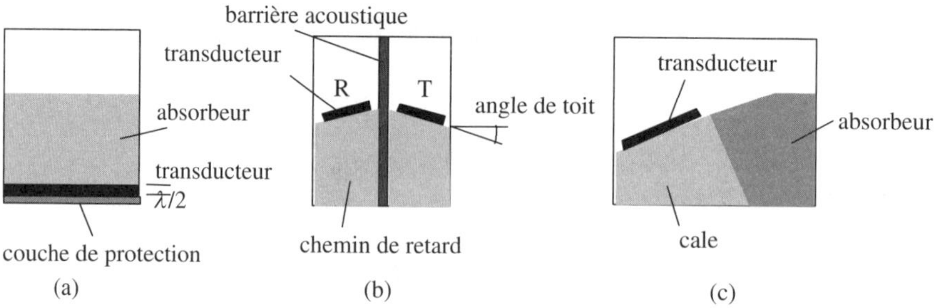

Fig. 14.31 Représentation schématique de différents types de traducteurs: traducteur droit (a), traducteurs d'angle ((b) et (c)).

aussi des traducteurs à émetteur et récepteur séparés, pour lesquels toutefois la réflexion n'est optimale que pour une profondeur déterminée. Les traducteurs d'angle se composent pour l'essentiel d'un cristal collé sur un prisme en plexiglas et d'un bloc amortisseur. L'angle dans le prisme en plexiglas est choisi de manière à ce qu'il n'y ait que des ondes transversales dans la pièce à contrôler. L'indication d'angle sur le traducteur n'est en général valable que pour l'acier. Les angles de 38°, 45°, 60°, 70° et 78° (onde rampante) sont utilisés dans la pratique.

Pour le contrôle, un ***couplant*** doit être interposé entre le traducteur et la pièce à contrôler, pour permettre le passage de l'onde acoustique. En contrôle manuel, on utilise le plus souvent de la colle d'amidon ou de l'huile pour machines, et sur les appareils automatiques, de préférence de l'eau. Pour le couplage direct des ondes transversales, on utilise des liquides de haute viscosité tels que le miel.

Des matrices de sondes à transducteurs multiples permettent de manipuler électroniquement le faisceau acoustique (fig. 14.32). Cela est réalisé par activation des éléments individuels à différents instants lors de l'émission et de la réception. Par la suite, un instrument électronique approprié et un programme informatique tout particulièrement adapté sont nécessaires. Cette technique est habituelle pour assurer de larges pistes d'essai à sensibilité d'essai constante.

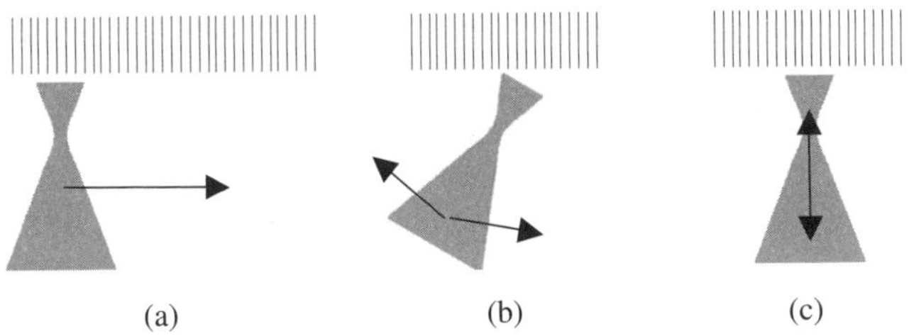

Fig. 14.32 Principe de fonction des matrices de sondes, déphasage du faisceau acoustique (a), pivotement du faisceau acoustique (b) et focalisation du faisceau acoustique (c).

14.6.5 Techniques de contrôle par ultrasons

En contrôle par ultrasons, l'émission se fait par impulsions, et celles-ci doivent être amorties. On détecte le faisceau transmis (*technique ultrasons par transmission*) ou le faisceau réfléchi (*technique ultrasons par réflexion*) par le matériau ou la pièce à contrôler. On définit la fréquence du signal émis, v (de l'ordre du MHz), et la fréquence de récurrence, μ (de l'ordre du kHz). On définit également le temps de vol, t_v, correspondant au signal le plus lointain que l'on veut recevoir. La fréquence de récurrence doit être telle que:

$$\mu < \frac{1}{t_v} \tag{14.38}$$

Dans la plupart des cas, en technique par contact, le ou les traducteurs (émetteur, récepteur) sont déplacés directement à la main ou à l'aide d'un manipulateur à la surface de l'objet. Avec le déplacement manuel, on court le risque que les différentes passes ne se recoupent pas suffisamment, ou que le traducteur ne soit pas maintenu à plat; mais en présence d'un signal de défaut, un contrôleur expérimenté peut amener le traducteur en position optimale et ainsi maximaliser le signal de défaut.

La ***technique ultrasons en immersion*** s'utilise lorsque le traducteur ne peut ou ne doit pas être en contact direct avec la pièce à contrôler. Des manipulateurs permettent de positionner le traducteur de manière à créer une ligne de retard dans un liquide, en général de l'eau, et d'obtenir ainsi n'importe quel angle d'incidence désiré sur la pièce à contrôler. Cette méthode s'utilise principalement pour le contrôle automatisé. Pour pouvoir déterminer avec précision l'étendue latérale des défauts, mêmes petits, il est possible de focaliser le faisceau acoustique. La profondeur de focalisation est influencée par les matériaux en présence.

La technique par réflexion utilise la fraction réfléchie des ultrasons pour la détection des défauts. Le traducteur fonctionne alors à la fois comme émetteur et comme récepteur. Les types de défauts décelables par cette méthode sont représentés sur la figure 14.33. Généralement on choisit l'angle d'incidence de manière à ce que les défauts présumés offrent une surface réfléchissante optimale. Il faut toutefois veiller à ce qu'aucun des échos dus à la géométrie de la pièce contrôlée ne vienne interférer sur l'écran avec les échos des défauts.

Dans la ***technique ultrasons par transmission***, on procède à l'évaluation des ultrasons transmis à travers la pièce à contrôler. Il est dans ce cas nécessaire de différencier émetteur et récepteur. Avec la ***technique ultrasons par transmission double***, on prend en considération l'écho de fond; la présence de faibles défauts de planéité peut toutefois conduire à ce que l'écho de fond soit trop éloigné de l'emplacement du traducteur. Cet inconvénient peut être éliminé en recourant à la ***technique ultrasons de transmission par miroir*** dans laquelle on dispose un miroir acoustique derrière la pièce à contrôler. L'espace entre le traducteur et la pièce à contrôler, et celui entre la pièce à contrôler et le miroir doivent être conducteurs acoustiques; c'est la raison pour laquelle cette technique est en règle générale utilisée en immersion. Dans les deux cas, la détermination de la profondeur à laquelle les défauts sont situés est impossible. La technique de transmission par miroir

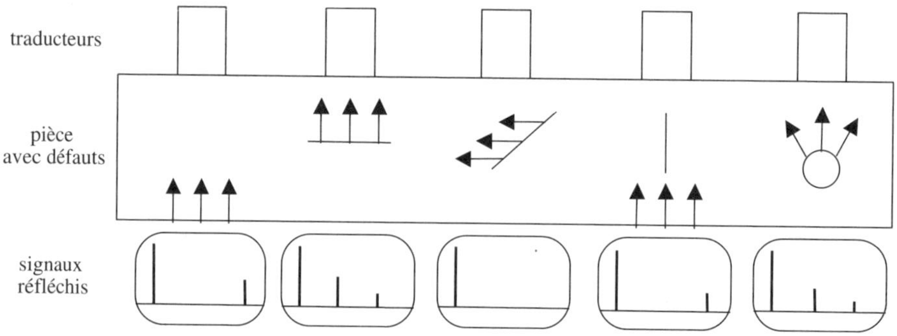

Fig. 14.33 Signaux ultrasonores de différents types de défauts.

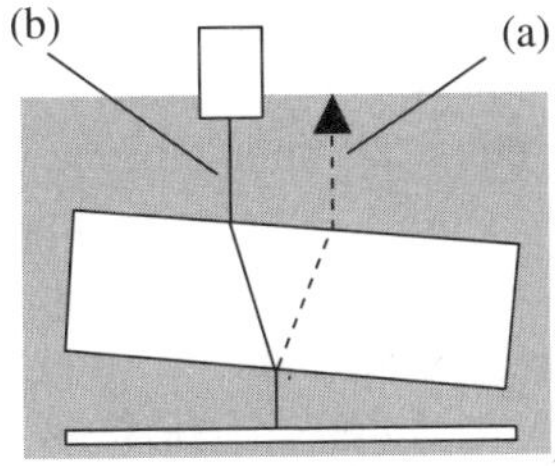

Fig. 14.34 Contrôle ultrasonore par la technique de transmission par miroir; sur une pièce oblique l'écho de fond est situé hors de la zone du traducteur (a), on détecte l'écho du miroir (b).

présente quelques avantages, en particulier lorsque la différence d'impédance acoustique entre le matériau et son milieu environnant est faible (faible écho de fond), pour les objets minces (interférences entre écho de surface et écho de fond, respectivement entre échos multiples), ou lorsque la pièce ne peut pas être placée perpendiculairement à la direction de propagation des ultrasons (fig. 14.34).

14.6.6 Représentation et évaluation des signaux

A tout instant du balayage de l'objet, il convient de connaître d'une part la position et l'orientation du capteur et du faisceau, d'autre part les caractéristiques du faisceau transmis ou de l'écho, à savoir son amplitude A et son retard t_r par rapport à un faisceau de référence. L'ensemble de ces données doit permettre, en fin de balayage, de donner une image tridimensionnelle de la pièce contrôlée.

Dans la pratique, on utilise trois types de représentation des informations (fig. 14.35). La représentation de type (a) s'utilise en contrôle manuel; il s'agit du

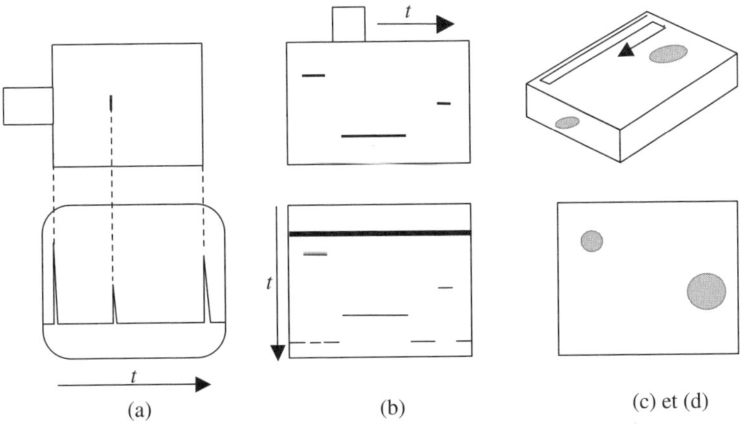

Fig. 14.35 Mode de représentation et d'exploration ultrasonore de types amplitude-temps de vol (a); espace-temps de vol, l'amplitude est représentée en pseudo-couleur (b); espace-espace, l'amplitude est représentée en pseudo-couleur (c); le temps de vol est représenté en pseudo-couleur (d)

signal observable sur l'écran de l'appareil de contrôle. Pour la représentation de type (b), on cherche à obtenir une image en coupe de l'objet. Avec la représentation de type (c), on représente un plan de coupe à une profondeur déterminée dans l'objet, ou encore, le cas échéant, plusieurs plans de coupes superposés. En règle générale, la pièce à contrôler est explorée suivant un trajet en serpentin. On parle aussi parfois de mode de représentation de type (d) (technique du «temps dynamique») dans laquelle, à la différence du mode de représentation de type C, on ne représente pas l'amplitude de l'écho, mais le temps s'écoulant jusqu'à l'obtention d'un écho déterminé.

14.7 THERMOGRAPHIE INFRAROUGE

La ***thermographie infrarouge*** est une méthode de contrôle non destructive relativement récente, qui permet de déceler un type de défauts similaire au contrôle par ultrasons. Cette méthode met en évidence en surface les contrastes thermiques produits par les différences de comportement de diffusion thermique à l'intérieur de la pièce à contrôler, lorsque cette dernière présente un gradient thermique. Cette méthode s'utilise sur les matières plastiques, les revêtements céramiques et les métaux.

14.7.1 Propagation de la chaleur

La chaleur peut se propager de trois manières différentes: dans les corps solides, principalement par diffusion, dans les liquides et dans les gaz, essentiellement par convection et par rayonnement. Pour décrire la diffusion, on peut faire appel à l'équation de la conductibilité thermique, qui correspond formellement à la ***deuxième loi de Fick***:

$$\frac{\partial T}{\partial t} = \alpha \cdot \nabla T \tag{14.39}$$

avec

$$\alpha = \frac{\lambda}{\rho \cdot C}$$

Dans cette équation, α est la diffusivité thermique, ou constante de diffusion thermique, C est la capacité calorifique spécifique, et λ la conductibilité thermique spécifique.

Le *pouvoir émissif spectral* K_B (λ, T) d'un ***corps noir*** est décrit par la ***loi de Planck***:

$$K_B(\lambda, T) = \frac{2 \cdot h \cdot c^2}{\lambda^5} \cdot \left(\exp\left(\frac{h \cdot c}{k \cdot T \cdot \lambda} \right) - 1 \right)^{-1} \tag{14.40}$$

et présente la distribution typique montrée sur la figure 14.36. Les corps réels présentent un *coefficient d'émission spectral*:

$$\varepsilon_\lambda = \frac{K(\lambda, T)}{K_B(\lambda, T)} \tag{14.41}$$

qui peut être constant (c'est-à-dire indépendant de la longueur d'onde), inférieur à 1 (***corps gris***), ou fonction de la longueur d'onde (***corps sélectif*** ou ***coloré***). Outre la nature du matériau, la nature de la surface joue elle aussi un rôle.

Selon la ***loi du déplacement de Wien,*** le pouvoir émissif spectral maximal d'un corps noir est fonction de la température selon:

$$\lambda_{max} \cdot T = 2{,}898 \cdot 10^{-3} \quad [\mathrm{K \cdot m}] \tag{14.42}$$

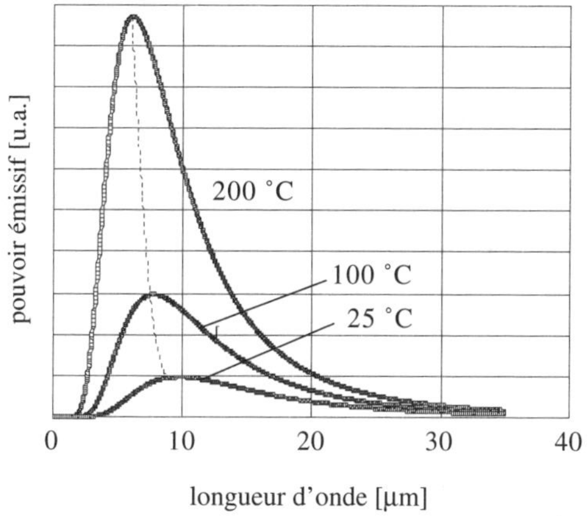

Fig. 14.36 Pouvoir émissif d'un corps noir.

Le pouvoir émissif spectral maximal d'un corps noir se situe vers 9,7 µm à température ambiante et vers 2,3 µm à 1000 °C, soit dans le deuxième cas, dans le domaine du rayonnement infrarouge. L'atmosphère laisse essentiellement passer le rayonnement infrarouge dans deux domaines: aux alentours de 3 µm (fenêtre des ondes courtes, ou ***première fenêtre***) et entre 8 et 12 µm (fenêtre des ondes longues, ou ***deuxième fenêtre***); les détecteurs sont aussi construits pour tenir compte de ce fait.

14.7.2 Appareils et accessoires

Pour le réchauffement de la pièce à contrôler, on dispose en principe de trois méthodes physiques: la conductibilité thermique (plaque chauffante, four), la convection (air en mouvement, sèche-cheveux) ou le rayonnement (lampe, flash, laser).

Pour la mesure du rayonnement photothermique, on utilise le plus souvent des caméras infrarouges. Le détecteur lui-même se compose d'un semiconducteur, le plus souvent en InSb pour le domaine des ondes courtes, et en HgCdTe (aussi appelé MCT pour *Mercury-Cadmium-Tellurium*) pour le domaine des ondes longues. Ce détecteur doit être refroidi pour réduire le bruit (réduction de l'auto-activation des électrons); pour son refroidissement, on peut avoir recours à l'azote liquide, à l'effet thermoélectrique avec un élément Peltier, ou à la détente d'un gaz (***effet Joule-Thompson***) avec un ***moteur Stirling***. Les systèmes de prise de vue classiques permettent la saisie d'environ 50 images par seconde. Les plus modernes permettent d'aller beaucoup plus vite.

14.7.3 Techniques thermographiques

Dans certains cas, il est possible d'utiliser le réchauffement sélectif des objets à examiner, et de déterminer l'emplacement de la source de chaleur. Comme exemple, on mentionnera la détection des brasures de mauvaise qualité sur les connexions électriques, la détection des fers d'armature par chauffage par induction, ou celle des zones présentant une absorption d'énergie plus élevée lors d'essais mécaniques.

En ***thermographie par transmission***, la pièce à contrôler est chauffée sur une face ou depuis l'intérieur, et les effets résultants sont observés sur la face opposée. L'avantage de cette méthode réside dans le fait qu'elle permet de déterminer la moyenne des séquences d'images et de réduire ainsi l'influence du bruit de fond. Son désavantage est que, tout comme la technique par transmission en contrôle par ultrasons, elle ne fournit aucune indication sur la profondeur à laquelle sont situées les irrégularités.

En ***thermographie par impulsions***, le réchauffement de brève durée s'effectue sur la face observée, et on suit le processus de refroidissement (fig. 14.37). Si l'on

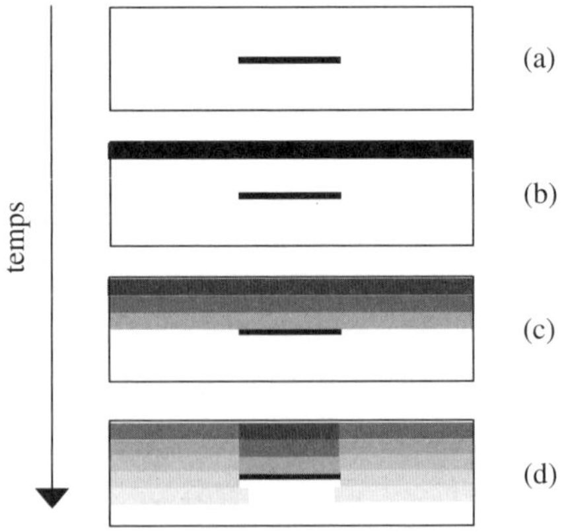

Fig. 14.37 Principe de la thermographie par impulsions: objet avec une délamination (a), après l'impulsion (b), diffusion de la chaleur (c), la signature de la délamination est visible pour un certain temps (d).

doit observer des effets qui apparaissent très rapidement, il faut utiliser, pour le réchauffement, des lampes flash ou des lasers. L'avantage de cette technique est que l'évolution temporelle de la température en surface fournit aussi des informations sur les couches plus profondes. Son désavantage est que le bruit est plus important, et elle ne permet pas de déterminer des moyennes. Ce désavantage peut être évité en utilisant la technique dite ***Box-Car***, dans laquelle on met plusieurs impulsions successives pour prendre ensuite la moyenne des séquences individuelles. Cette technique exige toutefois une synchronisation parfaite entre l'impulsion et le début des prises de vue.

Après le réchauffement obtenu par une ***impulsion de Dirac*** (impulsion de durée nulle) avec une densité d'énergie Q, il se produit une évolution de la température qui, après un certain temps t, et à une certaine profondeur z, satisfait l'équation :

$$\Delta T(z,t) = \frac{Q}{\sqrt{\rho \cdot C \cdot \lambda \cdot \pi}} \cdot \exp\left(\frac{-z^2}{4 \cdot \alpha \cdot t}\right) \tag{14.43}$$

Dans la pratique, il n'est toutefois pas possible de produire une telle impulsion. L'évolution de la température en surface pour une impulsion de durée τ, et pour un corps semi-infini, est donnée par :

$$\Delta T(t) = \frac{2 \cdot Q}{\tau \cdot \sqrt{\rho \cdot C \cdot \lambda \cdot \pi}} \cdot \sqrt{t} \qquad \text{pour } t < \tau \tag{14.44}$$

$$\Delta T(t) = \frac{2 \cdot Q}{\tau \cdot \sqrt{\rho \cdot C \cdot \lambda \cdot \pi}} \cdot \left(\sqrt{t} - \sqrt{t - \tau}\right) \qquad \text{pour } t \geq \tau \tag{14.45}$$

Pour les corps réels, ces relations ne sont plus exactes, en particulier immédiatement après la fin de l'impulsion thermique, et l'énergie fournie réchauffe légèrement la pièce à contrôler. Représentée en échelle bilogarithmique, une évolution non perturbée de la température a ainsi une pente de –0,5 ; la hauteur de la courbe est fonction de l'apport de chaleur et des caractéristiques thermiques du matériau (fig. 14.38). Si l'objet contrôlé présente un revêtement, la chute de température est fonction de l'épaisseur de ce revêtement. S'il existe des défauts à l'interface entre le revêtement et le matériau de base, ces défauts peuvent aussi être détectés. La portée μ_{eff} du contraste thermique maximal est :

$$\mu_{\text{eff}} = \sqrt{2 \cdot \alpha \cdot t} \tag{14.46}$$

La technique dite ***flying-spot*** offre une autre possibilité. Elle s'utilise lorsqu'on connaît déjà, avant le contrôle, la profondeur à laquelle se situent les défauts éventuels (par exemple décollement entre couches). Dans ce cas, la pièce à contrôler est chauffée localement avec une source continue mobile suivie par le détecteur à un intervalle de temps déterminé au cas par cas (fig. 14.39).

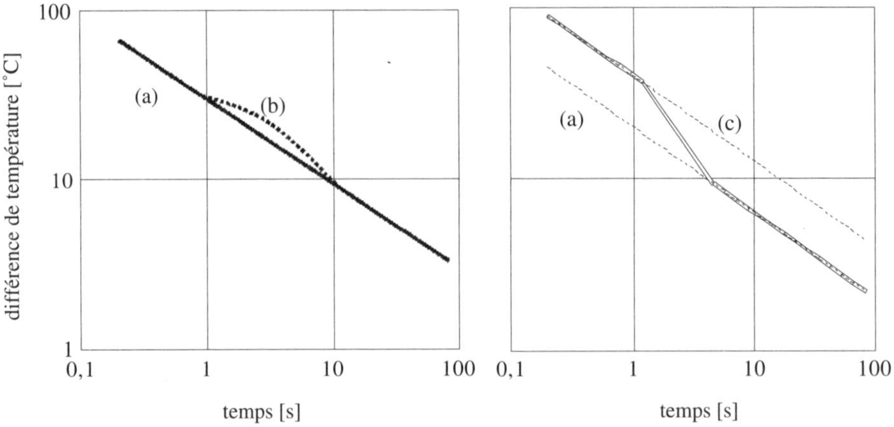

Fig. 14.38 Principe de la détection des défauts (b) et du contrôle des revêtements (c) par thermographie par impulsions (les matériaux du défaut et du revêtement ont des constantes thermiques inférieures à celle du matériau de base): à gauche, le contraste thermique du défaut atteint son maximum après environ 3 s; à droite, après environ 1 s, l'influence du matériau de base (a) se manifeste, et après environ 4 s, la courbe de décroissance suit la courbe du matériau de base.

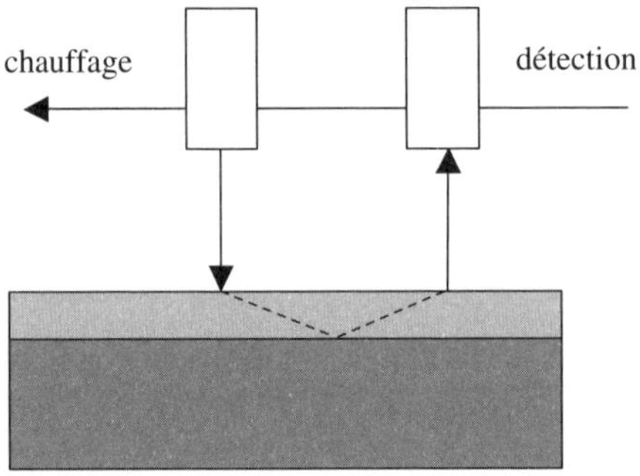

Fig. 14.39 Principe de la technique «flying-spot».

Au contraire de la thermographie par impulsion, qui travaille dans le domaine du temporel, la ***thermographie lock-in*** utilise le domaine des fréquences. Avec cette technique, la pièce à contrôler est réchauffée selon une courbe sinusoïdale de basse fréquence, et des prises de vue (S_1 à S_4, images thermiques) sont effectuées à des intervalles de $T/4$ de la période d'excitation. Il en résulte un décalage de phase entre la vibration d'excitation et la vibration résultante enregistrée. Afin de réduire le bruit, on effectue ici aussi plusieurs passages. Finalement, la phase Φ du signal et son amplitude A peuvent se calculer comme suit:

$$\Phi = \arctan \frac{S_1 - S_3}{S_2 - S_4} \tag{14.47}$$

et

$$A = \sqrt{\left((S_1 - S_3)^2 + (S_2 - S_4)^2\right)} \quad (14.48)$$

L'utilisation de la différence entre ces images thermiques et du quotient de ces différences permet d'éliminer de nombreuses influences perturbatrices.

14.8 RÉSUMÉ

Les méthodes de contrôles non destructifs s'appliquent directement à la pièce, que ce soit dans la phase de production ou dans une série de contrôles. Ces méthodes jouent donc un rôle prépondérant dans l'assurance-qualité. Certains procédés profitent ainsi de leur relative proximité avec des techniques issues du domaine médical ou de la sécurité et peuvent plus ou moins s'inspirer de leur développement.

De par l'uniformisation des normes européennes, les investigations sont réalisées au moins de manière équivalente. Il existe plus de 300 ouvrages sur les normes européennes ayant un rapport avec les contrôles non destructifs. Cette uniformisation des normes vise la protection et la sécurité de la population, par exemple dans le domaine des récipients à pression.

Il faut garder cependant à l'esprit que les contrôles non destructifs ne font pas la qualité d'un produit, mais qu'ils permettent la vérification de celle-ci.

14.9 BIBLIOGRAPHIE

[14.1] J. et H. KRAUTKRÄMER, *Ultrasonic Testing of Materials*, Springer, 1990.

[14.2] H. L. LIBBY, *Introduction to Electromagnetic Nondestructive Test Methods*, Wiley, 1971.

[14.3] X.P.V. MALDAGUE, *Theory and Practice of Infrared Technology for Nondestructive Testing*, Springer, 2001.

[14.4] G. GAUSSORGUES, *Infrared Thermography (Microwave Technology Series)*, Kluwer, 1993; La Thermographie Infrarouge, Lavoisier, 1989.

[14.5] A.C. KAK et M. SLANEY, *Principles of Computerized Tomographic Imaging*, Society of Industrial and Applied Mathematics, http://www.slaney.org/pct, 2001.

[14.6] L. CARTZ, *Nondestructive Testing*, ASM International, 1995.

[14.7] *Metals Handbook*, vol. 17: «Nondestructive Evaluation and Quality Control», ASM, 1989.

[14.8] *Nondestructive Testing Handbook*, 2nd Edition, vol. 6-10, ASNT, 1989-1996.

[14.9] *Nondestructive Testing Handbook*, 3rd Edition, vol. 1-6, ASNT, 1998-2005.

[14.10] M. LACROIX, «Essais non destructifs», *Techniques de l'Ingénieur*, fasc. M110, M111, 1986.

[14.11] J. PERDRIJON, *Le contrôle non destructif par ultrasons*, Editions HERMES, Paris, 1993.

[14.12] J. PERDRIJON, *Le contrôle des matériaux*, Collection Que sais-je?, Presses Universitaires de France, 1996.

INDEX

BIOGRAPHIES DES AUTEURS

CHAPITRE 1

Marie-Sabine Gavois est ingénieure de l'Ecole Nationale Supérieure d'Ingénieurs de Chimie de Rennes. Entrée au CTIF (Centre Technique des Industries de la Fonderie) en 1996, elle y fut durant 6 ans responsable adjointe du laboratoire d'analyse des matériaux, avant d'être, depuis 2002, chargée de missions Europe, chef de projets de Recherche et Développement. Elle a participé à des groupes de normalisation sur les méthodes d'analyse des matériaux métalliques et des déchets industriels. Elle est actuellement responsable de la gestion et du suivi de projets R & D européens, en partenariat avec des industriels et des scientifiques européens.

CHAPITRE 2

Henri Paqueton, ingénieur civil des Mines, docteur-ingénieur en Métallurgie physique, est maître de conférences affecté au Laboratoire de Métallurgie de la chaire de Matériaux industriels métalliques et céramiques au Conservatoire National des Arts et Métiers (CNAM) à Paris. Il a participé, au CNAM, à diverses recherches sur les relations entre les propriétés mécaniques et les microstructures d'alliages de titane à haute résistance, l'emboutissabilité du zircaloy, l'amélioration de la résilience des joints soudés d'aciers faiblement alliés et l'amélioration de la tenue en service des matrices de forge. Comme enseignant, il participe aux diverses unités d'enseignement des Matériaux métalliques, à des enseignements destinés à la formation de technicien supérieur et d'ingénieur CNAM en Matériaux ainsi qu'à divers stages de formation continue du CACEMI (Centre d'Actualisation des Connaissances et de l'Etude des Matériaux Industriels).

CHAPITRE 3

Jean-Marc Chaix, ingénieur de l'Ecole Centrale de Paris en 1979, docteur ès Science de l'Université de Dijon en 1983, est actuellement directeur de recherche CNRS au Laboratoire de Science et Ingénierie, Matériaux, Procédés (SIMAP), Unité Mixte de Recherche Institut National Polytechnique de Grenoble, CNRS, et Université Joseph Fourier de Grenoble. Le SIMAP est issu de la fusion de trois unités, le LTPCM, Laboratoire de Thermodynamique et de Physico-Chimie Métallurgiques, le Laboratoire de Génie Physique et Mécanique des Matériaux (GPM2), et le Laboratoire d'Elaboration par Procédés Magnétiques (EPM). Jean-Marc Chaix a été Directeur du LTPCM de 2001 à 2006. Son domaine de recherche est la Métallurgie des Poudres, avec comme spécialités l'étude des mécanismes du frittage et l'approche quantitative des microstructures par analyse d'images.

CHAPITRE 4

Hans Ulrich Künzi obtient son diplôme en physique expérimentale à l'Ecole polytechnique de Zurich en 1968. Assistant et collaborateur scientifique à l'Institut de physique des solides de l'EPFZ, il obtient un doctorat ès sciences naturelles en 1972. Depuis 1983, il est adjoint scientifique et chargé de cours au Laboratoire de métallurgie mécanique du Département des matériaux de l'Ecole polytechnique fédérale de Lausanne où il est en charge de plusieurs enseignements. Hans Ulrich Künzi effectue des recherches sur les propriétés mécaniques des matériaux, notamment sur le fluage à température ambiante, la fatigue ainsi que sur les effets de taille des propriétés mécaniques.

CHAPITRE 5

Nabib Cherradi est docteur en science et génie des matériaux de l'Université de Nancy. Après avoir travaillé comme chargé de cours à la Faculté des Sciences de Nancy, puis comme collaborateur scientifique au Laboratoire de métallurgie mécanique du département des matériaux de l'Ecole polytechnique fédérale de Lausanne, et ensuite comme consultant en métallurgie, il est depuis 1997 cadre technique au sein de la société HCT Shaping Systems à Cheseaux. Il est coauteur de plusieurs ouvrages et de nombreuses publications scientifiques.

CHAPITRES 6 ET 8

Suzanne Degallaix-Moreuil, ancienne élève de l'ENS Cachan agrégée de Mécanique, Docteure d'Etat en 1986, est depuis 1989 Professeur des Universités à l'Ecole Centrale de Lille. Elle y a dirigé jusqu'en 2006 le Département de Mécanique, dans lequel elle enseigne, entre autres, le Calcul des composites stratifiés, la Fatigue et la Rupture des matériaux, cours également liés au Master Recherche en Mécanique (USTL-EC LILLE-ENSAM). Après une thèse de 3e cycle en Energétique (1976), elle mène depuis 30 ans des travaux de recherche sur la fatigue et la rupture des matériaux métalliques et des composites, avec l'objectif de relier les comportements mécaniques macroscopiques aux évolutions microstructurales, puis de modéliser les comportements observés à l'échelle pertinente. Elle dirige actuellement une équipe de recherche du Laboratoire de Mécanique de Lille, Unité Mixte de Recherche CNRS Université des Sciences et Technologies de Lille, Ecole Centrale de Lille, ENSAM (LML, UMR CNRS 8107), à l'Ecole Centrale de Lille, équipe spécialisée dans le comportement et la fiabilité mécanique des matériaux.

Gérard Degallaix, ancien élève de l'ENS Cachan, agrégé de Mécanique, habilité à diriger des recherches en 1990, est depuis 1991 Professeur des Universités à l'Ecole Centrale de Lille, dont il est Directeur de la Recherche depuis 2005. Responsable de l'option de 3e année Mécanique Avancée, il enseigne dans le Département de Mécanique, ainsi que dans le Master Recherche en Mécanique (USTL-EC LILLE-ENSAM), la fatigue et l'endommagement des matériaux et structures. Il est membre du Laboratoire de Mécanique de Lille, Unité Mixte de Recherche CNRS, Université des Sciences et Technologies de Lille, Ecole Centrale de Lille, ENSAM (LML, UMR CNRS 8107). Ses activités de recherche sont relatives à la fatigue et l'endommagement de divers matériaux et assemblages, et depuis quelques années, à la durabilité des matériaux sous sollicitations de freinage, tant sous l'angle des mécanismes tribologiques activés dans le contact que sous celui de la tenue à la fatigue thermomécanique des composants.

CHAPITRE 7

Jolanta Janczak-Rusch a fait ses études en Cybernétique biomédicale et technologique à l'Université de Technologie de Ilmenau en Allemagne. Par la suite, elle a obtenu un doctorat de l'Université de Dortmund en Allemagne avec une thèse sur les matériaux composites. Après une année de post-doctorat à l'Ecole polytechnique fédérale de Lausanne, elle a travaillé à EMPA de Thoune (Laboratoire Fédéral de Suisse pour la Recherche et l'étude des Matériaux) où elle a mis en place un Laboratoire pour l'étude en micromécanique des propriétés interfaciales. Depuis 1999, elle travaille à l'EMPA de Dübendorf où elle s'est spécialisée en brasage et en soudure, en particulier pour l'application des composites, avec une approche nouvelle pour le développement de la soudure et du brasage des enduits des différents alliages. Jolanta Janczak-Rusch dirige actuellement le Groupe d'Assemblage Avancé à l'EMPA de Dübendorf.

CHAPITRE 9

Bernard Marini est docteur de l'Ecole Nationale Supérieure des Mines de Paris (1984) en Science des matériaux. Il a été durant plus d'une dizaine d'année chef d'un laboratoire de caractérisation mécanique, en charge de l'étude du comportement et de la rupture des matériaux utilisés dans les installations nucléaires. Le développement conjoint de méthodes expérimentales et de modèles de comportement et d'endommagement est le fil conducteur de ses recherches passées et actuelles. Il est maintenant assistant scientifique du Service de Recherches Métallurgiques Appliquées de la Direction de l'Energie Nucléaire du CEA et en charge des programmes de recherche de base en mécanique des matériaux.

CHAPITRE 10

Cu-Hai Nguyen a effectué des études d'ingénieur en génie mécanique à l'Ecole polytechnique fédérale de Lausanne où il a obtenu un doctorat en mécanique de rupture. Engagé par la suite dans le domaine de l'armement à Thoune, il est chargé en 1990 de mettre sur pied un laboratoire d'essais des matériaux en dynamique. Depuis 2000, Cu-Hai Nguyen réoriente ses activités en vibro-acoustique dans la conception de matériaux et systèmes adaptatifs ou intelligents.

CHAPITRE 11

† Bernhard Ilschner, docteur de l'Université de Bonn en 1954, reçoit sa thèse d'Habilitation en Physique métallurgique en 1964 à l'Université de Göttingen. Il est d'abord assistant de recherche à l'Institut de physique des plasmas appliquée, à l'Académie des Sciences à Berlin (1949-1951), au Centre de recherche en matériaux, Vacuumschmelze SA, Hanau, Groupe Siemens (1951-1953), au Max-Planck Institut für Eisenforschung (MPI pour la recherche sidérurgique) à Düsseldorf (1953-1956), ensuite Chercheur associé au Metallurgy Dept., M.I.T., Cambridge (Mass) en 1957, puis Chef de groupe (cinétique des réactions métallurgiques) au Centre de recherche, Aciéries Fried. Krupp SA, à Essen (1958-1960). Il devient ensuite Premier assistant au Laboratoire de physique métallurgique de l'Université de Göttingen (1961-1964), puis Professeur de Science et génie des matériaux à l'Université de Erlangen – Nüremberg (1965-1981), et enfin en 1981, Professeur de Métallurgie mécanique à l'Ecole polytechnique fédérale de Lausanne (EPFL), jusqu'à sa retraite en 1997. Il fut Président du Comité Scientifique de la collection Traité des Matériaux (PPUR).

CHAPITRE 12

Jöns Hilborn a obtenu un PhD à l'Institut Royal de Technologie de Stockholm, puis a travaillé sept ans dans l'industrie avant de rejoindre l'Ecole polytechnique fédérale de Lausanne (EPFL) où il a travaillé durant huit années. Le Professeur Hilborn est depuis 2001 chef du programme de Chimie des polymères au Département de Chimie des matériaux de l'Université de Uppsala en Suède. Il est actuellement président élu de TERMIS (Tissue Engineering and Regenerative Medicine International Society). Ses principaux domaines de recherche sont la conception et la synthèse de polymères fonctionnels et biocompatibles pouvant interagir avec les cellules vivantes ou être utilisés comme vecteurs biologiques. En parallèle à ces activités, son groupe étudie aussi la formation de zones fibrillaires autour des implants et de manière générale, l'influence des phénomènes mécaniques sur la biocompatibilité.

CHAPITRE 13

Michel Boussuge est ingénieur de l'Ecole Nationale Supérieure des Arts et Métiers, docteur ès Sciences et Génie des Matériaux de l'Ecole Nationale Supérieure des Mines de Paris et habilité à diriger des recherches en sciences par l'Université de Paris XI Orsay. Il est actuellement Maître de Recherches au Centre des Matériaux de l'ENSMP où il dirige un groupe de recherches sur les céramiques et les réfractaires industriels utilisés à haute température. Professeur invité à l'Université de Tokyo, conseiller scientifique international du National Institute of Materials Science de Tsukuba, Trésorier du Groupe Français de la Céramique, coordonnateur de nombreux programmes de recherches, il occupe également depuis mars 2006 les fonctions de Président de la Fédération Française des Matériaux.

CHAPITRE 14

Thomas Lüthi est ingénieur en Science des Matériaux et a suivi une formation continue en Science du Management à l'ETH Zurich, où il obtient le titre de docteur en Science Technique en 1990. Il mène ensuite des études post-doctorales à l'Argonne National Laboratory (USA), puis suit une formation approfondie aux essais non destructifs (niveau 3), avant de former un groupe pour les essais non destructifs spéciaux à l'EMPA à Dübendorf. De 1991 à 2000, il est membre du Directoire de l'Association Suisse des essais non destructifs, association dont il est président durant six années. Depuis 2004, il est chargé de cours à l'école doctorale du Département des Sciences et Génie des Matériaux à l'Ecole polytechnique fédérale de Lausanne (EPFL) pour les essais non destructifs.